STRUKTUR DER MATERIE IN EINZELDARSTELLUNGEN

HERAUSGEGEBEN VON
M. BORN-GÖTTINGEN UND **J. FRANCK**-GÖTTINGEN

X

DAS ULTRAROTE SPEKTRUM

VON

Dr. CLEMENS SCHAEFER

O. Ö. PROFESSOR DER PHYSIK AN DER UNIVERSITÄT
BRESLAU

UND

Dr. FRANK MATOSSI

ASSISTENT AM PHYSIKALISCHEN INSTITUT DER
UNIVERSITÄT BRESLAU

MIT 161 ABBILDUNGEN

BERLIN

VERLAG VON JULIUS SPRINGER

1930

ISBN 978-3-7091-5850-0   ISBN 978-3-7091-5900-2 (eBook)
DOI 10.1007/978-3-7091-5900-2

Vorwort.

Bis vor kurzem gab es noch keine zusammenfassende Darstellung der Ergebnisse der Ultrarotforschung. Wir haben daher gern die Aufgabe übernommen, für die Sammlung „Struktur der Materie" eine Monographie über das ultrarote Spektrum zu schreiben. Während der Abfassung des Manuskripts sind sowohl von französischer Seite (LECOMTE, Le Spectre Infrarouge) als auch von englischer Seite (RAWLINS und TAYLOR, Infrared Analysis of Molecular Structure) Bücher erschienen, die sich mit unserem Thema befassen; doch unterscheidet sich das vorliegende Buch von ihnen durch die Tendenz, abgesehen von der Berücksichtigung der inzwischen erschienenen Literatur. LECOMTE bringt in der Hauptsache eine nach experimentellen Gesichtspunkten geordnete Zusammenstellung der Beobachtungen, ohne auf die theoretischen Zusammenhänge näher einzugehen. Die englischen Autoren dagegen geben eine gute Einführung in die Anwendung der Ultrarotforschung auf die Erforschung der Molekularstruktur, ohne Vollständigkeit erstreben zu wollen. Wir haben versucht, beide Tendenzen zu vereinen. Die Literatur ist, soweit es möglich war, bis Ende 1929 berücksichtigt.

Es sei gestattet, hier einiges über den Inhalt des Buches zu sagen. Die sachliche Abgrenzung einer Darstellung des ultraroten Spektrums ist insofern schwierig, als enge Zusammenhänge mit anderen Spektralgebieten vorhanden sind, die wir oft nur andeuten konnten. Da wir theoretische Gesichtspunkte in den Vordergrund stellten, haben wir im allgemeinen die Grenze so gezogen, daß nur solche Tatsachen berücksichtigt wurden, die als Lebensäußerung der Moleküle gelten können, ohne Mitwirkung der Elektronen. Dies gilt hauptsächlich für die beiden letzten Kapitel, die das Hauptthema des Buches bilden und die Eigenschwingungen der Moleküle behandeln. Die zum Verständnis notwendigsten Grundlagen der Theorie sind ebenfalls dargestellt worden, jedoch in aller Kürze, was um so mehr gerechtfertigt ist, als hierüber geeignete ausführliche Werke existieren bzw. erscheinen werden (zum Teil als Bände dieser Sammlung). Aus dem gleichen Grund brauchten wir auch die Strahlungsmessungen nicht ausführlich zu besprechen, auf die wir jedoch im Interesse der Vollständigkeit nicht verzichten konnten. Die heute zwar weniger aktuellen, aber doch wichtigen Beziehungen des ultraroten Spektrums zur MAXWELLschen Theorie konnten wieder ausführlicher behandelt werden. Alles, was im wesentlichen nur vom experimentellen Standpunkt aus interessiert, ist im ersten Kapitel besprochen worden, so daß die übrigen Kapitel von der Beschreibung von Versuchsanordnungen entlastet werden konnten.

Im einzelnen kann man über die Verteilung des Stoffes verschiedener Meinung sein. Wir hoffen, daß es uns gelungen ist, Wiederholungen bzw. Trennung von Zusammengehörigem und vorgreifende Benutzung erst später ausführlich erläuterter Tatsachen und Begriffe möglichst zu vermeiden, ohne den systematischen Aufbau zu sehr zu stören. Ganz war dies nicht möglich, da die Einzelergebnisse der Ultrarotforschung meist sehr eng miteinander verkettet sind.

Der größte Teil der Figuren ist von den Herren cand. phil. ADERHOLD und KERN gezeichnet worden. Hierfür sowie für Hilfe bei der Berechnung von Tabellen sei ihnen auch an dieser Stelle herzlich gedankt. Unser besonderer Dank gebührt sodann noch Herrn Professor Dr. F. REICHE, der einen Teil des Manuskripts freundlicherweise durchgelesen und zahlreiche Verbesserungen vorgeschlagen hat. Auch die Herren Professor Dr. M. BORN und Professor Dr. J. FRANCK haben uns in liebenswürdigster Weise durch ihren Rat unterstützt.

Breslau, im Februar 1930.

CL. SCHAEFER. F. MATOSSI.

Inhaltsverzeichnis.

§ 1. Geschichtlicher Überblick.

In diesem Überblick soll die geschichtliche Entwicklung nur in großen Zügen geschildert werden. Ausführlichere Darstellungen mit Literaturangaben bis zum Jahre 1900 findet man in Winkelmanns Handbuch der Physik, Bd. III, und Kaysers Handbuch der Spektroskopie, Bd. I. Da wir hier keine sachlichen Erläuterungen geben wollen, ist, wo es notwendig schien, auf die bezüglichen Paragraphen des vorliegenden Buches verwiesen worden.

Der Entdecker des ultraroten Spektrums ist W. Herschel, der im Jahre 1800 die spektrale Energieverteilung des Sonnenspektrums beobachtete. Er benutzte als Strahlungsempfänger ein Thermometer, das er im Spektrum entlangführte, wobei er feststellte, daß auch jenseits des roten Endes des Spektrums eine Erwärmung des Thermometers eintrat, und zwar in stärkerem Maße als im sichtbaren Gebiet. Er unternahm auch Versuche über die Reflexion und Brechung dieser unsichtbaren Strahlung. Sie gehorchte denselben Gesetzen wie das sichtbare Licht, ihr Brechungsindex war kleiner als der des roten Spektralendes. Trotzdem hielt Herschel die beiden Strahlungen, Licht- und Wärmestrahlung, nicht für identisch. Ihre physiologische Verschiedenheit war für ihn schwerwiegender als ihre physikalische Gleichheit; außerdem verhielten sich manche Stoffe verschieden in bezug auf ihre Durchlässigkeit gegen Licht- und Wärmestrahlen. Die weitere Entwicklung lehrte, daß alle diese Unterschiede nur quantitativer, nicht qualitativer Natur waren; zum Teil waren sie durch die verschiedene Temperatur der Strahlungsquellen bedingt, so z. B. die verschiedene Lage des Intensitätsmaximums.

Weitere bemerkenswerte Untersuchungen beginnen erst wieder im vierten Jahrzehnt des vorigen Jahrhunderts, nachdem Nobili und Melloni die Thermosäule (§ 3) erfunden hatten. Es galt zunächst, die Identität von Licht- und Wärmestrahlung festzustellen, welche Aufgabe hauptsächlich von Melloni, Fizeau und

FOUCAULT und KNOBLAUCH bearbeitet wurde. Die Wärmestrahlen zeigten alle Eigenschaften der Lichtstrahlen, wie Interferenz, Polarisation, Brechung, nur hatten sie größere Wellenlängen.

Später, etwa von 1860 an, wurden auch die ersten systematischen Untersuchungen über die Absorption und Reflexion der ultraroten Strahlen angestellt. Da man aber damals noch kein Mittel hatte, spektrale Zerlegung vorzunehmen, konnte man nur die integrale Diathermansie bestimmen, die heute kaum noch von Bedeutung ist.

Die nächste Aufgabe war demnach, sich Kenntnis zu verschaffen über die Dispersion der Stoffe, die als Prismenmaterial geeignet waren. Zu dem Zweck mußte zunächst die Empfindlichkeit der Intensitätsmessung gesteigert werden, da die geringe Intensität bei spektraler Zerlegung die Messungen zu sehr erschwerte. Dies geschah durch LANGLEY, der das Bolometer (§ 6), das schon 1857 von SVANBERG erfunden worden war, in die Praxis eingeführt (1881) und damit ein Instrument geschaffen hatte, welches die älteren an Empfindlichkeit wesentlich übertraf, so daß man berechtigt ist, von dieser Zeit an eine neue Epoche der Ultrarotforschung beginnen zu lassen, da nun exakte Messungen möglich waren. Mit dem Bolometer führte LANGLEY seine berühmte Durchmessung des Sonnenspektrums bis zu einer Wellenlänge von etwa $2\,\mu$ aus.

Die Dispersionsmessungen selbst sind von LANGLEY, RUBENS, TROWBRIDGE und PASCHEN an Quarz, Flußspat, Steinsalz und Sylvin ausgeführt worden, und zwar im wesentlichen nach zwei Methoden, mit dem Beugungsgitter und mit interferometrischen Methoden (§ 10). LANGLEY selbst kam in seiner ersten Arbeit nur bis $5\,\mu$. Durch weitere Verbesserungen der Instrumente gelang es später schließlich genaue Dispersionsmessungen bis $22\,\mu$ auszuführen, von wo an die prismatische Methode versagt, da kein geeignetes Prismenmaterial für längere Wellen vorhanden ist.

Später wurde auch die Thermosäule und das Radiometer (§ 5) noch wesentlich verbessert (RUBENS u. a.). Ferner wurde von D'ARSONVAL (1886) und BOYS (1887) das Mikroradiometer (§ 4) konstruiert, welches in seiner heutigen Form an Empfindlichkeit mit der Thermosäule wetteifert, während das Bolometer kaum noch im Gebrauch ist.

Das weitere Vordringen in das ultrarote Spektralgebiet nach längeren Wellen ist RUBENS zu verdanken. Aus den Dispersionsmessungen wußte man, daß z. B. Steinsalz und Sylvin im fernen Ultrarot selektiv reflektieren mußten. Diese Erkenntnis verwandte Rubens in seiner Reststrahlenmethode (§ 12). Im Jahre 1897 führte er seine ersten Versuche über die Reststrahlen aus, mit denen er später etwa $100\,\mu$ erreichen konnte; noch weiter kommt man durch Ausnutzung der selektiven Brechung des Quarzes in der Quarzlinsenmethode (§ 13), mit der es gelingt, die langen Wellen von den kürzeren zu trennen, die ja wesentlich intensiver sind. Wellen von rund $350\,\mu$ strahlt die Quarzquecksilberlampe aus; ihre Isolierung gelang RUBENS und v. BAEYER im Jahre 1911. Die längsten Wellen erhielten NICHOLS und TEAR (1925) bei $420\,\mu$ aus der Quarzquecksilberlampe durch geeignete Filterung. Die Wellenlängen wurden von RUBENS meist interferometrisch gemessen, im kurzwelligen Teil des Spektrums auch mit Beugungsgittern.

Während so RUBENS das Spektrum eroberte, stellte er sich gleichzeitig die Aufgabe, mit den neu gewonnenen Hilfsmitteln die MAXWELLsche Theorie zu prüfen, und zwar in zweifacher Hinsicht. Das optische Verhalten der Metalle ist nach der MAXWELLschen Theorie durch ihre Leitfähigkeit bestimmt. Den Zusammenhang zwischen Reflexionsvermögen und Leitfähigkeit bestimmten HAGEN und RUBENS empirisch ohne Kenntnis der Theorie (HAGEN-RUBENSsche Beziehung, § 22). Die theoretische Formel bestätigte sich bis herab zu etwa $4\,\mu$, von da an machen sich die Eigenfrequenzen der Elektronen bemerkbar, die in der ursprünglichen MAXWELLsche Theorie nicht berücksichtigt werden. Ebensowenig nimmt sie Rücksicht auf die Eigenfrequenzen der Molekülionen der Dielektrika, die nach DRUDE im Ultrarot liegen, so daß die MAXWELLsche Beziehung $n^2 = \varepsilon$ nur für sehr lange Wellen gilt, wie RUBENS und seine Mitarbeiter feststellen konnten (§ 21).

Die Feststellung der Lage jener Eigenschwingungen und ihrer Beziehung zur Konstitution der Molekeln war die nächste Aufgabe, deren Bedeutung erst heute vollkommen erkannt ist. Schon früh (ca. 1890) hatte man begonnen, die spektrale Absorption der Gase, Flüssigkeiten und festen Körper zu bestimmen, hauptsächlich in Untersuchungen von JULIUS, ÅNGSTRÖM und PASCHEN.

Zunächst begnügte man sich damit, die Lage der Absorptionsbanden festzulegen, ohne auf Feinheiten zu achten; man fand auch einige Gesetzmäßigkeiten: z. B. zeigten nach Julius alle Stoffe mit einer CH_2- oder CH_3-Gruppe ähnliche Spektren. Diese Entdeckung wurde der Ausgangspunkt aller späteren Untersuchungen, die sich mit den Beziehungen des ultraroten Spektrums zum Aufbau der Moleküle befassen. Erst im laufenden Jahrhundert suchte man auch die Feinstruktur der Absorptionsbanden, deren Existenz oft vermutet wurde, und zuerst 1903 auf indirektem Wege nachgewiesen werden konnte (Schaefer).

E. v. Bahr (1913) gelang es dann, bei Wasserdampf zum erstenmal eine Bande in einzelne Linien aufzulösen. Nachdem Bjerrum seine Theorie der Doppelbanden geschaffen hatte (1912) (§ 27), gewannen die Messungen große Bedeutung für die Molekularphysik, da sie die Trägheitsmomente der Moleküle zu berechnen gestatteten. Die Beobachtungen sind inzwischen besonders von amerikanischen Forschern verfeinert und weitergeführt worden und sind neuerdings auch für die Erforschung der Molekularstruktur komplizierterer Gase von Nutzen gewesen. Die wachsende Verfeinerung der Messungen wurde notwendig durch die Entwicklung der Quantentheorie in ihrer Anwendung auf die Theorie der Spektren.

Bei den festen Körpern war die Entwicklung eine ähnliche. Zunächst mußte umfangreiches Material beschafft werden, nach dessen Sichtung systematische Untersuchungen Platz greifen konnten. Das Problem der Beziehung zur Kristallstruktur ist erst in neuester Zeit aufgegriffen worden.

Für die Grundlegung der Quantentheorie hat die Ultrarotforschung ebenfalls besondere Bedeutung gehabt. Die Strahlungsmessungen von Lummer und Pringsheim (1899) gaben den Anstoß zur Aufstellung der Quantentheorie. Später sind von Rubens diese Versuche weitergeführt worden und haben eine volle Bestätigung der Planckschen Strahlungsformel ergeben (1921, § 19).

Der Schilderung der eben genannten Gebiete der Ultrarotforschung ist ein großer Teil dieses Buches gewidmet.

Die weitere Entwicklung der Erforschung des ultraroten Spektralgebietes geht neben weiterer Vervollkommnung der experimentellen Methoden dahin, die erwähnten Beziehungen zum Aufbau der Materie und zur Quantenmechanik immer mehr zu klären. Im besonderen gewinnen quantitative Intensitätsmessungen und die Untersuchungen im langwelligen Ultrarot an Bedeutung.

Wenn wir einzelne Perioden abgrenzen wollen, obwohl eine scharfe Grenzziehung natürlich nicht möglich ist, so können wir die Periode bis LANGLEY als die Zeit der Pioniertätigkeit bezeichnen; ihr schließt sich die Periode extensiver Erforschung des Spektrums an, in der die grundlegenden Methoden geschaffen und die hauptsächlichen Gesetzmäßigkeiten des Spektrums erkannt werden. Diese Periode kann mit dem Tode von RUBENS (1922) als abgeschlossen betrachtet werden. Inzwischen sind wir in die Periode intensiver Forschung eingetreten.

Zum Schluß geben wir noch eine Zusammenstellung von zusammenfassender Literatur.

Bücher:

1. J. LECOMTE, Le spectre infrarouge. Paris 1928.
2 F. I. G. RAWLINS and A. M. TAYLOR, Infrared analysis of molecular structure. Cambridge 1929.

Kurze zusammenfassende Darstellungen:

3. H. RUBENS, Le spectre infrarouge. Rapports du Congr. intern. de Phys. 1900.
4. — — Das ultrarote Spektrum und seine Bedeutung für die Bestatigung der elektromagnetischen Lichttheorie. Berl. Ber. 1917, S. 47.
5. G. LASKI, Ultrarotforschung. Ergebnisse der exakt. Naturw. Bd. 3. S. 86. 1924.
6. CL. SCHAEFER, Die Eigenschwingungen der Kristalle. Fortschr. d. Min., Krist. u. Petrogr. Bd. 9, S. 31. 1924.
7. Verschiedene Artikel im Handbuch der Physik von H. Geiger u. K. Scheel, Berlin, Julius Springer; in Wien-Harms' Handbuch der Experimentalphysik und Gehrckes Handbuch der physikalischen Optik.

I. Experimentelle Hilfsmittel.

A. Intensitätsmessung.

§ 2. Lichtquellen.

Die heute gebräuchlichsten Lichtquellen für das ultrarote Spektralgebiet sind der „schwarze Körper", der Auerbrenner und der Nernstbrenner.

Der schwarze Körper strahlt nach dem PLANCKschen Strahlungsgesetz

$$E_\lambda = \frac{c_1}{\lambda^5} \frac{1}{e^{\frac{c_2}{\lambda T}} - 1} \quad \text{(vgl. § 17),}$$

wo $c_2 = 1{,}43$ cm · Grad und c_1 einen hier für uns unwesentlichen Proportionalitätsfaktor darstellt (λ = Wellenlänge und T = absol. Temperatur).

Man wird den schwarzen Körper überall da anwenden, wo es auf eine theoretisch und praktisch wohl definierte Strahlungsquelle ankommt. Er ist besonders reich an solcher Strahlung, deren Wellenlänge kleiner als etwa 6 μ ist, was für Messungen im langwelligen Spektrum hinderlich ist, da man dann hohe Anforderungen an die Reinheit des Spektrums stellen muß, wenn man nicht durch kurzwellige Verunreinigung gestört werden will.

WIEN, LUMMER, PRINGSHEIM und KURLBAUM[1] haben den schwarzen Körper praktisch verwirklicht durch einen gleichmäßig geheizten Hohlraum, dessen Wände aus feuerfester Masse bestehen, der mit einem kleinen Loch versehen ist, aus dem die Strahlung austreten kann. Ein solcher Hohlraum ist nach KIRCHHOFFS Theorie dem schwarzen Körper gleichwertig. Die Heizung erfolgt durch elektrischen Strom, die Wärmestrahlung der Wände sorgt

---

[1] W. WIEN u. O. LUMMER, Wied. Ann. Bd. 56, S. 451. 1895; O. LUMMER u. E. PRINGSHEIM, Wied. Ann. Bd. 63, S. 395. 1897; F. KURLBAUM, Wied. Ann. Bd. 65, S. 746. 1898.

auch dafür, daß eine gleichmäßige Temperatur sich einstellt. Der Hohlraum ist meist zylindrisch und im Innern mit mehreren Blenden versehen, die verhindern sollen, daß direkte Strahlung von den Wänden austritt[1]. Eine ausführliche Beschreibung haben Lummer und Kurlbaum[2] gegeben.

Im Gegensatz zum schwarzen Körper ist der Auerbrenner (ohne Zugglas) besonders reich an langwelliger Strahlung ($\lambda > 6\ \mu$). Nach Rubens[3], der die Strahlung des Auerbrenners eingehend untersucht hat, emittiert der aus etwa 99,2% Th-Oxyd und 0,8% Ce-Oxyd bestehende Auerstrumpf in dem Gebiet von 1 bis 6 μ nur in geringem Maße, dagegen nähert sich seine Emission bei längeren Wellen der des schwarzen Körpers. Ein stärkerer Ce-Zusatz hat eine Steigerung der Emission im Sichtbaren und

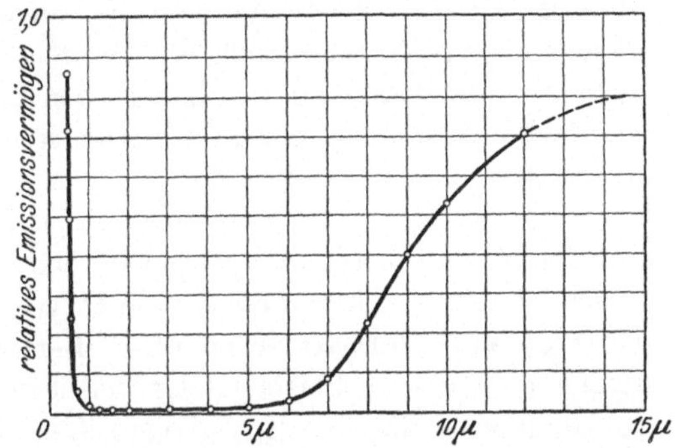

Abb. 1. Relatives Emissionsvermögen des Auerstrumpfs.

im kurzwelligen Ultrarot (bis ca. 1,5 μ) zur Folge, wodurch außerdem die Flammentemperatur herabgesetzt wird[4]. Dem Spektrum des Auerstrumpfs sind die Emissionsbanden der Bunsenflamme übergelagert, hauptsächlich bei 2,7 μ und 4,2 μ (CO_2). Die Temperatur des Auerbrenners beträgt rund 1800° abs. bei günstigster Regulierung des Gasdrucks.

Abb. 1 gibt das relative Emissionsvermögen des Auerstrumpfs wieder, d. h. das Verhältnis der Strahlungsenergien von Auerstrumpf und schwarzem Körper gleicher Temperatur, was nach Kirchhoffs Gesetz mit dem Absorptionsvermögen des Strahlers

---

[1] Das scheinbare Verschwinden der Blenden liefert gleichzeitig ein optisches Kriterium dafür, daß Temperaturgleichgewicht erreicht ist.

[2] O. Lummer u. F. Kurlbaum, Ann. d. Phys. Bd. 5, S. 829. 1901.

[3] H. Rubens, Ann. d. Phys. Bd. 18, S. 725. 1905; Phys. ZS. Bd. 7, S. 187. 1906; O. Lummer u. E. Pringsheim, Phys. ZS. Bd. 7, S. 89. 1906; W. Nernst u. E. Bose, Phys. ZS. Bd. 1, S. 289. 1900.

[4] H. Rubens, Ann. d. Phys. Bd. 20, S. 593. 1906.

gleichbedeutend ist. Hieraus geht der Vorzug des Auerbrenners gegenüber dem schwarzen Körper im langwelligen Gebiet deutlich hervor.

Ein weiterer Vorteil des Auerbrenners ist die Größe der ausnutzbaren leuchtenden Fläche, was für Messungen, bei denen ohne Spalt gearbeitet wird, etwa Reststrahlmessungen, sehr günstig ist. Seine Nachteile liegen in der Schwierigkeit, einen konstanten Gasdruck aufrecht zu erhalten. Als Mittel, dies zu erreichen, dienen Druckregulatoren (große Volumina unter konstantem Druck), die in die Leitung eingebaut werden und ausgleichend wirken, oder auch ein Hahn, der eine Feinregulierung erlaubt. Als Indikator für konstanten Druck kann die photometrische Einstellung gegenüber einer konstanten Lichtquelle benutzt werden.

Eine sehr leicht auf 1% konstant zu haltende Lichtquelle ist der Nernstbrenner, dessen leuchtende Masse aus einem Gemisch von Cer-, Thor- und Zirkon-Oxyden besteht. Er wird im Ultrarot ohne Vorwärmer benutzt. Bei niedrigen Temperaturen strahlt er selektiv. Bei normaler Belastung aber hat er im Ultrarot annähernd dieselbe Energieverteilung wie ein schwarzer Körper gleicher Temperatur, d. h. in Abb. 1 würde sein relatives Emissionsvermögen durch eine horizontale Gerade dargestellt werden, der ein Ordinatenwert von etwa 75% zukäme[1]. Seine Temperatur beträgt rund 2400° abs.[2]. Wie der schwarze Körper selber, ist auch der Nernstbrenner verhältnismäßig arm an langwelliger Strahlung, weswegen sein Hauptanwendungsgebiet auf die Wellenlängen unterhalb 20 μ beschränkt ist. Seine Form macht ihn zu spektrometrischen Untersuchungen sehr geeignet, da die Leuchtmasse meist stabartig ausgebildet ist. Temperaturschwankungen der Umgebung haben übrigens einen merklichen Einfluß auf die Strahlungsintensität.

Gasgefüllte Wolframband-Lampen mit Quarzfenster sind ebenfalls sehr intensive und konstante Strahler für das Spektralgebiet bis 4 μ, wo die Absorption des Quarzes zu groß wird und die Emission von Wolfram selbst nur noch geringe Werte hat.

Strahlungsquellen, bei denen irgendein Metallsalz oder -Oxyd

---

[1] E. WIEGAND, ZS. f. Phys. Bd. 30, S. 40. 1924.
[2] W. W. COBLENTZ, Bull. Bur. of Stand. Bd. 4, S. 533. 1908; Bd. 9. S. 81. 1913; E. BENEDICT, Ann. d. Phys. Bd. 47, S. 641. 1915.

etwa in Form eines Aufstrichs auf ein Pt-Blech erhitzt wird, wie der LINNEMANNsche Zirkonbrenner, werden heute kaum noch benutzt.

Es sei hier noch erwähnt die Quarz-Quecksilber-Lampe[1] für den Bereich von $200-400\,\mu$. Eingehende Behandlung dieser Strahlung findet man in § 13.

Über die Intensitätsmessung ist folgendes zu sagen:

Da okulare Intensitätsvergleichungen im Ultrarot nicht möglich sind, ist man auf objektive Intensitätsmessungen angewiesen. Fast alle hierzu benutzten Methoden messen direkt auffallende Wärmemengen, bzw. die durch sie hervorgerufenen Temperaturänderungen. Photographische Methoden reichen höchstens bis zu einer Wellenlänge von $2\,\mu$, außerdem sind ihre Intensitätsangaben unsicher. Die Strahlungsempfänger dürfen keine selektiven Eigenschaften aufweisen, wenn ihre Angaben bei verschiedenen Wellenlängen vergleichbar sein sollen[2]. Die zu bestrahlenden Stellen werden deshalb geschwärzt. Als Schwärzungsmittel dient für kurze Wellenlängen Lampenruß. Für längere Wellen ist Ruß nicht schwarz genug, und man schwärzt mit einer Mischung von Ruß und Natronwasserglas[3]. Andere Schwärzungsmittel sind: Wäßrige Lösungen kolloiden Kohlenstoffs[4], eine alkoholische Lösung von Platin und Lampenschwarz[5] oder eine alkoholische Lösung von Ölschwarz unter Zusatz von Natronwasserglas[6], die eine fast absolut graue Substanz darstellt, aber als Schwärzungsmittel für Strahlungsempfänger noch nicht erprobt ist, und Crova-Ruß[7] (Schichten von in Alkohol gebadetem Ruß). Die Reflexion verschiedener Schwärzungsmittel ist von COBLENTZ[8] und ROYDS[9] untersucht worden.

---

[1] H. RUBENS u. O. v. BAEYER, Berl. Ber. 1911, S. 339 u. 666.

[2] Von Methoden mit selektiver Empfindlichkeit sei hier die photoelektrische erwähnt, die jüngst von J. BARNES u. W. H FULWEILER (Phys. Rev. Bd. 32, S. 618. 1928) mit Erfolg angewandt wurde. Die sog. Thalofide-Zelle ist zwischen 1 und $1,2\,\mu$ brauchbar.

[3] H. RUBENS, Berl. Ber. 1910, S. 1132.

[4] W. I. H. MOLL, Phil. Mag. Bd. 50, S. 618. 1925.

[5] W. W. COBLENTZ, ZS. f. Instrkde. Bd. 34, S. 14. 1914.

[6] H. RUBENS u. K. HOFFMANN, Berl. Ber. 1922, S. 424.

[7] A. CROVA u. P. COMPAN, C. R. Bd. 126, S. 707. 1898.

[8] W. W. COBLENTZ, Bull. Bur. of Stand. Bd. 9, S. 283. 1913.

[9] T. ROYDS, Phys. ZS. Bd. 11, S. 316. 1910.

Eine Schwärzung ist auch möglich, indem man den zu schwärzenden Teil des Instruments mit spiegelnden Hüllen umgibt, wie es Paschen[1] für ein Bolometer angegeben hat.

§ 3. Thermosäulen.

Die Messung der Strahlungsintensität mit Thermosäule und Galvanometer wurde in die moderne Ultrarotforschung von Rubens[2] wieder eingeführt, nachdem sie längere Zeit durch das Bolometer (§ 6) verdrängt worden war. Wir wenden uns zunächst einigen allgemeinen Betrachtungen zu.

Der äußere Nutzeffekt einer Thermosäule ist nach Lord Rayleigh[3] und Altenkirch[4] am größten, wenn der äußere Widerstand etwa 1 bis 3 mal so groß ist als der innere Widerstand der Thermosäule und wenn für jeden Bestandteil der Thermosäule das Verhältnis zwischen Wärmeleitung und elektrischem Widerstand das gleiche ist.

Johansen[5] untersucht die Strahlungsempfindlichkeit einer Vakuum-Thermosäule (d. h. Ausschlag für $1 \frac{\mathrm{cal}}{\mathrm{cm}^2\,\mathrm{sec}}$ eines mit der Thermosäule verbundenen Nadelgalvanometers) und findet, daß die Widerstände von Thermosäule und Galvanometer gleich sein müssen, daß wiederum Wärmeleitung und elektrischer Widerstand in konstantem Verhältnis stehen müssen, und daß der Verlust an Wärme durch metallische Wärmeleitung dem Verlust durch Strahlung gleich sein muß. Die Empfindlichkeit einer demgemäß rationell konstruierten Thermosäule ist proportional der Wurzel aus der bestrahlten Oberfläche, ein Ergebnis, das unabhängig ist von der Zahl der Lötstellen, wenn mit deren Vermehrung eine entsprechende Vergrößerung des Widerstandes der Thermosäule und des Galvanometers verbunden ist.

Die Strahlungsempfindlichkeit setzt sich multiplikativ zusammen aus der „Temperaturempfindlichkeit", d. h. dem Ausschlag für 1° Temperaturerhöhung, und der durch die auffallende Strahlung hervorgerufenen Temperaturerhöhung. Die Temperatur-

---

[1] F. Paschen, Wied. Ann. Bd. 60, S. 712. 1897.

[2] H. Rubens, ZS. f. Instrkde. Bd. 18, S. 65. 1898.

[3] Lord Rayleigh, Phil. Mag. Bd. 20, S. 361. 1885.

[4] E. Altenkirch, Phys. ZS. Bd. 10, S. 560. 1909.

[5] E. S. Johansen, Ann. d. Phys. Bd. 33, S. 517. 1910.

empfindlichkeit ist mit der Wahl des Materials durch · dessen Thermokraft gegeben. Die Temperaturerhöhung kann aber je nach Konstruktion infolge der Verluste durch Strahlung und Wärmeleitung verschieden sein.

Der Wärmeverlust durch Strahlung ist unvermeidlich, dagegen läßt sich der Einfluß der äußeren Wärmeleitung dadurch herabsetzen, daß man nach dem Vorgang von LEBEDEW[1] die Thermosäule ins Vakuum bringt. Die Empfindlichkeit steigt mit fallendem Druck. Bei ca. 10^{-3} mm Hg wird im allgemeinen die größte Empfindlichkeit erreicht. Die Steigerung der Empfindlichkeit ist dabei oft beträchtlich, je nach dem ursprünglichen Einfluß der Luft. Je kleiner die bestrahlte Oberfläche ist, um so größer ist die Steigerung der Empfindlichkeit, da dann die äußere Wärmeleitung relativ von größerem Einfluß ist.

Weiter empfiehlt es sich, um große Empfindlichkeit im Vakuum zu erzielen, die bestrahlten Lötstellen möglichst klein und mit geringer Wärmekapazität, die unbestrahlten dagegen mit großer Wärmekapazität zu konstruieren. Die Drähte seien möglichst dünn, um die metallische Wärmeleitung herabzusetzen. Von der letzten Bedingung abgesehen, bringt es die Erfüllung der übrigen gleichzeitig mit sich, daß die Zeit bis zur Erreichung des Gleichgewichts klein wird; das Wärmeleitungsvermögen müßte aber zu dem Zweck möglichst groß sein.

Nach diesen Prinzipien gebaute Thermosäulen würden in Luft den Störungen durch Änderung der Lufttemperatur ausgesetzt sein, da sich ja die eine Lötstelle schneller erwärmt als die andere. Diese Störungen fallen fort, wenn die kalten Lötstellen ebenso gebaut sind wie die bestrahlten (Kompensationslötstellen). Der letzten Art gehören die Thermosäulen von RUBENS, PASCHEN u. a. an, der ersten Art die von JOHANSEN, MOLL u. a.[2]

Als Galvanometer zur Messung der erzeugten Thermoströme kann jedes empfindliche Galvanometer benutzt werden[3]. Der meist gebrauchte Typus war früher das DU BOIS-RUBENSsche Panzergalvanometer, das in der Wahl seiner Widerstände (vier

---

[1] P. LEBEDEW, Ann. d. Phys. Bd. 9, S. 209. 1906.

[2] Vgl. W. W. COBLENTZ, Phys. ZS. Bd. 14, S. 683. 1913; E. S. JOHANSEN, Phys. ZS. Bd. 14, S. 998. 1913.

[3] Galvanometertypen s. etwa in GRAETZ, Handbuch der Elektrizität Bd. 2 und Geiger-Scheels Handbuch der Physik Bd. 16.

Spulen von je 5 Ohm, die parallel und hintereinander geschaltet werden konnten) für die Rubenssche Thermosäule gut geeignet war. Heute finden Saiten- und Schleifengalvanometer größere Verwendung, da sie fast trägheitslose Einstellung und konstanten Nullpunkt zeigen. Auch das Drehspul-Galvanometer von Moll und Burger[1] in Verbindung mit dem Thermorelais derselben Forscher[2] (vgl. weiter unten) ist in dieser Hinsicht gut brauchbar.

Bei einem Drehspulgalvanometer wird man Thermosäulen großen Widerstands vorziehen, da der Widerstand der Galvanometerspulen in der günstigsten Schaltung klein sein muß gegen den äußeren Widerstand (Gesamtwiderstand = Grenzwiderstand für aperiodische Einstellung). Für hochempfindliche Nadelgalvanometer kommen dagegen Thermosäulen mit kleinem Widerstand in Frage, der unter Umständen durch Parallelschalten einiger Elemente der Säule erreicht werden kann[3].

Die wichtigsten Konstruktionen von Thermosäulen seien nun kurz besprochen.

Die Rubenssche Thermosäule hat 20 Eisen-Konstantan-Elemente, die in der in Abb. 2 zu ersehenden Weise angeordnet waren, also mit Kompensationslötstellen. Die mittleren Lötstellen wurden der Strahlung ausgesetzt. Die gegenseitige seitliche Entfernung der Lötstellen betrug 5 mm, die Lötstellen hatten eine Fläche von 0,8 mm². Die Eisen- und Konstantan-Drähte waren 0,1 bis 0,15 mm dick, der Widerstand der Thermosäule betrug etwa 3,5 Ohm. Eine HK in 1 m Entfernung ergab 250 mm Ausschlag, wenn die Empfindlichkeit des Panzergalvanometers $1,4 \cdot 10^{-10}$ Amp. pro mm war und die Skala 1 m vom Spiegel entfernt war, Einstellungszeit 14 sec[4].

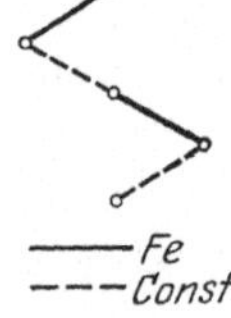

Abb. 2. Anordnung der Lötstellen.

---

[1] W. I. H. Moll u. H. C. Burger, Proc. Phys. Soc. London Bd. 35, S. 253. 1923.

[2] W. I. H. Moll u. H. C. Burger, ZS. f. Phys. Bd. 34, S. 109. 1925; Phil. Mag. Bd. 50, S. 624. 1925.

[3] W. W. Coblentz, Bull. Bur. of Stand. Bd. 11, S. 131. 1914.

[4] Die bei der Empfindlichkeit angegebenen Ausschläge sind oft nur Rechnungsgrößen, nicht direkt beobachtet. Bei großen Ausschlägen ist außerdem die Proportionalität mit der auffallenden Energiemenge nachzuprüfen.

In ähnlicher Weise, aber mit rationellerer Wahl der Konstruktionsdaten sind die Eisen-Konstantan-Thermosäulen von COBLENTZ[1], PASCHEN[2] und REINKOBER[3] konstruiert. Die REINKOBERsche Thermosäule war eine Vakuumthermosäule, deren Drähte 21 μ dick waren, ihr Widerstand betrug 14 Ohm.

COBLENTZ[4] hat eine Reihe von sehr empfindlichen und wenig trägen Thermosäulen aus Wismut und Silber gebaut. Auch die Kombination Wismut-Eisen und Antimon-Wismut-Legierungen wurden benutzt. Silber empfiehlt sich durch seinen geringen elektrischen Widerstand und die gute Bearbeitbarkeit.

PFUND[5] benutzt als Material für seine Vakuumthermosäule HUTCHINS' Legierungen (95 Bi + 5 Sn und 97 Bi + 3 Sb), deren Thermospannung 120 Mikrovolt pro 1° C beträgt.

Die von WITT[6] aus Bi und einer Bi-Sn-Legierung (95 Bi + 5 Sn) hergestellte Thermosäule mit 19 Elementen ist zwar sehr empfindlich, braucht aber 17 sec zur Einstellung. Die Lötstellen bestehen aus dünnen Ag-Folien von 0,7 · 2 mm² Größe. Der Widerstand der Thermosäule beträgt 74,5 Ohm. Ein Zylinderspiegel vereinigt die neben der Lötstelle passierenden Strahlen wieder auf dieser. Eine HK in 6 m Entfernung gab 190 mm Ausschlag, wenn das PASCHENsche Panzergalvanometer einen Widerstand von 90 Ohm hatte.

Ein praktisches Konstruktionsprinzip hat KEEFER[7] angegeben, bei dem durch Zerschneiden der ursprünglichen Lötstellen der kreuzweise gelagerten Drähte zwei dicht beieinander liegende Thermosäulen erhalten werden, die hintereinander, bzw. parallel geschaltet werden können (s. Abb. 3). Die kalten Lötstellen liegen in gleicher Weise auf der Rückseite des Trägers.

Abb. 3. Thermosäule von KEEFER.

[1] W. W. COBLENTZ, Bull. Bur. of Stand. Bd. 4, S. 400. 1907.

[2] F. PASCHEN, Ann. d. Phys. Bd. 33, S. 736. 1910.

[3] O. REINKOBER, Ann. d. Phys. Bd. 34, S. 349. 1911.

[4] W. W. COBLENTZ, Bull. Bur. of Stand. Bd. 9, S. 15. 1913; Bd. 11, S. 132 u. 613. 1914; Bd. 17, S. 187. 1922; ZS. f. Instrkde. Bd. 34, S. 14. 1914.

[5] A. H. PFUND, Phys. ZS. Bd. 13, S. 870. 1912; Phys. Rev. Bd. 34, S. 228. 1912.

[6] H. WITT, ZS. f. Phys. Bd. 28, S. 236. 1924.

[7] H. KEEFER, Phys. ZS. Bd. 29, S. 681. 1928.

Alle genannten Thermosäulen sind wesentlich empfindlicher als die Rubenssche.

Das Prinzip der massiven kalten Lötstellen wird von den im folgenden genannten Thermoelementen und Thermosäulen angewandt.

Zuerst von Moll[1] und auf Grund seiner theoretischen Betrachtungen von Johansen konstruiert, zeigten sie damals noch einige Nachteile. Große Empfindlichkeit und geringe Trägheit schlossen sich gegenseitig aus.

Ein äußerst empfindliches und trotzdem trägheitslos arbeitendes Vakuumthermoelement bauten Moll und Burger[2]. Dies Thermoelement besteht aus Manganin- und Konstantanbändern, die 0,05 mm breit, 0,001 mm dick und 8 mm lang sind. Die außer-

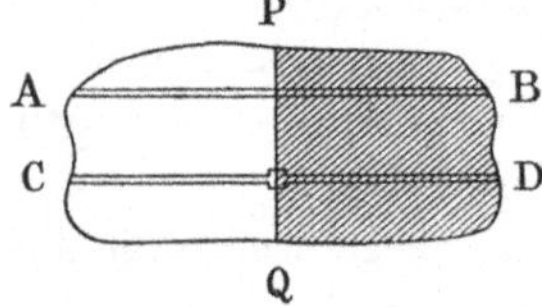

Abb. 4a. Thermoblech.

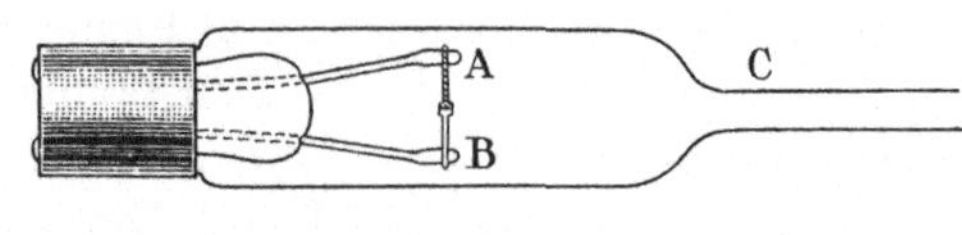

Abb 4b. Anordnung des Thermoelements nach Moll und Burger.

ordentliche Feinheit der Bänder wird erreicht durch Verwendung des Thermoblechs (Abb. 4a), d. h. zweier in einer feinen Naht verlöteten Bleche aus Manganin und Konstantan, die auf möglichst kleine Dicke ausgewalzt werden. Dadurch wird die Wärmekapazität des bestrahlten Teils sehr gering. Die kalten Lötstellen sind mit den Drähten der Zuleitung verbunden. Der Widerstand des Thermoelementes ist 15 Ohm, 10^{-8} cal/sec ergaben eine Spannung von 1 Mikrovolt, Einstellungszeit 3 sec. Um Störungen durch Erwärmung der das Element umgebenden Glaswand zu vermeiden, ist die Glasröhre in einen doppelten Kupfermantel eingeschlossen (s. Abb. 4b).

Eine Thermosäule aus 30 derartigen Elementen ist von Moll[3] beschrieben worden. Die Bänder waren hier 0,007 mm dick, die

---

[1] W. I. H. Moll, Dissert. Utrecht 1907, Arch. Néerland. Bd. 13, S. 100. 1908.

[2] W. I. H. Moll u. H. C. Burger, Phil. Mag. Bd. 50, S. 618. 1925; ZS. f. Phys. Bd. 32, S. 575. 1925.

[3] W. I. H. Moll, Proc. Phys. Soc. London Bd. 35, S. 257. 1923.

kalten Lötstellen waren auf Kupferstifte gelötet, die isoliert in einer metallenen Grundplatte eingebettet waren. Eine HK in 0,5 m Entfernung lieferte 24 Mikrovolt. Trotz der in Hinsicht auf die Konstanz des Nullpunktes ungünstigeren Konstruktion arbeitete die Thermosäule völlig störungsfrei (in Luft!).

ADAM HILGER[1] baute eine Thermosäule aus HUTCHINS' Legierungen, die ebenfalls große Empfindlichke't mit geringer Trägheit und guter Konstanz des Nullpunktes vereinigt. Der Maximalausschlag ist in 2 bis 3 sec erreicht. Eine HK in 1 m Entfernung ergab eine Klemmenspannung von etwa 7 Mikrovolt. Sie besitzt einen Widerstand von ca. 10 Ohm. Die Anordnung der Lötstellen zeigt Abb. 5. Die Auffangeplatten bestanden aus Ag-Folien, deren Breite für die verschiedenen Modelle von 0,5 bis 1,5 mm wechselt. Jede kalte Lötstelle ist mit einem sie umgebenden Schutzmantel aus Ag-Streifen verbunden, durch den ein Kriechen des Nullpunktes vermieden wird.

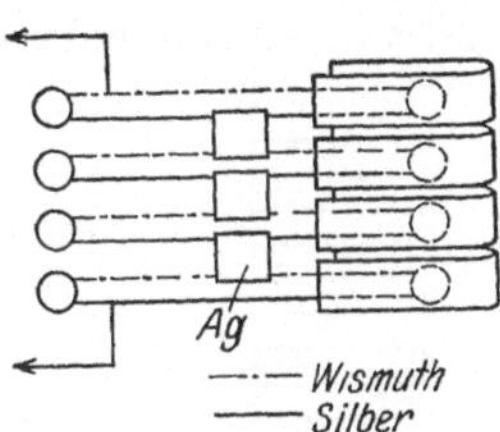

Abb. 5. HILGERsche Thermosäule.

Die VOEGEsche Thermosäule[2] besteht aus 10 Bi-Fe-Elementen. Ihre Empfindlichkeit wird gekennzeichnet durch die Angabe, daß eine HK in 1 m Entfernung 7,2 Mikrovolt liefert, bzw. 20 Skt. Ausschlag, wenn 1 Skt. $= 6 \cdot 10^{-8}$ Amp. Der Widerstand der Thermosäule beträgt 38 Ohm, Einstellungszeit 2 sec. Auch schon ein einziges Thermoelement liefert eine große Empfindlichkeit, wenn man die auffallende Strahlung durch einen hinter dem Element angebrachten Hohlspiegel auf die Lötstelle konzentriert. Das Element ist etwa 15mal empfindlicher als die RUBENS-Säule und 3mal empfindlicher als die VOEGE-Säule. RUSCH[3] wandte eine einzige, entsprechend größere Lötstelle bei seinem Vakuum-Thermoelement (Fe-Konstantan) an, die nach JOHANSEN l. c. mehreren kleineren äquivalent ist.

Um zwei Spektren auf ihre Gleichheit prüfen zu können, baute CARVALLO[4] eine Differentialthermosäule nach dem in Abb. 6

[1] Katalogangaben.
[2] W. VOEGE, Phys. ZS. Bd. 21, S. 288. 1920; Bd. 22, S. 119. 1921.
[3] M. RUSCH, Ann. d. Phys. Bd. 70, S. 373. 1924.
[4] A. CARVALLO, Ann. de chim. et de phys. Bd. 4, S. 1. 1895.

erläuterten Muster, dessen Wirkungsweise ohne weiteres verständlich ist.

Das schon erwähnte Thermorelais von MOLL und BURGER gestattet, sehr kleine Ausschläge eines Galvanometers zu vergrößern:

Die der zu messenden Strahlung ausgesetzte Thermosäule sei mit einem relativ unempfindlichen Galvanometer mit guter Konstanz des Nullpunkts verbunden. Der „Lichtzeiger" des Galvanometers treffe auf ein MOLL-BURGERsches Thermoelement (Abb. 4b).

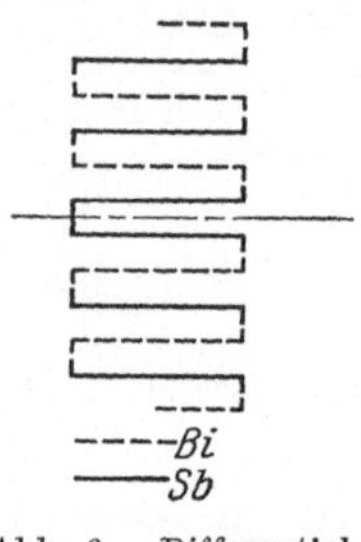

Abb. 6.　Differentialthermosäule nach CARVALLO.

Die Nullpunktstellung wird so einreguliert, daß das Strahlenbündel symmetrisch auf den mittleren Teil des Elements auffällt, so daß in einem mit diesem Thermoelement verbundenen empfindlichen Hilfsgalvanometer kein Ausschlag erfolgt. Bewegt sich nun der Lichtzeiger auf dem Thermoelement, dann werden die Lötstellen ungleich stark erwärmt und das Hilfsgalvanometer zeigt einen Thermostrom an. Diese Relaismethode läßt sich sinngemäß auf jede Spiegelablesung anwenden. Man kann so die Empfindlichkeit der Anordnung um mehrere Größenordnungen steigern; der Vergrößerung wird nur durch die unvermeidlichen Nullpunktsschwankungen, welche durch die BROWNsche Bewegung bedingt sind, ein Ende gesetzt[1]. Eine Modifikation dieser Anordnung hat ZERNIKE l. c. ausgeführt; er teilt den Lichtstrahl in zwei Teile, die den entgegengesetzten Lötstellen zugeführt werden.

§ 4. Mikroradiometer.

Die Ausnutzung der Thermokraft eines Thermoelementes liegt auch der Konstruktion des Mikroradiometers zugrunde. Bei diesem ist das Thermoelement drehbar in einem konstanten Magnetfeld aufgehängt[2]. Durch Bestrahlung der einen Lötstelle wird ein Thermostrom erzeugt, das drehbare System wird, als Spule im Magnetfeld, abgelenkt.

Das drehbare System hat im Prinzip etwa folgende Form (s. Abb. 7): N und S sind Nord- und Südpol eines Magneten,

---

[1] F. ZERNIKE, ZS. f. Phys. Bd. 40, S. 634. 1927.

[2] C. V. BOYS, Proc. Roy. Soc. London Bd. 42, S. 189. 1887; D'ARSONVAL, Soc. Franc. d. Phys. 1886, S. 30 u. 77.

das Thermoelement L aus beliebigem thermoelektrischem Material[1] ist durch einen Cu-Draht geschlossen. Die Aufhängevorrichtung (Quarzfaden, evtl. noch Zwischenschaltung eines Glas- oder Al-Stabes) trägt den Ablesespiegel Sp.

Im Innern der Windung ist meist noch ein Eisenzylinder angebracht, der für ein möglichst homogenes Feld sorgen soll. Vor der Lötstelle kann ein Metallkonus angebracht werden, der die Strahlung besser auf L konzentriert. Die Lötstelle wird geschwärzt.

Außer den schon bei der Thermosäule zu beachtenden allgemeinen Vorschriften (große thermoelektrische Kraft, geringe Wärmekapazität der Lötstellen, geringe Wärmeleitfähigkeit) kommt hier noch der Einfluß der Dimensionen des Systems und des Magnetfelds hinzu. Diese Verhältnisse sind eingehend von Boys[2] untersucht worden. Seine wichtigsten Ergebnisse sind:

Der Kupferkreis soll nur aus einer Windung bestehen. Widerstand und Trägheitsmoment des Kreises müssen

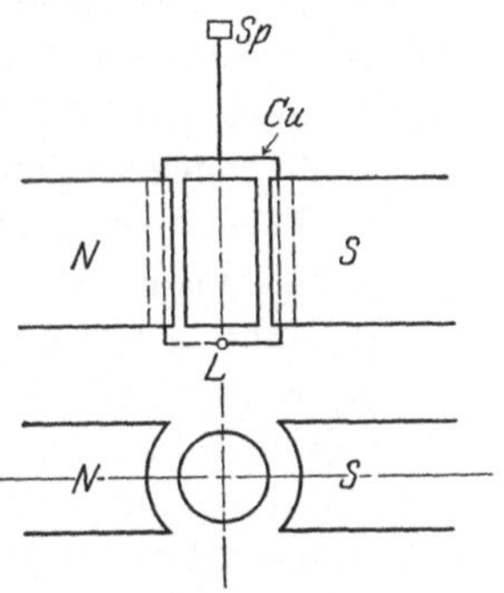
Abb. 7. Mikroradiometer.

denen der Lötstelle gleich sein. Die Breite des Kreises sei gering gegen seine Länge. Das Magnetfeld muß so gewählt werden, daß der Grenzfall aperiodischer Schwingung erreicht wird. Die Stärke eines permanenten Magneten kann zu dem Zweck durch magnetische Nebenschlüsse geändert werden. Dünne Drähte, die wegen der geringen Wärmeleitung erwünscht sind, verlangen ein entsprechend größeres Magnetfeld, wodurch auch der Empfindlichkeitsverlust wegen des elektrischen Widerstands der Drähte kompensiert wird. Die Empfindlichkeit ist dann proportional $\sqrt{TKC}$, wo T die Schwingungsdauer des Systems, K das Trägheitsmoment und C den Widerstand der Lötstelle bedeuten.

---

[1] Benutzt werden zum Beispiel: Bi—Sb, Boys und Coblentz; Bi—Ag, Coblentz; Bi—Cu, Schmidt und Rubens; Bi—Sb und Sb—Cd, Paschen; Bi—Sb und Bi—Sn, Witt und Hettner. — Literatur: W. W. Coblentz, Bull. Bur. of Stand. Bd. 2, S. 479. 1906; Bd. 7, S. 243. 1911; H. Schmidt, Ann. d. Phys. Bd. 29, S. 971. 1909; F. Paschen, Wied. Ann. Bd. 48, S. 273. 1893; H. Witt, Phys. ZS. Bd. 21, S. 374. 1920; G. Hettner, Ann. d. Phys. Bd. 55. S. 485. 1918; H. Rubens u. H. Hollnagel, Berl. Ber. 1910, S. 26.

[2] C. V. Boys, Phil. Trans. Bd. 180A, S. 159. 1889.

LEBEDEW[1] bedient sich eines sinnreichen Verfahrens, die Direktionskraft der Aufhängung zu variieren. Etwas oberhalb des Ablesespiegels bringt er eine kleine Bi-Nadel an, die sich zwischen zwei spitzen Polschuhen aus weichem Eisen befindet. Durch Nähern von Magneten kann man dann ein Magnetfeld von variabler Stärke herstellen, und damit auf die Bi-Nadel einwirken. Auch das Magnetfeld, in dem der Thermokreis sich befindet, reguliert LEBEDEW auf ähnliche Weise, so daß er auf möglichst gute Erreichung des Grenzfalls aperiodischer Dämpfung einstellen kann.

Das System des Mikroradiometers ist sehr empfindlich gegen Luftströmung und die sie begleitenden Temperaturänderungen[2] und muß dagegen gut durch luftdichten Abschluß geschützt werden. Es ist aber anderseits weitgehend unabhängig von magnetischen Störungen, vorausgesetzt, daß das System symmetrisch um die Drehungsachse angeordnet ist, um etwaigen Magnetismus des Materials unschädlich zu machen, oder daß man völlig unmagnetische Stoffe benutzt.

WITT, l. c., hat ein Verfahren angegeben, magnetisch nicht beeinflußbare Drähte aus Cu dadurch herzustellen, daß man auf gewöhnlichen Cu-Draht, der durch Verunreinigungen paramagnetische Eigenschaften hat, so lange elektrolytisch reines, diamagnetisches Cu abscheidet, bis im Magnetometer keine magnetische Wirkung mehr festzustellen ist. Auf ähnliche Weise (diamagnetisches Ag auf paramagnetisches Glas) stellt er unmagnetische Spiegel her.

Einige Formen von Lötstellen zeigt Abb. 8. Die Dimensionen von I (COBLENTZ) sind die folgenden: Die Sb- und Bi-Stücke sind $3{,}5 \cdot 0{,}2 \cdot 0{,}1 \ mm^3$

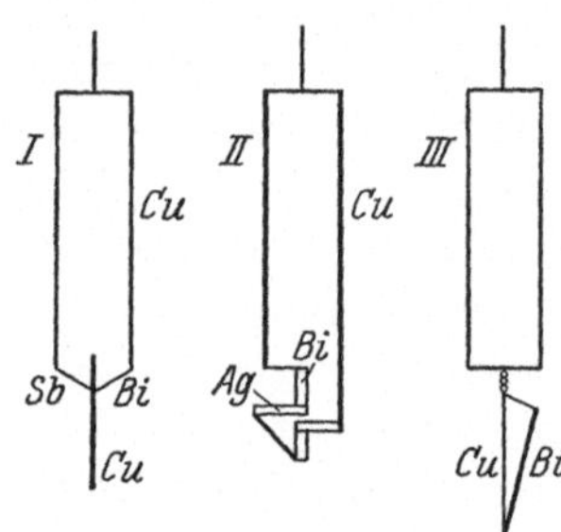

Abb. 8. Verschiedene Formen von Lötstellen.

groß, der untere geschwärzte Cu-Stab, der die Strahlung empfängt, ist 45 mm lang und hat eine Auffangfläche von $3 \ mm^2$. Im Vakuum ergab sich eine Steigerung der Empfindlichkeit um 70%. II zeigt ein System mit zwei hintereinander geschalteten Lötstellen (COBLENTZ), die aber keine größere Empfindlichkeit

---

[1] P. LEBEDEW, Phys. ZS. Bd. 13, S. 465. 1912.
[2] H. HOLLNAGEL, Diss. Berlin 1910.

ergeben als bei Verwendung von nur einer Lötstelle. *III* gibt die von Schmidt und Rubens benutzte Form (Bi: $18 \cdot 1 \cdot 0,4$ mm³, Cu: 0,13 mm dick). Die von Schmidt benutzten Dimensionen liefern ein relativ unempfindliches Instrument, Rubens und Hollnagel und Hettner erreichten durch Verfeinerung des Systems größere Empfindlichkeit.

Die Empfindlichkeit der meisten Mikroradiometer ist etwa die gleiche, nämlich 650 bis 750 mm Ausschlag für eine HK in 3 m Entfernung und 5 m Skalenabstand, bei einer Schwingungsdauer von 10 bis 15 sec. Nur Witt ist es gelungen, ein ebenso empfindliches Instrument, aber mit kleinerer Schwingungsdauer, zu konstruieren. Die Empfindlichkeit des Boysschen Mikroradiometers war halb so groß wie die angegebene.

§ 5. Radiometer.

Die Wirkung des Radiometers (Crookes)[1] beruht darauf, daß eine dünne Platte, deren beide Seiten verschiedene Temperatur besitzen, in einem hinreichend verdünnten Gas eine Kraft erfährt, die sogenannte Radiometerkraft, so daß also durch Bestrahlung ein drehbar aufgehängter Flügel abgelenkt wird.

Die Größe dieser Radiometerkraft hängt ab von der Temperaturdifferenz der beiden Flächen, von deren Beschaffenheit und vom Druck des Gases. Bei einem gewissen Druck in der Größenordnung von ca. 0,01 bis 0,1 mm Hg, bei dem die Dimensionen der Radiometerflügel vergleichbar mit der mittleren freien Weglänge werden, erreicht die Radiometerkraft ein Maximum. Die Druckabhängigkeit wird nach Hettner[2] gegeben durch

$$\frac{1}{K} = \frac{p}{a} + \frac{1}{b\,p}$$

(K = Radiometerkraft, p = Druck, a und b Konstanten).

Auch die Schwingungsdauer und die Dämpfung, durch Gasreibung hervorgerufen, hängen vom Druck ab, und zwar wird mit abnehmendem Druck die Schwingungsdauer kleiner und das System schwingt ungedämpfter. Die Wärmeleitung der Radiometerflügel muß sehr gering sein, um eine größere Temperaturdifferenz aufrechtzuerhalten. Die zu bestrahlende Seite wird dick berußt.

---

[1] W. Crookes, Phil. Trans. Bd 166, S. 325. 1876.
[2] G. Hettner, ZS. f. Phys. Bd. 27, S. 12. 1924.

(Eine zu dünne Berußung gibt Anlaß zu „negativen“ Radiometereffekten [GERLACH[1]].)

Die Entwicklung der Radiometer hat sich mehr auf empirischem Weg vollzogen, im Gegensatz zu den oben besprochenen Instrumenten, da eine ausreichende Theorie fehlte. Ausführliche experimentelle Untersuchungen über das Radiometer hat PRINGSHEIM[2] ausgeführt, der dazu das einfache CROOKESsche Radiometer benutzte. Sein System bestand aus einem an einem Quarzfaden drehbar aufgehängten Flügel, der durch eine Stecknadel auf der andern Seite der Drehungsachse äquilibriert war.

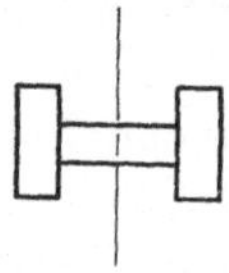

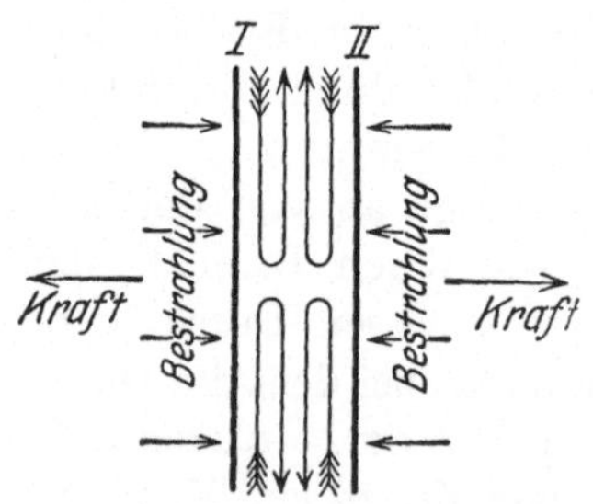

Abb. 9. Radiometerflugel.

Erst NICHOLS[3] gab dem Radiometer eine Form, die es zu Strahlungsmessungen geeignet machte. Er benutzte dabei auf Grund von Beobachtungen von STONEY und MOSS[4] folgenden Kunstgriff: Dem drehbaren Radiometersystem (s. Abb. 9) war eine Glimmerplatte gegenübergestellt. Die Strahlung fiel erst auf die Glimmerplatte, dann auf den einen Radiometerflügel. Die Empfindlichkeit war größer als ohne Benutzung einer solchen „Gegenplatte“. Dieser Effekt läßt sich auf Grund der HETTNERschen Theorie verstehen. Diese besagt, daß bei Bestrahlung ein tangentiales Temperaturgefälle von der Mitte zum Rand der Platte entsteht, womit eine in entgegengesetzter Richtung laufende Strömung des Gases verbunden ist.

Abb. 10. Zur Theorie des Radiometers.

An der beweglichen Fläche läuft die Strömung wieder zurück. Man erkennt eine abstoßende Wirkung auf die beiden Flächen (s. Abb. 10). Bei kreisförmigen Flächen hat FANSELAU[5] die Radiometerkraft berechnet. Sie ist für das Plattenpaar im Verhältnis

$$1 : 1 + \frac{3}{4}\frac{\varrho^2}{a^2}$$

---

[1] W. GERLACH, ZS. f. Phys. Bd. 2, S. 207. 1920.

[2] E. PRINGSHEIM, Wied. Ann. Bd. 18, S. 1. 1883.

[3] E. F. NICHOLS, Wied. Ann. Bd. 60, S. 401. 1897; Phys. Rev. Bd. 4, S. 297. 1897.

[4] H. I. STONEY u. R. I. Moss, Proc. Roy. Soc. London Bd. 25, S. 553. 1877.

[5] G. FANSELAU, Diss. Berlin 1927.

größer als für ein Radiometer ohne Gegenplatte (ϱ = Radius, a = Abstand der Platten). Das gilt nur bei großen Drucken. Für den optimalen Druck ist das Verhältnis nur

$$1 : \sqrt{1 + \frac{3}{4}\frac{\varrho^2}{a^2}} \, .$$

Bei NICHOLS war $a = 2{,}5$ mm, die Radiometerflügel aus geschwärztem Glimmer hatten eine Größe von $2 \cdot 15$ mm². Die ganze Schwingungsdauer für einen Druck $p = 0{,}05$ mm Hg war 12 sec. Eine HK in 6 m Entfernung gab auf einer 1,3 m entfernten Skala 60 Skt. Ausschlag. .

Die Verwendung eines symmetrisch gebauten Systems aus zwei Flügeln, von denen nur einer bestrahlt wird, soll den Einfluß von gestreuter Strahlung vermindern.

Späterhin wurden noch viele Radiometer nach den Prinzipien von NICHOLS gebaut[1]. Man erreichte auch sehr große Empfindlichkeit, mußte aber Schwingungsdauern bis zu mehreren Minuten in Kauf nehmen.

Erst TEAR[2] gelang es, ein Radiometer zu bauen, das beiden Erfordernissen entsprach. Zu dem Zweck verwandte er erstens Radiometerflügel äußerster Kleinheit (z. B. $1{,}5 \cdot 0{,}3$ mm²). Zweitens waren seine Radiometerflügel aus zwei Platten zusammengebaut, die durch ein kleines Quarzstückchen verbunden waren (s. Abb. 11). Je kleiner der Abstand der beiden Platten, um so empfindlicher war das Radiometer. Die Wirkung dieser Konstruktion beruht in der Hauptsache darauf, daß der Wärmeaustausch zwischen Vorder- und Hinterfläche des Flügels verringert wird. Diese Wirkung wurde noch dadurch verstärkt, daß der Glimmer vor Gebrauch lange erhitzt wurde, so daß er Perlmutterglanz erhielt und von vielen Sprüngen durchsetzt war. Das ganze System wog mit Ablesespiegel weniger als 1 mg. Eine HK in 1 m Entfernung ergab für 12 sec ganze Schwingungsdauer 2600 Skt. Ausschlag. (Skalenentfernung 1 m) Die Ablenkung war

Abb. 11. Radiometerflügel nach TEAR.

---

[1] G. W. STEWART, Phys. Rev. Bd. 13, S. 257. 1901; E. R. DREW, Phys. Rev. Bd. 17, S. 321. 1903; O. SANDVIK, Journ. Opt. Soc. Amer. Bd. 12, S. 355. 1926; T. C. PORTER, Astrophys. Journ. Bd. 22, S. 229. 1905.

[2] I. D. TEAR, Phys. Rev. Bd. 23, S. 641. 1924; Journ. Opt. Soc. Amer. Bd. 11, S. 81. 1925.

innerhalb des Bereichs der gedämpften Schwingungen proportional $\sqrt{T}$, wobei die Schwingungsdauer T durch Wahl verschiedener Aufhängefäden variiert wurde.

Etwa die gleiche Empfindlichkeit, aber mit Systemen bequemerer Größe, erzielt HETTNER[1] auf Grund der Erkenntnis seiner Theorie, daß ein tangentiales Temperaturgefälle für den Effekt wesentlich ist. Er konzentriert die Strahlung mittels eines Hohlspiegels, der hinter den Flügeln angebracht ist, auf einen möglichst engen Bereich des Flügels. Für eine Schwingungsdauer von 20 sec ist sein Ausschlag, bei normalen Bedingungen, 2500 Skt. Der Ausschlag ist hier proportional T^2. HETTNER verwendet auch die Gegenplatte, aber vorläufig nur ein einfaches Flügelpaar.

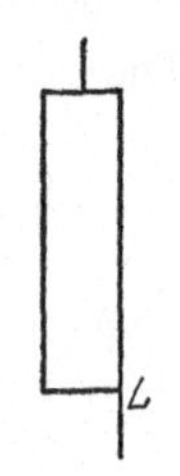

Abb. 12. Unsymmetrischer Radiometerflugel nach COBLENTZ. L = Lötstelle.

Eine Verbindung zwischen Radiometer und Mikroradiometer ist von COBLENTZ[2] angegeben worden. Er verwendet im Mikroradiometer eine unsymmetrisch gebaute Lötstelle (s. Abb. 12), die bei Bestrahlung als Lötstelle des Mikroradiometers und gleichzeitig als Flügel des Radiometers dient.

Es sei noch ein anderes Prinzip erwähnt, das ebenfalls von COBLENTZ[3] der Konstruktion eines Radiometers zugrunde gelegt wurde. Das drehbare System (Abb. 13) besteht aus einem astasierten Magnetpaar, das durch Ebonitstäbe verbunden ist. Bestrahlt man die eine Ebonitfläche, so dehnt sie sich aus, und die Astasierung wird teilweise aufgehoben, wodurch ein Ausschlag hervorgerufen wird. Die Empfindlichkeit hängt ab von der Stärke des Richtfelds (Erdfeld oder Hilfsmagnet), der Stärke der Astasierung und der Länge der Magnete. Dies Instrument ist nicht näher untersucht worden, so daß über seine Brauchbarkeit keine eingehenderen Erfahrungen vorhanden sind.

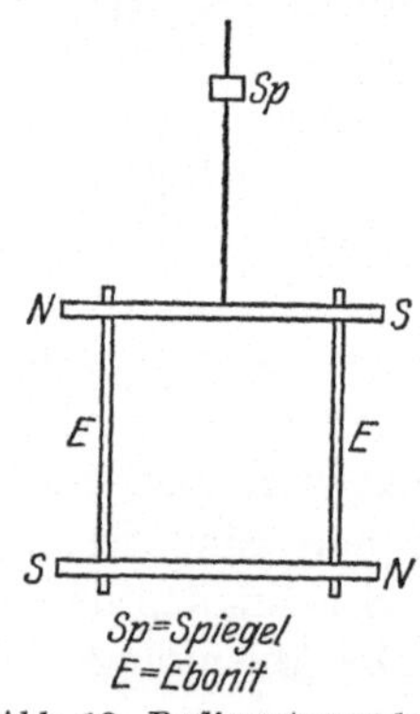

Sp = Spiegel
E = Ebonit

Abb. 13. Radiometer nach COBLENTZ.

[1] G. HETTNER, ZS. f. Phys. Bd. 47, S. 499. 1928.
[2] W. W. COBLENTZ, Bull. Bur. of Stand. Bd. 2, S. 479. 1906.
[3] W. W. COBLENTZ, Bull. Bur. of Stand. Bd. 9, S. 47. 1913.

§ 6. Bolometer.

Das Bolometer, von SVANBERG[1] erfunden, später wieder vergessen und von LANGLEY[2] und BAUR[3] unabhängig voneinander in verbesserter Form in die Strahlungstechnik eingeführt, ist im wesentlichen ein Widerstandsthermometer in einer WHEATSTONEschen Brückenschaltung. Der Widerstand eines Metallstreifens oder -blechs ändert sich bei Bestrahlung infolge der Temperaturerhöhung. Der bestrahlte Streifen bildet den einen ˙Zweig einer Brückenanordnung. War die Brücke vor Bestrahlung stromlos, so wird bei Bestrahlung ein Strom fließen, dessen Stärke ein Maß für die Strahlungsintensität ist.

Um möglichst große Empfindlichkeiten zu erhalten, hat man, zunächst abgesehen von der Art der Brückenschaltung, für den Bolometerstreifen nach LUMMER und KURLBAUM[4] folgende Bedingungen zu erfüllen. Der Temperaturkoeffizient ε des Widerstands w des Bolometerstreifens muß möglichst groß sein, ebenso der Widerstand a des bestrahlten Teils, denn die Widerstandsänderung ist gegeben durch $\alpha = \varepsilon t a$, wo t die durch die Bestrahlung hervorgerufene Temperaturerhöhung ist. Diese selbst ist abhängig vom Absorptionsvermögen A, Emissionsvermögen[5] E, von der Oberfläche F und der Wärmekapazität W des Bolometers, und zwar wird sie, wie ohne weiteres verständlich, um so größer sein, je größer A und F und je kleiner E und W. Das Bolometer ist also um so empfindlicher, je schwärzer es ist. Es gelingt verhältnismäßig leicht, die Bedingung großer Oberfläche, kleiner

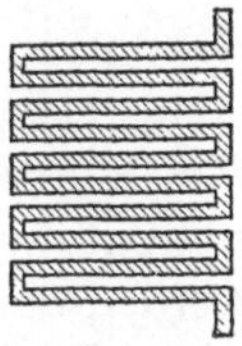

Abb. 14. Bolometerstreifen nach LUMMER u. KURLBAUM.

Wärmekapazität und doch hohen Widerstands bei Flächenbolometern zu erfüllen, wenn man die Fläche nach Abb. 14 in eine Reihe von dünnen Streifen aufteilt. Bei Linearbolometern ist die Größe der Fläche beschränkt, es ist hier also nur durch die Wahl einer möglichst geringen Dicke möglich, große Empfindlichkeiten zu erhalten.

---

[1] A. F. SVANBERG, Pogg. Ann. Bd. 84, S. 411. 1857.
[2] S. P. LANGLEY, Proc. Amer. Acad. Bd. 16, S. 342. 1881.
[3] C. BAUR, Wied. Ann. Bd. 19, S. 12. 1883.
[4] O. LUMMER u. F. KURLBAUM, Wied. Ann. Bd. 46, S. 204. 1892.
[5] A bezogen auf die bestrahlte Fläche, E auf die gesamte Oberfläche.

Die technische Durchführbarkeit dieses Prinzips ist durch ein von LUMMER und KURLBAUM angegebenes Verfahren möglich geworden: Ein dünnes Pt-Blech wird mit einem genügend dicken Ag-Blech zusammengeschweißt, und beide werden gemeinsam ausgewalzt. Durch Abätzen des Silbers erhält man eine sehr dünne Pt-Folie von 0,1 bis 1 μ Dicke, aus der Streifen beliebiger Dimension herausgeschnitten werden können. In ähnlicher Art verwendet man bei der Herstellung von Linearbolometern Wollaston-Drähte.

Die Bolometerstreifen werden durch Berußen in üblicher Weise geschwärzt, wobei zu beachten ist, daß zu starke Erwärmung vermieden werden muß, weil sich dadurch der Widerstand ändert.

Bei der Konstruktion der Bolometer ist die Art der Brückenschaltung von Einfluß auf Empfindlichkeit und Zuverlässigkeit des Bolometers. Allgemein gilt, daß die Empfindlichkeit proportional $i\sqrt{w}$ ist, wenn i die Stromstärke in der ganzen Anordnung bedeutet (einige $^1/_{100}$ Amp.); w ist der Bolometerwiderstand, der üblicherweise 5 bis 10 Ohm beträgt, es kommen aber auch Werte bis zu ca. 400 Ohm vor (LEIMBACH[1]). Man kann leicht zeigen, daß man die Empfindlichkeit des Bolometers um das $\sqrt{n}$fache steigert, wenn man statt eines Bolometerstreifens n gleiche Streifen hintereinander oder parallel schaltet, wenn man berücksichtigt, daß nur eine gewisse maximale Stromwärme erreicht werden darf, da andernfalls störende Luftströmungen auftreten. Diese Stromwärme darf in den beiden erwähnten Fällen n mal so groß sein als für einen Bolometerstreifen. Von diesen Möglichkeiten ist die erste vorzuziehen, da dabei i möglichst klein bleiben kann.

Zur weiteren Erhöhung der Empfindlichkeit, besonders für Zwecke der Stellarradiometrie schlägt COBLENTZ[2] vor, hinter den ersten Bolometerstreifen einen zweiten bzw. eine Thermosäule zu setzen, hinter den zweiten einen dritten usw., die die Temperaturerhöhung des ersten Streifens und die von ihm deshalb ausgehende Strahlung ausnutzen sollen. Die Streifen resp. Thermosäulen werden so hintereinander geschaltet, daß im Galvanometer die Summe der entstehenden Ströme angezeigt wird. Er erreicht

---

[1] G. LEIMBACH, Ann. d. Phys. Bd. 33, S. 308. 1910.
[2] W. W. COBLENTZ, Bull. Bur. of Stand. Bd. 14, S. 532. 1918.

damit unter Umständen etwa die doppelte Empfindlichkeit als für die einfachen Konstruktionen.

Die Art der Schaltung mag für einige typische Fälle an Hand der Abb. 15 bis 17 besprochen werden. Die einfache WHEATSTONEsche Brückenanordnung (Abb. 15) ist die früher am meisten benutzte. Als besonders günstig erweist es sich, alle w_i einander gleichzumachen, und zwar in jeder Hinsicht (Widerstand, Form, Material), da dann infolge der überall gleichen Wärmekapazität Störungen durch unregelmäßige Temperaturänderungen geringen Einfluß haben, wenn diese Schaltung auch nicht die empfind-

lichste ist. Die Batterie muß hohen Ansprüchen auf Konstanz genügen. Einer der Widerstände w_i, etwa w_1, wird der Strahlung ausgesetzt. R. v. HELMHOLTZ[1] bestrahlt abwechselnd je zwei gegenüberliegende w_i, also erst w_1 und w_3, dann w_2 und w_4, was den vierfachen Ausschlag liefert gegenüber der normalen Benutzung. SEDDIG[2] schlägt vor, etwa w_1 und w_3 aus Mate-

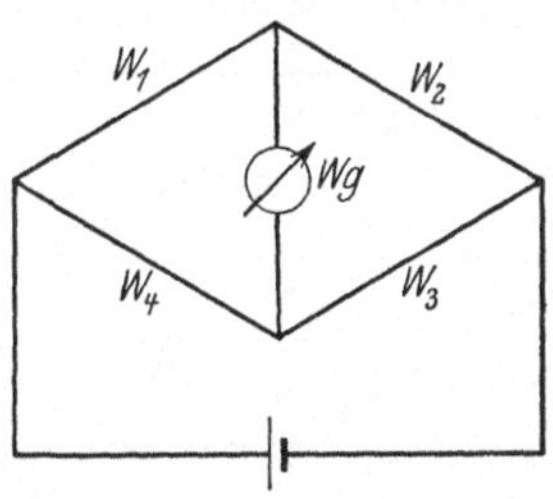

Abb. 15. Bolometerschaltung.

rial mit negativem Temperaturkoeffizienten (Kohle), w_2 und w_4 aus solchem mit positivem Temperaturkoeffizienten (Metall) herzustellen und alle vier Zweige der Strahlung auszusetzen. Für Linearbolometer sind die Schwierigkeiten der Bearbeitung für die erstgenannten Substanzen zu groß.

Die nichtbestrahlten w_i sind mit Schleifkontakten versehen, am besten in Hg-Rinnen, um die Brücke vor der Bestrahlung zu kompensieren. In bezug auf die technische Ausführung sei auf die Literatur verwiesen.

Die günstigste Schaltung der WHEATSTONEschen Brücke erhält man für[3] $w_1 = w_4$, $w_2 = w_3$, $w_1 \ll w_2$, $w_g = 2w_1$ (w_g = Galvanometerwiderstand, w_1 wird bestrahlt). Diese Schaltung wurde von

<hr>

[1] R. v. HELMHOLTZ, Die Licht- und Wärmestrahlung verbrennender Gase. Berlin 1890.

[2] M. SEDDIG, ZS. f. Elektrochem. Bd. 15, S. 733. 1909.

[3] Vgl. G. JAEGER, ZS. f. Instrkde. Bd. 26, S. 69. 1906. $w_g = 2\,w_1$ gilt für Nadelgalvanometer. Bei Drehspulgalvanometern ist $w_g \cong 0$, der Gesamtwiderstand des Schließungskreises des Galvanometers dem Grenzwiderstand gleichzumachen.

CHILD und STEWART[1] sowie von WARBURG[2] und seinen Mitarbeitern gewählt. WARBURG benutzt außerdem eine Kompensationsmethode, die sich allerdings nur für nicht zu schwache Strahlung eignet. Er kompensiert die zwischen S und G entstehende Spannung (Abb. 16) durch eine am Widerstand U abgenommene Gegenspannung. Der Abzweig-Widerstand u ist konstant 0,1 Ohm, U wird auf Kompensation einreguliert.

Eine andere Art der Kompensation benutzen KURLBAUM[3] und LEIMBACH[4] mit Benutzung einer von PAALZOW und RUBENS[5] angegebenen Schaltung, die aus Abb. 17 ersichtlich ist. Bei ihr bilden die Bolometerwiderstände selbst eine Stromverzweigung. Die

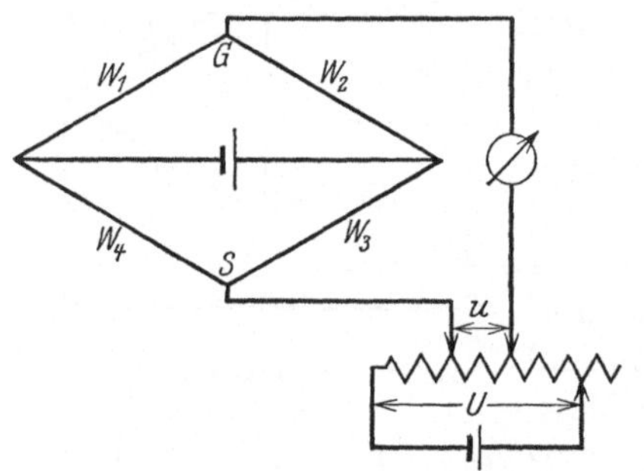

Abb. 16. Bolometerschaltung nach
WARBURG.

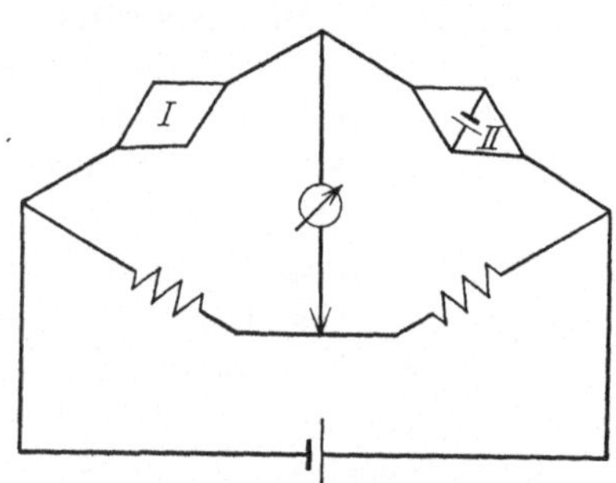

Abb. 17. Bolometerschaltung nach
PAALZOW und RUBENS.

durch Bestrahlung in I hervorgerufene Widerstandsänderung wird kompensiert durch eine Änderung des Widerstands des Kreises II, die durch Erwärmung mittels elektrischen Stroms aus der Hilfsbatterie erzeugt wird. Die Brücke II muß abgeglichen sein, damit der Hilfsstrom nicht durch die gesamte Anordnung fließt und dadurch die Messungen beeinflußt, sowohl durch die Stromwärme, als durch die zusätzliche EMK in dem einen Zweig der Brückenschaltung.

Über die Empfindlichkeit der verschiedenen Bolometerkonstruktionen, die wir hier nicht alle aufzählen können, kann

[1] C. D. CHILD u. O. M. STEWART, Phys. Rev. Bd. 4, S. 502. 1896.

[2] E. WARBURG, G. LEITHÄUSER, E. HUPKA, C. MÜLLER, Ann. d. Phys. Bd. 40, S. 609. 1913.

[3] F. KURLBAUM, Wied. Ann. Bd. 61, S. 417. 1897.

[4] G. LEIMBACH, l. c.

[5] A. PAALZOW u. H. RUBENS, Wied. Ann. Bd. 37, S. 529. 1889.

allgemein gesagt werden, daß Temperaturänderungen um $1 \cdot 10^{-6}$ bis $1 \cdot 10^{-7}$ ° C noch merkbar sind. Im allgemeinen wird diese Höchstempfindlichkeit nicht erreicht wegen der Unsicherheit der kleinen Galvanometerausschläge. Vergleichende Angaben über ältere Konstruktionen findet man bei COBLENTZ[1]. Für die Einzelheiten verweisen wir auf die Literatur[2]. Als Beispiel seien folgende Daten gegeben (LEIMBACH): Bei einer Schwingungsdauer von 10 sec eines DU BOIS-RUBENSschen Galvanometers gab eine HK in 1 m Entfernung 1260 Skt. Ausschlag (Skalenentfernung 1 m), Widerstand des Bolometers 165 Ohm, bestrahlte Fläche 0,63 mm², 0,0028 mm dick.

Aus demselben Grund wie bei der Thermosäule ist es auch hier möglich, die Empfindlichkeit zu steigern, wenn man das Bolometer im Vakuum verwendet, was den Wärmeverlust durch äußere Wärmeleitung herabsetzt. Die Bolometerempfindlichkeit ist also vom umgebenden Medium abhängig (Luftfeuchtigkeit)[3]. Die Bauart des Bolometers selbst bietet dabei nichts prinzipiell Neues. WARBURG, LEITHÄUSER und JOHANSEN[4] haben die Wirkung der Evakuierung theoretisch und praktisch eingehend behandelt. BUCHWALD[5] hat besonders die Druckabhängigkeit der Empfindlichkeit untersucht.

Das Ergebnis ist in Abb. 18 dargestellt, in der die Abszissen die Strombelastung, die Ordinaten Galvanometerausschläge angeben. Man erkennt, daß bei niederen Drucken die Kurven ein Maximum zeigen, so daß eine günstigste Belastung existiert. Dies Maximum erklärt sich aus den erheblichen Strahlungsverlusten im Vakuum bei großer Strombelastung, die bei hohen Drucken oder geringer Belastung unmerklich werden, da im Vakuum die gleiche Wärmemenge eine viel größere Temperaturerhöhung liefert als bei gewöhnlichem Druck. Die Empfindlichkeiten eines Bolo-

---

[1] W. W. COBLENTZ, Bull. Bur. of Stand. Bd. 4, S. 415. 1907.

[2] Von wichtigeren Arbeiten seien noch genannt: K. ANGSTRÖM, Wied. Ann. Bd. 26, S. 256. 1885; F. PASCHEN, Wied. Ann. Bd. 48, S. 272. 1893; S. P. LANGLEY, Ann. of the Smiths. Obs. Bd. 1. 1900; C. G. ABBOT u. L. B. ALDRICH, Ann. of the Smiths. Obs. Bd. 4. 1922; W. W. COBLENTZ, Bull. Bur. of Stand. Bd. 9, S. 34. 1913.

[3] O. LUMMER u. E. PRINGSHEIM, Wied. Ann. Bd. 63, S. 398. 1897.

[4] E. WARBURG, G. LEITHÄUSER u. E. JOHANSEN, Ann. d. Phys. Bd. 24, S. 25. 1907.

[5] E. BUCHWALD, Ann. d. Phys. Bd. 33, S. 928. 1910 u. Diss. Breslau 1910.

meters in Vakuum und in Luft verhalten sich je nach den Dimensionen wie 5 : 1 bis ca. 10 : 1. Je dünner der Bolometerstreifen, um so größer ist die relative Empfindlichkeitserhöhung (vgl. § 3).

Wenn. wir die vier bisher besprochenen Arten von Strahlungsmessern kurz miteinander vergleichen wollen, so können wir feststellen, daß sie in bezug auf die Empfindlichkeit und Zuverlässigkeit im großen und ganzen gleichwertig sind, soweit man die

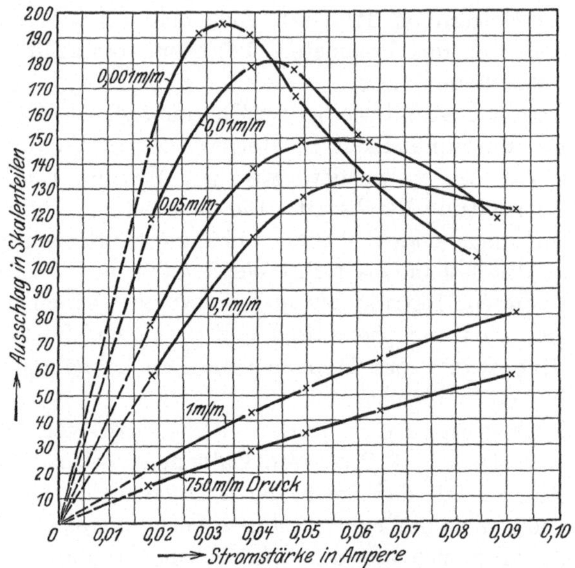

Abb. 18. Druckabhängigkeit der Bolometerempfindlichkeit.

modernen Ausführungsformen vergleicht. Die Wahl eines speziellen Instruments richtet sich demgemäß mehr nach Gesichtspunkten der Praxis. Mikroradiometer und Radiometer haben zwar den Nachteil, an einen festen Aufstellungsort gebunden zu sein, sie sind dafür aber in ihrer Bauart sehr einfach, so daß sie nur geringer Wartung bedürfen, um doch einwandfrei zu arbeiten. Dagegen sind die beiden andern Typen, Thermosäule und Bolometer, äußeren Störungen wie Thermokräften, Luftströmungen und ähnlichem mehr ausgesetzt, wozu noch die Störungsempfindlichkeit des Galvanometers kommt. Besonders das Bolometer ist in dieser Hinsicht sehr empfindlich und wird daher in neuerer

Zeit nur selten gebraucht. Die Thermosäule eignet sich besonders zu Messungen mit automatischer Registrierung der Ausschläge (s. § 8).

Die nachfolgend behandelten Methoden können in bezug auf Empfindlichkeit und allgemeine Brauchbarkeit mit den eben erwähnten nicht in Wettbewerb treten; für speziellere Zwecke leisten sie aber gute Dienste.

§ 7. Photographische Methoden.

Photographische Methoden verlieren im Ultrarot an Bedeutung, da die photographische Platte für lange Wellen unempfindlich ist. Zu Wellenlängen über $2\,\mu$ ist es bisher überhaupt nicht gelungen auf photographischem Wege vorzudringen. Im allgemeinen liegt die Grenze der Wirksamkeit photographischer Methoden bei $1\,\mu$. Zudem ist die photographische Untersuchung von Spektren nur dann vorteilhaft, wenn es sich um lichtstarke Spektren handelt. Unterhalb $0,9\,\mu$ ist allerdings die photographische Platte in mancher Hinsicht den übrigen Methoden überlegen, da sie größere Auflösung der Spektren ermöglicht[1], wobei entsprechend große Belichtungszeiten in Kauf genommen werden müssen. Zu objektiven Intensitätsmessungen sind die hier zu besprechenden Methoden weniger gut geeignet als zur Feststellung der Lage einzelner Linien, doch hat SCHOEN ein brauchbares spektralphotometrisches Verfahren angegeben, bei dem das zu photometrierende Spektrum mit meßbar geschwächten Vergleichsspektren verglichen wird[2]. Wir werden uns mit einer kurzen Darstellung der verschiedenen Methoden begnügen können.

Die Sensibilisierung photographischer Platten für ultrarote Strahlung ist zum erstenmal von ABNEY[3] mit Erfolg angewandt worden. Die Sensibilisierung besteht darin, die Absorption der lichtempfindlichen Schicht für die ultraroten Strahlen zu vergrößern. ABNEY gelang es, eine Emulsion herzustellen, die bis zu $2\,\mu$ empfindlich war. Ihre Herstellung ist aber sehr umständ-

---

[1] Dies zeigt sich besonders an den neuesten Untersuchungen von MECKE und BADGER (§ 32) über Feinstruktur von NH_3-Banden, die alle anderen Resultate an Genauigkeit übertreffen.

[2] A. SCHOEN, Journ. Opt. Soc. Amer. Bd. 14, S. 179. 1927.

[3] W. DE W. ABNEY, Phil. Trans. Bd. 171A, S. 653. 1880 u. Bd. 177A, S. 457. 1886.

lich und schwierig, so daß Abneys Verfahren keine Weiterbildung erfahren hat, um so mehr, als seine Platten nicht haltbar sind. Das Rezept zur Herstellung dieser Emulsion ist in Kaysers Handbuch der Spektroskopie, Bd. I, S. 616 abgedruckt. Abney und Festing[1] haben mit diesen Platten u. a. Absorptionsspektra verschiedener Stoffe bis zu $1,2\,\mu$ untersucht.

H. Lehmann[2] sensibilisierte mit Alizarinblau. Seine Platten sind bis etwa $1,2\,\mu$ für Wärmestrahlung empfindlich. Poetker[3] verwendet Neocyanin-Platten, die in einer Ammoniaklösung gebadet und darauf rasch getrocknet werden. Es gelingt ihm u. a., das Stickstoff-Spektrum bis ca. $1\,\mu$ mit einem Gitterapparat (Dispersion 0,9 Å pro mm, Spaltbreite 0,02 mm) bei 15stündiger Belichtung aufzulösen.

Eine zweite Methode zur photographischen Fixierung ultraroter Spektren benutzt die entschleiernde Wirkung langwelliger Strahlen. Belichtet man eine photographische Platte kurze Zeit mit sichtbarem Licht, so daß sich bei der Entwicklung ein Schleier bilden würde, setzt die Platte dann der Bestrahlung durch lange Wellen aus, dann geht der photographische Prozeß an den bestrahlten Stellen wieder zurück, im Negativ würde also eine Aufhellung erfolgen. Dieser Effekt, der schon J. Herschel bekannt war, ist in neuerer Zeit von Millochau[4] und Terenin[5] der Ultrarotspektroskopie nutzbar gemacht worden.

Millochau hat gefunden, daß die entschleiernde Wirkung der ultraroten Strahlen auf die Oberfläche der Schicht beschränkt bleibt. Er färbt die Platte rot (mit Chrysoidin), so daß auch die Wirkung der Vorbelichtung durch aktinische Strahlen nur an der Oberfläche auftritt. Bei der Bestrahlung selbst wird durch entsprechende Filter das kurzwellige Licht gänzlich ausgeschaltet.

Terenin hat diese Methode weiter ausgearbeitet, wobei er fand, daß es genügt, die Platte nur schwach zu färben. Er badet die Platte etwa 5 Minuten lang in einer schwachen Lösung von

---

[1] W. de W. Abney u. E. R. Festing, Phil. Trans. Bd. 172A, S. 887. 1881.

[2] H. Lehmann, Ann. d. Phys. Bd. 5, S. 633. 1901 (s. a. Ann. d. Phys. Bd. 8, S. 643. 1902 u. Bd. 9, S. 1330. 1902).

[3] A. H. Poetker, Phys. Rev. Bd. 30, S. 418 u. 812. 1927.

[4] G. Millochau, C. R. Bd. 142, S. 1407. 1906.

[5] A. Terenin, ZS. f. Phys. Bd. 23, S. 294. 1924; Journ. Russ. Phys.-Chem. Gesellsch., Phys. Abtlg. Bd. 50, S. 77. 1921.

Jodgrün (100 cm³ Aqu. dest., 50 cm³ Äthylalkohol, 6 cm³ wäßrige Jodgrün-Lösung 1 : 1000). Die Vorbelichtung mit einer Kerze in 1 m Entfernung dauert 10 bis 20 sec. Die Belichtungszeit für die eigentliche Bestrahlung ist $^1/_2$ bis 3 Stunden je nach Lichtstärke des Spektrums. Die Empfindlichkeit dieser Methode reicht bis wenig über 1 μ.

Die dritte häufiger benutzte Methode ist die **phosphorographische Methode**, die von E. BECQUEREL in die Ultrarotforschung eingeführt wurde und seitdem von mehreren anderen Forschern angewandt und verbessert wurde (H. BECQUEREL[1], LOMMEL[2], H. LEHMANN[3]). Die Wärmestrahlen löschen die Phosphoreszenz aus. Regt man also eine Platte mit phosphoreszierender Substanz, am besten feingepulverter Sidotblende, zur Phosphoreszenz an, läßt darauf die ultrarote Strahlung einige Minuten einwirken, dann erscheinen die bestrahlten Stellen dunkel. Ein Linienspektrum in Emission ergäbe demnach eine Reihe dunkler Linien. Die Phosphoreszenzplatte wird nun mit einer gewöhnlichen photographischen Platte in Berührung gebracht[4], die dann ein positives Bild des Spektrums liefert (Belichtungszeit einige Stunden). LEHMANN gelang es auf diese Weise, Linienspektren bis zu 1,5 μ zu erhalten. Die Genauigkeit dieser Methode, wie aller photographischer Methoden oberhalb 0,9 μ, ist aber geringer als die der übrigen Arten der Intensitätsmessungen.

Es sei noch erwähnt, daß auch einige wenige Substanzen im kurzwelligen Ultrarot (bei ca. 0,8 μ) phosphoreszieren. Es handelt sich dabei um Strontium- und Bariumsulfid-Phosphore[5].

Neuerdings hat CZERNY[6] eine Methode angegeben, die folgendes Prinzip benutzt: Eine Naphthalinschicht wird der Wärmestrahlung ausgesetzt. Die bestrahlte Seite der Schicht ist berußt. Je nach Stärke der Strahlung sublimiert das Naphthalin von den bestrahlten

---

[1] H. BECQUEREL, Ann. de chim. et de phys. Bd. 30, S. 5. 1883.

[2] E. LOMMEL, Wied. Ann. Bd. 40, S. 681 u. 687. 1890.

[3] H. LEHMANN, Ann. d. Phys. Bd. 39, S. 53. 1912.

[4] Zuerst angegeben von I. W. DRAPER, Proc. Amer. Acad. Bd. 16, S. 223. 1880 u. Phil. Mag. Bd. 11, S. 157. 1881. E. BECQUEREL beobachtete okular.

[5] W. E. PAULI, Ann. d. Phys. Bd. 34, S. 739. 1911; s. auch Handbuch der Experimentalphysik Bd. 23: Phosphoreszenz und Fluoreszenz von P. LENARD, F. SCHMIDT und R. TOMASCHEK.

[6] M. CZERNY, ZS. f. Phys. Bd. 53, S. 1. 1929.

Stellen weg zu unbestrahlten. Um zu verhüten, daß eine störende „Dunkelreaktion" eintritt, die von der Strahlung der Umgebung herrührt, wird die Schicht in ein geschlossenes Gefäß gebracht, so daß sie mit ihrem Dampf im Gleichgewicht steht, also dauernd ebensoviel verdampft als niedergeschlagen wird, wodurch die Dunkelreaktion unwirksam wird. Läßt man den Ruß fort, dann erhält man bei Bestrahlung mit einem kontinuierlichen Spektrum das Absorptionsspektrum von Naphthalin, da nur an den Absorptionsstellen genügend starke Erwärmung auftritt. Das Verfahren scheint entwicklungsfähig und für orientierende Versuche wertvoll zu sein. Die relativ geringe Empfindlichkeit reicht bei 90 Min. Belichtungszeit bis etwa 6μ.

Außer den genannten Verfahren hat kein anderes Erfolg gehabt.

§ 8. Selbstregistrierende Apparate.

Neben der Photographie des Spektrums haben wir noch eine Möglichkeit, die Messungen automatisch zu registrieren, indem wir die Ausschläge des Galvanometers, Radiometers usw. photographisch aufzeichnen lassen. Diese Methode ist nicht an ein bestimmtes Spektralintervall gebunden, sie bietet aber ebenfalls gewisse Schwierigkeiten, so daß ihre Anwendung nicht in allen Fällen vorteilhaft ist.

Über die Methode selbst ist nicht viel zu sagen, da die spektrometrische Anordnung sich im Prinzip nicht von der bei Beobachtung mit Fernrohr und Skala benutzten unterscheidet (über Spektrometer vgl. § 9 und 10). Um die Galvanometerausschläge zu registrieren, wirft der Galvanometerspiegel, unter entsprechender Zuhilfenahme von Linsen und Blenden, die Strahlen einer Lichtquelle auf eine photographische Platte, ein Filmband oder photographisches Papier, so daß ein möglichst punktförmiges Bild entsteht. Die photographische Platte wird durch ein Uhrwerk mit gleichbleibender Geschwindigkeit senkrecht zur Richtung des Galvanometerausschlages bewegt. Das Prisma wird ebenfalls durch ein Uhrwerk, am besten das gleiche, automatisch gedreht, so daß das Spektrum kontinuierlich am Spalt vorbeiwandert. Auf der photographischen Platte zeichnet sich die Energiekurve des Spektrums auf.

Der erste, der einen automatisch registrierenden Spektralapparat baute, war LANGLEY[1], der damit seine Untersuchungen über das Sonnenspektrum ausführte. Er benutzte ein Bolometer zur Intensitätsmessung. Die Nullpunktsschwankungen waren aber verhältnismäßig groß, so daß erst aus mehreren Einzelmeßreihen ein zuverlässiges Ergebnis gewonnen werden konnte. Eine Vereinfachung der Anordnung hat ÅNGSTRÖM[2] angegeben. LEBEDEW[3] verwendet das Mikroradiometer als Strahlungsempfänger; es gelingt ihm aber nicht, genügende Störungsfreiheit zu erreichen.

Die Vermeidung derartiger Unregelmäßigkeiten des Ausschlags ist die Hauptschwierigkeit für die Konstruktion brauchbarer Apparate zur Selbstregistrierung. Will man die Schwankungen bzw. ein regelmäßiges Wandern des Nullpunktes durch entsprechend schnelles Durchlaufen des Spektrums verringern, dann wird die Dispersion des Apparats nicht ausgenutzt, da die Strahlungsempfänger nicht genügend rasch reagieren. Will man dagegen Spektren mit gleicher Genauigkeit registrieren, wie sie mit Fernrohr und Skala aufgenommen werden können, verlieren die Registrierkurven an Sicherheit, weil infolge der langen Zeitdauer die Störungen zu groß werden.

Diese Schwierigkeiten sind, wenigstens für das kurzwellige Ultrarot, das mit Prismen erreichbar ist, zum großen Teil behoben worden durch die Verwendung der modernen Thermosäulen von HILGER bzw. MOLL in den Apparaten von ELLIS und MOLL. ELLIS[4] benutzt als dispergierendes System zwei 30°-Flintglasprismen, die vom Strahl je zweimal durchlaufen werden. Das Spektrum von 0,589 bis 2,5 μ, das in etwa 10 Minuten durchlaufen wird, nimmt auf dem photographischen Papier eine Ausdehnung von 48 cm ein (in ungleichförmiger Skala). Damit erhält ELLIS ein für seine Untersuchungen, die Absorption einer großen Anzahl organischer Substanzen, ausreichendes Auflösungsvermögen, wenn auch nicht die volle Dispersion des Systems ausgenutzt wird, da hierzu die Geschwindigkeit noch zu groß ist.

---

[1] S. P. LANGLEY, Ann. of Smiths. Obs. Bd. 1. 1900; s. auch ABBOT u. FOWLE, Ann. of Smiths. Obs. Bd. 2. 1908.

[2] K. ÅNGSTRÖM, Nova Acta Upsal. 1895, S. 1 u. Phys. Rev. Bd. 3, S. 137. 1895.

[3] P. LEBEDEW, Phys. ZS. Bd. 13, S. 465. 1912.

[4] I. W. ELLIS, Phys. Rev. Bd. 23, S. 48. 1924; Journ. Opt. Soc. Amer. Bd. 11, S. 647. 1925.

Auch mit Quarz- und Steinsalzprismen sind befriedigende Resultate erzielt worden. In Abb. 115 § 33 sind einige der von ELLIS erhaltenen Kurven verkleinert wiedergegeben.

Der MOLLsche Apparat[1] diente ursprünglich dazu, die Intensitätsverteilung in einem am Instrument vorbeiziehenden Sonnenbildchen zu messen bei fester Wellenlängen-Einstellung. Mit einem zur Aufnahme von Spektren geeigneten Apparat, der nach MOLLschen Angaben von der Firma KIPP und ZONEN (Delft) gebaut wurde, sind noch keine Messungen ausgeführt worden. In einem älteren Apparat[2] verwendet MOLL zwar auch eine seiner Thermosäulen, die Registrieranordnung ist aber recht kompliziert, so daß die registrierten Intensitäten nicht so sicher gemessen werden wie mit den späteren Apparaten. Es wird nämlich für jede Wellenlänge Nullpunkt bzw. Ausschlag des Galvanometerspiegels durch einen Punkt auf dem Registrierpapier aufgezeichnet, nachdem der Ausschlag konstant geworden war. Nullpunktsschwankungen machten sich sehr bemerkbar, waren aber leicht zu eliminieren, da der Nullpunkt jedesmal mitregistriert war. Sämtliche Einstellungen, auch das alternierende Hochziehen und Fallenlassen der Klappschirme geschahen automatisch in vorgeschriebenem Rhythmus. Die Aufnahme eines Spektrums von $0{,}7\ \mu$ bis $6\ \mu$ dauerte zwei Stunden, die Aufnahme eines Punktes mit Nullpunkt 36 sec.

Die Unsicherheit, die bei dem MOLLschen Registrierverfahren darin liegt, daß nur der Endausschlag verzeichnet wird, vermeidet REINKOBER[3], der es durch geeignete Kombination von Relaisvorrichtungen erreicht, daß der Klappschirm für jede Wellenlänge in dem Moment geöffnet oder geschlossen wird, in welchem der Galvanometerausschlag den größten bzw. kleinsten Wert angenommen hat. Die ganze Bewegung des Galvanometerspiegels wird registriert. Das Registrierverfahren nähert sich dadurch sehr dem Vorgehen bei visueller Beobachtung, nur daß alle Manipulationen selbsttätig vorgenommen werden.

Ein Nachteil der selbstregistrierenden Apparate, die ohne Registrierung des Nullpunkts arbeiten, muß noch erwähnt werden. Wenn die Energiekurve der Lichtquelle starken Abfall oder An-

---

[1] W. I. H. MOLL, Physica Bd. 6, S. 99. 1926.
[2] W. I. H. MOLL, Diss. Utrecht 1907.
[3] O. REINKOBER, ZS. f. techn. Phys. Bd. 10, S. 263. 1929.

stieg zeigt, machen sich schwache Absorptionsstellen nur in ungenau auszumessenden flachen Einsenkungen bemerkbar.

B. Aussonderung monochromatischer Strahlung.

§ 9. Gitterspektrometer.

Wie im sichtbaren Spektralgebiet bietet sich zur Erzeugung monochromatischer Strahlung zunächst die Zerlegung des von der Lichtquelle ausgesandten Lichts durch Gitter- und Prismenspektrometer dar. Soweit in ihrer Benutzung im Ultrarot keine Besonderheiten gegenüber dem Arbeiten im Sichtbaren auftreten, begnügen wir uns mit kurzen Hinweisen[1].

Ein Charakteristikum für Ultrarot-Spektrometer bildet die Benutzung von Spiegeloptik anstatt der üblichen Linsenoptik, die in den ersten Zeiten der Ultrarotforschung noch vielfach benutzt wurde. Die ausschließliche Benutzung von Hohlspiegeln, deren Achromasie sie für das Ultrarot besonders geeignet macht, ist von PRINGSHEIM[2], PASCHEN[3] und RUBENS[4] eingeführt worden. Man verwendet meist Silberspiegel, die aber nur in frischem Zustand gut reflektieren, in neuerer Zeit

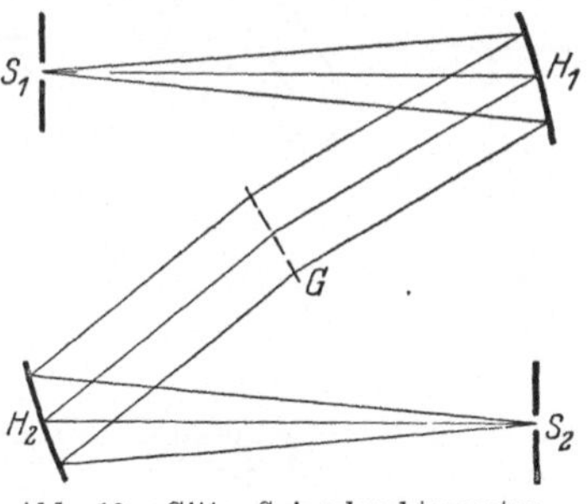

Abb. 19. Gitter-Spiegelspektrometer.

wird auch nichtrostender Stahl oder Platinierung angewandt.

Die übliche Form eines Gitterspektrometers ist in Abb. 19 skizziert. S_1 und S_2 sind die Spalte, H_1 und H_2 Hohlspiegel, G das Gitter. Die Zeichnung entspricht der Verwendung im durchfallenden Licht. Bei Benutzung eines Reflexionsgitters wird die Anordnung nur unwesentlich modifiziert. Bei S_1 trete die Strahlung in das Spektrometer ein. Um aus S_2 monochromatische Strahlung bestimmter Wellenlänge austreten zu lassen, dreht man den Spektrometerarm $S_2 H_2$ um die Spektrometerachse. Die Wellen-

---

[1] Ausführliche Darlegungen in KAYSERS Handbuch der Spektroskopie Bd. I.

[2] E. PRINGSHEIM, Diss. Berlin 1882 bzw. Wied. Ann. Bd. 18, S. 32. 1883.

[3] F. PASCHEN, Wied. Ann. Bd. 50, S. 409. 1893.

[4] H. RUBENS, Wied. Ann. Bd. 53, S. 267. 1894.

länge der ausgesonderten Strahlung berechnet sich dann nach der bekannten Forme

$$m\lambda = d\sin\varphi,$$

wo $m = 1, 2, 3, \ldots$, d die Gitterkonstante, φ den Beugungswinkel bedeuten. Die Gitterkonstante wählt man am besten etwa 5- bis 10mal so groß als die Wellenlänge.

In vielen Fällen ist es aus technischen Gründen, z. B. Benutzung eines nichttransportablen Strahlungsempfängers, unmöglich $H_2 S_2$ zu drehen. Man dreht dann das Gitter und gleichzeitig den Arm $S_1 H_1$, so daß das Licht immer senkrecht auf das Gitter fällt. Ein festarmiges Gitterspektrometer konstruierten Nichols und Day[1]. Das wesentliche der Anordnung zeigt Abb. 20.

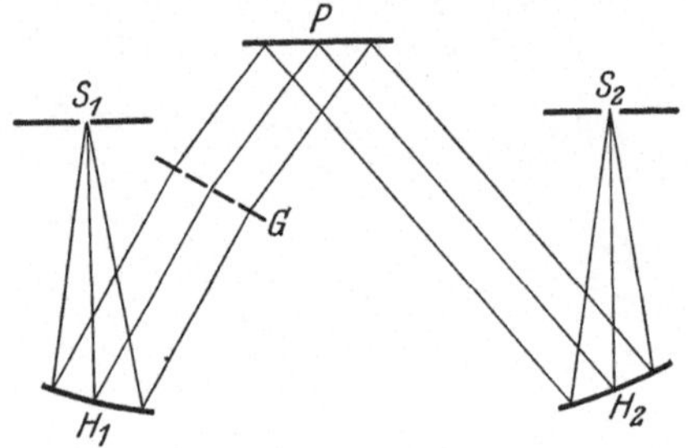

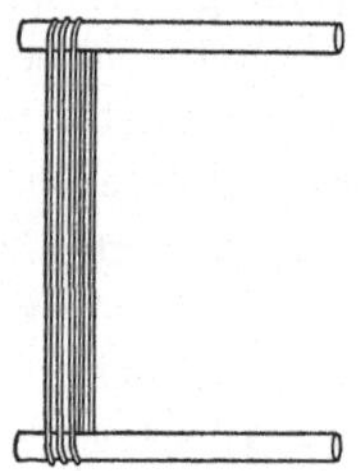

Abb. 20. Gitter-Spiegelspektrometer nach Nichols und Day.   Abb. 21. Konstruktion der Drahtgitter nach Du Bois und Rubens.

S_1 und S_2 Spalte, H_1 und H_2 Hohlspiegel, P Planspiegel, G Gitter. Der Spiegel P wird um den halben Beugungswinkel gedreht, so daß die durch Beugung hervorgerufene Ablenkung kompensiert wird. Da der Strahlengang sich dabei von P ab parallel verschiebt, ist dies Spektrometer nur für kleine Ablenkungen geeignet, wie sie aber meistens vorliegen.

Die gebräuchlichsten Arten von Gittern seien im folgenden beschrieben:

Du Bois und Rubens[2] konstruierten Gitter aus dünnen Metalldrähten in der Art, daß gemäß Abb. 21 ein Draht (oder besser zwei nebeneinanderliegende Drähte) auf zwei Träger aufgewickelt und verlötet wurden und sodann abwechselnd je ein Drahtstück

[1] E. F. Nichols u. S. Day, Phys. Rev. Bd. 27, S. 225. 1908.
[2] H. du Bois u. H. Rubens, Wied. Ann. Bd. 49, S. 594. 1893.

herausgeschnitten und stehengelassen wurde, so daß die Gitterkonstante das Doppelte der Öffnungsweite betrug. Das hat zur
Folge, daß nur die Spektra mit ungerader Ordnungszahl auftreten, deren Intensitäten sich aus der Tabelle 1 ergeben.

Tabelle 1.

m	0	1	3	5	$\dots$	m
Intensität ..	$\dfrac{1}{4}$	$\dfrac{1}{\pi^2}$	$\dfrac{1}{9\pi^2}$	$\dfrac{1}{25\pi^2}$		$\dfrac{1}{m^2\pi^2}$

Die Metalldrähte solcher Gitter haben die Eigenschaft, für
Wellenlängen bis etwa $4\,\mu$ (bei einer Gitterkonstante von etwa
$70\,\mu$, Drahtdurchmesser $35\,\mu$) als zylindrische Konvexspiegel zu
wirken, so daß kurzwellige Streustrahlung als Verunreinigung auftreten kann. Über deren Beseitigung vergleiche § 15.

Bessere Resultate erzielt man mit ROWLANDschen Konkav-
gittern, wie sie von LANGLEY[1] und PASCHEN[2] benutzt worden
sind. Die Konkavgitter verlangen eine besondere Art der Aufstellung. Gitter, Spalt und Bild liegen auf einem Kreis, dessen
Radius dem halben Krümmungsradius des Gitters gleich ist.
Das erzeugte Spektrum ist nur dann ein normales, wenn das Bild
auf der Gitternormalen liegt. Um diese Aufstellung für alle
Wellenlängen automatisch zu erhalten, gibt es verschiedene Anordnungen, für deren Beschreibung auf KAYSERS Handbuch[3] verwiesen sei. Eine für bolometrische Messungen geeignete Anordnung gibt PASCHEN[4] an. Bei Benutzung eines nichttransportablen
Meßinstruments ist die ABNEYsche Aufstellung[5] vorteilhaft, da
bei ihr nur der Spalt beweglich ist.

Der Verwendung von Gittern bei Wellenlängen größer als
$30\,\mu$ stellen sich erhebliche Schwierigkeiten entgegen, hauptsächlich wegen der geringen Intensität der Gitterspektren. Empfindliche Empfangsinstrumente und geeignete Filterung zwecks Vermeidung falscher Strahlung haben es aber RUBENS, WITT und

---

[1] S. P. LANGLEY, Wied. Ann. Bd. 22, S. 598. 1884.
[2] F. PASCHEN, Wied. Ann. Bd. 53, S. 301. 1894.
[3] KAYSERS Handbuch Bd. I, S. 477ff.; Handbuch der Experimentalphysik Bd. XXI, S. 300ff.
[4] F. PASCHEN, Ann. d. Phys. Bd. 33, S. 718. 1910.
[5] W. DE W. ABNEY, Phil. Trans. Bd. 177A, S. 457. 1886.

Czerny[1] möglich gemacht, auch die längsten ultraroten Wellen durch Verwendung der Du Bois-Rubensschen Metalldrahtgitter und Rowlandscher Gitter (Witt) der Gitterspektroskopie zugänglich zu machen.

Das hohe Auflösungsvermögen der Gitter in höheren Ordnungen $\left(\dfrac{\lambda}{d\lambda} = Nm,\right.$ wo N die Gesamtzahl der Gitterstriche, m die Ordnung des Spektrums bedeuten$\left.\right)$ läßt sich nach dem Gesagten i. a. nicht voll ausnutzen. Außerdem liegen die höheren Ordnungen dicht beieinander bzw. übereinander, so daß Vorzerlegung nötig ist, was aber wieder wegen der geringen Intensität oft nicht möglich ist.

Ein Fortschritt auf diesem Gebiet ist den sogenannten „Echelette“-Gittern zu verdanken, die von Wood[2] eingeführt worden

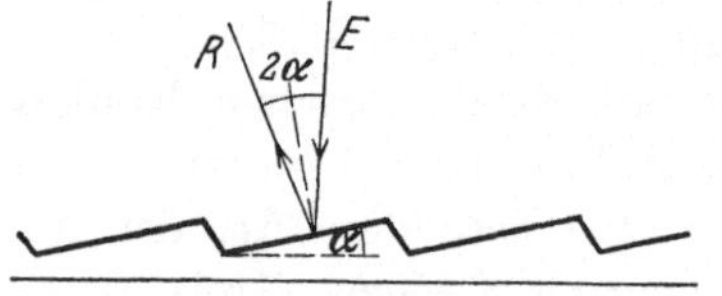

Abb. 22. Echelette-Gitter.

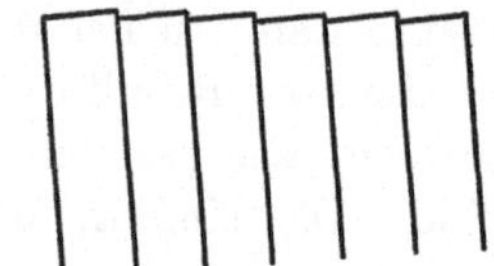

Abb. 23. Echelette-Gitter nach
Badger.

sind. Diese Gitter sind gekennzeichnet durch die besondere Form der Furchen, durch die erreicht wird, daß fast die gesamte Intensität in einem Spektrum beliebiger Ordnung vereinigt wird, so daß hierbei hohes Auflösungsvermögen mit großer Intensität Hand in Hand geht. Haben die Furchen etwa die in Abb. 22 dargestellte Gestalt, und stellt E eine einfallende Welle vor, dann wird der größte Teil der Energie dem Spektrum zugute kommen, das in Richtung R erscheint. Diese Energiekonzentration findet demnach immer nur für ein begrenztes Wellenlängenintervall statt. Badger[3] hat für das langwellige Ultrarot ein Echelette-Gitter

―――――――――

[1] H. Rubens, Berl. Ber. 1921, S. 8; H. Witt, ZS. f. Phys. Bd. 28, S. 236. 1924; M. Czerny, ZS. f. Phys. Bd. 34, S. 227. 1925; Bd. 44, S. 235. 1927.

[2] R. W. Wood, Phil. Mag. Bd. 20, S. 770. 1910; R. W. Wood u. A. Trowbridge, Phil. Mag. Bd. 20, S. 886. 1910; R. W. Wood, Bd. 23, S. 310. 1912; R. W. Wood, Phil. Mag. Bd. 7, S. 742. 1929; s. auch L. R. Ingersoll, Astrophys. Journ. Bd. 51, S. 129. 1920.

[3] R. M. Badger, Proc. Nat. Acad. Amer. Bd. 13, S. 408. 1927 u. Journ. Opt. Soc. Amer. Bd. 15, S. 370. 1927.

aus einem Satz von etwa 60 Glasplatten (je 1,63 mm dick) konstruiert, das sich gut bewährt hat. Die Glasplatten waren in der
in Abb. 23 angedeuteten Weise aufeinander gepreßt. Die reflektierenden schmalen Flächen wurden mit einem metallischen Über-
zug versehen.

An derselben Stelle beschreibt BADGER ein Gitterspektrometer,
das für das langwellige Gebiet sehr vorteilhaft ist. Es ist in Abb. 24

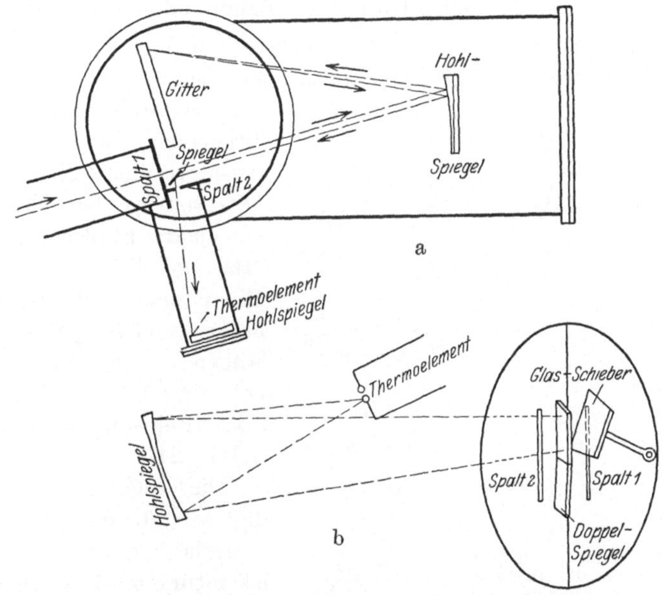

Abb. 24a und b. Gitter-Spiegelspektrometer nach BADGER.

skizziert. Abb. 24a gibt den Grundriß, der ohne nähere Erklärung
verständlich ist. Das wesentliche der Anordnung zeigt Abb. 24b.
Die beiden Lötstellen des Thermoelements werden beide der Strahlung ausgesetzt, und zwar empfängt die untere Lötstelle die von
der oberen Hälfte des Austrittsspalts ausgehende Strahlung, die
andere Hälfte der Strahlung fällt auf die obere Lötstelle. Zu dem
Zweck ist der Spiegel M geknickt (der Austrittsspalt entsprechend).
Dies hat den Vorteil, daß der Hohlspiegel vor dem Thermoelement
mit geringerer Öffnung benutzt werden kann, was bessere Bild-
qualität bedingt. Ein Glasschirm bedeckt abwechselnd die beiden
Hälften des Eintrittsspalts; man erhält so im Galvanometer den

doppelten Ausschlag gegenüber der üblichen Weise. Falsche Strahlung ist wirkungslos, da sie auf beide Lötstellen gleichzeitig fällt.

Die Echelette-Gitter sind mehr für relative Wellenlängenmessungen geeignet, da oft nur auf einer Seite des Zentralbildes gemessen werden kann, bzw. das Zentralbild fehlt[1].

§ 10. Prismenspektrometer, Dispersionsmessungen.

Prismenspektrometer sind im allgemeinen viel lichtstärker als die Gitterapparate, ihre Verwendung ist aber beschränkt auf die Durchlässigkeitsgebiete der Prismensubstanzen. Zur prismatischen Zerlegung im Ultrarot werden Prismen aus Quarz, Flußspat, Steinsalz und Sylvin benutzt. Die Grenze ihrer Brauchbarkeit nach langen Wellenlängen zu liegt für Quarz bei etwa 3,5 μ, Flußspat 9 μ, Steinsalz 16 μ und Sylvin 21 μ.

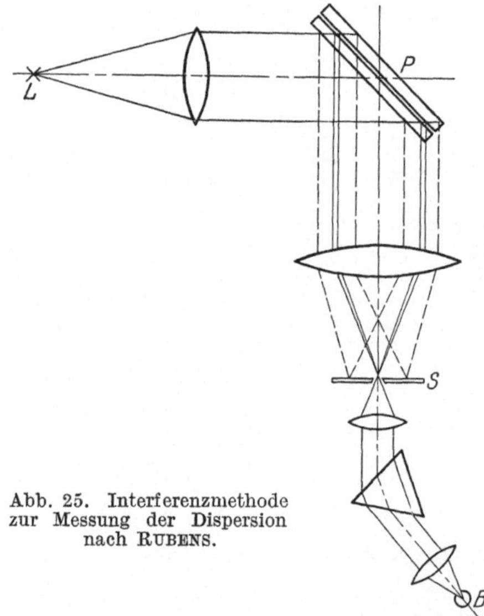

Abb. 25. Interferenzmethode zur Messung der Dispersion nach RUBENS.

Die wichtigste Größe, die wir für das Prismenmaterial kennen müssen, ist naturgemäß die Dispersion. Zu ihrer Bestimmung sind im Ultrarot im wesentlichen zwei Methoden benutzt worden, die wir kurz besprechen wollen.

Die eine beruht darauf, durch eine optische Vorrichtung aus weißem Licht Interferenzstreifen herzustellen, so daß jeder Streifen einer bestimmten Wellenlänge entspricht, und sodann im

---

[1] Ein Gitter, welches diese Nachteile vermeidet und etwa halb so wirksam ist wie ein Echelette-Gitter, s. bei R. M. BADGER u. C. H. CARTWRIGHT, Phys. Rev. Bd. 33, S. 692. 1929. Es besteht aus belichteten und unbelichteten Chrom-Gelatineschichten. Seine Wirksamkeit ist im wesentlichen durch Interferenzerscheinungen im Sinne von Farben dünner Blättchen bedingt.

Prisma die Ablenkung für die Streifen zu beobachten. Diese Methode ist besonders von Rubens[1] angewandt worden. Das Interferenzstreifen-System wurde an einer dünnen Luftplatte erzeugt. Abb. 25 gibt eine Skizze der Versuchsanordnung. Die Wellenlängen der dunklen Streifen erfüllen die Beziehung $m \cdot \lambda_m = 2d \cos\alpha =$ konst., wo d die Dicke der Luftschicht, m die Ordnungszahl und λ_m die Wellenlänge des Streifens bedeuten. α ist der Einfallswinkel, hier $45°$. Die Ablenkung wurde bolometrisch bestimmt; m ergibt sich aus Streifen mit bekannten sichtbaren Wellenlängen.

Die Methode ist relativ großen Fehlern ausgesetzt, insbesondere wegen des unkontrollierbaren Einflusses der Absorption in der Luft und wegen der großen Breite der Streifen[2]. Auch auf die Carvallo-Moutonsche Methode[3] sei nur hingewiesen. Sie vermeidet zwar die Nachteile der Rubensschen Methode, ist aber nur bis $2\,\mu$ brauchbar, da die Interferenzstreifen in polarisiertem Licht mit einer Quarzplatte (parallel zur Achse, Azimut $45°$) erzeugt werden, so daß die Absorption des Quarzes stört. Das Interferenzspektrum wird in zwei senkrecht zueinander polarisierte Teile zerlegt, die auf je eine Hälfte einer Differentialthermosäule (S. 16) fallen. Beobachtet werden die Stellen gleicher Intensität beider Streifensysteme, was den Vorteil hat, eine Nullmethode zu sein.

Die zweite Methode, die im Ultrarot zuerst von Langley[4] angewandt wurde, besteht darin, durch ein Beugungsgitter eine bekannte Wellenlänge auf den Spalt eines Prismenspektrometers zu konzentrieren und wieder die Ablenkung zu messen. Dabei wird die Wellenlänge im Gitterspektrum meist durch Koinzidenz mit einer sichtbaren Spektrallinie höherer Ordnung bestimmt.

Die Langleysche Methode wurde später von H. Rubens[5]

---

[1] H. Rubens, Wied. Ann. Bd. 45, S. 238. 1892; H Rubens u. B. Snow, Wied. Ann. Bd. 46, S. 529. 1892.

[2] A. H. Pfund (ZS. f. wiss. Photogr. Bd. 12, S. 341. 1913) erhält schärfere Streifen genügender Intensität durch Verwendung versilberter Platten und geringerer Dicke des Luftzwischenraumes.

[3] M. E. Carvallo, Journ. de Phys. Theor. et Appl. Bd. 2, S. 27. 1893; Ann. de chim. et de phys. Bd. 4, S. 1. 1895.

[4] S. P. Langley, Wied. Ann. Bd. 22, S. 598. 1884; Ann. de chim. et de phys. Bd. 9, S. 484. 1886.

[5] H. Rubens, Wied. Ann. Bd. 53, S. 267. 1894.

übernommen; dessen Anordnung bietet keine Besonderheiten. Er benutzt ein Spektrometer von der in Abb. 19 dargestellten Form, wobei S_2 gleichzeitig der Eintrittsspalt des Prismenspektrometers war.

PASCHEN[1] benutzte ein ROWLANDsches Reflexionsgitter in der aus Abb. 26 zu ersehenden Weise. E ist die Lichtquelle, s_1 und s_2 Spalte, $\sum_1$ und $\sum_2$ Hohlspiegel G das Gitter. An s_1 schließt sich das Prismenspektrometer an. $\sum_1$ ist so justiert, daß die auf G auftreffende Strahlung das Gitter als paralleles Strahlenbündel verläßt. $\sum_2$ hat dieselbe Brennweite wie die Hohlspiegel des Prismenspektrometers. Nun ist die Dispersion im Gitterspektro-

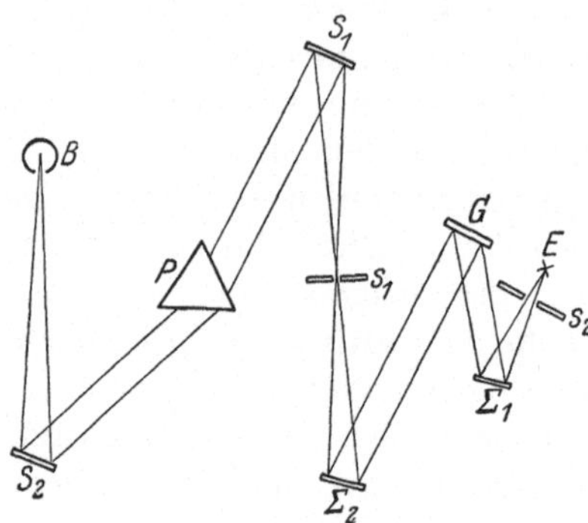

Abb. 26. Anordnung zu Dispersionsmessungen nach PASCHEN.

meter ca. 50 mal so groß als im Prismenspektrometer. Zur Vergleichung von Prismen- und Gitterspektren ist es aber erwünscht, daß beide Teile die gleiche Dispersion zeigen. Ist die Dispersion des Gitters größer als die des Prismas, so verliert man an Energie, ohne daß das Prisma die größere Dispersion ausnutzen könnte. Zeigt dagegen das Gitter geringeres Dispersionsvermögen als das Prisma, dann ist die Lage einer Linie nicht scharf genug definiert, da das Gitterspektrum durch das Prisma auseinandergezogen wird. Bei genügender Energie ist natürlich der erste Fall vorteilhafter. Die von PASCHEN gewählte Anordnung verkleinert künstlich die Dispersion des Gitterspektrometers insofern, als einerseits durch $\sum_2$ das Spektrum bei s_1 zusammengedrängt wird und anderseits s_2 so breit gemacht wird, daß infolge der geringeren Reinheit des Spektrums das Auflösungsvermögen herabgesetzt wird. Ähnlich verfährt auch TROWBRIDGE[2].

Nach der beschriebenen Methode sind auch alle neueren Dispersionsmessungen ausgeführt worden; ihre Genauigkeit ist aber durch exaktere technische Durchbildung der Apparatur gesteigert.

---

[1] F. PASCHEN, Wied. Ann. Bd. 53, S. 301. 1894.
[2] A. TROWBRIDGE, Wied. Ann. Bd. 65, S. 595. 1898.

Mit spitzwinkligen Prismen ist es Rubens und Trowbridge[1] gelungen, die Dispersion von Steinsalz und Sylvin bis zu einer Wellenlänge von 24 μ zu bestimmen, ebenso den Brechungsexponenten von Quarz bei 56 μ, wo Quarz wieder durchlässig ist und einen sehr großen Brechungsexponenten besitzt ($n = 2{,}18$)[2].

Die Ergebnisse der Dispersionsmessungen sind in den folgenden Tabellen vereinigt. Um einheitliches Material zu bringen, wurden möglichst nur Werte eines Autors aufgenommen. Die übrigen Werte sind im Landolt-Börnstein zusammengestellt[3]. Einen Vergleich zwischen der Dispersion der verschiedenen Substanzen liefert in instruktiver Form die der Arbeit von Coblentz ent-

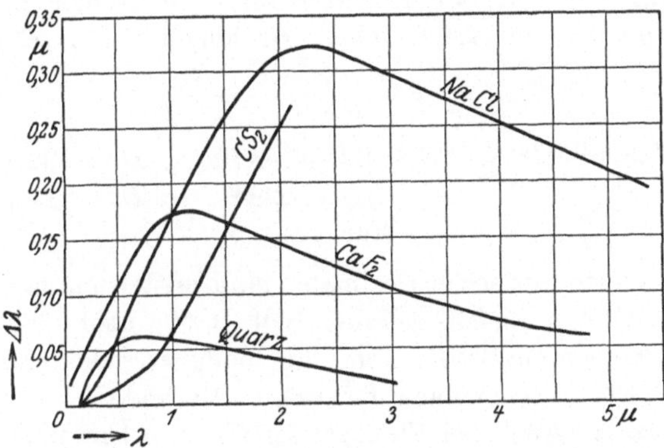

Abb. 27. Dispersion von Steinsalz, Schwefelkohlenstoff, Flußspat und Quarz.

nommene Abb. 27, in der die einer Spaltbreite von 4′ entsprechende spektrale Spaltbreite in Wellenlängen als Funktion der Wellenlänge aufgetragen ist.

Die Abweichungen der genauesten Messungen voneinander sind für die Zwecke einer Wellenlängenbestimmung zu vernachlässigen, wenn nicht, wie bei Präzisionsmessungen über Strahlungsgesetze, sehr genaue Indizes nötig sind, da die aus spektralen Intensitätsmessungen errechnete Temperatur dann verschieden ist je nach den benutzten Indizes. Im allgemeinen weichen in Gebieten großer Dispersion die Wellenlängen, die aus den Indizes

[1] H. Rubens u. A. Trowbridge, Wied. Ann. Bd. 60, S. 724. 1897.

[2] H. Rubens u. E. Aschkinass, Wied. Ann. Bd. 67, S. 459. 1899.

[3] Vgl. auch W. W. Coblentz, Bull. Bur. of Stand. Bd. 16, S. 701. 1920 (Ausgleichung zwischen mehreren Beobachtern).

verschiedener Beobachter abgeleitet werden, nur um einige $^o/_{00}$ voneinander ab.

Zu den einzelnen Tabellen ist noch zu bemerken:

In der Literaturübersicht sind doppelt unterstrichen die benutzten Arbeiten, einfach unterstrichen genaue andere Messungen, ohne Unterstreichung weitere Literatur.

Quarz (ordentlicher Strahl). PASCHENS Werte weichen von denen der Reichsanstalt, die am genauesten gemessen sind, nur um drei Einheiten der fünften Dezimale ab. Auch CARVALLOS Messungen stimmen mit denen von PASCHEN überein, bis auf wenige Ausnahmen zwischen 1,4 μ und 1,8 μ. Als Interpolationsformel für die von der Reichsanstalt gemessenen Brechungsindizes von 0,71 bis 2,4 μ geben wir folgende Formel an:

$$n^2 = A + \frac{B}{\lambda^2 - C} - \frac{D}{E - \lambda^2}$$

$$A = 3,5968913 \qquad B = 0,01064379 \qquad D = 138,20519$$
$$C = 0,0106291 \qquad E = 111,45202$$
$$\text{(für } 20°\text{)}$$

Die n-Werte mit sechs Dezimalen sind mittels einiger Normalwellenlängen von Emissionslinien, vgl. S. 50, nach der gewöhnlichen optischen Methode, aber mit bolometrischer Einstellung erhalten. Die übrigen nach LANGLEYS Methode.

Flußspat. Auch bei Flußspat ist Übereinstimmung der verschiedenen Resultate vorhanden. Die Werte der Reichsanstalt von 0,71 bis 2,6 μ sind nach der Formel berechenbar:

$$n^2 = A + \frac{B}{\lambda^2 - C} - D\lambda^2 - E\lambda^4$$

$$A = 2,0388303 \qquad B = 0,00616369 \qquad D = 0,00321287$$
$$C = 0,0069932 \qquad E = 0,00000289$$
$$\text{(für } 20°\text{).}$$

Steinsalz und Sylvin. Die zur Reduktion auf 20° benutzten Temperaturkoeffizienten sind neben den Indizes angegeben, da eine Extrapolation aus den Messungen von LIEBREICH über 9 μ hinaus nur mit einiger Willkür möglich ist. Die RUBENSschen Werte stimmen mit PASCHENS Werten bis auf mehrere Einheiten der vierten Dezimale überein. RUBENS gibt die Messungstemperatur nicht an. Aus seinen Angaben bei den nicht berücksichtigten Dispersionsmessungen ergibt sich eine Temperatur von etwa 25°. Bei Paschens Messungen, der mit einem konstanten Temperaturkoeffizienten umgerechnet hat, wurde erst wieder auf die Beobachtungstemperatur reduziert und dann mit dem angegebenen Koeffizienten weiter umgerechnet. Formeln nach Paschen (vgl. S. 108):

$$n^2 = A + \frac{B}{\lambda^2 - C} + \frac{D}{\lambda^2 - E} - \frac{F}{G - \lambda^2}$$

NaCl: $A = 5,680137$ $B = 0,01278685$ $D = 0,0053433924$
       $C = 0,0148500$ $E = 0,02547414$

   $F = 12059,95$ $G = 3600,00$

KCl: $A = 3,86619$ $B = 0,008344206$ $D = 0,00698382$
      $C = 0,0119082$ $E = 0,0255550$

   $F = 5569,715$ $G = 3292,47.$

Tabelle 2. Dispersion von Quarz (18°).

Literatur:

F. Paschen. Ann. d. Phys. Bd. 35, S. 1005. 1911 (bis $3\,\mu$).

H. Rubens, Wied. Ann. Bd. 54, S. 480. 1895 (bis $4\,\mu$).

A. Carvallo, C. R. Bd. 126, S. 728. 1898 (bis $2\,\mu$).

Tätigkeitsbericht der Physikalisch-Technischen Reichsanstalt 1922 (ZS. f. Instrkde. Bd. 43, S. 70. 1923) (bis $2,4\,\mu$).

H. Rubens, Wied. Ann. Bd. 45, S. 254. 1892; Bd. 53, S. 277. 1894.

W. W. Coblentz, Bull. Bur. of Stand. Bd. 11, S. 471. 1915 (Ausgleichung zwischen Carvallo und Paschen).

Temperaturkoeffizienten im Ultrarot unbekannt; im Sichtbaren ca. eine halbe Einheit der 5. Dezimale.

$\lambda\,(\mu)$	n	λ	n	λ	n
0,54609	1,546172	1,01406	1,534857	3,03	1,4987 (Rubens)
0,58758	1,544308	1,08304	1,533900	3,18	1,4944 ,,
0,58932	1,544239	1,12882	1,533287	3,40	1,4879 ,,
0,61577	1,543234	1,17864	1,53263	3,63	1,4799 ,,
0,66784	1,541546	1,47330	1,52879	3,80	1,4740 ,,
0,70655	1,540484	1,52961	1,528030	3,96	1,4679 ,,
0,72817	1,539950	1,76796	1,52464	4,09	1,4620 ,,
0,73665	1,53974	2,05820	1,520008	4,20	1,4569 ,,
0,76653	1,539076	2,06262	1,51991		
0,77733	1,538840	2,35728	1,51449		
0,78576	1,53868	2,65194	1,50824		
0,84467	1,537527	2,79927	1,50474		
0,88398	1,53685	3,09393	1,49703		
0.98220	1,53533				

Tabelle 3. Dispersion von Flußspat (20°).

Literatur:

F. Paschen, Ann. d. Phys. Bd. 4, S. 299. 1901 (bis 7 μ) und Wied. Ann. Bd. 53, S. 325. 1894 (bis 9,5 μ).
— — Ann. d. Phys. Bd. 41, S. 670. 1913 (bis 2 μ).
A. Carvallo, C. R. Bd. 116, S. 1189. 1893 (bis 2μ).
H. Rubens, Wied. Ann. Bd. 53, S. 273. 1894 (bis 9μ).
S. P. Langley, Ann. of the Smiths. Inst. Bd. 1, S. 221. 1902 (bis 3,5μ).
Tätigkeitsbericht der Physikalisch-Technischen Reichsanstalt 1919 u. 1920 (ZS. f. Instrkde Bd. 40, S. 92. 1920; Bd. 41, S. 103. 1921) (bis 2,6μ).
H. Rubens u. B. W. Snow, Wied. Ann. Bd. 46, S. 529. 1892.
H. Rubens, Wied. Ann. Bd. 45, S. 238. 1892; Bd. 51, S. 390. 1894.
F. Paschen, Wied. Ann. Bd. 53, S. 812. 1894; Bd. 56, S. 762. 1895.
Temperaturkoeffizienten nach E. Liebreich, Verh. d. D. Phys. Ges. Bd. 13, S. 1 u. 700. 1911.

λ	0,589	0,9	2,0	3,16	4,2	5,3	6,5
$-dn$	1,111	1,031	0,932	0,881	0,831	0,821	0,787 Einh. d. 5. Dez.

λ	n	λ	n	λ	n
0,58758	1,43388	1,5715	1,42599	3,5359	1,41381
0,58932	1,43384	1,7680	1,42506	4,1252	1,40851
0,65630	1,43249	1,8688	1,42454	4,7146	1,40235
0,72818	1,43140	2,0582	1,42361	5,3039	1,39525
0,76653	1,43091	2,0626	1,42360	5,8932	1,38714
0,8840	1,42979	2,1608	1,42308	5,4825	1,37827
1,0140	1,42883	2,3573	1,42200	7,0718	1,36802
1,0834	1,42843	2,6519	1,42023	7,6612	1,35679
1,1786	1,42789	2,9466	1,41828	8,2505	1,34443
1,4733	1,42642	3,2413	1,41615	8,8398	1,33078
				9,4291	1,31611

Tabelle 4. Dispersion von Steinsalz (20°).

Literatur:

F. Paschen, Ann. d. Phys. Bd. 26, S. 129. 1908 (bis 16μ).
H. Rubens u. A. Trowbridge, Wied. Ann. Bd. 60, S. 733. 1897 (bis 18μ).
— — u. E. F. Nichols, Wied. Ann. Bd. 60, S. 454. 1897 (bis 22μ).
S. P. Langley, Ann. of the Smiths. Inst. Bd. 1, S. 219. 1900 (bis 6μ).
H. Rubens, Wied. Ann. Bd. 45, S. 254. 1892; Bd. 53, S. 278. 1894; Bd. 54, S. 482. 1895.
— — u. B. W. Snow, Wied. Ann. Bd. 46, S. 535. 1892.
F. Paschen, Wied. Ann. Bd. 53, S. 340. 1894; Ann. d. Phys. Bd. 26, S. 1029. 1908.
S. P. Langley, Wied. Ann. Bd. 22, S. 595. 1884; Ann. de chim. et de phys. Bd. 9, S. 433. 1886.

Temperaturkoeffizienten nach E. LIEBREICH. (In Einh. der 5. Dezimale.)

λ	n	$-dn$	λ	n	$-dn$	λ	n	$-dn$
0,58932	1,544254	2,97	3,5359	1,523109	3,15	8,8398	1,502006	2,40
0,78576	1,536075	3,10	4,1252	1,521584	3,15	10,0184	1,494701	2,2
0,88398	1,533946	3,15	5,0092	1,518919	3,15	11,7864	1,481823	1,6
0,98220	1,532370	3,20	5,8932	1,515952	3,15	12,9650	1,471743	1,4
1,1786	1,530305	3,30	6,4825	1,513563	3,10	14,1436	1,460572	1,2
1,7680	1,527374	3,25	7,0718	1,511009	3,00	14,7330	1,454459	1,0
2,3573	1,525799	3,15	7,6611	1,508268	2,80	15,3223	1,447499	0,8
2,9466	1,524471	3,15	7,9558	1,506765	2,75	15,9116	1,441108	0,7

λ	n	$-dn$	
15,89	1,4411	0,7	RUBENS u. TROWBRIDGE
17,93	1,4149	0,5	
20,57	1,3735	0	RUBENS u. NICHOLS
22,3	1,3403	0	

Tabelle 5. Dispersion von Sylvin (20°).

Literatur:

F. PASCHEN, Ann. d. Phys. Bd. 26, S. 135. 1908 (bis 18μ).

H. RUBENS u. E. F. NICHOLS, Wied. Ann. Bd. 60, S. 454. 1897 (bis 23μ).

— — u. A. TROWBRIDGE, Wied. Ann. Bd. 60, S. 733. 1897.

— — u. B. W. SNOW, Wied. Ann. Bd. 46, S. 538. 1892.

— — Wied. Ann. Bd. 53, S. 279. 1894; Bd. 54, S. 481. 1895.

A. TROWBRIDGE, Wied. Ann. Bd. 65, S. 595. 1898.

F. PASCHEN, Ann. d. Phys. Bd. 26, S. 1029. 1908.

Temperaturkoeffizienten nach E. LIEBREICH. (In Einh. der 5. Dezimale.)

λ	n	$-dn$	λ	n	$-dn$	λ	n	$-dn$
0,58932	1,490281	3,25	2,9466	1,473930	3,31	10,0184	1,45659	2,75
0,78576	1,483365	3,26	3,5359	1,473132	3,28	11,786	1,44900	2,48
0,88398	1,481505	3,27	4,7146	1,471167	3,20	12,965	1,44334	2,30
0,98220	1,480088	3,28	5,3039	1,470012	3,15	14,144	1,43716	2,06
1,1786	1,478401	3,29	5,8932	1,468842	3,10	15,912	1,42609	1,70
1,7680	1,475986	3,30	8,2502	1,462738	2,92	17,680	1,41406	1,26
2,3573	1,474840	3,32	8,8398	1,460871	2,87			

λ	n	$-dn$	
20,60	1,3882	0,5	RUBENS u. NICHOLS
22,50	1,3692	0	

Schwefelkohlenstoff.

H. Rubens, Wied. Ann. Bd. 45, S. 238. 1892.

Schwefelkohlenstoff ist durchsichtig bis $3\,\mu$. Bis $1{,}5\,\mu$ sehr große Dispersion.

Kalkspat.

A. Carvallo, C. R. Bd. 126, S. 950. 1898.

Bis etwa $2\,\mu$ brauchbar, von da ab treten Absorptionsstreifen auf.

Verschiedene Glassorten.

H. Rubens, Wied. Ann. Bd. 45, S. 238. 1892; Bd. 53, S. 267. 1894.
Th. Dreisch u. P. Lueg, ZS. f. Phys. Bd. 49, S. 380. 1928.

Da die drei letztgenannten Substanzen kaum gebraucht werden, begnügen wir uns mit dem Literaturhinweis.

Bei Beobachtung im prismatischen Spektrum ist es vorteilhaft, im Minimum der Ablenkung zu messen. Im Minimum der Ablenkung besitzt das Spektrum die größte Reinheit, außerdem ist die Berechnung der Wellenlängen einfacher. In der ersten Zeit der Ultrarotforschung benutzte man die von Langley[1] eingeführten mechanischen Einrichtungen zur automatischen Einhaltung der Minimalstellung des Prismas, bei denen sich der Prismentisch nur um den halben Betrag der Drehung des Beobachtungsfernrohrs drehte. Abgesehen davon, daß diese Mechanismen oft nicht zuverlässig arbeiteten, kam hinzu, daß es nicht angängig war, die Spektrometerarme zu drehen, wenn Lichtquelle und Empfangsinstrument unbeweglich aufgestellt werden mußten.

Die sich hierbei ergebende Aufgabe, ein Spektrometer mit konstanter Ablenkung zu bauen, löste Wadsworth[2] in einer für Ultrarotmessungen ebenso einfachen wie zweckmäßigen Weise. Die meist benutzte Anordnung liefert eine Gesamtablenkung von 180°. Ihre Wirkungsweise sei hier beschrieben:

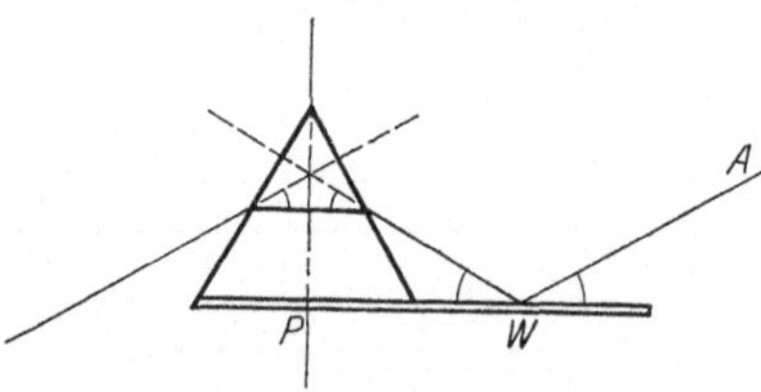

Abb. 28. Spiegelanordnung von Wadsworth.

Mit dem Prisma P (Abb. 28) ist ein ebener Spiegel W, der sogenannte Wadsworth-Spiegel, fest verbunden, und zwar so, daß

---

[1] S. P. Langley, Wied. Ann. Bd. 19, S. 389. 1883.
[2] F. L. O. Wadsworth, Phil. Mag. Bd. 38, S. 337. 1894.

seine Ebene senkrecht steht auf der Symmetrieebene des Prismas und daß die Drehungsachse des ganzen Systems in der Spiegelebene bzw. deren Verlängerung liegt. Man sieht zunächst ohne weiteres ein, daß das System den Strahl nur parallel verschiebt, wie auch der Einfallswinkel sei (Gleichheit der bezeichneten Winkel). WADSWORTH hat aber auch gezeigt, daß der austretende Strahl dauernd die Lage A im Raum beibehält, unabhängig vom Einfallswinkel, also auch von der Wellenlänge. Auch ist die Verschiebung unabhängig von Art und Dimension des Prismas, nur die in Richtung A abgelenkte Wellenlänge ist dann eine andere für gleichen Einfallswinkel.

Diese WADSWORTH-Einrichtung arbeitet genau und zuverlässig. Durch Variation des Winkels zwischen Spiegelebene und Symmetrieebene des Prismas lassen sich beliebige andere Gesamtablenkungen erzielen, doch ist immer die Bedingung zu erfüllen, daß die Drehachse gleichzeitig in der Spiegelebene und der Symmetrieebene des Prismas liegt.

Eine Erhöhung der Dispersion der Prismenapparate ist möglich durch Verwendung mehrerer Prismen. Anordnungen für eine derartige Apparatur sind in neuerer Zeit gegeben worden von BECKER[1], ELLIS[2] und von LEISS[3]. Noch besser, besonders bei Verwendung von Echelette-Gittern, ist die doppelte Zerlegung durch Prismen- und Gitterspektrometer, wie es z. B. BARKER[4] und SLEATOR[5] ausführen.

Über die Justierung eines Ultrarot-Spiegel-Spektrometers ist wenig zu sagen, da man die im sichtbaren Gebiet üblichen Methoden nur sinngemäß zu übertragen hat. Bei der Justierung der Spektrometerspiegel wird das WADSWORTH-System ersetzt durch zwei ebene Spiegel, die die gleiche Ablenkung ergeben.

Während bei den gewöhnlichen Spektrometern die Ablenkungen gemessen werden in bezug auf die Lage des unabgelenkten Strahls als Nullage, muß hier die Ablenkung gegen eine Bezugslinie bekannter Wellenlänge als Ausgangspunkt genommen werden. Als solche Bezugslinien haben sich zweckmäßig erwiesen die gelbe

---

[1] G. BECKER, ZS. f. Phys. Bd. 34, S 255. 1925.
[2] J. W. ELLIS, Phys. Rev. Bd. 23, S. 48. 1924.
[3] C. LEISS, ZS. f. Phys. Bd. 47, S. 137. 1928.
[4] E. F. BARKER, Astrophys. Journ. Bd. 55, S. 391. 1922.
[5] W. W. SLEATOR, Astrophys. Journ. Bd. 48, S. 125. 1918.

Na-Linie 0,58932 μ und für genauere Messungen die gelbe He-Linie 0,58756 μ. Diese Linien werden okular auf die Spaltmitte eingestellt. Dabei wird vorausgesetzt, daß zwischen okularer und objektiver, bolometrischer Einstellung keine Differenz besteht, was aber nicht immer zutrifft, wie PASCHEN[1] bemerkt hat. Sorgt man aber dafür, daß die Intensitätsverteilung im Spaltbild symmetrisch ist, was durch geeignete Abblendung des Strahlenbündels erreicht werden kann, dann ist selbst bei sehr hohen Genauigkeitsansprüchen keine Differenz zwischen den beiden Einstellungen zu beobachten[2]. Auch bleibt dann die Intensitätsverteilung der Linie weitgehend unabhängig von der Spaltbreite.

Eine Eichung der Prismen mittels gewisser Standardwellenlängen ist im allgemeinen nicht zu empfehlen. Nur im kurzwelligen Gebiet können einige scharfe Emissionslinien den Anspruch erheben, als Standard zu dienen. Sie sind hauptsächlich von PASCHEN[3] gemessen worden. Besonders brauchbar sind die Linien 1,08303 μ (doppelt), 1,8684 μ, 2,05813 μ von Helium und die Cd-Linie 1,03947 μ. Dagegen ist es gut möglich, eine Apparatur mittels einigermaßen scharf definierter Wellenlängen zu prüfen, besonders auf Konstanz der Einstellung. Diese Wellenlängen müssen möglichst mit der gleichen Dispersion gemessen sein wie die des zu prüfenden Apparats, da bei Bandenspektren die Intensitätsverteilung durch die Dispersion beeinflußt wird. Als Normalien eignen sich hierzu die Absorptionsspektra des Wasserdampfs und der Kohlensäure der Luft und einige Kristallspektra, besonders die der Karbonate. Über die Werte dieser Wellenlängen vgl. § 31 und 39.

Es seien hier noch einige Formeln und Definitionen zusammengestellt, die beim Arbeiten mit spektraler Zerlegung eine Rolle spielen.

Prisma: Der Austrittswinkel α, der brechende Winkel φ, der Eintrittswinkel ε, und der Brechungsindex n sind durch folgende Gleichung verbunden:

$$\sin\alpha = \sin\varphi\,\sqrt{n^2 - \sin^2\varepsilon} - \cos\varphi\,\sin\varepsilon\;;$$

---

[1] F. PASCHEN, Ann. d. Phys. Bd. 26, S. 125. 1908.

[2] O. SCHÖNROCK, Tätigkeitsbericht der Physikalisch-Technischen Reichsanstalt 1916; ZS. f. Instrkde. Bd. 37, S. 75. 1917.

[3] F. PASCHEN, Ann. d. Phys. Bd. 27, S. 537. 1908; Bd. 29, S. 625. 1909; Bd. 33, S. 717. 1910; H. M. RANDALL, Ann. d. Phys. Bd. 33, S. 739. 1910; A. IGNATIEFF, Ann. d. Phys. Bd. 43, S. 1117. 1914.

im Minimum der Ablenkung gilt:

$$n = \frac{\sin\frac{1}{2}(\delta + \varphi)}{\sin\frac{\varphi}{2}}, \qquad (1)$$

wo δ die Gesamtablenkung bedeutet.

Das Auflösungsvermögen R für unendlich schmalen Spalt ergibt sich nach Rayleigh[1] zu

$$R = \frac{\lambda}{d\lambda} = -p\frac{dn}{d\lambda}, \qquad (2)$$

p ist die Basislänge des Prismas[2]. Für endliche Spaltbreite erhalten wir[3]

$$\frac{\lambda}{d\lambda} = \frac{\lambda R}{\lambda + \varPhi d} = P, \qquad (3)$$

wo $\varPhi = $ Öffnung des Kollimatorspiegels, d. h. $\frac{\text{Durchmesser}}{\text{Brennweite}}$. P nennt man auch „Reinheit" des Spektrums. $d\lambda$ gibt die gerade noch trennbare Wellenlängendifferenz an.

Mit der Bezeichnung „spektrale Spaltbreite" meinen wir das vom Spalt hindurchgelassene Wellenlängenintervall, dessen Größe von der Dispersion abhängig ist. Es wird mit ausreichender Genauigkeit gemessen, indem man etwa die D-Linie unter Drehung des Prismas nacheinander auf beide Ränder des Spalts einstellt. Der gemessenen Winkeldifferenz entspricht eine Wellenlängendifferenz, die man einer Dispersionstabelle $\lambda = f(\delta)$ entnehmen kann. Über die Korrektion der Beobachtungen wegen der endlichen Breite des Spalts siehe § 16.

Durch die Strahlen, die vom oberen bzw. unteren Rand des Eintrittsspalts kommen und das Prisma nicht horizontal durchsetzen, wird das Spaltbild gekrümmt; die Enden des Spalts erscheinen stärker abgelenkt als die Mitte. Die mittlere Wellenlänge des austretenden Strahlenbündels wird dadurch vergrößert, die Lage eines Intensitätsmaximums nach kürzeren Wellenlängen verschoben. Die Krümmung bestimmt sich nach der Gleichung[4]

$$\sin\frac{\delta}{2} = \frac{d}{\sqrt{d^2 + l^2}}\sin\frac{\delta'}{2}, \qquad (4)$$

---

[1] Lord Rayleigh, Scient. Pap. Bd. 1, S. 423 ff.

[2] Bzw. die Differenz zwischen längstem und kürzestem Weg der Strahlen im Prisma.

[3] Vgl. A. Schuster, Theoret. Optik S. 175.

[4] G. Subrahmanian u. B. Gunniaya, Phil. Mag. Bd. 48, S. 896. 1925.

wo δ der Ablenkungswinkel für die Mitte, δ' desgleichen für die Spaltenden; d ist der Abstand Spalt-Kollimatorspiegel, $2l$ die Länge des Spalts.

Zur Vermeidung des dadurch hervorgerufenen Fehlers kann man nach dem Vorgang von Rubens[1] den Austrittsspalt bzw. das Bolometer in entsprechendem Betrag krümmen, was aber immer nur für eine einzige Wellenlänge streng richtig ist.

Gitter: Sei α der Einfallswinkel, β der Austrittswinkel, $\delta = \alpha + \beta$ der Beugungswinkel, dann folgen die Wellenlängen der Lichtmaxima der Gleichung

$$2a\sin\frac{\delta}{2}\cos\frac{\alpha-\beta}{2} = a(\sin\alpha + \sin\beta)\,m\lambda, \qquad (5)$$

wo $a = $ Gitterkonstante, $m = 1, 2, 3 \ldots$ die Ordnung des Spektrums.

Speziell für senkrechten Einfall, $\alpha = 0$ ist $a\sin\beta = m\lambda$.

Der kleinste noch trennbare Wellenlängenabstand $d\lambda$ ist bestimmt durch

$$R = \frac{\lambda}{d\lambda} = Nm = \frac{b}{\lambda}\sin\beta, \qquad (6)$$

wo N die Anzahl der Gitterfurchen, b die Gesamtbreite des Gitters ($= N \cdot a$) bedeuten. Bei endlichem Spalt gilt wieder Formel (3).

Die Dispersion des Gitters ist

$$\frac{d\beta}{d\lambda} = \frac{m}{a\cos\beta}; \qquad (7)$$

in der Nähe der Gitternormalen ist das Spektrum normal, da sich hier $\cos\beta$ nur wenig ändert.

§ 11. Interferometer.

Neben den spektrometrischen Wellenlängenbestimmungen haben auch interferometrische Methoden im Ultrarot Verwendung gefunden, da durch ein Interferometer die Intensitätsverluste sehr vermindert werden gegenüber den spektroskopischen Methoden. Der erste, der eine solche anwandte, war Rubens in der schon besprochenen Dispersionsarbeit[2]. J. Koch[3] benutzte den Jaminschen Interferentialrefraktor mit Steinsalz-Optik zur Bestim-

[1] H. Rubens, Wied. Ann. Bd. 53, S. 270. 1894.
[2] H. Rubens, Wied. Ann. Bd. 45, S. 238. 1892.
[3] J. Koch, Ann. d. Phys. Bd. 17, S. 658. 1905.

mung der Dispersion der Kohlensäure. Hierbei wird die Wellenlänge als bekannt vorausgesetzt, und es wird die Verschiebung der Interferenzstreifen beobachtet, wenn man den Druck der Gase in den Kammern ändert.

Umgekehrt kann man die Wellenlänge der Strahlung bestimmen, wenn man den Gangunterschied der beiden interferierenden Strahlen in bekannter Weise ändert und wieder die Wanderung der Interferenzstreifen beobachtet. Koch[1] benutzte zu dem Zweck folgende Anordnung (Abb. 29). Die Variation des Gangunterschieds geschah durch Drehung der beiden Steinsalzplatten a um die Drehungsachsen *. So schön diese Methode ist, so leidet sie doch prinzipiell unter dem Übelstand, daß die Dispersion des Steinsalzes die Ergebnisse fälscht, wenn man es mit inhomogenen Strahlen gemischen zu tun hat, wie es bei Koch der Fall war. Der Fehler dürfte aber nicht groß sein.

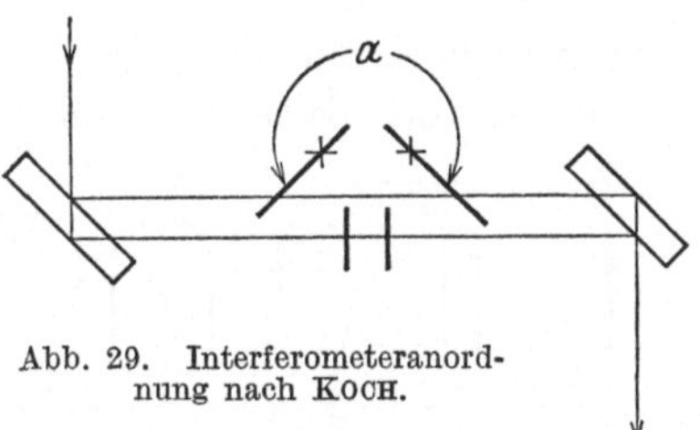

Abb. 29. Interferometeranordnung nach Koch.

Dagegen ist die Anordnung von Rusch[2] einwandfrei. Er benutzt die Michelsonsche Anordnung mit Flußspatoptik, wo die Änderung des Lichtwegs in Luft, also praktisch dispersionsfrei vorgenommen wird.

Eine besonders einfache Anordnung, die dem Fabry-Pérotschen Etalon nachgebildet ist, wurde von Rubens und seinen Mitarbeitern und von Ignatieff[3] in zahlreichen Untersuchungen benutzt. Wir gehen auf diese Methode näher ein, da sie im langwelligen Ultrarot große Bedeutung erlangt hat.

Das Interferometer besteht aus einer planparallelen Luftplatte, begrenzt von Quarzplatten, deren Abstand variabel ist. Schickt man ein monochromatisches Strahlenbündel durch das Interferometer und mißt die Intensität der austretenden Strahlen in Abhängigkeit von der Plattendicke, dann treten Intensitäts-

---

[1] J. Koch, Ann. d. Phys. Bd. 26, S. 974. 1908 bzw. Nova Acta Upsal. (IV) Bd. 2. 1909.

[2] M. Rusch, Ann. d. Phys. Bd. 70, S. 373. 1923.

[3] H. Rubens u. H. Hollnagel, Berl. Ber. 1910, S. 26 u. spätere Arbeiten; A. Ignatieff, Ann. d. Phys. Bd. 43, S. 1117. 1914.

maxima auf, wenn $\dfrac{2\,m\,\lambda}{2} = 2\,d$, und Minima, wenn $\dfrac{(2\,m+1)\lambda}{2} = 2\,d$,
wo d die Dicke der Luftplatte und $n = 2\,m$ bzw. $2\,m + 1(m = 0,$
1, 2 ...) die Anzahl von Halbwellen bedeutet, um die sich die
beiden interferierenden Strahlenbüschel unterscheiden. Die Intensität der Interferenzkurve berechnet sich nach der AIRYschen
Formel:

$$I = I_0 \frac{(100 - R)^2}{(100 - R)^2 + 400\,R\sin^2\dfrac{2\,\pi\,d}{\lambda}}. \tag{8}$$

$R =$ Reflexionsvermögen der Innenseite der Quarzplatten. Bei
$56\,\mu$ z. B. ist $R = 13{,}8\%$, also $I_{\mathrm{n\,in}} = 0{,}574\,I_0$.

Ein nicht monochromatischer Strahl gibt bekanntlich Schwebungen in der Interferenzkurve. Wir betrachten speziell die
Verhältnisse bei zwei
Teilwellenlängen. Aus
dem Abstand e_0 zweier
benachbarter Koinziden-
zen gleicher Phasen er-
gibt sich die Wellenlän-
gendifferenz zu

$$\lambda_2 - \lambda_1 = \pm\,\frac{\lambda_1^2}{2\,e_0}. \tag{9}$$

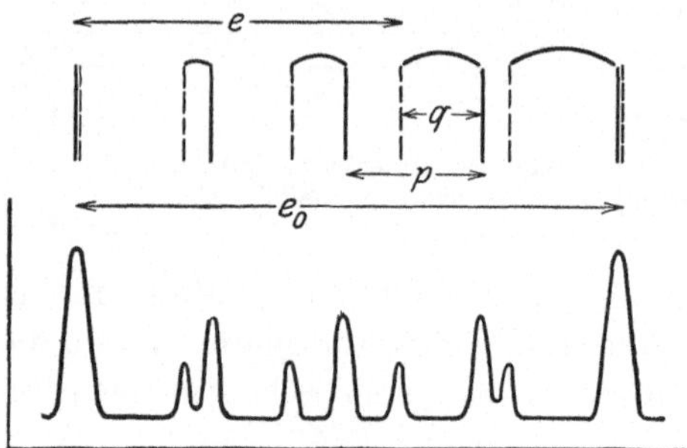

Abb. 30.   Interferometerkurven von 2 getrennten
Spektrallinien.

Sind die beiden Kom-
ponenten scharf genug
getrennt, dann läßt sich
die Bestimmung von e_0 an jeder Stelle der Interferenzkurve
vornehmen, denn es ist (nach Abb. 30) $e_0 = e\,\dfrac{p}{q}$, wo p der Abstand zweier aufeinanderfolgender Maxima einer Komponente,
q der Abstand zweier aufeinanderfolgender Maxima der beiden
Komponenten und e die Entfernung von der vorhergehenden
Koinzidenz, also etwa der Nullstellung des Interferometers (vgl.
Abb. 30).

Hat man keine scharfen Spektrallinien und wünscht man
außerdem die Intensitätsverteilung der Strahlung kennenzu-
lernen, bedient man sich zweckmäßig eines von RUBENS angegebenen Verfahrens, das an Hand einer seiner Interferenzkurven
(Abb. 31) besprochen sei. Selbstverständlich darf auch hier die

Inhomogenität der Strahlung nicht zu groß sein. Bei den weiter unten zu behandelnden Reststrahluntersuchungen war im allgemeinen $\dfrac{\varDelta\lambda}{\lambda} = 0,2$, wenn $\varDelta\lambda$ den Wellenlängenbereich der untersuchten Strahlung angibt.

Der Abstand der Koinzidenzen wird gemessen als der Abstand zweier homologer Extrema, z. B. zwischen a und i''. Dies gibt die Wellenlänge des intensiveren Streifens gemäß $\dfrac{n\lambda_1}{2} = 2d$, da der stärkere Streifen das Interferenzbild wesentlich beeinflußt und also die Anzahl seiner Halbwellen direkt abzählen läßt. Die Wellenlänge des zweiten, schwächeren Streifens ergibt sich dann aus (9).

Ob der stärkere Streifen größere oder kleinere Wellenlängen besitzt als sein Trabant, läßt sich am einfachsten aus der Form der Interferenzkurve schließen, wie man sich an Hand der Abb. 32 überzeugen kann. Im ersten Fall sind die Maxima an den Stellen der Schwebungsminima auseinander gezogen, im zweiten Fall zusammengerückt, was sich meistens sicher feststellen läßt.

Zur Bestimmung der Intensitätsverteilung gibt es ein strenges Verfahren nach PLANCK[1] und ein Näherungsverfahren von RUBENS l. c. Von dem ersteren sei nur die Endformel angegeben, da HOLL-

---

[1] Angegeben in H. HOLLNAGEL, Diss. Berlin 1910.

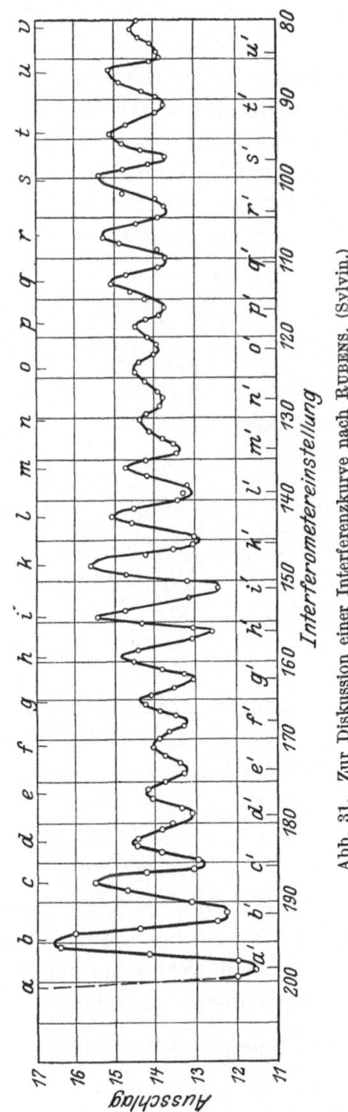

Abb. 31. Zur Diskussion einer Interferenzkurve nach RUBENS. (Sylvin.)

56 Experimentelle Hilfsmittel.

Nagel zeigen konnte, daß praktisch beide Verfahren übereinstimmen. Die gesuchte Intensitätsverteilung Φ_λ wird berechnet aus

$$\Phi_\lambda = -\frac{4}{\lambda^2} \int\limits_0^\infty F(x) \cos \frac{4\pi x}{\lambda}\, dx, \tag{10}$$

wo x die Dicke der Luftschicht, $F(x) = I_0 - \bar{K}$, wo I_0 die Ordinaten der Interferenzkurve und $\bar{K}$ deren mittleren Wert (eigentlich den Wert für $x = \infty$) bedeuten.

Rubens nimmt nun an, daß die Intensitätsverteilung einer jeden der beiden Komponenten der Strahlung sich darstellen läßt in der Form einer Resonanzkurve. Als resonierendes System sind

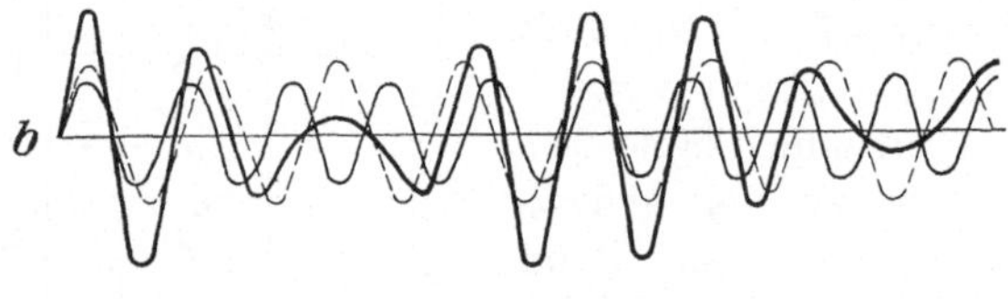
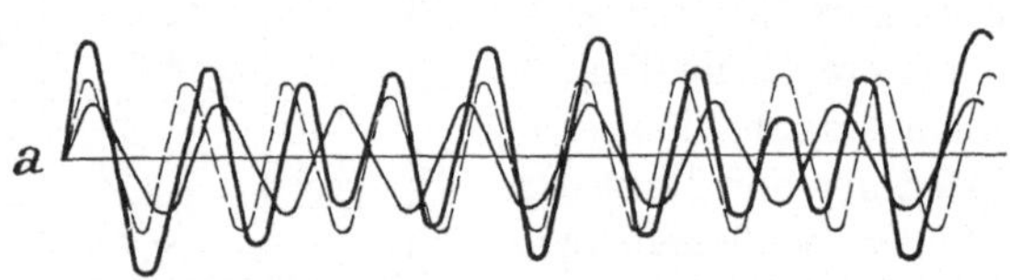

Abb 32 Diskussion von Interferenzkurven nach Rubens.

ungedämpfte Oszillatoren, als erregendes eine gedämpfte Sinusschwingung mit der Wellenlänge λ_1 bzw. λ_2 und dem logarithmischen Dekrement γ_1 bzw. γ_2 angenommen. Nach V. Bjerknes[1] ist dann

$$\Phi_{\lambda_1} = \Phi_1 \frac{\gamma_1^2}{\gamma_1^2 + 4\pi^2 \dfrac{(\lambda - \lambda_1)^2}{\lambda^2}}, \tag{11}$$

wo Φ_1 ein Maß für die Intensität im Maximum der Resonanzkurve ist. Zu bestimmen bleibt Φ_1, γ_1 bzw. Φ_2, γ_2.

Die nach (11) zusammengesetzte Strahlung liefert eine Interferometerkurve, die ebenfalls die Form einer gedämpften Sinusschwingung hat mit der Wellenlänge $\frac{\lambda_1}{2}$ und dem logarithmischen

---

[1] V. Bjerknes, Wied. Ann. Bd. 44. S. 85. 1891.

Dekrement γ_1*, wie es auch die hier dargestellte Kurve zeigt, wenn man von dem Einfluß der anderen Komponente, den Schwebungen, absieht.

Demgemäß läßt sich γ_1 (für die stärkere Komponente) direkt aus der Interferometerkurve entnehmen, wenn man zur Berechnung nur die Stellen heranzieht, in denen beide Komponenten in Phase schwingen, also die Dämpfung des stärkeren Streifens nahezu allein maßgebend ist. Es ist also

$$\gamma_1 = \frac{2}{n} \ln \frac{h_{aa'}}{h_{i'k}}, \qquad (12)$$

wo $h_{aa'}$ die Differenz der Ordinaten für die Extrema a und a' bedeutet.

γ_2 berechnet sich aus der Proportion $\gamma_1 : \gamma_2 = \lambda_1 : \lambda_2$, der die Annahme zugrunde liegt, daß die logarithmischen Dekremente beider Komponenten gleich sind, bezogen auf gleiche Abszissen. Diese Annahme ist gerechtfertigt durch die Tatsache, daß die Schwebungen an allen Stellen der Interferometerkurve gleich stark auftreten.

Zu bestimmen ist noch das Verhältnis Φ_2/Φ_1. Es ergibt sich leicht aus den beiden Gleichungen (spezialisiert für unser Beispiel):

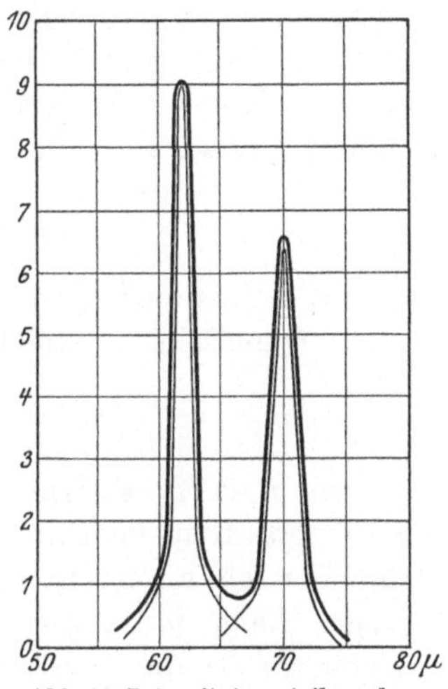

Abb. 33. Intensitätsverteilung der Interferometerkurve der Abb. 31.

$$\Phi_1 + \Phi_2 = \sqrt{h_{aa'} \cdot h_{i'k}} \quad \text{und} \quad \Phi_1 - \Phi_2 = h_{ee'},$$

also

$$\frac{\Phi_2}{\Phi_1} = \frac{\sqrt{h_{aa'} \cdot h_{i'k}} - h_{ee'}}{\sqrt{h_{aa'} \cdot h_{i'k}} + h_{ee'}}. \qquad (13)$$

Die auf die beschriebene Art berechnete Intensitätsverteilung für die in Abb. 31 wiedergegebene Interferometerkurve ist in Abb. 33 gezeichnet[1].

§ 12. Reststrahlenmethode.

Wie früher erwähnt wurde, gelangte man mittels spektroskopischer Methoden nur bis zu einer Wellenlänge von etwa 30 μ.

---

* V Bjerknes, Wied. Ann. Bd. 44, S. 517. 1891.

[1] Wegen der hier auftretenden zwei Maxima bei den Reststrahlen von Sylvin vgl. weiter unten § 12, S. 62.

Nun folgt aus der Dispersionstheorie, daß an einer Stelle anomaler Dispersion, d. h. an der Stelle einer Eigenschwingung, eine Substanz selektiv absorbiert und reflektiert, und zwar „metallisch", so daß an einer bestimmten Stelle des Spektrums ein sehr großes Reflexionsvermögen besteht, welches außerhalb derselben rasch auf sehr niedrige Werte heruntersinkt. Diese Tatsache benutzte RUBENS[1] in seiner Methode der Reststrahlen, mit der es ihm gelang, annähernd monochromatische Strahlen mit Wellenlängen bis zu $110\,\mu$ zu erzeugen.

Das Prinzip der Methode beruht auf folgendem Gedankengang. Es sei r das Reflexionsvermögen der Substanz im Gebiet der metallischen Reflexion,

$$r = \frac{(n-1)^2 + n^2\varkappa^2}{(n+1)^2 + n^2\varkappa^2}\,{}^{*}\,,$$

ϱ das Reflexionsvermögen im Gebiet normaler Dispersion, in dem die Fresnelschen Formeln gelten,

$$\varrho = \frac{(n-1)^2}{(n+1)^2}\,.$$

Es sei i das Verhältnis der Intensitäten zweier Spektralgebiete in einem kontinuierlichen Spektrum, von denen das eine Gebiet im Bereich anomaler, das andere in dem normaler Dispersion liegt. Nach n-maliger Reflexion an Oberflächen der gleichen Substanz ist dies Verhältnis

$$i_n = i\left(\frac{r}{\varrho}\right)^n.$$

Nehmen wir als Beispiel $i = 1$, $r = 0{,}9$, $\varrho = 0{,}45$, dann ist nach viermaliger Reflexion $i_n = 2^4 = 16$, dagegen nach einmaliger Reflexion nur gleich 2.

Es wird also durch mehrmalige Reflexion ein bestimmtes Wellenlängenintervall (das der Eigenschwingung benachbarte) gegenüber allen übrigen bevorzugt. Der Name „Reststrahlen" für Strahlen, die auf diese Weise ausgesondert sind, dürfte ohne weiteres klar sein. Der Vorteil der Methode liegt in ihrer Lichtstärke; dagegen liefert sie nicht jeden beliebigen Ausschnitt aus dem kontinuierlichen Spektrum, sondern nur diskrete Wellenlängen.

---

[1] H. RUBENS u. E. F. NICHOLS, Wied. Ann. Bd. 60, S. 418. 1897.

* Im Gebiet metallischer Absorption und Reflexion kommt $2\,n$ gegen $n^2\varkappa^2 + n^2 + 1$ nicht in Betracht, so daß dort r nahezu gleich 1 wird.

Wir wollen noch erwähnen, daß selbstverständlich nur die stärksten Reflexionsmaxima zu Reststrahlen Veranlassung geben können, da andernfalls die Intensität (gegeben durch r^n) zu gering wird. Über geeignete Reflexionsmaxima vergleiche man noch, soweit nicht Tabelle 6 Auskunft gibt, Kapitel V (z. B. Quarz, a. o. Strahl bei 28 μ).

Die Reststrahlen sind nicht vollkommen homogen. Der Grad ihrer Homogenität hängt ab erstens von der Zahl der reflektierenden Flächen, zweitens von der Intensitätsverteilung der auffallenden Strahlung, so daß man durch geeignete Filterung die Homogenität erhöhen kann. Auch die Wellenlänge der maximal reflektierten Strahlen hängt von diesen Umständen ab, sobald i von 1 verschieden ist. Der Einfluß der Zahl der reflektierenden Flächen ist, außer von Rubens und Nichols (l. c.), von Hollnagel[1] eingehend an Sylvin und Steinsalz untersucht worden.

Die Wellenlängenbestimmung geschieht teils mit dem Beugungsgitter, teils interferometrisch. Einige Werte sind nur geschätzt aus der Absorption dieser Strahlen im Quarz (vgl. § 15). Sie sind in der Tabelle 6 eingeklammert.

In dieser sind die wichtigsten bekannten Reststrahlfrequenzen angegeben, mit kurzen Angaben über die Versuchsbedingungen. Die als monochromatische Strahlungsquellen besonders geeigneten Reststrahlen sind mit $\times$ in der Spalte „Bemerkungen“ gekennzeichnet. Wir beschränken uns dabei auf das Gebiet $\lambda > 20 \, \mu$, da für kleinere Wellenlängen andere Versuchsmethoden besser sind. Genauere Untersuchungen über kurzwellige Reststrahlen liegen vor über Kalkspat bei 7 μ [2], Gips bei 9 μ [3] und Quarz bei 9 μ [4]. In Arbeiten von Rubens und Nichols, Porter[5] und Morse[6] finden sich Angaben über eine große Anzahl anderer Stoffe. Coblentz[7] hat für Cryolith ($3\,\mathrm{NaF} \cdot \mathrm{AlF_3}$) ein starkes Reststrahlmaximum bei 15,1 μ gefunden.

---

[1] H. Hollnagel, Diss. Berlin 1910.

[2] M. Rusch, Ann. d. Phys. Bd. 70, S. 373. 1923 und Ann. d. Phys. Bd. 85, S 581. 1928 (verbesserte Zahlenwerte).

[3] J. Koch, Ann. d. Phys. Bd. 26, S. 974. 1908 und H. M. Randall, Astrophys. Journ. Bd. 34, S. 308. 1911.

[4] H. Rubens u. E. F. Nichols, l. c.

[5] I. T. Porter, Astrophys. Journ. Bd. 22, S. 229. 1905.

[6] L. B. Morse, Astrophys. Journ. Bd. 26, S. 224. 1907.

[7] W. W. Coblentz, Investig. of Infrared Spectra Bd. V, S. 31. 1908.

Tabelle 6. Reststrahlen.

In der Tabelle wird in der letzten Spalte durch Zahlen auf die unten verzeichneten Arbeiten verwiesen. Die Daten der Tabelle sind den Arbeiten entnommen, deren Ziffern unterstrichen sind.

Literatur:

1. H. RUBENS u. E. F. NICHOLS, Wied. Ann. Bd. 60, S. 418. 1897.
2. — — u. E. ASCHKINASS, Wied. Ann. Bd. 65, S. 241. 1898.
3. — — Wied. Ann. Bd. 69, S. 576. 1899.
4. — — u. H. HOLLNAGEL, Berl. Ber. 1910, S. 26.
5. — — Berl. Ber. 1913, S. 513.
6. — — u. H. v. WARTENBERG, Berl. Ber. 1914, S. 69.

Substanz	Anzahl der refl. Flächen	Lichtquelle	Filter
Quarz, SiO_2	4	Zirkonlampe	2,5 mm AgCl
Flußspat, CaF_2 . .	3	Auerbrenner	5 mm KCl
,, ...	3	,.	0,4 mm SiO_2 + 1,2 mm KBr
Kalkspat ‖ c . . .	2	Auerbrenner, pol.	3 mm KBr
+ Flußspat	2	elektr. Vektor ‖ c	
Marmor	4	Auerbrenner	?
Magnesit, $MgCO_3$.	3	Nernstbrenner	—
Zinkblende, ZnS . .	?	?	?
Aragonit, $CaCO_3$ . .	3	Auerbrenner	0,4 mm SiO_2
Strontianit, $SrCO_3$.	5	Nernstbrenner	0,5 mm SiO_2, trockn. Luft
Witherit, $BaCO_3$ . .	5	,,	,,
Salmiak, NH_4Cl . *	4	Auerbrenner	2 mm SiO_2
Steinsalz, NaCl . *	4	,,	,,
NaBr	3	,,	,,
NH_4Br . . . . . *	4	,,	,,

---

[1] Die zwei Maxima von Aragonit sind wohl einem Absorptionsstreifen der Luft zuzuschreiben, dessen Natur noch nicht geklärt ist; vgl. M. CZERNY, ZS. f. Phys. Bd. 34, S. 227. 1925.

7. H. Rubens, Berl. Ber. 1915, S. 4.
8. H. Liebisch u. H. Rubens, Berl. Ber. 1919, S. 198.
9. — — — — Berl. Ber. 1919, S. 876.
10. E. Aschkinass, Ann. d. Phys. Bd. 1, S. 42. 1900.
11. E. F. Nichols u. S. Day, Phys. Rev. Bd. 27, S. 225. 1908.
12. W. W. Coblentz, Investig. of Infrared Spectra Bd. V, S. 31. 1908.
13. H. Hollnagel, Diss. Berlin 1910.
14. O. Reinkober, ZS. f. Phys. Bd. 39, S. 437. 1926.
15. F. Krüger, O. Reinkober u. E. Koch-Holm, Ann. d. Phys. Bd. 85, S. 110. 1928 (Reststrahlen von Mischkristallen).

Die Mischkristalle liefern ein Maximum, das zwischen denen der Komponenten liegt.

Für Kalkspat und Kaliumjodid vgl. noch S. 68 u. 69.

λ	Bemerkungen	Literatur
20,75	—	$\underline{1}$
22,9	Weniger als 0,6% Verunreinigung $\times$	$\underline{7}$
32,8	—	$\underline{1}$, 3
27,3	— $\times$	$\underline{9}$
29,4	—	$\underline{10}$
30	—	$\underline{12}$
30,9	—	$\underline{9}$
35 und 41	Inhomogen; s. Anm. 1	$\underline{8}$
43,2	— $\times$	$\underline{11}$
46,5	—	$\underline{11}$
46,3 $\underline{54,0}$ 51,5	S. Anm. 2	$\underline{6}$, 11
47,5 $\underline{54,3}$ 52,0	Zwei schmale Streifen $\times$	$\underline{5}$, 2, 4, 7, 11, 13
zwischen 50 und 55	Wellenlänge geschätzt	$\underline{10}$
55,3 $\underline{62,6}$ 59,4	—	$\underline{6}$

2 Die Mittelwerte in Spalte 5 geben den interferometrisch bestimmten Schwerpunkt der Reststrahlung an. Die stärkere Komponente ist unterstrichen.

Tabelle 6

Substanz	Anzahl der refl. Flächen	Lichtquelle	Filter
Sylvin, KCl . . . *	4	Auerbrenner	2 mm SiO_2
RbCl	3	Nernstbrenner	0,5 mm SiO_2
AgCl . . . . *	4	Auerbrenner	2 mm SiO_2 + schw. Seidenpap.
KBr . . . . . . *	4	,,	2 mm SiO_2
$PbCl_2$. . . . . . *	4	,,	,,
TlCl	4	,,	,,
AgCN	4	,,	2 mm SiO_2 + Seidenpap.
KJ.	4	,,	0,8 mm SiO_2 Refl. an Ruß
Sublimat, $HgCl_2$ . .	4	,,	2 mm SiO_2 + Seidenpap.
Kalomel, Hg_2Cl_2 . *	4	,,	,,
AgBr	4	,,	,,
TlBr	4	,,	0,8 mm SiO_2 Refl. an Ruß
TlJ	4	,,	2 mm SiO_2

Zur Tabelle 6 ist noch zu bemerken:

Unter der Rubrik „Filter“ sind eingetragen worden die dauernd im Strahlengang befindlichen Substanzen, als „Schirm“ zum Zulassen bzw. Absperren der Strahlung dient eine Steinsalzplatte. In der Wahl dieser beiden Mittel hat man die Möglichkeit, sich von kurzwelliger Verunreinigung zu befreien (§ 15).

Die mit * versehenen Substanzen zeigen eine Verdoppelung des Reststrahlmaximums, die nach Rubens[1] auf Wasserdampf-

---

[1] H. Rubens, Berl. Ber. 1913, S. 513 und H. Rubens u. H. v. Wartenberg, Berl. Ber. 1914, S. 169. Es sei hier näher auf diese Arbeiten eingegangen, da sie vielfach in Vergessenheit geraten zu sein scheinen. So hat Pfund (Proc. Nat. Acad. Amer. Bd. 11, S. 53. 1925) die Zweiteilung durch die Wirkung von Isotopen erklären wollen. Balandin (ZS. f. Phys.

Fortsetzung).

λ	Bemerkungen	Literatur
<u>62,0</u> 70,3 63,4	Zwei schmale Streifen $\times$	<u>5</u>, 2, 4, 7, 13
73,8	—	14, <u>15</u>
74,0 <u>90,3</u> 81,5	Inhomogen	<u>5</u>
74,6 <u>86,8</u> 82,6	— $\times$	<u>5</u>, 4, 7
74 92 114 91,0	Inhomogen	<u>5</u>
91,9	Inhomogen $\times$	<u>6</u>
(93)	—	<u>6</u>
94	1 % Verunreinigung $\times$	<u>7</u>, 4, 6
(95)	Rhombisch, gepulvert	<u>6</u>
<u>91,6</u> 117,8 98,8	Inhomogen	<u>5</u>
.12,7 Schwerpunkt 116,2 Maximum	Inhomogen	<u>5</u>
117,0	1% Verunreinigung, intensiv $\times$	<u>7</u>, 6
151,8	10% Verunreinigung, inhomogen Rhombisch, gepulvert	<u>6</u>

Bd. 26, S. 145. 1924) will aus dem Abstand der Maxima nach einer auch sonst nicht einwandfreien Methode (vgl. § 34) chemische Affinitäten berechnen. Auch SPANGENBERG (ZS. f. Krist. Bd. 57, S. 529. 1922) hält die Verdoppelung für eine wesentliche Eigenschaft dieser Reststrahlen.

Die Versuchsanordnung ist in Abb. 34 dargestellt. Es bedeuten: A dieLichtquelle (Auerbrenner), B wasserge-

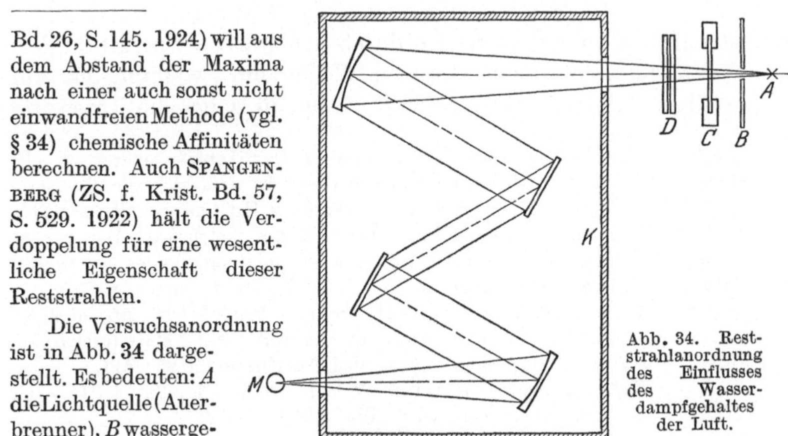

Abb. 34. Reststrahlanordnung des Einflusses des Wasserdampfgehaltes der Luft.

absorption zurückzuführen ist. Abb. 35 zeigt die Intensitätsverteilung der Reststrahlen von Steinsalz bei verschiedenem Wasserdampfgehalt der Luft. Der Einfluß des Wasserdampfs ist deutlich zu sehen. Kurven ähnlicher Art erhielt RUBENS auch bei den übrigen Substanzen.

Bei Flußspat erscheinen zwei Reststrahlgebiete, die ziemlich scharf voneinander getrennt sind, obwohl das Reflexionsvermögen an sich nach den neuesten Messungen nur ein einfaches Maximum bei 32,8 μ zeigt[1]. Das Doppelmaximum bei der Rest-

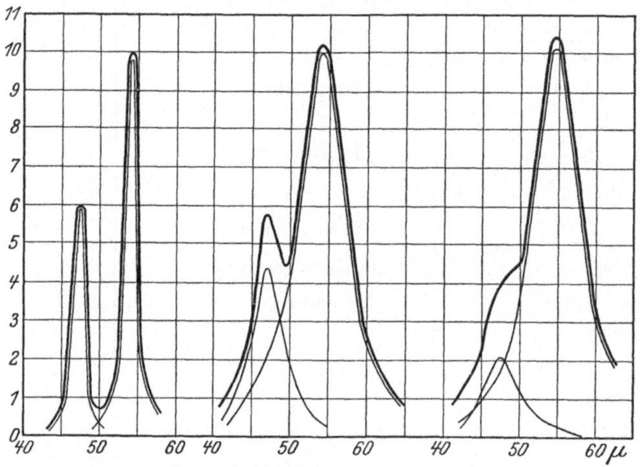

Abb. 35. Intensitätsverteilung der Reststrahlen von Steinsalz bei verschiedenem Wasserdampfgehalt der Luft.

strahlanordnung erklärt sich durch den starken Energieabfall der Strahlungsquelle nach längeren Wellen hin, wodurch das kurzwellige Gebiet bevorzugt wird. Abb. 36 zeigt die Intensitäts-

kühlte Blende, C Schirm aus Steinsalz, D das Interferometer, K einen durch Quarzplatten abgeschlossenen Kasten, in dem sich die Reststrahlanordnung befindet (vier Platten, die letzte als Hohlspiegel, der das Strahlenbündel auf das Empfangsinstrument M konzentrierte). Bei der Aufnahme von Kurve 1 (Abb. 35, links) war ein 40 cm langes Messingheizrohr mit Wasserdampf eingeschaltet. Der Luftweg wurde auf 3 m vergrößert. Kurve 2 (Mitte) ist ohne Heizrohr, mit trockener Luft im Kasten gemessen. Bei Kurve 3 (rechts) war die Lichtquelle ein schwarzer Körper, damit die Wasserdampfentwicklung des Auerbrenners wegfällt.

[1] L. KELLNER geb. SPERLING, ZS. f. Phys. Bd. 56, S. 215. 1929; H. RUBENS u. G. HETTNER, Berl. Ber. 1916, S. 174.

verteilung der Flußspatreststrahlen bei verschiedener Zahl der reflektierenden Platten[1]. Über den Zusammenhang mit der Theorie der Gitterschwingungen vgl. §§ 34 und 36.

Zwischen 20 und 36 μ erhält man nach Rubens und Hettner[2] eine genügend reine Strahlung mittels einer spektrometrischen Anordnung unter Verwendung eines Flußspathohlspiegels, der nur das genannte Spektralgebiet merklich reflektiert.

Eine Variante der Reststrahlenmethode, die eine bedeutende Materialersparnis erzielt, hat, auf Anregung von Rubens, Czerny

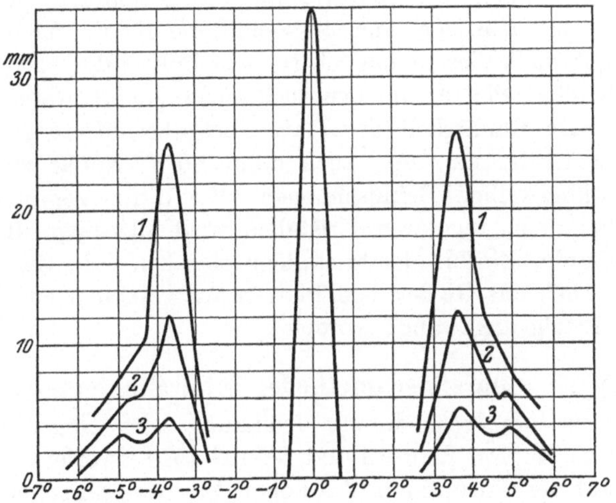

Abb. 36. Reststrahlen von Flußspat (Gittermessung).

durchgeführt[3]. Linear polarisiertes Licht, dessen elektrischer Vektor in der Einfallsebene liegt, wird bei Einfall unter dem Polarisationswinkel überhaupt nicht reflektiert, solange die Fresnelschen Formeln gelten, also außerhalb des Reststrahlgebietes. Bei dieser Anordnung ist das Verhältnis $\dfrac{r}{\varrho}$, das für die Reinheit der Reststrahlen bestimmend ist, schon nach einer

---

[1] H. Rubens, Wied. Ann. Bd. 69, S. 576. 1899. Kurve *1* bezieht sich auf 2, Kurve *2* auf 4, Kurve *3* auf 6 Platten. Als Abszissen sind die Ablenkungswinkel für ein Gitter von 0,3716 mm Gitterkonstante aufgetragen.

[2] H. Rubens u. G. Hettner s. Anm. 1 auf S. 64.

[3] M. Czerny, ZS. f. Phys. Bd. 16, S. 321. 1923.

Reflexion groß genug, um eine genügende Isolation der Reststrahlen herbeizuführen. Man erhält auf diese Weise Reststrahlen von etwa derselben Reinheit wie bei der ursprünglichen Methode.

Die Polarisierung der Strahlung geschah durch Reflexion an einer Selen-Platte unter dem Polarisationswinkel. Benutzt man zur Polarisation eine Platte aus der Reststrahlensubstanz, dann gelingt es, viermal intensivere Reststrahlen von gleichem Reinheitsgrad zu erhalten.

Die Herstellung von Reststrahlplatten ist einfach. Entweder nimmt man natürliche oder angeschliffene Kristallflächen oder man preßt, falls dies unmöglich ist, aus Pulver der betreffenden Substanz eine Platte, die eventuell noch poliert werden muß. Eine gewisse Rauhigkeit der Platten ist aber für lange Wellen nicht ungünstig, da diese auch dann noch regulär reflektiert werden, kurzwellige Beimischungen aber diffus zerstreut werden[1]. Bei nicht regulären Kristallen wird allerdings durch die Pulverung der Einfluß der kristallographischen Orientierung verwischt. Auch das Gießen von Platten aus geschmolzenen Salzen ist mit Erfolg angewandt worden.

§ 13. Quarzlinsenmethode, Totalreflektometer.

Eine weitere Methode zur Isolierung langwelliger Wärmestrahlen wurde von Rubens und Wood[2] 1910 veröffentlicht. Sie beruht auf der Ausnutzung des hohen Brechungsexponenten des Quarzes ($n > 2$) für sehr lange Wellen[3] ($\lambda > 50\,\mu$), und zwar ist, um einen Anhaltspunkt zu geben, $n = 2{,}46$ bei $52\,\mu$, $n = 2{,}18$ bei $56\,\mu$ und $n = 2{,}14$ bei $63{,}4\,\mu$, während n für kurze Wellen rund 1,5 beträgt. Schon im Jahre 1899 versuchten Rubens und Aschkinass[4] mittels spitzwinkliger Prismen aus Quarz, langwellige Strahlung zu isolieren. Das Ergebnis war aber unbefriedigend, da sich die kurzwellige Strahlung nicht genügend schwächen ließ.

---

[1] Vgl. Lord Rayleigh, Nature 1901, S. 385; Th. J. Meyer, Verh. d. D. Phys. Ges. Bd. 16, S. 126. 1914; A. F. Gorton, Phys. Rev. Bd. 7, S. 66. 1916.

[2] H. Rubens u. R. W. Wood, Berl. Ber. 1910, S. 1122.

[3] H. Rubens u. E. Aschkinass, Wied. Ann. Bd. 65, S. 253. 1898; Bd. 67, S. 459. 1899.

[4] H. Rubens u. E. Aschkinass, Wied. Ann. Bd. 67, S. 459. 1899.

Das Prinzip der Quarzlinsenmethode ist in Abb. 37 schematisch dargestellt[1]. Die langwellige Strahlung der Lichtquelle A wird durch die Quarzlinse L_1 stark gebrochen, die kürzeren Wellen schwach. Durch die in der Abbildung angedeutete Ausblendung durch die Blenden F_1 aus schwarzem Papier und F_2 aus Metall wird erreicht, daß nur die langwellige Strahlung in den Raum hinter F_2 gelangt. Um eine weitere Aussonderung zu erzielen, wird der Vorgang an einer zweiten Linse wiederholt. Dies ist notwendig, da von den Oberflächen von L_1 diffuse kurzwellige Strahlung ausgeht.

In den Strahlengang wurde in der RUBENSschen Anordnung bei F_2 noch das Interferometer (2 Quarzplatten) einge-

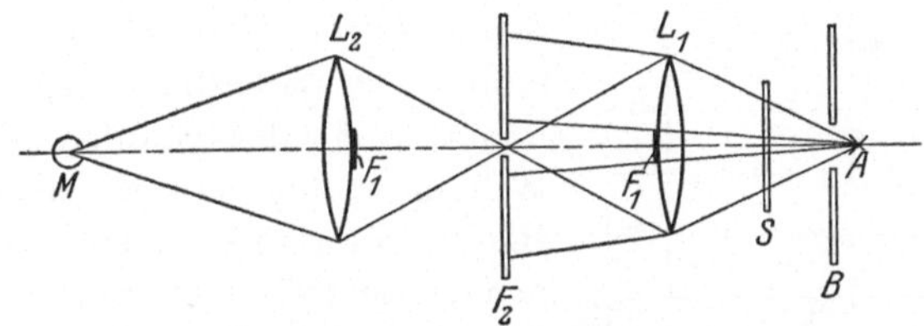

Abb. 37.   Quarzlinsenmethode von RUBENS und WOOD.

schaltet. Zum Abschirmen der Strahlung diente eine Platte aus Spiegelglas geeigneter Dicke, das für diese Strahlung undurchlässig ist.

Die Abmessungen des von RUBENS und WOOD (l. c.) benutzten Apparates waren folgende: Die beiden Quarzlinsen hatten einen lichten Durchmesser von 7,5 cm, am Rand waren sie 0,3, in der Mitte 0,8 cm dick. Ihre Brennweite für sichtbares Licht betrug

---

[1] Schon P. LENARD (Ann. d. Phys. Bd. 1, S. 449. 1900) hat sich des gleichen Prinzips bedient, um ultraviolette Strahlen zu isolieren Ein ähnliches Prinzip benutzen W. SCHÜTZ (ZS. f. Phys. Bd. 32, S. 502. 1925; Bd. 34, S. 545. 1925) und H. SCHULZ (ZS. f. Phys. Bd. 33, S. 183. 1925) zur Konstruktion von lichtstarken Polarisatoren mittels Kalkspatlinsen. Es wird dabei die Differenz der Brennweiten des ordentlichen und außerordentlichen Strahls benutzt. Auch R. BLONDLOT (C. R. Bd. 136, S. 737. 1903) benutzte Quarzlinsen, um seine angeblichen N-Strahlen zu konzentrieren, deren Brechungsindex sehr groß sein sollte (über 2). Das Phänomen der N-Strahlung existiert in Wirklichkeit gar nicht. — Als der erste Entdecker des Prinzips der Quarzlinsenmethode ist danach LENARD anzusehen.

27,3 cm[1]. Die Blenden B und F_2 hatten einen Durchmesser von 15 mm; der Durchmesser der Papierscheibchen war 5 mm.

Da Quarz in der benutzten Schichtdicke noch bis nahezu 85 μ undurchlässig ist, dagegen bei 96 μ bereits 17% hindurchläßt, so ist in der Intensitätsverteilung der Strahlung der Abfall nach den kurzen Wellenlängen ziemlich steil, dagegen nach langen Wellenlängen flacher. Der letztere wird einmal bedingt durch die Abnahme der emittierten Energie mit der vierten Potenz der Wellenlänge (§ 17), sodann durch die wachsende Durchlässigkeit des Quarzes, die dem ersteren Faktor entgegenwirkt. Die Intensitätsverteilung der von einem Gasglühlicht emittierten Strahlung wurde interferometrisch bestimmt, was allerdings wegen der Inhomogenität der Strahlen mit einiger Willkür verbunden ist, doch haben später Gittermessungen[2] den allgemeinen Charakter der Kurve bestätigt, abgesehen vom Einfluß der selektiven Absorption des Wasserdampfes.

Abb. 38 zeigt die beschriebene Form der Intensitätsverteilung. Der Schwerpunkt der Kurve liegt bei rund 110 μ. Die Quarzplatten des Interferometers waren je 2 mm dick.

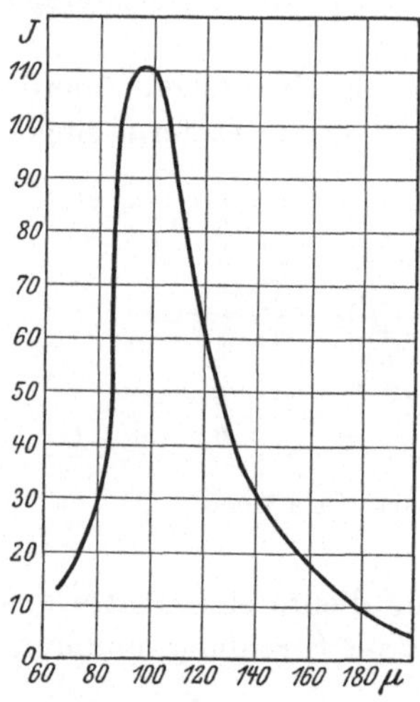
Abb. 38. Intensitätsverteilung der Strahlung des Auerstrumpfs fur sehr lange Wellen.

Es sei noch erwähnt, daß amorpher Quarz in einigermaßen dicker Schicht, ca. 5 mm, für diese Strahlung undurchlässig ist, nahezu ebenso Pappe von 0,4 mm Dicke. Dagegen läßt eine dünne Rußschicht 90% der auffallenden Strahlung durch. Schwarzes Papier von 0,11 mm Dicke ist zu etwa 33% durchlässig.

Rubens[3] kombinierte die Quarzlinsenmethode mit einer Reststrahlanordnung für Kalkspat (zweimalige Reflexion) und erhielt

---

[1] Daraus berechnet sich für die langwelligen Strahlen mit den oben angegebenen Brechungsindizes des Quarzes eine Brennweite von ungefähr 12 cm, d. h. von weniger als der Hälfte des für die sichtbare Strahlung gültigen Werkes.

[2] H. Rubens, Berl. Ber. 1921, S. 8.

[3] H. Rubens, Verh. d. D. Phys. Ges. Bd. 13, S. 102. 1911.

eine Strahlung mit Maximis bei 93,0 μ und 116,1 μ (die Verdoppelung beruht auf Wasserdampfabsorption). Das kurzwellige Maximum ist das intensivere. Ähnlich verfährt WENTE[1] für Kaliumjodid. Die von ihm isolierte Strahlung hat ein scharfes Maximum bei 95,8 μ.

Noch längere Wellen erhält man, wenn man den Auerbrenner durch die Quarz-Quecksilber-Lampe ersetzt[2]. Die mittlere Wellenlänge dieser Strahlung beträgt etwa 313 μ, und zwar besteht sie aus zwei Teilen, deren mittlere Wellenlängen etwa 218 μ und 343 μ betragen. Der kurzwellige Teil wird von Wasserdampf in genügend dicker Schicht absorbiert, der normale Wasserdampfgehalt der Zimmerluft ist aber ohne Einfluß[3]. In Abb. 39 ist die Intensitätsverteilung dieser Strahlung dargestellt. Pappe ist für die längsten Wellen durchlässig, ein Pappefilter hält also kurzwellige Verunreinigungen gut ab.

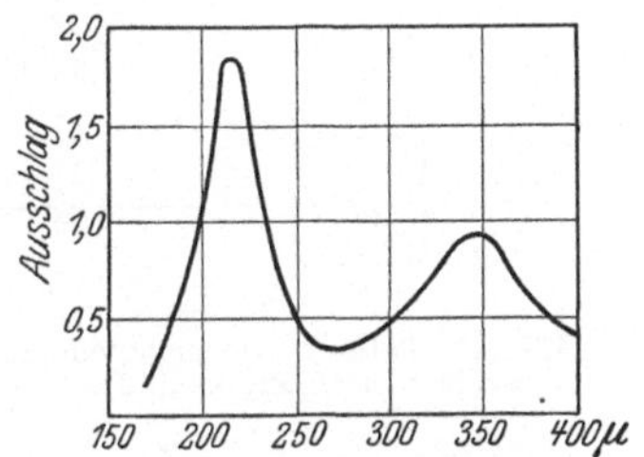

Abb. 39. Langwellige Strahlung der Quarz-Quecksilberlampe.

Die längsten ultraroten Wellen erhielten NICHOLS und TEAR[4], indem sie die Strahlung der Quarz-Quecksilber-Lampe durch vier Lagen schwarzen Papiers und 8 mm Quarzglas filtrierten. Die Wellenlänge dieser Strahlen betrug 420 μ. Glas von 1 mm Dicke läßt 13% der Strahlung hindurch (bei 320 μ noch undurchlässig).

Um zu zeigen, daß die gemessene Strahlung nicht etwa nur von den heißen Quarzwänden herrührt, wurde von RUBENS und VON BAEYER die Intensität vor und kurz nach dem Erlöschen beobachtet. Es ergibt sich nach dem Erlöschen ein Restausschlag, der der Quarzstrahlung entspricht. Läßt man den kurzwelligen Anteil der Strahlung zu, beträgt dieser Restausschlag etwa 70% des vor Erlöschen beobachteten Wertes; wenn nur die langwellige Komponente zugelassen wird, ist der Restausschlag nur noch 30%. Im ersten Fall rühren also 30%, im zweiten Fall 70% der Strahlung vom Quecksilberdampf her. Eine eingehende quan-

---

[1] E. C. WENTE, Phys. Rev. Bd. 16, S. 133. 1920.
[2] H. RUBENS u. O. v. BAEYER, Berl. Ber. 1911, S. 339 u. 666.
[3] H. RUBENS, Berl. Ber. 1913, S. 802.
[4] E. F. NICHOLS u. J. D. TEAR, Astrophys. Journ. Bd. 61, S. 17. 1925.

titative Untersuchung der Quarz-Quecksilber-Lampe, namentlich in bezug auf den Einfluß der Belastung der Lampe, ist von G. Laski[1] ausgeführt worden. Neuere Untersuchungen (vgl. § 27) haben dazu geführt, das eben besprochene Spektrum als das Rotationsschwingungsspektrum von metastabil angeregten Hg_2-Molekülen anzusehen.

Jentzsch und Laski[2] haben ein neues Verfahren angegeben, einen beliebigen Wellenlängenbereich im Gebiet der langen Wellen von ca. 80 μ an zu isolieren. Es ist bekannt, daß bei dem Vorgang der Totalreflexion ein Teil der Strahlung in das zweite Medium übertritt[3]. Dieser Teil der Strahlung geht aber wieder in das erste Medium zurück. Bringt man aber in die Nähe eine weitere Platte des ersteren Mediums, dann kann man einen Teil der übergetretenen Strahlung ableiten, der somit dem reflektierten Bündel entzogen wird. Die Größe des Luftzwischenraumes, die nötig

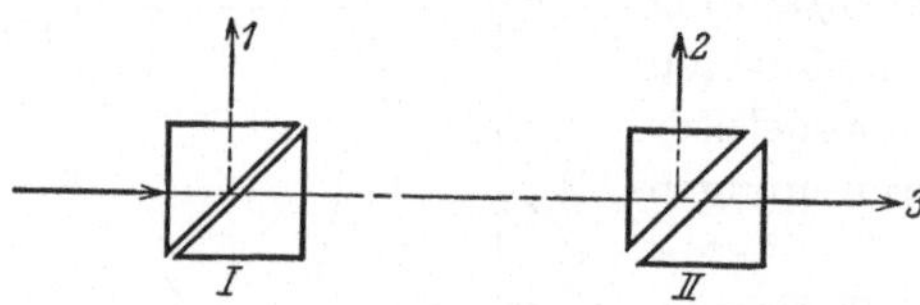

Abb. 40. Totalreflexionsmethode zur Isolierung langwelliger Strahlung nach Jentzsch und Laski.

ist, Strahlung von gegebener Wellenlänge gerade noch weiterzuleiten, hängt von der Wellenlänge ab, und zwar wächst sie mit dieser. Nach diesem Prinzip befreit man sich in der in Abb. 40 angedeuteten Weise in Würfel I von der kurzwelligen Strahlung, die bei 1 austritt, die restliche langwellige Strahlung wird in Würfel II mit dickerer Luftlamelle wieder in zwei Teile zerlegt, den langwelligen bei 3 und den mit einem mittleren Wellenlängenbereich, der bei 2 austritt und ein annähernd monochromatisches Strahlenbündel darstellt, dessen Homogenität und mittlere Wellenlänge von der Wahl der Luftschichtdicken abhängt.

C. Besondere Ausführungen.

§ 14. Erzeugung polarisierter Strahlung.

Der Verwendung des Nicolschen Prismas als Polarisator sind im Ultrarot durch die Durchlässigkeit des Kalkspats Grenzen ge-

---

[1] G. Laski, ZS. f. Phys. Bd. 10, S. 366. 1922.

[2] F. Jentzsch u. G. Laski, Geiger-Scheels Handbuch der Physik Bd. 19, S. 802ff. 1928.

[3] Z. B. Cl. Schaefer u. G. Gross, Ann. d. Phys. Bd. 32, S. 648. 1910.

setzt. Über 2 μ hinaus ist seine Verwendung unzweckmäßig. Als anderes Hilfsmittel zur Erzeugung polarisierter Strahlung bietet sich die Ausnutzung der Polarisation reflektierten Lichts dar.

An einer geschwärzten Glasplatte reflektierte Strahlung, die unter 55°, dem Polarisationswinkel, einfällt, wird nahezu völlig linear polarisiert. Die Intensität der Strahlung ist aber äußerst gering. Eine Verbesserung dieser Methode liegt in der Verwendung mehrerer ungeschwärzter Glasplatten, die parallel zueinander aufgestellt werden. Die reflektierte Intensität erhöht sich dadurch, daß die durch die erste Platte hindurchgelassene, nur teilweise polarisierte Strahlung an der zweiten Platte polarisiert reflektiert wird usf. So erhielten z. B. Du Bois und Rubens[1] bei Anwendung eines Satzes von zwei Deckgläschen von 0,25 mm Dicke und einer dritten Glasplatte von 3 mm Dicke etwa die vierfache Intensität als bei Verwendung von nur einer Platte. Immerhin arbeitet man auch hier noch mit einem Verlust von etwa 70%.

Die Verwendung des Glasplatten-Satzes im durchfallenden Licht verbietet sich wegen der Notwendigkeit einer großen Anzahl von Platten, wodurch die Intensität ebenfalls zu sehr geschwächt wird.

Eine für unsere Zwecke brauchbare Substanz hat Pfund[2] angegeben: Selen in seiner amorphen, metallischen Modifikation. Selen reflektiert im Ultrarot bei Einfall unter dem Polarisationswinkel von $68^{1}/_{2}°$ etwa 50%, praktisch unabhängig von der Wellenlänge. Es verhält sich optisch wie ein Nichtleiter, folgt also den Fresnelschen Formeln. Man verwendet zweckmäßig einen etwas größeren Einfallswinkel (70 bis 71°), da bei kleineren Winkeln die Intensität des senkrecht zur Einfallsebene polarisierten Lichts schneller ansteigt als nach größeren Winkelwerten zu und der Bereich vollständiger Polarisation einige Winkelgrade umfaßt[3].

Der Guß eines Selenspiegels geschieht am besten so, daß man das geschmolzene Selen (Schmelzpunkt ca. 110°) auf eine erwärmte Spiegelglasplatte gießt und eine ebensolche Platte auf die geschmolzene Masse legt. Das Selen muß bei dem Guß schon etwas zähflüssig geworden sein. Man muß für gleichmäßige und langsame Abkühlung Sorge tragen. Eine ausführliche Vorschrift hat

---

[1] H. du Bois u. H. Rubens, Wied. Ann. Bd. 49, S. 593. 1893.

[2] A. H. Pfund, Johns Hopkins Univers. Circ. Nr. 4, S. 13. 1906.

[3] A. Krebs, Ann. d. Phys. Bd. 82, S. 113. 1927.

Czerny[1] gegeben. Unter dem Polarisationswinkel durch einen Nicol (Polarisationsebene von Nicol und Selenspiegel gekreuzt) gegen den Himmel betrachtet, muß der Selenspiegel ein tief stahlblaues Aussehen zeigen, wenn er als Polarisator geeignet sein soll. Für lange Wellen ($\lambda > 50\,\mu$) eignet sich auch ein Quarzspiegel[2].

Es ist oft angezeigt, den Polarisator ohne Veränderung des Strahlenganges in die Versuchsanordnung einfügen zu können.

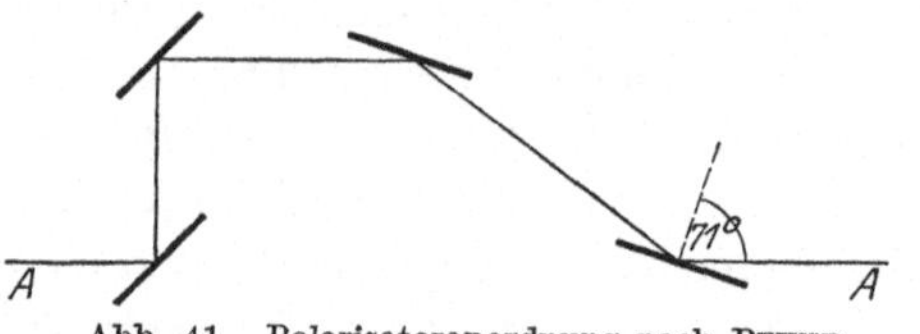

Abb. 41.   Polarisatoranordnung nach Pfund.

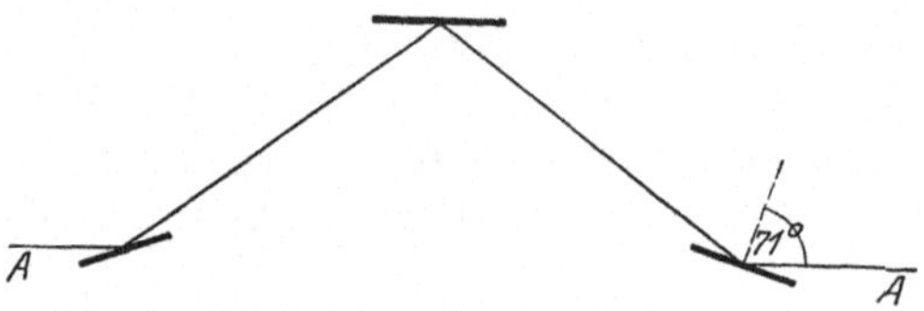

Abb. 42.   Polarisatoranordnung nach Schaefer und Schubert.

Zu dem Zweck kombiniert man Selenspiegel mit ebenen Silberspiegeln, die den abgelenkten Strahl wieder in die ursprüngliche Richtung zurückbringen. Einfache Anordnungen hierfür sind von Pfund (Abb. 41) und Schaefer und Schubert[3] (Abb. 42) angegeben worden. Beide Anordnungen können um die optische Achse $A - A$ drehbar konstruiert werden und sind also wie Nicols verwendbar.

Ein Analogon zur Turmalinzange besitzen wir im Ultrarot nur für schmale Spektralbereiche. Kalkspat von 0,1 mm Dicke z. B. absorbiert bei $7\,\mu$ den ordentlichen Strahl vollständig, dagegen den außerordentlichen nur zu etwa 50%, so daß er hier ein bequemer Polarisator ist.

Auch die emittierte Strahlung kann polarisiert sein: Ein Platinblech sendet nach den Reflexionsformeln unter etwa 88° gegen seine Normale fast vollkommen polarisierte Strahlung aus[4].

---

[1] M. Czerny, ZS. f. Phys. Bd. 16, S. 321. 1923.

[2] H. du Bois u. H. Rubens, Ann. d. Phys. Bd. 35, S. 254. 1911.

[3] Cl. Schaefer u. M. Schubert, Ann. d. Phys. Bd. 50, S. 283. 1916; M. Schubert, Diss. Breslau 1916.

[4] M. Laue u. F. F. Martens, Verh. d. D. Phys. Ges. Bd. 5, S. 522. 1907; M. Czerny, ZS. f. Phys. Bd. 26, S. 182. 1924.

Eine teilweise polarisierende Wirkung haben Metalldraht-Gitter, auf die wir hier nur hinweisen wollen, da sie in § 23 eingehend besprochen werden. Sie sind gute Polarisatoren für sehr lange Wellen. Ein Pt-Draht-Gitter, dessen Gitterkonstante 0,5 μ beträgt, polarisiert Wellen von 100 μ bis auf 1% parallel der Drahtrichtung[1].

Auch ohne besondere Benutzung eines Polarisators ist die Strahlung durch Reflexion und Brechung an Prismen und Spiegeln oder durch teilweise polarisierte Emission[2] schon partiell polarisiert. Diese sogenannte Apparaturpolarisation ist oft störend. Sie kann leicht gemessen werden dadurch, daß man bei horizontaler und vertikaler Stellung eines eingeschobenen Analysators (Selenplatte) die Intensität der Strahlung mißt.

Bei Messungen an doppelt brechenden Kristallen im natürlichen Licht kann man die Apparaturpolarisation dadurch unschädlich machen, daß man die Achse des Kristalls unter 45° gegen die Polarisationsebene aufstellt. In dieser Stellung ist das polarisierte Licht in seiner Wirkung äquivalent natürlichem Licht, denn sowohl von dem nach A (Abb. 43) polarisierten Licht wie von natürlicher Strahlung entfallen auf die Richtungen parallel und senkrecht zur Kristallachse B gleiche Anteile.

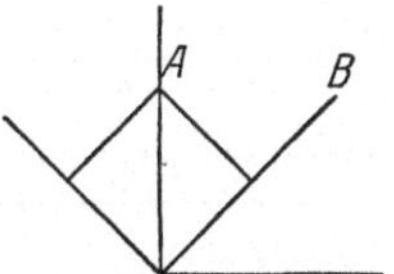

Abb. 43. Eliminierung der Apparatpolarisation.

Eine Kompensation der Apparaturpolarisation wäre möglich durch Glas-Flußspat- oder Steinsalzplatten, die unter geeignetem Winkel (aus Fresnels Formeln zu berechnen) in den Strahlengang gestellt werden.

§ 15. Elimination falscher Strahlung, Durchlässigkeit einiger Substanzen.

Jedes Licht, das nicht auf dem vorgeschriebenen Weg auf das Empfangsinstrument trifft, fälscht die Beobachtungen. Die „falsche Strahlung" kann hervorgerufen sein durch die allgemeine diffuse Strahlung oder solche, die durch Inhomogenitäten des Prismas, Abbildungsfehler usw. abgelenkt ist. Besonders

[1] H. du Bois u. H. Rubens, Ann. d. Phys. Bd. 35, S. 243. 1911.

[2] Wenn z. B. im Auerstrumpf eine Richtung der Fäden bevorzugt ist (H. du Bois u. H. Rubens, Ann. d. Phys. Bd. 35, S. 273. 1911); das entspricht der soeben erörterten polarisierenden Wirkung von Gittern.

schädlich im Ultrarot ist kurzwelliges zerstreutes Licht, da die Lichtquellen an dieser Strahlung meist sehr reich sind, und demnach die falsche Strahlung die zu messende langwellige überwiegen kann. Besonders bei Reststrahlversuchen, wo keine spektrale Zerlegung stattfindet, ist dies zu beachten.

Schutzmaßnahmen sind:

1. Sorgfältige Ausblendung des Strahlenganges, Vermeidung von schädlichen Reflexionen an Metallteilen der Apparatur, möglichst kleine Einfallswinkel, überhaupt eine optisch einwandfreie Anordnung.

2. Filterung durch geeignete Substanzen, die das unerwünschte Spektralgebiet absorbieren, dagegen die zur Messung benutzten Wellenlängen hindurchlassen. In Abbild. 44 und Tab. 7 sind für einige gebräuchliche Substanzen, Quarz, Steinsalz, Sylvin, Flußspat, Ruß, Papier, Hartgummi und Paraffin Durchlässigkeitswerte angegeben, wobei auf Feinheiten im Gang der Absorption keine Rücksicht genommen wurde. Metalle und Pappe[1] sind für das ganze Ultrarot undurchlässig. Die Gläser sind von 3 μ an undurchsichtig. Biotitglimmer läßt in einer Schichtdicke von 0,2 mm erst von 2 μ an die Strahlung gut durch, unterhalb 1 μ ist er undurchlässig[2]. Im weiteren Spektralgebiet haben die Glimmer selektive Ab-

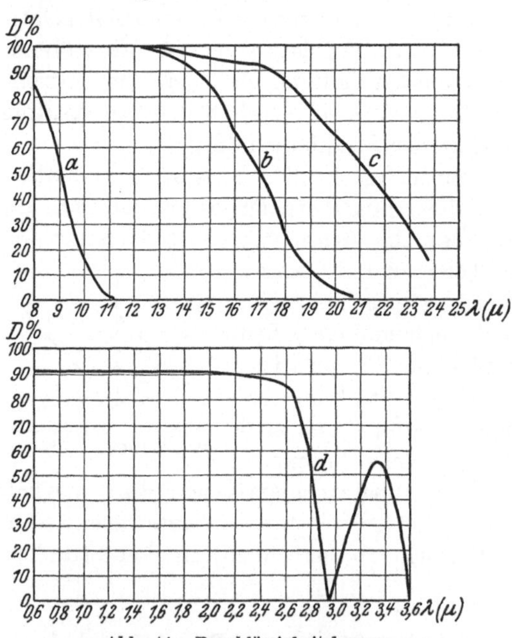

Abb. 44. Durchlässigkeitskurven.
a) Flußspat (1 cm dick);　c) Sylvin (1 cm dick);
b) Steinsalz (1 cm dick);　d) Quarz (3 cm dick).

---

[1] Bei 310 μ läßt 0,4 mm dicke Pappe 37% der Strahlung durch.
[2] I. Königsberger, Wied. Ann. Bd. 61, S. 687. 1897. (Bis 4 μ.)

Tabelle 7. Durchlässigkeit.

$d=$ Dicke in mm, $D=$ Durchlässigkeit in Proz. der auffallenden Strahlung.

	λ	23,7	52,0	63,4	82,6	94,1	108	310
CaF$_2$ . .	d	4,4	5,6 ¦ 0,59*	5,6	3,48	3,48	0,59	0,59
	D	0	4 ¦ 0	6	0	0	5,3	42,2
NaCl . .	d	1,92 ¦ 5,85	3,0	3,0	3,0	3,0	0,21 ¦ 1,29	1,29
	D	11,0 ¦ 2,1	0	0	0	0	21,5 ¦ 0,5	22,5
KCl . .	d	3,6 ¦ 6,3	2,0	2,0	4,1	4,1	2,1	2,1
	D	34 ¦ 17,8	0	0	0	0	0	16,7
Hart-gummi	d	2,0	1,0	1,0	0,4	0,4	0,4	0,4
	D	0	3	6	30,3	43,0	39,0	65,3
Paraffin[1]	d	4,4	1,9 ¦ 0,5	1,9 ¦ 0,5	2,9	2,9	3,03	3,03
	D	0	43 ¦ 52	52 ¦ 63	47,6	54,5	57,0	85,5

NaCl, 0,1 mm dick: $D=90\%$ bis 30 μ, von 35—80 μ undurchlässig (CZERNY).

	λ	2	4	6	12	23,7	52	108	310
Ruß $\left(\dfrac{1,8 \text{ mg}}{10 \text{ cm}^2}\right)$		0,5	8,6	16,0	37,6	70,0	91,3	91,5	—
Schw. Papier (0,1 mm) .		0	0	0	1,4	3,2	15,1	33,5	79

Literatur:

H. RUBENS u. E. F. NICHOLS, Wied. Ann. Bd. 60, S. 418. 1897.
— — u. E. ASCHKINASS, Wied. Ann. Bd. 65, S. 241. 1898.
— — u. H. HOLLNAGEL, Berl. Ber. 1910, S. 26.
— — u. R. W. WOOD, Berl. Ber. 1910, S. 1122.
— — u. O. v. BAEYER, Berl. Ber. 1911, S. 339.
M. CZERNY, ZS. f. Phys. Bd. 53, S. 317. 1929.

Zu Abb. 44:

H. RUBENS u. A. TROWBRIDGE, Wied. Ann. Bd. 60, S. 724. 1897 (CaF$_2$, NaCl, KCl).
W. W. COBLENTZ, Bull. Bur. of Stand. Bd. 11, S. 471. 1915 (Quarz).

---

[1] Paraffin Nr. 3094 von KAHLBAUM ist schon von 20 μ ab gut durchlässig (1 mm Dicke etwa 70%). Vgl. L. KELLNER geb. SPERLING, ZS. f. Phys. Bd. 56, S. 215. 1929. Dort auch numerische Angaben über die Absorption von NaCl-Dünnschliffen. Eine 55 μ dicke Steinsalzplatte beginnt von 25 μ an zu absorbieren. Die Absorption wird ab 38 μ vollständig.

* Neuere Angabe bei H. RUBENS u. G. HERTZ, Berl. Ber. 1912, S. 268. Die älteren Ergebnisse für 52 μ und wahrscheinlich auch 63,4 μ dürften durch falsche Strahlung gefälscht gewesen sein.

sorptionsbanden. Grüne Varietäten von Flußspat zeigen im kurzwelligen Gebiet Absorptionsstreifen, weswegen sie als Prismenmaterial ungeeignet sind[1]. Auch Sylvin zeigt solche Banden[2], die aber auf Verunreinigungen zurückzuführen sind[3]. AgCl ist bis 24 μ gut durchlässig, im langwelligen Gebiet undurchlässig. Asphalt ist in dünnen Schichten geeignet, das Sichtbare zu absorbieren und Ultrarot gut durchzulassen[4].

Filter, die nur das Gebiet um 1 μ durchlassen, hat PASCHEN[5] aus Wratten-Wainright-Filtern und einer 1 cm dicken Wasserschicht zusammengestellt; Wasser ist von 2 μ an in dieser Dicke für das ganze Ultrarot undurchlässig.

Tabelle 8. Durchlässigkeit von Quarz.

λ	$D\perp$	$D\perp$	$D_{\parallel}$
	$d = 1,93$ mm	$d = 7,26$ mm	$d = 7,39$ mm
51,5	25,1	2,90	4,01
52,0	28,2	2,94	4,23
59,3	36,8	6,56	8,95
63,4	41,1	8,48	11,5
81,5	49,1	19,2	24,1
82,6	48,5	19,1	24,4
91,0	57,8	31,3	33,9
91.6	59,2	33,9	35,6
(93)	61,4	35,8	37,3
94,1	61,4	36,1	37,8
(95)	61,8	37,8	38,8
98,7	—	40,3	—
98,8	63,2	40,5	41,6
112,7	68,7	50,8	51,7
117,0	69,2	53,9	55,0
151,8	—	58,0	—

Als Fenster für Absorptionsrohre u. ä. empfehlen sich nach CZERNY[6] für das langwellige Ultrarot Zaponlackmembranen, die

---

[1] W. W. COBLENTZ, Bull. Bur. of Stand. Bd. 9, S. 116. 1913; s. auch ST. V. D. LINGEN, ZS. f. Phys. Bd. 53, S. 581. 1929.

[2] H. RUBENS, Wied. Ann. Bd. 53, S. 285. 1894; W. W. COBLENTZ, Bull. Bur. of Stand. Bd. 7, S. 652. 1911; O. REINKOBER, ZS. f. Phys. Bd. 39, S. 442. 1926.

[3] CL. SCHAEFER u. C. BORMUTH, ZS. f. Phys. Bd. 50, S. 363. 1928.

[4] E. L. NICHOLS, Phys. Rev. Bd. 14, S. 204. 1902.

[5] F. PASCHEN, Ann. d. Phys. Bd. 43, S. 858. 1914.

[6] M. CZERNY, ZS. f. Phys. Bd. 34, S. 227. 1925; Bd. 44, S. 235. 1927.

schon für 33 μ eine Durchlässigkeit von 99% haben. Sie sind allerdings nicht völlig gasdicht zu erhalten. Sie werden auf einfache Weise dadurch hergestellt, daß man auf eine runde Wasseroberfläche einen Tropfen Lack gießt, der sich nach Verdunstung des Lösungsmittels zu einer dünnen Membran ausbildet, deren Dicke auf einige $^1/_{10}$ μ bemessen werden kann. Berußt geben sie ein ausgezeichnetes Filter für Ultrarot. Auch Paraffinfenster sind als Filter gut brauchbar. Bei der Verwendung von dünnen Filtern hat man darauf zu achten, daß nicht etwa Interferenzen (Farben dünner Blättchen) auftreten können, wie sie z. B. Coblentz[1] bei einem 7 μ dünnen Molybdänitblättchen erhielt, wie man aus der Abb. 45 ersieht.

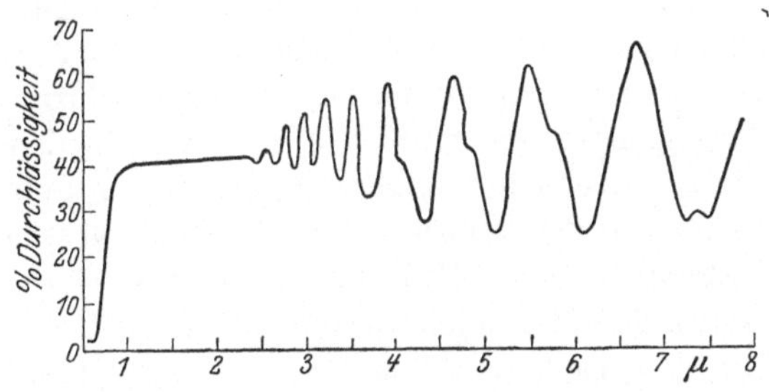

Abb. 45. Interferenzen an dünnen Blattchen.

Die Durchlässigkeit des Quarzes in Prozenten der auffallenden Intensität ist für das langwellige Gebiet in Tab. 8 genauer angegeben[2]. Die Werte sind nicht wegen der Reflexionsverluste korrigiert. Wie schon bei der Reststrahlenmethode erwähnt (S. 59), ist es mit ihrer Hilfe möglich, Wellenlängen angenähert zu bestimmen, wenn man voraussetzt, daß Interpolation gestattet ist. Dies ist der Fall, da keine Selektivitäten mehr zu erwarten sind. Man hat aber darauf zu achten, daß die Zahlen nur für Strahlung von gleicher Reinheit gelten wie die von Rubens benutzten Reststrahlen. Näheres über die Absorption von Quarz s. § 37.

3. Die Methode des „durchlässigen Schirmes“. Sie ist von Rubens[3] zuerst angegeben worden. Der Schirm zum

<hr>

[1] W. W. Coblentz, Bull. Bur. of Stand. Bd. 15, S. 627. 1919.

[2] H. Rubens u. H. v. Wartenberg, Berl. Ber. 1914, S. 183.

[3] H. Rubens, Verh. d. D. Phys. Ges. Bd. 15, S. 109. 1896. S. auch H. Rubens u. H. Trowbridge, Wied. Ann. Bd. 60, S. 734. 1897.

Zulassen und Absperren der Strahlung besteht aus einer Substanz, die die zum Versuch verwandte Strahlung absorbiert, aber die Strahlen kürzerer Wellenlängen, speziell auch das sichtbare Gebiet möglichst gut durchläßt. Zieht man diesen Schirm aus dem Strahlengang heraus, so rührt der Ausschlag im Empfangsinstrument nur her von der Strahlung, die der Schirm absorbierte, während die kurzwellige Streustrahlung immer auf das Meßinstrument auffällt, also keinen Ausschlag bei Aufziehen des Schirms bewirkt. Allerdings wird ein Teil des Lichtes am Schirm reflektiert, wodurch ein kleiner Restausschlag zustande kommt, den man rechnerisch berücksichtigen kann. Czerny[1] hat den „kompensierten durchlässigen Schirm" angegeben, der dem erwähnten Umstand dadurch abhilft, daß bei aufgezogenem Schirm in den Strahlengang ein weitmaschiges Gitter eingebracht wird, das gerade soviel absorbiert, als vorher vom Schirm reflektiert wurde. Strenggenommen muß man für verschiedene Wellenlängenbereiche verschieden dimensionierte Gitter anbringen, ist aber die Dispersion des Schirmmaterials gering, so ist der Fehler bei Verwendung nur eines Schirmes nicht groß.

Man benutzt hauptsächlich folgende Stoffe als Schirme: Metall für $\lambda < 5\,\mu$; Glas, ca. 1 mm dick, für λ von $5\,\mu - 12\,\mu$; Flußspat, $3 - 5$ mm dick, für λ von $12\,\mu - 22\,\mu$ und Steinsalz, 3 bis 5 mm dick, für $\lambda > 22\,\mu$.

Für noch größere Wellenlängen sind dazu noch geeignete Filter notwendig, wie es oben besprochen wurde; denn die Intensität der kurzwelligen Strahlung ist gegen Temperaturschwankungen der Lichtquelle empfindlicher als die der langwelligen.

Der Betrag an „falscher Strahlung" kann auch direkt gemessen und als Korrektion rechnerisch verwertet werden[2]. Man braucht nur bei der betreffenden Wellenlänge die scheinbare Durchlässigkeit einer Substanz zu messen, die für diesen Spektralbereich in Wahrheit undurchlässig ist, dagegen die übrigen Wellenlängen durchläßt. Man erhält allerdings so nur den Betrag an falscher Strahlung, der dem Durchlässigkeitsgebiet der Absorptionsplatte angehört, was in den meisten Fällen aber unwesentlich ist.

---

[1] M. Czerny, ZS. f. Phys. Bd. 16, S. 321. 1923.
[2] Vgl. z. B. J. Lecomte, C. R. Bd. 188, S. 622. 1929.

Jener Betrag an falscher Strahlung, der vom Schirm unwirksam gemacht wird, kann durch den Ausschlag gemessen werden, der durch Zwischenschalten eines Metallschirms hervorgerufen wird, wenn sich der Schirm im Strahlengang befindet.

Für äußerst langwellige Strahlen (100 μ und mehr) empfiehlt sich nach JENTZSCH und LASKI die Reinigung durch Totalreflexion an einer Luftlamelle zwischen Steinsalz oder Quarz, wodurch alles kurzwellige Ultrarot ausgesondert wird (vgl. § 13, S. 70).

§ 16. Korrektionen.

Nachdem wir die Beseitigung der falschen Strahlung besprochen haben, bleibt noch übrig, eine Zusammenstellung von Korrektionen anzugeben, die man oft anwenden muß, wenn eine experimentelle Behebung der bezüglichen Fehlerquellen nicht möglich ist.

1. Klappenkorrektion. Ist die Klappe, die die Strahlung zum Empfänger absperrt oder zuläßt, anders temperiert als der strahlungsempfindliche Teil des Empfängers, dann strahlt auch die Klappe zum Strahlungsmesser bzw. umgekehrt. Der gemessene Ausschlag muß also um den Ausschlag, den man beim Ziehen des Klappschirms bei ausgeschalteter Lichtquelle erhält, vermehrt oder vermindert werden, je nachdem ob das Aufziehen einen Kälte- oder Wärmeausschlag erzeugt. Diese Korrektion ist meistens zu vernachlässigen.

Daß der Empfänger nicht die Temperatur des abs. Nullpunktes hat, ist nur dann von Belang, wenn der Strahler niedrig temperiert ist. Sowohl diese, als die zuvor genannte Korrektion lassen sich nach dem PLANCKschen Strahlungsgesetz berechnen.

2. Endliche Spaltbreite. Durch die wegen der endlichen Breite der Spektrometerspalte verursachte Unreinheit des Spektrums wird die gemessene Energieverteilung eines Spektrums ein verfälschtes Bild liefern, in dem Sinn, daß die Extrema verflacht werden. Die Verfälschung kann in gewissen Fällen so groß sein, daß ein Schluß auf die wahre Energieverteilung unmöglich wird. Dieser Fall tritt ein bei der Messung unvollständig aufgelöster Bandenspektren mit zu breitem Spalt[1].

---

[1] H. KAYSER, Handbuch der Spektroskopie Bd. I, S. 313.

PASCHEN und RUNGE[1] haben gezeigt, wie man die Reduktion auf unendlich schmalen Spalt ausführen kann.

Wir wählen die Spaltbreite des Eintrittsspalts so, daß das Bild dieses Spalts in monochromatischem Licht die Breite a hat, im allgemeinen (bei der normalen Anordnung des Spektrometers) ist a dann auch die Breite des Eintrittsspalts; ebenso sei a die Breite des Bolometerstreifens bzw. des Austrittsspalts des Spektrometers[2]. Die Energie jedes monochromatischen Strahlenbündels habe den Wert $f(x)$, wo x z. B. in Wellenlängen oder Minimalablenkungen anzugeben ist. Die beobachtete Energie $F(x)$ setzt sich zusammen aus den Anteilen der verschiedenen Strahlenbündel, wenn x die Breite des Spalts durchläuft, also von $x - v$ bis $x + v$, wobei $-\dfrac{a}{2} < v < \dfrac{a}{2}$. Jedes Bündel trägt nur mit dem Bruchteil $\dfrac{a-v}{a}$ zur beobachteten Energie bei. Es ist demnach

$$F(x) = \int\limits_0^a \frac{a-v}{a} \{f(x+v) + f(x-v)\}\, dv\,. \qquad (14)$$

RUNGE berechnet daraus

$$f(x) = \frac{1}{a}\left\{F(x) - \frac{1}{6} F_1(x) + \frac{2}{45} F_2(x) \ldots\right\}. \qquad (15)$$

Dabei bedeutet

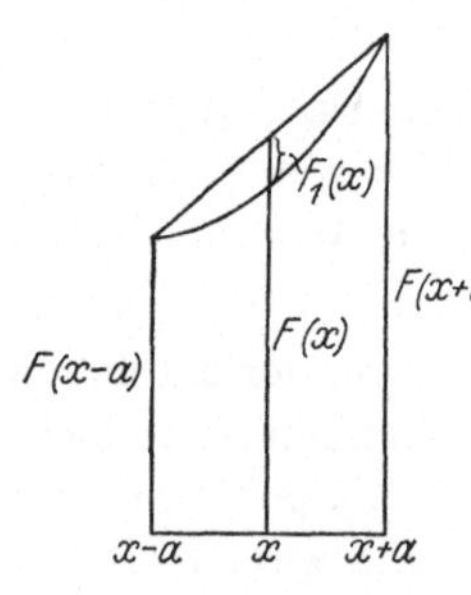

Abb. 46. Reduktion auf unendlich schmalen Spalt.

$$F_1(x) = \frac{F(x+a) + F(x-a)}{2} - F(x)\,,$$

$$F_2(x) = \frac{F_1(x+a) + F_1(x-a)}{2} - F_1(x)\,,$$

(s. Abb. 46),

wonach die Bestimmung von f ohne Schwierigkeiten ausführbar ist. Die Korrektion hat nur da praktische Bedeutung, wo es sich um Kurven mit ausgeprägten Maximis und Minimis handelt.

---

[1] Siehe F. PASCHEN, Wied. Ann. Bd. 60, S. 712. 1897; G. B. BONINO, Gazz. Chim. Ital. Bd. 53, S. 591. 1923.

[2] Gleiche Größe beider Spalte ist das günstigste Kompromiß zwischen Helligkeit und Unreinheit des Spektrums.

3. **Reduktion auf Normalspektrum.** Im prismatischen Spektrum ist die Energieverteilung infolge der ungleichmäßigen Dispersion verschieden von der Energieverteilung im Normalspektrum, das praktisch mit dem Gitterspektrum identisch ist. Die Energie dq der zwischen λ und $\lambda + d\lambda$ vorhandenen Strahlung ist gegeben durch $dq = i_n\, d\lambda$, wo i_n die mittlere Intensität dieser Strahlen bedeutet. Also ist $i_n = \dfrac{dq}{d\lambda}$. Im prismatischen Spektrum beobachtet man aber die Größe $i_p = \dfrac{dq}{d\delta}$ (δ = Ablenkungswinkel). Um i_p auf i_n umzurechnen, hat man also i_p mit $\dfrac{d\delta}{d\lambda} = \dfrac{d\delta}{dn}\dfrac{dn}{d\lambda}$ zu multiplizieren. Ein einfaches graphisches Verfahren zur Ermittlung von $\dfrac{d\delta}{d\lambda}$ hat LANGLEY[1] angewandt. Es bietet aber gegenüber der direkten Berechnung keine wesentlichen Vorteile.

4. **Einfluß der Energieverteilung der Lichtquelle.** Stellt in Abb. 47 f das kontinuierliche Spektrum der Lichtquelle dar, das unter manchen Umständen an einer Absorptionsstelle erst graphisch interpoliert werden muß (punktierte Kurve), S die nach Durchlaufen eines absorbierenden Mediums beobachtete Energie, dann fällt das Minimum der Durchlässigkeit des Mediums nicht mit dem Minimum S zusammen, falls f nicht parallel zur

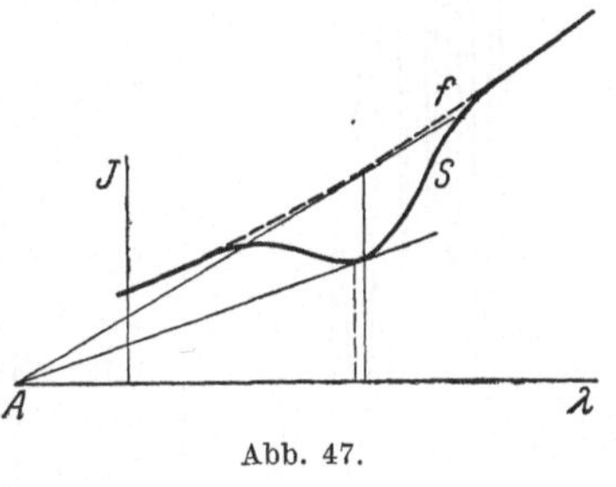

Abb. 47.

x-Achse ist. Um die Stelle maximaler Absorption aus S zu finden, sind zwei Wege möglich: erstens punktweise Berechnung von $\alpha = \dfrac{f - S}{f}$, was immer möglich ist[2]; zweitens graphische Bestimmung nach PASCHEN[3]. Das punktierte Stück von f sei in der Mitte nahezu geradlinig. Man ziehe die Tangente an f bis zum Punkt A. Von A aus ziehe man die Tangente an S. Der Berührungspunkt ist der gesuchte Punkt des Minimums.

---

[1] S. P. LANGLEY, Wied. Ann. Bd. 22, S. 607. 1884.

[2] Auch dann kann noch eine Verschiebung zurückbleiben wegen der endlichen Spaltbreite. Die Kurven f und S wären also erst nach 2 zu korrigieren. Im allgemeinen ist dies aber nicht nötig. Vgl. z. B. M. CZERNY, ZS. f. Phys. Bd. 34, S. 236. 1925.

[3] F. PASCHEN, Wied. Ann. Bd. 51, S. 7. 1894.

Denn es ist dann

$$\frac{dS}{dx} : S = \frac{df}{dx} : f ,$$

was die Bedingung für $\frac{d\alpha}{dx} = 0$ ist. Für beliebiges f ist A so zu bestimmen, daß die Berührungspunkte beider Tangenten gleiche Abszisse haben; punktweise Berechnung ist hier vorzuziehen.

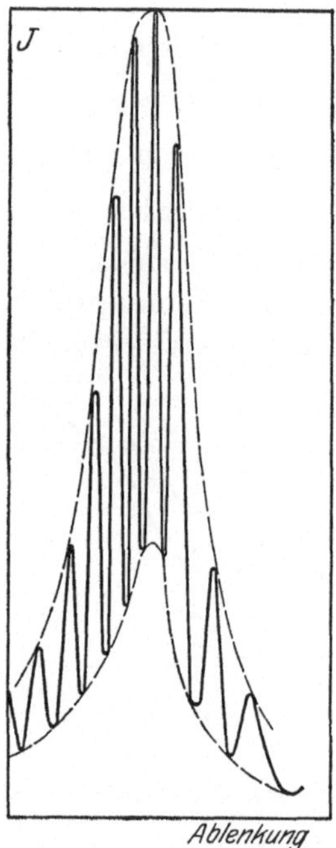

Abb. 48. Zur Methode von RUBENS und SNOW.

Die Methode ist mutatis mutandis auch bei Reflexions- bzw. Interferenzspektren anwendbar.

Für den Fall eines Interferenzspektrums benutzen RUBENS und SNOW[1] eine andere Methode. Sie zeichnen die Einhüllenden der Interferenzkurve (s. Abb. 48); die Berührungspunkte sind die gewünschten charakteristischen Punkte. Das Verfahren ist theoretisch einwandfrei und hat den Vorteil, die Energieverteilung der Lichtquelle nicht zu benötigen; dagegen ist die Zeichnung der Umhüllenden sehr der Willkür ausgesetzt. Eine Näherungskonstruktion hat RUBENS[2] angegeben.

5. Absorption und Reflexion im Strahlengang vorhandener Medien. Bei relativen Messungen, d. h. Vergleich der Intensitäten mit und ohne absorbierendes bzw. reflektierendes Medium, fällt jeder Einfluß fort außer bei der Messung der Absorption der auch in der Luft vorhandenen Gase.

Für Emissionsmessungen dagegen, wo relative Messungen (Vergleich mit dem schwarzen Körper) nicht immer möglich sind, ist es erforderlich wegen der Absorptions- und Reflexionsverluste zu korrigieren, wozu keine nähere Erläuterung nötig ist. Es sei nur eine Formel von PASCHEN[3] angegeben, aus der die Absorption eines Prismas berechenbar ist.

---

[1] H. RUBENS u. B. W. SNOW, Wied. Ann. Bd. 46, S. 529. 1892.
[2] H. RUBENS, Wied. Ann. Bd. 45, S. 238. 1892.
[3] F. PASCHEN, Berl. Ber. Bd. 22, S. 405. 1899.

Sei A das wahre Absorptionsvermögen einer l mm dicken Schicht der Prismensubstanz, bezogen auf eindringende Strahlungsintensität (also wegen Reflexionsverlust korrigiert), B die Breite der Basisfläche des Prismas, I_0 die eindringende Intensität, I die hindurchgelassene Intensität, a der Extinktionskoeffizient, dann ist (Abb. 49)

$$\frac{I}{I_0} = \frac{1}{h}\int_0^h e^{-a\frac{B}{h}x}\,dx \quad \text{oder} \quad \frac{I}{I_0} = \frac{(1-A)^{B/l}-1}{\log(1-A)^{B/l}}. \tag{16}$$

Auch muß man berücksichtigen, daß der Reflexionsverlust am Prisma vom Einfallswinkel abhängig ist (FRESNELS Formeln).

Bei der Bestimmung von Absorptionskoeffizienten hat man ebenfalls auf die Reflexionsverluste Rücksicht zu nehmen. Dabei genügt es meist, den direkt hindurchgehenden Strahl in Rechnung zu setzen und mehrmalige Reflexion in der Platte zu vernachlässigen. Die Korrektion wird vermieden, wenn bei mehreren verschiedenen Schichtdicken gemessen wird.

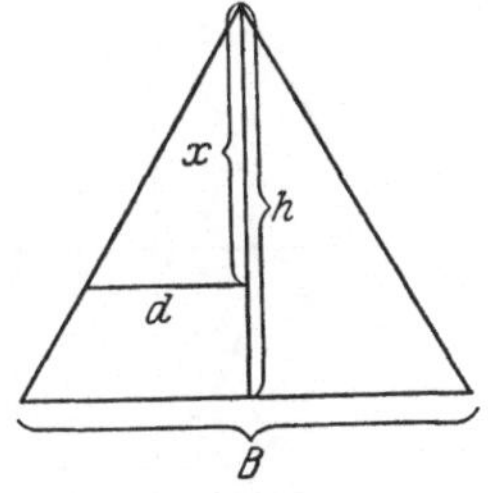
Abb. 49. Berechnung der Absorption im Prisma.
$$\left(\frac{B}{h}\,x = 2\,d\right)$$

Will man die Absorption der Kohlensäure oder des Wasserdampfs bestimmen, hat man zu beachten, daß diese Gase schon in der Luft erheblich absorbieren. Wenn man nicht evakuieren kann, muß man durch Extrapolation die Kurve für die Schichtdicke Null herstellen, indem man die gemessene Kurve an der Absorptionsstelle nach Abb. 47 überbrückt. Rechnerische Bestimmung der Korrektion ist nicht möglich, da das Absorptionsgesetz (§ 25) bei nicht vollkommen monochromatischer Strahlung ungültig ist.

Wir führen noch als Beispiel für einen weniger einfachen Fall an, wie das Absorptionsvermögen einer strahlenden Flamme (Bunsenbrenner) bestimmt werden kann[1]. Wir schicken die Strahlung N_a eines Nernstbrenners durch die strahlende Schicht eines Bunsenbrenners. Dieser strahlt selbst mit der Intensität B

---

[1] Vgl. E. BUCHWALD, Diss. Breslau 1910 bzw. Ann. d. Phys. Bd. 33, S. 928. 1911.

und absorbiert von N_a den Bruchteil A. Die gemessene Energie N_b setzt sich zusammen aus B und der vom Bunsenbrenner hindurchgelassenen Strahlung des Nernstbrenners, also $N_b = B + N_a - A N_a$, woraus

$$A = \frac{N_a - N_b + B}{N_a}.$$

Man hat N_a, N_b, B einzeln zu beobachten. Dabei ist nicht berücksichtigt die Reflexion am Bunsenbrenner sowie die Absorption zwischen Nernstbrenner und Bunsenbrenner, die, solange sie konstant ist (unabhängig von der Wellenlänge), in N_a mit einbegriffen gedacht werden kann.

6. **Krümmung des Spaltbilds** (vgl. S. 51). Diese hat Einfluß auf die zur Wirkung gelangende Wellenlänge. Die an der beobachteten Ablenkung $\varDelta_0$ anzubringende Korrektur hat CARVALLO[1] berechnet. Die Ablenkung für die wirksame Wellenlänge definiert er als

$$\varDelta = \frac{1}{h} \int_0^h (\varDelta_0 - x)\, dy.$$

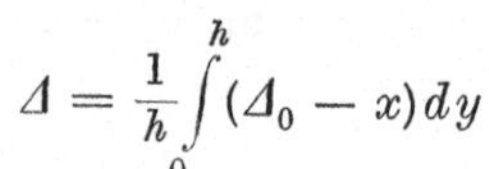

Abb. 50. Einfluß der Krümmung des Spaltbildes.

Dabei bedeutet h die Spalthöhe (Abb. 50). CARVALLO erhält $\varDelta = \varDelta_0 - \frac{g}{3}$. Dabei ist g nach Gleichung (4) S. 51 berechenbar $(g = \delta - \delta')$. Diese Definition bewirkt, daß jedem $\varDelta = \varDelta_0 - x$ ein Gewicht dy beigelegt wird. dy ist an der Stelle zu nehmen, wo die zu $\varDelta_0 - x$ gehörige Kurve $y = f(x)$ den Spalt (y-Achse) schneidet.

II. Wärmestrahlungsmessungen im Ultrarot und deren theoretische Bedeutung.

§ 17. Die Strahlungsgesetze für den absolut schwarzen Körper.

Die Theorie der Wärmestrahlung hat, wie bekannt, durch die PLANCKschen Untersuchungen zu wichtigen Aufschlüssen über die Struktur der Materie geführt, die in der Quantentheorie und

---

[1] E. M. CARVALLO, Ann. de chim. et de phys. Bd. 4, S. 1. 1895.

deren Weiterbildungen ihren Ausdruck gefunden haben. Am Beginn dieser Entwicklung haben Messungen im ultraroten Spektrum wesentlich dazu beigetragen, der PLANCKschen Theorie zum Sieg zu verhelfen. Es sind dies besonders Messungen der Energieverteilung im Spektrum und damit zusammenhängend die Aufnahme von Isochromaten, d. h. Messung der Temperaturabhängigkeit der Strahlungsintensität bei konstanter Wellenlänge. Diese Messungen haben praktische Bedeutung für die Kenntnis der im Ultrarot benutzten Strahlungsquellen. Auch die Bestimmung der Gesamtstrahlung des schwarzen Körpers wollen wir hier besprechen, da man hier absolute Intensitätsmessungen nötig hat. Außerdem ist die Kenntnis der Gesamtstrahlung nötig zur Eichung von Meßinstrumenten im Strahlungsmaß.

Das Gebiet der Wärmestrahlung wird beherrscht durch drei Gesetze für die Strahlung des schwarzen Körpers, das STEFAN-BOLTZMANNsche Gesetz für die Gesamtstrahlung, das WIENsche Verschiebungsgesetz, das im wesentlichen die Temperaturabhängigkeit, und das PLANCKsche Strahlungsgesetz, das im wesentlichen die Wellenlängenabhängigkeit der spektralen Energieverteilung liefert[1].

Das STEFAN-BOLTZMANNsche Gesetz sagt aus, daß die pro sec. von 1 cm² nach allen Richtungen der Halbkugel emittierte Strahlungsenergie der vierten Potenz der abs. Temperatur des Strahlers proportional ist:

$$S = \sigma T^4 . \tag{1}$$

Es folgt auf rein thermodynamischem Wege aus der Existenz des Strahlungsdrucks $p = \dfrac{4}{3\,c}\,S$, der seinerseits wieder aus den MAXWELLschen Gleichungen (Grenzbedingungen bei Reflexion einer elektromagnetischen Welle) und dem POYNTINGschen Satz folgt[2,3].

---

[1] Vgl. M. PLANCK, Die Theorie der Wärmestrahlung.

[2] Experimentell nachgewiesen von P. LEBEDEW, Ann. d. Phys. Bd. 6, S. 433. 1901; E. F. NICHOLS u. G. F. HULL, Phys. Rev. Bd. 13, S. 307. 1901; Ann. d. Phys. Bd. 12, S. 225. 1903; W. GERLACH u. A. GOLSEN, ZS. f. Phys. Bd. 15, S. 1. 1923.

[3] Einen thermodynamischen Beweis für die Existenz des Strahlungsdrucks hat BARTOLI gegeben (Exners Repert. Bd. 21, S. 198. 1884); s. auch L. BOLTZMANN, Wied. Ann. Bd. 22, S. 33 u. 291. 1884.

Auch das WIENsche Gesetz ist eine Folgerung aus den klassischen Prinzipien der Thermodynamik in Verbindung mit dem DOPPLERschen Prinzip, seine Gültigkeit also unabhängig von den Anschauungen über die Entstehung der Strahlung. Nach ihm ist die Strahlungsenergie als Funktion von λ:

$$E_\lambda = \frac{c^2}{\lambda^5}\, F\!\left(\frac{\lambda T}{c}\right) \tag{2}$$

oder in Frequenzen $\nu = \dfrac{c}{\lambda}$ ausgedrückt:

$$\Re_\nu = \frac{\nu^3}{c^2}\, F\!\left(\frac{T}{\nu}\right),$$

denn es ist $E_\lambda d\lambda = \Re_\nu d\nu$ und

$$|d\lambda| = \frac{c}{\nu^2} d\nu, \quad \text{also} \quad \Re_\nu = \frac{c}{\nu^2}\, E_\lambda.$$

F ist eine universelle Funktion.

Daraus folgt weiter das im speziellen so genannte WIENsche Verschiebungsgesetz, wonach die Wellenlänge λ_m der maximalen Emission der Gleichung

$$\lambda_m T = b \tag{3}$$

gehorcht, wo b eine Konstante, deren Zusammenhang mit den anderen Strahlungskonstanten weiter unten angegeben ist. Die maximale Intensität ist proportional T^5.

Das PLANCKsche Gesetz über die Energieverteilung im Spektrum hat PLANCK ursprünglich auf Grund seiner bekannten Annahmen über die quantenhafte Emission und Absorption von Oszillatoren abgeleitet. Die PLANCKsche Ableitung, auch die später von ihm modifizierte, hat den Nachteil, daß sie im Widerspruch mit dem Grundgedanken der modernen Strahlungslehre auf die klassische Theorie der elektromagnetischen Strahlung von Oszillatoren zurückgreifen muß. Die Weiterentwicklung der Quantentheorie hat gezeigt, daß man weniger spezialisierte Vorstellungen über den Mechanismus der Strahlung zugrunde legen muß und kann. Eine Ableitung auf solch allgemeinerer Grundlage hat zuerst EINSTEIN[1] gegeben. Es wird dabei nur angenommen, daß die der Strahlung zugrunde liegenden Elementarprozesse nach Zufallsgesetzen erfolgen und daß die Energie-

---

[1] A. EINSTEIN, Phys. ZS. Bd. 18, S. 121. 1917.

übertragung in Emission und Absorption in endlichen Beträgen erfolgt. Es sind drei elementare Strahlungsprozesse möglich:

1. Spontane Ausstrahlung vom Zustand Z_m aus (Energie ε_m); der Strahler wird dabei in den Zustand $Z_n(\varepsilon_n < \varepsilon_m)$ übergeführt unter Emission einer Frequenz ν. Die Häufigkeit dieses Vorgangs ist nach MAXWELL-BOLTZMANNS statistischem Verteilungsgesetz gegeben durch

$$dW = A_m^n C\, p_m\, e^{-\frac{\varepsilon_m}{kT}} dt\,, \qquad (4)$$

wo A_m^n die sogenannte Übergangswahrscheinlichkeit (unabhängig von der Zeit t und der Richtung)[1] und C eine eventuell von der Temperatur abhängende Konstante ist. Dabei ist also angenommen, daß die Häufigkeit proportional der Zahl $C p_m e^{-\frac{\varepsilon_m}{kT}}$ der Strahler im Zustand Z_m sei, wie sie durch das Verteilungsgesetz gegeben ist. p_m ist das statistische Gewicht des Zustands.

2. Strahlung von der räumlichen Dichte ϱ fällt auf den Strahler, im Zustand Z_n, auf und wird absorbiert, wobei seine Energie ε_n in ε_m übergeführt wird, was nach der Gleichung

$$dW = B_n^m \varrho\, p_n\, e^{-\frac{\varepsilon_n}{kT}} dt \qquad (5)$$

erfolgt (positive Einstrahlung).

3. Die einfallende Strahlung regt den im Zustand Z_m sich befindenden Strahler zur Ausstrahlung an:

$$dW = B_m^n \varrho\, p_m\, e^{-\frac{\varepsilon_m}{kT}} dt\,. \qquad (6)$$
(negative Einstrahlung)[2,3]

ϱ ist so zu bestimmen, daß Gleichgewicht zwischen den drei Elementarprozessen herrscht. Es ist also:

$$p_n e^{-\frac{\varepsilon_n}{kT}} B_n^m \varrho = p_m e^{-\frac{\varepsilon_m}{kT}} (B_m^n \varrho + A_m^n)\,.$$

---

[1] Also isotrope bzw. im Zeitmittel isotrope Strahler vorausgesetzt.

[2] Fall 1 ist das Analogon zu den freien Schwingungen, 2 und 3 entsprechen den erzwungenen Schwingungen mit entgegengesetzten Phasen.

[3] Bei jedem Strahlungsprozeß wird außerdem Impuls übertragen, was notwendig zur Hypothese der „Nadelstrahlung" führt, also räumlich eng begrenzter Gebiete, in denen $\varrho \neq 0$, da für eine Kugelwelle eine Impulsübertragung unmöglich ist. Gleichzeitig hebt der Begriff der Nadelstrahlung auch die Schwierigkeiten in bezug auf die Möglichkeit quantenhafter Absorption.

Da die Strahlungsdichte über alle Grenzen wachsen muß, wenn die Temperatur höher und höher wird, muß sein

$$p_n B_{n}^{m} = p_m B_m^n,$$

also

$$\varrho = \frac{A_m^n : B_m^n}{e^{\frac{\varepsilon_m - \varepsilon_n}{kT}} - 1}.\tag{7}$$

Nun ist

$$\varrho \equiv \frac{8\pi}{c}\,\Re_\nu$$

nach dem WIENschen Verschiebungsgesetz, Gleichung (2), proportional

$$\nu^3 F\!\left(\frac{T}{\nu}\right);$$

also muß $A_m^n : B_m^n$ proportional ν^3 und $\varepsilon_m - \varepsilon_n = h\nu$ sein, damit formale Übereinstimmung mit dem erwähnten thermodynamischen Gesetz besteht. Damit hat man das PLANCKsche Strahlungsgesetz erhalten:

$$\Re_\nu = \frac{\alpha\,\nu^3}{e^{\frac{h\nu}{kT}} - 1} \qquad \text{bzw.} \qquad E_\lambda = \frac{c_1}{\lambda^5}\,\frac{1}{e^{\frac{c_2}{\lambda T}} - 1}, \qquad \text{wo} \qquad c_2 = \frac{ch}{k}.\tag{8}$$

Die Konstanten α bzw. c_1 müssen noch bestimmt werden. Nun wissen wir, daß für den Fall $h\nu \ll kT$, d. h. für den Fall nahezu kontinuierlicher Verteilung der Energieniveaus die klassischen Gesetze gelten müssen. Die klassische Theorie führt aber mit Notwendigkeit zu dem RAYLEIGH-JEANSschen Strahlungsgesetz

$$\Re_\nu = \frac{\nu^2 kT}{c^2} \qquad \text{bzw.} \qquad E_\lambda = \frac{ckT}{\lambda^4}.\tag{9}$$

Tatsächlich enthalten unsere Formeln (8) dies Gesetz als Grenzfall für hohe Temperaturen und große Wellenlängen. Daraus ergibt sich:

$$\alpha = \frac{h}{c^2}, \qquad c_1 = c^2 h,\tag{10}$$

wo h die PLANCKsche Konstante $= 6{,}547 \cdot 10^{-27}$ erg sec. k ist die BOLTZMANNsche Konstante $= 1{,}3708 \cdot 10^{-16}$ erg Grad^{-1} *.

---

* Die Zahlenwerte dieser und anderer Konstanten sind entnommen aus: R. T. BIRGE, Probable Values of the General Physical Constants. Phys. Rev. Suppl. Bd. I, S. 1. 1929.

Zwischen den Konstanten der Strahlungsgesetze bestehen die Beziehungen

$$\sigma = \frac{2\,\pi^5 k^4}{15\,c^2 h^3} \quad \text{und} \quad b = \frac{c_2}{\beta}, \quad \beta = 4{,}9651 \,.$$

Für kleine λT ergibt sich aus (8) die WIENsche Strahlungsformel

$$E_\lambda = \frac{c_1}{\lambda^5}\, e^{-\frac{c_2}{\lambda T}}, \tag{11}$$

die unter speziellen, aber nicht zwingenden Annahmen über die Art der Emission unter Benutzung der MAXWELLschen Geschwindigkeitsverteilung abgeleitet wurde.

Der graue Körper befolgt die gleichen Gesetze wie der schwarze Körper, doch ist sein Emissionsvermögen nur ein von λ unabhängiger Bruchteil der Emission des schwarzen Körpers, durch welche Eigenschaft der graue Strahler definiert ist.

§ 18. Die Messung der Gesamtstrahlung des schwarzen Körpers.

Zur Messung der Gesamtstrahlung sind im wesentlichen drei Methoden ausgearbeitet worden, bei denen absolute Intensitätsmessungen erfolgen. Relative Messungen haben LUMMER und PRINGSHEIM[1] ausgeführt, um das STEFAN-BOLTZMANNsche T^4-Gesetz zu prüfen, das sich als streng richtig erwiesen hat.

Die Bolometermethode von KURLBAUM[2] beruht auf dem folgenden Gedankengang: Eine WHEATSTONEsche Brückenanordnung bestehe aus drei Zweigen, deren Widerstände von der Temperatur unabhängig sind, bzw. durch Bestrahlung keine merkliche Temperaturerhöhung erfahren (Manganin oder dicke Kupferdrähte) und einem vierten Zweig aus dünnem Kupferdraht, der der Strahlung ausgesetzt wird und dadurch seinen Widerstand ändert. Die vorher stromlose Brücke wird dann Strom anzeigen. Denselben Galvanometerausschlag erzeugt man dadurch, daß der dünne Draht durch Stromheizung erwärmt wird. Kennt man dann die Temperatur des schwarzen Körpers und die verbrauchte Stromleistung, dann läßt sich σ berechnen. Der hauptsächliche Nach-

---

[1] O. LUMMER u. E. PRINGSHEIM, Wied. Ann. Bd. 63, S. 395. 1897; Ann. d. Phys. Bd. 3, S. 159. 1900.

[2] F. KURLBAUM, Wied. Ann. Bd. 65, S. 746. 1898.

teil dieser Methode besteht in der Notwendigkeit, Bolometerstreifen zu verwenden, die über die ganze Ausdehnung gleich dick sind. — Nach diesem Prinzip arbeiteten auch KURLBAUM und VALENTINER[1].

Eine weitere Methode, die pyrheliometrische, ist zuerst von ÅNGSTRÖM[2] angegeben worden. In modifizierter Form wird sie von GERLACH[3] und COBLENTZ[3] benutzt. Bei dieser wird ein Metallstreifen (Platin) bestrahlt, hinter dem eine lineare Thermosäule angebracht ist. Die vom Platin auf die Thermosäule fallende Strahlung erzeugt einen Ausschlag des mit der Thermosäule verbundenen Galvanometers. Der gleiche Ausschlag wird erzeugt, wenn der Pt-Streifen durch Stromheizung auf die gleiche Temperatur erhitzt wird, die er durch die Bestrahlung angenommen hatte. ÅNGSTRÖM benutzte zwei Streifen, von denen der eine bestrahlt, der andere durch Strom erhitzt wurde. Hinter jedem der Streifen war je eine Lötstelle eines Thermoelementes, so daß bei entsprechender Heizung der Strahlungsausschlag kompensiert werden konnte. Statt des Thermoelements verwendet KUSSMANN[4] das Mikroradiometer.

Die dritte Methode stammt von SHAKESPEARE und WESTPHAL[5]. Ihr Grundgedanke ist der folgende: Die zur Deckung des Strahlungsverlusts eines Strahlers nötige Leistung (elektrische Heizung) wird gemessen. Um den reinen Strahlungsverlust von den Verlusten durch Wärmeleitung und Konvektion zu trennen, wird der Versuch sowohl mit einer geschwärzten als auch mit einer blanken Metallfläche ausgeführt, wobei Wärmeleitung und Konvektion gleich bleiben. Temperatur und Emissionsvermögen der Strahler, die hier keine schwarzen Körper sind, müssen bekannt sein bzw. gemessen werden. Am genauesten hat K. HOFFMANN[6] nach dieser Methode gearbeitet.

---

[1] F. KURLBAUM u. S. VALENTINER, Ann. d. Phys. Bd. 31, S. 275. 1910.

[2] K. ÅNGSTRÖM, Wied. Ann. Bd. 67, S. 633. 1899; Nova Acta Upsal. Bd. 13, S. 1. 1887.

[3] W. GERLACH, Ann. d. Phys. Bd. 38, S. 1. 1912; W. W. COBLENTZ, Bull. Bur. of Stand. Bd. 12, S. 553. 1916; Bd. 15, S. 529. 1920; F. PASCHEN, Ann. d. Phys. Bd. 38, S. 30. 1912.

[4] A. KUSSMANN, ZS. f. Phys. Bd. 25, S. 58. 1924.

[5] G. A. SHAKESPEARE, Proc. Roy. Soc. London A Bd. 86, S. 180. 1911; W. WESTPHAL, Verh. d. D. Phys. Ges. Bd. 14, S. 987. 1912.

[6] K. HOFFMANN, ZS. f. Phys Bd. 14, S. 301. 1923.

Andere Methoden, z. B. Messung der Temperaturerhöhung eines schwarzen Strahlungsempfängers und Eichung durch elektrische Heizung, haben weniger Bedeutung erlangt[1].

Als wahrscheinlichster Wert ist für σ anzunehmen nach den Messungen von GERLACH, COBLENTZ, HOFFMANN und KUSSMANN: $\sigma = 5{,}735 \cdot 10^{-12}$ Watt cm^{-2} Grad^{-4}.

§ 19. Die Energieverteilung im Spektrum des schwarzen Körpers.

Die Untersuchung der Energieverteilung hat zwei Hauptziele, die Prüfung der Strahlungsgesetze und die Bestimmung der Strahlungskonstanten. Wir haben mehrere Möglichkeiten, die Strahlungsgesetze einer Prüfung zu unterziehen.

Die in mancher Hinsicht genaueste Methode ist die der Isochromaten, d. h. die Messung der Energie der schwarzen Strahlung bei konstanter Wellenlänge, aber variabler Temperatur. Bei ihr fallen nämlich sämtliche Fehler fort, die hervorgerufen werden durch die selektive Absorption der im Strahlengang befindlichen Medien, die Unsicherheit der Kenntnis der Dispersion und selektive Eigenschaften des Empfängers. Es wird aber eine genaue Temperaturbestimmung verlangt. Diese Methode eignet sich daher gut zu Präzisionsbestimmungen von c_2. Besonders einfach gestaltet sie sich im Gültigkeitsbereich des WIENschen Strahlungsgesetzes, also für $\lambda T < 3000$ (λ in μ). Die Gleichung der Isochromaten lautet dann

$$E_\lambda = \frac{c_1}{\lambda^5}\, e^{-\frac{c_2}{\lambda T}},$$

oder logarithmiert:

$$\log E_\lambda = c' - \frac{c_2}{\lambda T}\log e. \tag{12}$$

In einem Koordinatensystem mit $\log E_\lambda$ und $\frac{1}{\lambda T}$ als Koordinaten stellt diese Gleichung eine Gerade dar, aus der sich die Werte für c' und c_2 ablesen lassen. Das PLANCKsche Gesetz liefert dagegen gekrümmte isochromatische Kurven.

c_2 berechnet sich aus zwei zu den Temperaturen T_1 und T_2 gehörenden Energien E_1 und E_2 zu

$$c_2 = \frac{(\log E_2 - \log E_1)\,\lambda\, T_1 T_2}{\log e \cdot (T_2 - T_1)}. \tag{13}$$

---

[1] CH. FÉRY, C. R. Bd. 148, S. 915. 1909.

Nach der PLANCKschen Formel ist

$$\log E_2 - \log E_1 = \log \frac{(e^{x_1} - 1)}{(e^{x_2} - 1)},$$

wo $\frac{c_2}{\lambda T} = x$ gesetzt ist. Die Werte von $\log(e^x - 1)$ sind von COBLENTZ[1] tabellarisch für $x = 0,1$ bis $x = 14$ zusammengestellt. Eine Näherungsformel zur Berechnung von c_2 nach PLANCK ist ebenfalls von COBLENTZ[2] angegeben worden.

Messungen an Isochromaten können nicht zur vollständigen Kenntnis des Strahlungsgesetzes führen, da sie untereinander nicht vergleichbar sind, also die Abhängigkeit von der Wellenlänge nicht liefern. Gibt man aber die Richtigkeit des STEFAN-BOLTZMANNschen Gesetzes und der WIENschen Verschiebungsgesetze zu, was sowohl vom theoretischen als auch experimentellen Standpunkt aus ohne Bedenken ist, dann reichen die Messungen an Isochromaten aus, da man dann die willkürlich bleibenden Faktoren bestimmen kann. Es muß ja für gleiches λT die gleiche Intensität erhalten werden.

Die Aufnahme von Isothermen ist mit größeren experimentellen Schwierigkeiten verknüpft. Die Messungen lassen sich, abgesehen von einem direkten Vergleich zwischen Theorie und Erfahrung, in folgender Weise zu einer Prüfung der Strahlungsformeln verwenden. Man bestimmt die Wellenlänge λ_m des Strahlungsmaximums entweder direkt aus der Kurve oder rechnerisch aus zwei Wellenlängen, $\lambda_1 < \lambda_m < \lambda_2$, für welche $E_{\lambda_1} = E_{\lambda_2}$. Für verschiedene λ_1 bzw. λ_2 muß λ_m immer denselben Wert besitzen, wenn die zugrunde liegende Gleichung richtig ist. Auch aus dem Wert des Verhältnisses $\frac{E_\lambda}{E_{\lambda_m}}$ läßt sich λ_m nach der Gleichung

$$\frac{E_\lambda}{E_{\lambda_m}} = \left(\frac{\lambda_m}{\lambda}\right)^5 \frac{e^\beta - 1}{e^{\frac{\beta \lambda_m}{\lambda}} - 1}.$$

bestimmen.

Aus λ_m läßt sich c_2 nach dem WIENschen Verschiebungsgesetz berechnen: $c_2 = \beta \lambda_m T$, wo $\beta = 4{,}9651$ nach PLANCKs Gesetz, und $\beta = 5$ nach WIENs Strahlungsgesetz.

---

[1] W. W. COBLENTZ, Bull. Bur. of Stand. Bd. 15, S. 617. 1920.
[2] W. W. COBLENTZ, Bull. Bur. of Stand. Bd. 10, S. 1. 1913.

Paschen[1] glaubte bei seinen Messungen der Energieverteilung der Strahlung fester Körper das WIENsche Strahlungsgesetz im ganzen Spektralbereich bestätigt zu haben. Demgegenüber standen die Beobachtungen von Lummer und Pringsheim[2], die für lange Wellen und hohe Temperaturen ($\lambda T > 3000$) systematische Abweichungen vom WIENschen Gesetz gefunden hatten. Dabei benutzten sie ihren schwarzen Körper, während Paschen Strahler von geringerer Vollkommenheit anwandte. Als einwandfrei festgestellt konnte nur die Gültigkeit des WIENschen Gesetzes im sichtbaren Gebiet bzw. bei tiefen Temperaturen bis ca. $450°$ C im Ultrarot gelten, und zwar hauptsächlich durch photometrische Messungen von Paschen und Wanner[3].

Lummer und Pringsheim beobachteten Energiekurven (Isothermen) bei mehreren Temperaturen, die sie sowohl als Isothermen wie auch als Isochromaten diskutierten. Sie berechneten aus ihren Messungen nach WIENs Formel c' und c_2, die einen erheblichen Gang mit der Wellenlänge zeigten. Aus Abb. 51 und 52 sind die Abweichungen deutlich zu erkennen. In beiden Abbildungen sind die beobachteten Kurven ausgezogen, die berechneten dagegen durch gestrichelte Kurven verbunden. Man erkennt, daß die Abweichungen mit wachsendem λT größer werden. Zur Charakterisierung dieser Abweichungen sei noch angegeben, daß c_2 für die Wellenlängen $1{,}21\,\mu$, $2{,}20\,\mu$ und $4{,}96\,\mu$ bzw. die Werte 13510, 14240 und 16510 annahm. (Die durch Schraffur gekennzeichneten Teile der Kurven zeigen die Stellen der Absorption des Wasserdampfs und der Kohlensäure der Luft an. Für den Vergleich der gemessenen Energieverteilung mit der Theorie sind diese Absorptionsstellen störend. Um den Vergleich durchzuführen, wurden die Minima der Kurven durch glatte Kurvenzüge überbrückt.)

Schon vorher hatte Beckmann[4] gefunden, daß c_2 einen erheblichen Gang mit der Wellenlänge besitzt, indem er für c_2 bei

---

[1] F. Paschen, Wied. Ann. Bd. 58, S. 455. 1896; Bd. 60, S. 662. 1897.

[2] O. Lummer u. E. Pringsheim, Verh. d. D. Phys. Ges. Bd. 1, S. 23 u. 215. 1899; Bd. 2, S. 163. 1900.

[3] F. Paschen u. H. Wanner, Berl. Ber. 1899, S. 5; F. Paschen, Berl. Ber. 1899, S. 405; H. Wanner, Ann. d. Phys. Bd. 2, S. 141. 1900.

[4] H. Beckmann, Diss. Tübingen 1898; Neuberechnung s. H. Rubens, Wied. Ann. Bd. 69, S. 585. 1899.

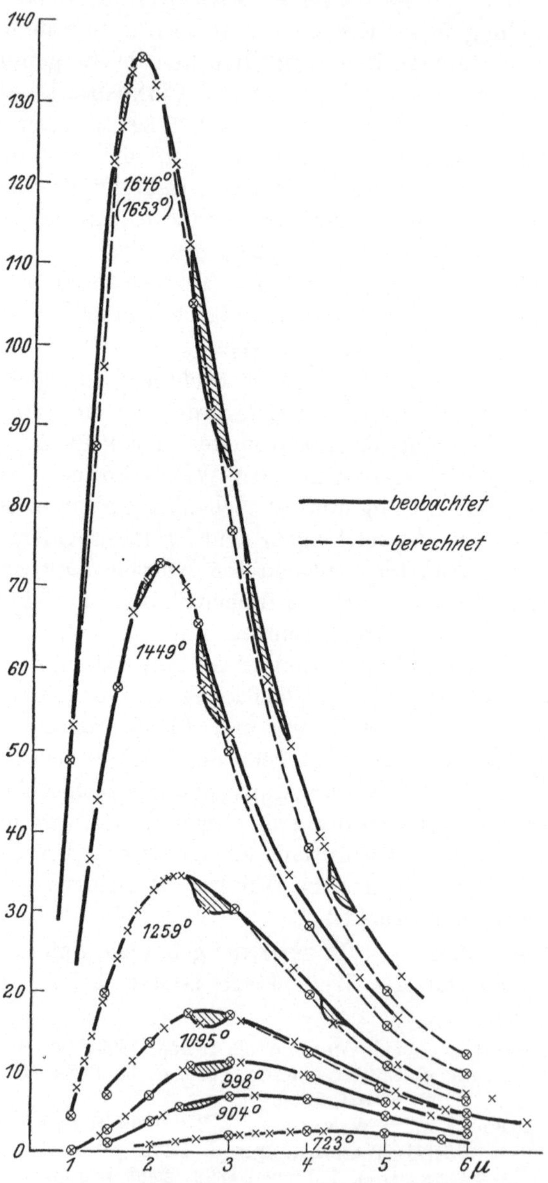

Abb. 51. Isothermen des schwarzen Körpers nach LUMMER und PRINGSHEIM.

$\lambda = 24\,\mu$ einen Wert von 24000 erhielt anstatt des für kurze Wellenlängen gültigen Wertes von ca. 14300.

In einer späteren Arbeit hat Paschen[1] nach Verbesserung seines Strahlers die Beobachtungen von Lummer und Pringsheim bestätigt und die Messungen im Einklang mit der Planckschen Theorie gefunden[2].

Auch Rubens und Kurlbaum[3] haben durch genaue Messungen an Reststrahlen von Flußspat und Steinsalz (λT erreichte Werte bis ca. 36000) die Strahlungsgesetze bei langen Wellen geprüft, wobei sie fanden, daß die Plancksche Strahlungsformel am besten mit den Messungen übereinstimmt, während die Wiensche Formel bei diesen großen Werten von λT völlig versagt.

Die Abweichungen von der Planckschen Formel, die immerhin noch vorhanden waren, sah man nicht als erheblich an, indem man sie zum größten Teil auf die Unsicherheiten in der Temperaturbestimmung und der Dispersionskurve zurückführte.

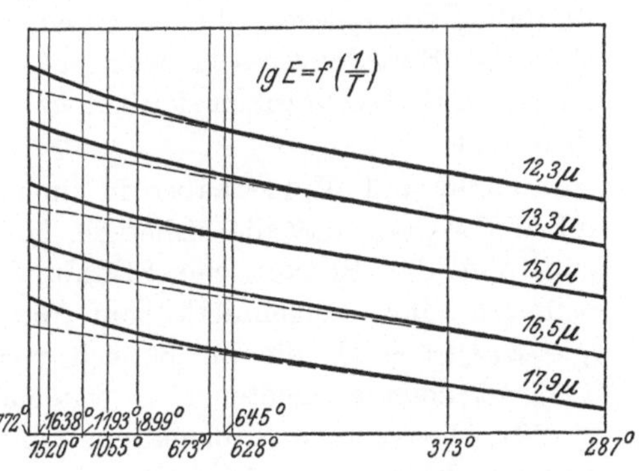

Abb. 52. Isochromaten des schwarzen Körpers nach Lummer und Pringsheim.

Genauere Messungen sind erst wieder 10 Jahre später ausgeführt worden, und zwar etwa gleichzeitig von Coblentz[4] und Warburg mit Mitarbeitern[5].

Coblentz hat eine große Reihe von Isothermen ausgemessen und aus ihnen λ_m und c_2 bestimmt. Die große Mehrzahl seiner

---

[1] F. Paschen, Ann. d. Phys. Bd. 4, S. 277. 1901.

[2] Kritik der Paschenschen Arbeit s. O. Lummer u. E. Pringsheim, Ann. d. Phys. Bd. 6, S. 192. 1901.

[3] H. Rubens u. F. Kurlbaum, Berl. Ber. 1900, S. 929; Ann. d. Phys. Bd. 4, S. 649. 1901.

[4] W. W. Coblentz, Bull. Bur. of Stand. Bd. 10, S. 1. 1913; Bd. 13, S. 459. 1916.

[5] E. Warburg, G. Leithäuser, H. Hupka u. C. Müller, Ann. d. Phys. Bd. 40, S. 609. 1913; E. Warburg u. C. Müller, Ann. d. Phys. Bd. 48, S. 410. 1915.

Messungen genügt der PLANCKschen Formel, doch fehlen Einzelangaben. Ebenso wie WARBURG beobachtete auch er, daß die Güte des Prismenmaterials von großem Einfluß ist wegen der Streuung der Strahlung im Innern des Prismas. Es dürfen also nur solche Messungen berücksichtigt werden, die mit guten Prismen erhalten sind. Bei WARBURGS Arbeit, in der die Temperatur der Isothermen aus dem WIENschen Verschiebungsgesetz bestimmt wurde, was für relative Messungen genauer ist als die direkte Temperaturmessung, macht sich dies in der Weise bemerkbar, daß die Temperatur je nach Wahl des Prismas verschieden ist. Da die letztgenannten Arbeiten mehr Wert auf die Bestimmung von c_2 legen, sind sie zu einer definitiven Entscheidung über das Strahlungsgesetz weniger befähigt. WARBURGS Messungen z. B. beschränken sich auf λT-Werte, die kleiner als etwa 3200 sind.

NERNST und WULF[1] haben in einer ausführlichen Kritik darauf hingewiesen, daß die bisherigen Messungen nicht hinreichend sind, um die PLANCKsche Strahlungsformel zu stützen. Sie richteten ihr Augenmerk auf die Konstanz der Größe $c_1 = E_\lambda \lambda^5 (e^x - 1)$, die im Bereich $x = 1$ bis $x = 10$ nicht befriedigte, denn es zeigten sich systematische Abweichungen bis zu 7%, die in einer Korrektionsformel von ihnen zusammengefaßt wurden.

Daraufhin unternahmen es RUBENS und MICHEL[2], die PLANCKsche Formel im Bereich von $x = 0{,}15$ bis $x = 5{,}6$ zu prüfen, indem sie zwischen $4\,\mu$ und $52\,\mu$ Isochromaten aufnahmen und die Konstanz von $E_\lambda (e^x - 1)$ untersuchten.

Die längsten Wellen ($22{,}3\,\mu$ und $51{,}8\,\mu$) waren nach der Reststrahlenmethode hergestellt (Flußspat und Steinsalz), die kürzeren (4, 5, 7, 9, 12 und 16 μ) mittels prismatischer Zerlegung. Die Energie wurde mit einem Mikroradiometer auf 1% genau gemessen.

Als Strahlungsquellen für hohe Temperaturen dienten schwarze Körper der LUMMERschen Konstruktion. Für niedrigere Temperaturen bis ca. 500° C wurde ein elektrisch geheizter Kupferhohlraum, geschwärzt mit Kupferoxyd, verwandt (Abb. 53), bei

---

[1] W. NERNST u. TH. WULF, Verh. d. D. Phys. Ges. Bd. 21, S. 294. 1919.
[2] H. RUBENS u. G. MICHEL, Berl. Ber. 1921, S. 590.

dem die Gleichmäßigkeit der Heizung im wesentlichen durch den Temperaturausgleich infolge der Wärmeleitung des Kupfers gewährleistet war. Für die Messungen bei Zimmertemperatur und die Temperatur der flüssigen Luft diente ein zylindrischer, innen berußter Hohlraum, der mit einem Mantel umgeben war, in den flüssige Luft eingefüllt werden konnte. Um Empfindlichkeitsänderungen der Apparatur oder Änderungen der Luftabsorption zu eliminieren, wurde die konstante Strahlung eines Nernstbrenners bei jeder Beobachtungsreihe gemessen. Dieser Hilfsstrahler war seitlich fest aufgestellt, seine Strahlung konnte mittels eines Spiegels, der zwangsläufig immer in die gleiche Stellung gebracht werden konnte, in den Strahlengang gebracht werden, wie es Abb. 53 andeutet.

Der gemessene Ausschlag des Mikroradiometers wurde korrigiert erstens wegen der Unreinheit der

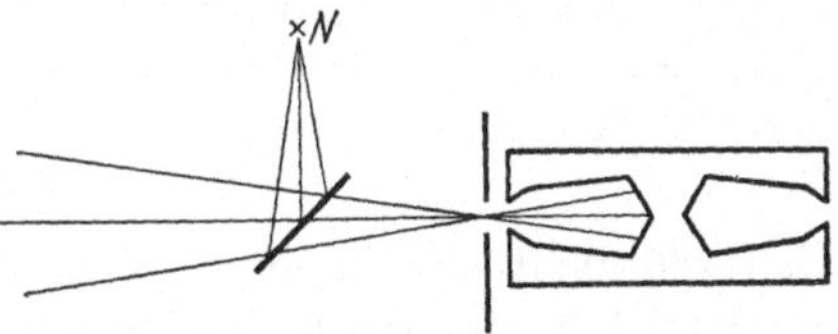

Abb. 53. Schwarzer Körper für tiefe Temperaturen.

Strahlung; diese war sehr gering, meistens unterhalb 1%. Zweitens wegen der Strahlung des vor der Strahlungsquelle befindlichen Diaphragmas, soweit sie überhaupt in das Mikroradiometer gelangen konnte, was nur bei den Reststrahlversuchen der Fall war. Drittens wegen der Temperatur des Klappschirms und des Mikroradiometers. Alle diese Korrektionen erreichten nur geringe Beträge.

Das Ergebnis war, daß das PLANCKsche Strahlungsgesetz bis auf 1% gültig war, während die NERNST-WULFsche Formel systematische Abweichungen ergab. Damit ist, in Verbindung mit den älteren Messungen, die Richtigkeit der PLANCKschen Formel über den Bereich des sichtbaren Gebiets bis zu den Reststrahlwellenlängen erwiesen. Damit ist gleichzeitig gesagt, daß innerhalb ihres Gültigkeitsbereichs auch die Grenzgesetze für kleine und große Werte von λT bestätigt worden sind. Das RAYLEIGH-JEANSsche Gesetz ist für Reststrahlfrequenzen mit ausreichender Genauigkeit erfüllt.

Unter der Voraussetzung der Gültigkeit der PLANCKschen Gleichung hat MICHEL[1] aus den eben besprochenen Messungen c_2

---

[1] G. MICHEL, ZS. f. Phys. Bd. 9, S. 285. 1922.

zu 14270 berechnet, während als wahrscheinlichster Wert $c_2 = 14320$ angenommen ist. Daraus folgt für $b = \lambda_m T$ der Wert 2884.

Es sei nur noch erwähnt, daß Strahlungsmessungen sowohl zur Temperaturbestimmung[1] als auch zur Wellenlängenbestimmung (vgl. G. MICHEL l. c.) dienen können.

§ 20. Die Strahlung nichtschwarzer Strahler; das KIRCHHOFFsche Gesetz.

Der Wärmestrahlung nichtschwarzer Körper liegt nur ein allgemeines Gesetz zugrunde, das KIRCHHOFFsche Gesetz. Dieses besagt, daß das Verhältnis von Emission E zur Absorption A eines Strahlers dem Emissionsvermögen des schwarzen Körpers E_s gleich ist:

$$\frac{E}{A} = E_s.$$

Das gilt nicht nur für die Gesamtstrahlung, sondern ebenso für die Strahlung innerhalb eines beliebigen Frequenzintervalles. Das Absorptionsvermögen hängt mit den übrigen optischen Eigenschaften eines Strahlers (Reflexionsvermögen R und Durchlässigkeit D) gemäß der Gleichung $A + D + R = 1$ zusammen.

Der graue Strahler ist charakterisiert durch ein von λ unabhängiges Absorptionsvermögen. Idealgraue Körper gibt es nicht. Annähernd grau strahlt, wie schon in § 2 erwähnt, der normal belastete Nernstbrenner. Von $9\,\mu$ ab fällt die Energiekurve aber stärker ab, als dem schwarzen Körper entspricht[2].

Auch Kohle strahlt bei hohen Temperaturen annähernd wie ein grauer Körper, was die Gesamtstrahlung betrifft, die annähernd mit der vierten Potenz der Temperatur wächst, obwohl Kohle keineswegs konstantes Absorptionsvermögen besitzt[3]. In dem hauptsächlich in Frage kommenden Teil des Spektrums ($\lambda < 6\,\mu$) ist $A_\lambda = a\lambda + b$, wo für reine Kohle $a = -279$, $b = 0{,}864$; für Graphit ist $a = -312{,}2$, $b = 0{,}651$[4]. In Ver-

---

[1] Zum Beispiel O. LUMMER u. E. PRINGSHEIM, Verh. d. D. Phys. Ges. Bd. 1, S. 230. 1899; Bd. 3, S. 36. 1901; E. BENEDICT, Ann. d. Phys. Bd. 47, S. 641. 1915; CL. SCHAEFER, Ann. d. Phys. Bd. 50, S. 841. 1916.

[2] F. E. FOWLE, Ann. of the Smiths. Inst. Bd. 4, S. 283. 1922.

[3] H. SENFTLEBEN u. E. BENEDICT, Ann. d. Phys. Bd. 54, S. 65. 1917.

[4] Nach Messungen von H. v. WARTENBERG, Verh. d. D. Phys. Ges. Bd. 12, S. 105. 1910; W. W. COBLENTZ, Bull. Bur. of Stand. Bd. 7, S. 197. 1911.

bindung mit der PLANCKschen Strahlungsgleichung ergibt sich daraus für die Gesamtstrahlung J:

$$J = m\,T^3 + n\,T^4,$$

wo $m = -8{,}31 \cdot 10^{-3}$, $n = 4{,}85 \cdot 10^{-5}$ für Kohle und $m = -9{,}302 \cdot 10^{-3}$, $n = 3{,}653 \cdot 10^{-5}$ für Graphit. Für hohe Temperaturen kommt demnach nur das Glied mit T^4 in Frage.

Ist A_λ eine Funktion von λ, so bezeichnen wir die Strahlung als selektiv. Allgemeine Gesetzmäßigkeiten haben sich bisher nur für die Strahlung der Metalle ergeben, die wir zunächst besprechen wollen. Die Metalle haben ein hohes Reflexionsvermögen und dementsprechend geringes Absorptionsvermögen, da $D = 0$ ist, so daß ihre Emission nur geringe Beträge erreicht.

Als erster untersuchte PASCHEN[1] die Strahlung von Platin genauer und glaubte, wie für den schwarzen Körper, ein dem WIENschen Strahlungsgesetz analoges Gesetz gefunden zu haben. LUMMER und PRINGSHEIM[2] zeigten aber, daß auch für Pt ähnliche Abweichungen von der Theorie auftreten, wie sie für den schwarzen Körper nachgewiesen waren. Das WIENsche Verschiebungsgesetz erwies sich als gültig, nur war $\lambda_m T$ hier gleich 2630.

Als strahlende Körper wurden bei den Versuchen meist Metallplatten benutzt, die möglichst gleichmäßig erhitzt wurden. Als Pt-Strahler hat sich ein von LUMMER und KURLBAUM[3] angegebenes Modell bewährt. Es besteht aus einem flachen Kasten aus 10 μ dickem Platin, in dessen Innerem die eine Lötstelle eines Thermoelementes zur Messung der Temperatur angebracht ist. Der Pt-Kasten wurde durch elektrischen Strom geheizt und lieferte eine gleichmäßige Strahlung. Auch dünne, elektrisch geheizte Metallstreifen werden benutzt. Es muß natürlich vermieden werden, daß von Stellen der Umgebung, etwa den Wänden eines Schutzgehäuses, Strahlung zum Pt-Körper reflektiert wird, da dies die Qualität der Strahlung der schwarzen Strahlung annähert.

---

[1] F. PASCHEN, Wied. Ann. Bd. 48, S. 272. 1893; Bd. 60, S. 662. 1897.

[2] O. LUMMER u. E. PRINGSHEIM, Verh. d. D. Phys. Ges. Bd. 1, S. 226. 1899.

[3] O. LUMMER u. F. KURLBAUM, Verh. d. D. Phys. Ges. Bd. 17, S. 105. 1898.

Die Aufstellung einer theoretischen Strahlungsformel gelang
ASCHKINASS[1], indem er das Ergebnis von Versuchen über das Reflexionsvermögen von Metallen mit der PLANCKschen Strahlungsgleichung kombinierte. Nach HAGEN und RUBENS[2] ist nämlich
das Absorptionsvermögen $A = 1 - R = 0{,}365 \sqrt{\dfrac{w}{\lambda}}$, wenn w der
spezifische Widerstand des Metalls ist $\left(\dfrac{\text{Ohm} \cdot \text{mm}^2}{\text{m}}\right)$ und λ in μ gemessen wird. Diese Beziehung läßt sich aus der MAXWELLschen
Theorie ableiten und ist gültig für Wellenlängen, die größer sind
als ca. 5 μ (§ 22). Die eingehendere Darlegung dieser Ergebnisse
wird erst im nächsten Kapitel im Zusammenhang mit der MAX-
WELLschen Theorie gegeben. Hier übernehmen wir nur das Ergebnis.

Nach KIRCHHOFFs und PLANCKs Strahlungsgesetzen ist demnach

$$E_\lambda = (1 - R)E_S = 0{,}365 \sqrt{\frac{w}{\lambda}} \cdot c_1 \lambda^{-5} \left(e^{\frac{c_2}{\lambda T}} - 1\right)^{-1}. \qquad (14)$$

Daraus findet man nach bekannten Methoden λ_m, sofern dieses
noch in den Gültigkeitsbereich der HAGEN-RUBENSschen Beziehung fällt. Es ergibt sich $\lambda_m T = 2666$ (unabhängig von w),
also in guter Übereinstimmung mit der Erfahrung.

Für E_m und die Gesamtstrahlung $\int\limits_0^\infty E_\lambda d\lambda$ erhält man

$$E_m = \frac{0{,}365 \sqrt{w} \cdot c_1}{(\lambda_m T)^{5,5} \cdot \left(e^{\frac{c_2}{\lambda_m T}} - 1\right)} T^{5,5}, \qquad (15)$$

$$\int E_\lambda d\lambda = c_1 \cdot 8{,}156 \cdot 10^{-19} \sqrt{w} \, T^{4,5}. \qquad (16)$$

Dabei ist bei der Ableitung von (16) vorausgesetzt, daß merkliche Emission nur im Gültigkeitsbereich der Strahlungsgleichung
(14) auftritt. Es ist noch zu berücksichtigen, daß w selbst von
der Temperatur abhängt. Setzt man, in Annäherung, $w = w_0 \dfrac{T}{273}$,

---

[1] E. ASCHKINASS, Verh. d. D. Phys. Ges. Bd. 7, S. 251. 1905; Ann. d.
Phys. Bd. 17, S. 960. 1905.

[2] Literatur s. § 23.

was für die meisten Metalle annähernd erlaubt ist, dann erhält man folgende Strahlungsformeln:

$$E_\lambda = c_1 \cdot 0{,}0221 \cdot \sqrt{w_0}\,\sqrt{T}\,\lambda^{-5.5}\left(e^{\frac{c_2}{\lambda T}} - 1\right)^{-1}, \tag{17}$$

$$E_m = c_1 \cdot 1{,}334 \cdot 10^{-23}\sqrt{w_0}\,T^6, \tag{18}$$

$$\int E_\lambda\,d\lambda = c_1 \cdot 4{,}936 \cdot 10^{-20}\sqrt{w_0}\,T^5. \tag{19}$$

ASCHKINASS konnte mit diesen Formeln die Energiekurven von LUMMER und PRINGSHEIM berechnen. Theorie und Erfahrung stimmten hinreichend überein, wenn auch die Abweichungen hier größer sind als bei der Theorie der schwarzen Strahlung, wobei zu bemerken ist, daß sich hier, sowie bei dem Verschiebungsgesetz, die Gleichungen noch in einem Bereich als gültig erwiesen, der über den Geltungsbereich der theoretischen Voraussetzungen hinausging. Das T^5-Gesetz für die Gesamtstrahlung von Platin war bemerkenswerterweise schon von LUMMER und KURLBAUM, l. c., nachgewiesen worden.

HAGEN und RUBENS haben in mehreren Arbeiten[1] die ASCHKINASSsche Theorie an verschiedenen Metallen geprüft. Sie beobachteten das Emissionsvermögen bzw. das Reflexionsvermögen R, $E = (1 - R)E_S$, bei verschiedenen Temperaturen bis etwa 1500° C und verschiedenen Wellenlängen nach der Methode der Isochromaten. Gleichzeitig wurde die Emission des schwarzen Körpers gemessen, so daß man das Absorptionsvermögen $1 - R$ aus den Messungen ableiten konnte. Dieses wurde außerdem berechnet aus der HAGEN-RUBENSschen Beziehung unter Berücksichtigung des Temperaturkoeffizienten des Widerstands, der besonders gemessen wurde. Die Richtigkeit der Theorie wurde bestätigt, womit gleichzeitig die Gültigkeit des KIRCHHOFFschen Gesetzes bewiesen ist.

Die Übereinstimmung zwischen Theorie und Erfahrung bezieht sich hierbei nur auf Wellenlängen größer als $4\,\mu$. Bei Wellenlängen von $2\,\mu$ an abwärts ergab sich die Emission als unabhängig von der Temperatur in Einklang einerseits mit der Tatsache, daß bei diesen Wellenlängen auch das Reflexionsvermögen keinen Temperaturkoeffizienten besitzt, anderseits mit dem Gültigkeitsbereich der HAGEN-RUBENSschen Beziehung.

---

[1] E. HAGEN u. H. RUBENS, Berl. Ber. 1903, S. 410; 1909, S. 478; 1910, S. 467.

Während demnach bei der Methode der Isochromaten die Theorie von Aschkinass ihre natürliche Grenze nicht überschreitet, war das bei den oben erwähnten Gesetzen der Energieverteilung (Isothermen) und dem Verschiebungsgesetz der Fall. Das dürfte damit zusammenhängen, daß bei den letztern w und seine Temperaturabhängigkeit nicht vorkommt, welche Größen aber in die Formeln für die Isochromaten wesentlich eingehen.

Es ist noch zu beachten, daß die Formeln von Aschkinass nur für nicht zu hohe Temperaturen gültig sein können, da der Exponent von T größer als für den schwarzen Körper ist, so daß bei hinreichend hoher Temperatur die Strahlung des Metalls die schwarze Strahlung übertreffen würde, was unmöglich ist. Die Exponenten müssen also mit wachsender Temperatur abnehmen, was aber erst bei sehr hohen Temperaturen eintreten dürfte, die gewöhnlich wegen des niedrigen Schmelzpunktes der meisten Metalle nicht erreicht werden.

Coblentz[1] glaubte zwar dies (außerhalb des Gültigkeitsbereichs der Aschkinassschen Theorie!) experimentell bei seinen Untersuchungen über die selektive Emission der Metalle gefunden zu haben, doch beruht die Abnahme von α * mit wachsender Temperatur auf der Tatsache[2], daß die Metalle im kurzwelligen Gebiet selektiv strahlen, denn das Reflexionsvermögen fällt von etwa 2 bis $3\,\mu$ an nach kurzen Wellen stark ab. Bei hoher Temperatur verschiebt sich deshalb E_m in Gebiete immer stärkerer selektiver Emission und steigt also viel stärker an, als nach der Wienschen Spektralgleichung[3] zu erwarten wäre, während bei niedrigen Temperaturen das Maximum in ein Gebiet fällt, in welchem R nahezu konstant ist, so daß dort die Zunahme von E_m mit der Temperatur Gesetzen vom normalen Typus gehorcht. Dadurch wird in der Gleichung zur Berechnung von α:

$$\alpha = \frac{\log E_\lambda - \log E_m}{\log e - \dfrac{\lambda_m}{\lambda}\log e + \log \dfrac{\lambda_m}{\lambda}}$$

---

[1] W. W. Coblentz, Bull. Bur. of Stand. Bd. 5, S. 339. 1909; Bd. 9, S. 81. 1913.

* Coblentz benutzt Strahlungsgesetze vom Wienschen Typus in der Form:

$$\textstyle\int E\,d\lambda = \sigma' T^{\alpha-1}, \qquad E_\lambda = c_1' \lambda^{-\alpha} \cdot e^{-\frac{c_2}{\lambda T}}.$$

[2] Vgl W. W. Coblentz, Bull. Bur. of Stand. Bd. 7, S. 221. 1911.

[3] Die Benutzung der Planckschen Formel ändert nichts wesentliches.

der Zähler kleiner. Die Variation von α ist also nur scheinbar. Theoretische Bedeutung hat das Resultat von COBLENTZ nicht, denn für selektive Strahler ist die WIENsche Gleichung ohnehin nicht gültig, aber immerhin kann es als angenäherter empirischer Ausdruck für die Tatsachen gelten. Für Platin z. B. variiert α von 6,5 für 800° bis 5,5 für 1600°. D. h. die Strahlung nähert sich mit wachsender Temperatur der schwarzen Strahlung, wie es auch für die andern Selektivstrahler beobachtet ist.

Aus Messungen der Gesamtstrahlung erhielt SUYDAM[1] für α Werte zwischen 5 und 6,5 für verschiedene Metalle. Eine Abhängigkeit von der Temperatur wurde im Gegensatz zu COBLENTZ nicht beobachtet. Für Platin ist $\alpha = 6$ (s. auch LUMMER und KURLBAUM[2])[3].

HELFGOTT[4] versucht, ein Gesetz für die Gesamtstrahlung aufzustellen in der Form $\int E_\lambda d\lambda = \sigma T^4 (1 - e^{-aT})$, das für manche Metalle, wie Platin und Wolfram, die Versuchsdaten gut wiedergibt, dagegen ist bei anderen, gerade den von SUYDAM untersuchten Metallen (Ni, Fe, Ag) die Wiedergabe schlechter: a zeigt einen systematischen Gang mit der Temperatur. Eine für alle Metalle gültige Gesetzmäßigkeit scheint demnach nicht zu bestehen. Ein näheres Eingehen auf die an und für sich interessanten Betrachtungen HELFGOTTS, der sein Gesetz auch theoretisch zu stützen versucht, geht über den Rahmen dieses Buchs hinaus.

Im Gebiet langer Wellen $(\lambda > 4\mu)$ verhalten sich nach HAGEN und RUBENS die verschiedenen Metalle einheitlich, wie es auch der Theorie entspricht.

Manche Oxyde, deren Leitfähigkeit große Werte hat, scheinen im großen und ganzen ähnlich zu strahlen wie die Metalle. COBLENTZ[5] hat aus einer Reihe von Emissionsbeobachtungen, die

---

[1] V. A. SUYDAM, Phys. Rev. Bd. 5, S. 497. 1915.

[2] S. Anm. 3, S. 99.

[3] Daß die Ergebnisse dieser und anderer Forscher so wenig übereinstimmen, liegt wohl zum größten Teil an der Verwendung schlecht definierter bzw. ungeeigneter Strahler. Die Verhältnisse sind für ein endgültiges Urteil noch zu wenig geklärt. Man vgl. hierzu etwa das Referat von H. SCHMIDT, Die Gesamtwärmestrahlung fester Körper. Ergebn. d. exakt. Naturwiss. Bd. 7, S. 342. 1928.

[4] A. L. HELFGOTT, ZS. f. Phys. Bd. 49, S. 555. 1928.

[5] W. W. COBLENTZ, Bull. Bur. of Stand. Bd. 5, S. 159. 1908; Bd. 6, S. 301. 1910; Bd. 7, S. 243. 1911.

allerdings mehr qualitativ zu werten sind, erkannt, daß derartige Oxyde mit steigender Temperatur immer mehr den Charakter einer kontinuierlichen Strahlung annehmen (vgl. die Strahlung des Nernstbrenners), während Isolatoren scharfe Emissionsbanden zeigen, die dem kontinuierlichen Spektrum überlagert sind. Diese Banden sind Eigenfrequenzen von Atomgruppen zuzuschreiben und werden später ausführlicher besprochen.

Wir weisen noch auf Beobachtungen von SKAUPY hin[1], der dasselbe Material in durchsichtigem, kristallinem und undurchsichtigem, gepulvertem Zustande untersuchte. Der durchsichtige Strahler strahlt nur in seinen diskontinuierlich verteilten Absorptionsgebieten, die man zum Teil willkürlich wählen kann durch entsprechende färbende Zusätze; der undurchsichtige Selektivstrahler strahlt im ganzen Spektrum, mit einem Maximum an derselben Stelle des Spektrums, an der es auch ein schwarzer Körper gleicher Temperatur zeigen würde.

Die Gültigkeit des KIRCHHOFFschen Gesetzes auch in den Emissionsbanden der isolierenden festen Körper und der Gase nachzuweisen ist das Ziel einiger älterer Untersuchungen gewesen. PASCHEN[2] hat Kohlensäure und Wasserdampf auf ihre Emission und ihre Absorption untersucht. Bei einigermaßen dicken Schichten (7 cm und mehr) ist eine weitere Vergrößerung der Dicke ohne Einfluß auf das Absorptionsvermögen, wenn auch eine vollkommene Absorption der Strahlung einer Lichtquelle mit kontinuierlicher Energieverteilung im Gebiet der Absorptionsbanden nicht erreicht wird, da diese Banden aus einzelnen Linien bestehen. Eine vollkommen schwarze Gasstrahlung ist also im allgemeinen nicht realisierbar. Die Messungen von PASCHEN sind nicht genau genug (infolge des störenden Einflusses der Kohlensäure und des Wasserdampfes der Luft), um das KIRCHHOFFsche Gesetz zu prüfen, doch konnte man immerhin mit einiger Wahrscheinlichkeit aus ihnen schließen, daß die Emission der Gase im Ultrarot Temperaturstrahlung ist.

SCHMIDT[3] und BUCHWALD[4] haben die Absorption und Emission der Bunsenflamme und erhitzter Kohlensäure in den Absorptions-

---

[1] F. SKAUPY, Phys. ZS. Bd. 28, S. 842. 1927.

[2] F. PASCHEN, Wied. Ann. Bd. 50, S. 409. 1893; Bd. 51, S. 1 u. 40. 1894; Bd. 52, S. 209. 1894; Bd. 53, S. 287. 1894.

[3] H. SCHMIDT, Ann. d. Phys. Bd. 29, S. 971. 1909; Bd. 42, S. 415. 1913.

[4] E. BUCHWALD, Ann. d. Phys. Bd. 33, S. 928. 1910; Diss. Breslau 1910.

banden bei 2,8 μ und 4,4 μ ausführlich untersucht unter Vermeidung aller Fehlerquellen. Das Kirchhoffsche Gesetz war innerhalb der Fehlergrenzen gültig. Dasselbe hat Bauer[1] für die Wellenlänge der Flußspat-Reststrahlen gefunden.

Von weiteren Untersuchungen über Flammenspektren führen wir hier die von Ladenburg[2] und Coblentz[3] über die Azetylenflamme an, bei der sich die selektive Strahlung der Kohlensäure über das kontinuierliche Spektrum des glühenden Kohlenstoffs überlagert. Die Intensitäten beider Emissionen sind für die verschiedenen Teile der Flamme verschieden. Die Gasstrahlung herrscht in den äußeren Teilen der Flamme vor, die Strahlung der Kohleteilchen überwiegt an der Basis der Flamme.

Daß die optischen Eigenschaften der Hefnerflamme auf die Beugung des Lichts an den fein verteilten festen Kohlenstoffteilchen zurückzuführen sind, haben Senftleben und Benedict[4] in einer vortrefflichen Untersuchung gezeigt, die im Sichtbaren die diffuse Streuung des Lichts in einer Hefner-Flamme untersucht und mit der Mieschen Theorie der Beugung an einer Kugel verglichen haben. Der Kohlenstoff in der Flamme hat in feinverteiltem Zustand andere optische Eigenschaften als in massiver Form. Das Absorptionsvermögen der Flamme nimmt mit wachsender Wellenlänge stark ab, während Kohlenstoff in massiver Form einen viel geringeren Abfall des Absorptionsvermögens zeigt (vgl. S. 98).

Rubens und Aschkinass[5] machten darauf aufmerksam, daß feste Körper in den Gebieten der metallischen Absorption nicht immer auch hohes Emissionsvermögen zeigen müssen, da das Reflexionsvermögen entsprechend groß ist und daher das für die Emission verantwortliche Absorptionsvermögen herabgesetzt wird, so daß sogar ein Minimum in der Emissionskurve auftreten kann, wie Aschkinass[6] für Quarz als Beispiel aus den beobachteten Werten des Reflexionsvermögens berechnete. Dies Minimum ist

---

[1] E. Bauer, Le Radium Bd. 6, S. 110. 1909.

[2] R. Ladenburg, Phys. ZS. Bd. 7, S. 697. 1906 (auch Hefnerkerze).

[3] W. W. Coblentz, Bull. Bur. of Stand. Bd. 7, S. 243. 1911; Bd. 9, S. 81. 1913.

[4] H. Senftleben u. E. Benedict, Ann. d. Phys. Bd. 60, S. 297. 1919.

[5] H. Rubens u. E. Aschkinass, Wied. Ann. Bd. 65, S. 255. 1898.

[6] E. Aschkinass, Verh. d. D. Phys. Ges. Bd. 17, S. 101. 1898.

nur dann gut ausgeprägt, wenn die Emission des schwarzen Körpers
in dem betrachteten Gebiet nicht erheblich mit λ variiert. ROSEN
THAL[1] hat diese Schlüsse experimentell an Glimmer und Quarz
nachgeprüft, indem er E und R direkt bestimmte. Die Überlegungen der Theorie, d. h. die Gültigkeit des KIRCHHOFFschen
Gesetzes, wurden vollkommen bestätigt.

Ein interessantes Beispiel für die besprochenen Gesetzmäßigkeiten bietet der Kalkspat, dessen Emissionsvermögen von
COBLENTZ[2] bestimmt wurde. Innerhalb des Reflexionsgebietes bei
$7\,\mu$ tritt der eben für Quarz erörterte Fall auf. Bei den schwächeren
kurzwelligen Absorptionsstreifen, wo $R \approx 0$, gilt $E = (1 - D)\,E_S$,
so daß bei kleinerer Durchlässigkeit das Emissionsvermögen
wächst und sich die Absorptionsstellen als Emissionsmaxima
darstellen.

III. Beziehungen zur MAXWELLschen Theorie.

§ 21. Die MAXWELLsche Beziehung.

Für die elektromagnetische Lichttheorie sind Messungen im
Ultrarot ebenfalls von besonderer Bedeutung gewesen. Zwar war
man allgemein von der Identität von optischer und elektrischer
Strahlung seit HERTZ' Versuchen überzeugt, doch gab es immerhin charakteristische Unterschiede im Verhalten dieser beiden
Strahlungen materiellen Körpern gegenüber. Die Ultrarotforschung
war berufen, den stetigen Übergang von den Lichtwellen zu den
elektrischen Wellen experimentell nachzuweisen.

Betrachten wir zunächst das Verhalten der Isolatoren. Nehmen
wir ein homogenes, isotropes Dielektrikum an, dessen Magnetisierungskonstante μ wir $= 1$ setzen können, dann lauten die
MAXWELLschen Gleichungen in der üblichen Bezeichnung bekanntlich

$$\frac{\varepsilon}{c}\frac{\partial \mathfrak{E}}{\partial t} = \operatorname{rot}\mathfrak{H}, \qquad \frac{1}{c}\frac{\partial \mathfrak{H}}{\partial t} = -\operatorname{rot}\mathfrak{E}\,; \tag{1}$$

dazu kommt noch

$$\operatorname{div}\mathfrak{E} = 0\,, \qquad \operatorname{div}\mathfrak{H} = 0\,. \tag{2}$$

---

[1] H. ROSENTHAL, Wied. Ann. Bd. 68, S. 791. 1899.
[2] W. W. COBLENTZ, Bull. Bur. of Stand. Bd. 5, S. 177. 1908.

Durch Differentiation von (1) nach t erhält man unter Berücksichtigung von (2)

$$\frac{\varepsilon}{c^2}\frac{\partial^2 \mathfrak{E}}{\partial t^2} = -\operatorname{rot}\operatorname{rot}\mathfrak{E} = \triangle\mathfrak{E} - \operatorname{grad}\operatorname{div}\mathfrak{E} = \triangle\mathfrak{E}, \\ \frac{\varepsilon}{c^2}\frac{\partial^2 \mathfrak{H}}{\partial t^2} = \triangle\mathfrak{H}\,. \qquad\qquad (2)$$

Das ist die Gleichung einer Welle mit der Fortpflanzungsgeschwindigkeit $v = \dfrac{c}{\sqrt{\varepsilon}}$ (c = Lichtgeschwindigkeit, ε = Dielektrizitätskonstante). Der Brechungsexponent eines Dielektrikums hat also den Betrag $n = \dfrac{c}{v} = \sqrt{\varepsilon}$; diese Gleichung ist als Maxwellsche Beziehung bekannt. Sie ist abgeleitet auf Grund einer Kontinuumstheorie, man darf also gar nicht erwarten, daß sie allgemein gültig ist, denn sie nimmt keine Rücksicht auf die Dispersion von n, die nur mittels atomistischer Vorstellungen zu erklären ist. Die Gültigkeit der Maxwellschen Beziehung ist demnach auf genügend große Wellenlängen beschränkt, gegenüber denen die atomistische Struktur der Materie vernachlässigt werden kann, mit andern Worten dann, wenn praktisch keine Dispersion mehr vorhanden ist. Man muß daher mit längeren Wellen arbeiten als der längstwelligen Resonanzstelle (Eigenschwingung) der Moleküle bzw. Molekülgruppen des Isolators entspricht. Diesen Eigenschwingungen sind die letzten beiden Kapitel dieses Buches gewidmet. Hier dagegen interessiert uns nur der Übergang zwischen optischer und elektrischer Strahlung, dessen Erforschung hauptsächlich Rubens zu verdanken ist.

Es gibt zwei Möglichkeiten, die Maxwellsche Beziehung zu prüfen.

1. Aus der Dispersionsformel läßt sich der Wert des Brechungsexponenten für lange Wellen, genauer sein Quadrat, n_∞^2, extrapolieren und mit der Dielektrizitätskonstante vergleichen. Dieser Weg ist aber nicht zweckmäßig, denn es hat sich gezeigt, daß selbst dann, wenn die Maxwellsche Beziehung zweifellos gültig ist (wie durch die zweite Methode festgestellt ist), ein beträchtlicher Unterschied zwischen n_∞^2 und ε besteht. Die Dispersionsformeln sind zu diesem Zweck nicht empfindlich genug, zum Teil sind in ihnen auch nicht alle Eigenfrequenzen berücksichtigt, da die Messungen ein zu kleines Intervall umfassen.

Nur bei den Stoffen, die im Ultrarot keine optisch anregbare Eigenschwingung[1] besitzen, z. B. H_2, N_2, O_2, ist die MAXWELLsche Beziehung auf diese Weise einwandfrei zu prüfen. Ihre Gültigkeit ist bei den genannten Gasen schon lange bekannt (BOLTZMANN[2]).

Von allen anderen Substanzen ergeben nur CO, CO_2, KCl und NaCl ein positives Ergebnis. Für CO und CO_2 hat WETTERBLAD[3] auf Grund eigener Dispersionsmessungen, die bis 14 μ reichen, Dispersionsformeln aufgestellt, aus denen sich ergibt:

$$CO : n_\infty{}^2 = 1,000\,66, \quad \varepsilon = 1,000\,695$$
$$CO_2: n_\infty{}^2 = 1,001\,00, \quad \varepsilon = 1,000\,948\,[4].$$

Für Steinsalz gilt nach PASCHEN (S. 45): $n_\infty{}^2 = 5,68$, $\varepsilon = 5,82$. FUCHS und WOLF (vgl. S. 147) geben für NaCl an: $n_\infty{}^2 = 5,87$; für Sylvin: $n_\infty{}^2 = 4,79$, $\varepsilon = 4,75$. MARVIN[5] kann die Dispersion von flüssigen Chloriden mittels der MAC LAURINschen Dispersionsformel [s. § 25, Gleichung (5)] mit $\alpha = 2$ gut darstellen, wobei für $n_\infty{}^2$ der richtige Wert herauskommt.

2. Die zweite, wesentlich zuverlässigere Methode besteht darin, das Reflexionsvermögen für sehr lange Wellen mit dem aus der Dielektrizitätskonstante berechneten zu vergleichen. Die Methode ist nur für feste Körper und Flüssigkeiten anwendbar. Dabei wird die FRESNELsche Formel

$$R = \left(\frac{\sqrt{\varepsilon} - 1}{\sqrt{\varepsilon} + 1}\right)^2,$$

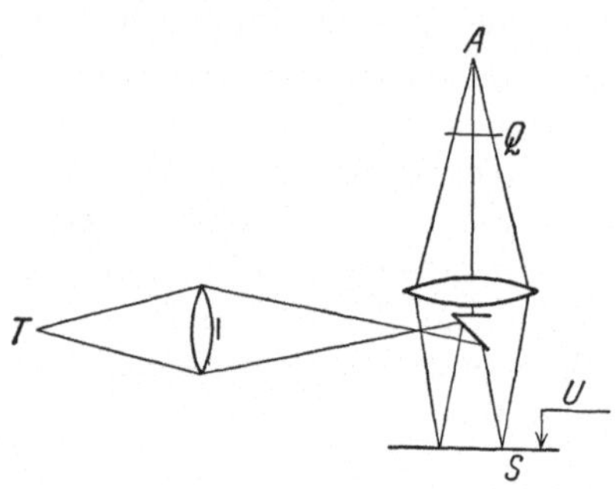

Abb. 54. Reflexionsanordnung für lange Wellen.

benutzt, also die Absorption vernachlässigt. Wie besondere Versuche[6] zeigten, war dies gerechtfertigt, da alle daraufhin unter-

---

[1] Optisch anregbar sind nur solche Eigenfrequenzen, für die das elektrische Moment der Molekel sich ändern kann (vgl. S. 162).

[2] L. BOLTZMANN, Pogg. Ann. Bd. 155, S. 403. 1875.

[3] T. WETTERBLAD, Diss. Upsala 1924.

[4] Nach O. FUCHS (vgl. S. 147) ist $n_\infty{}^2 = 1,000\,975$.

[5] H. H. MARVIN, Phys. Rev. Bd. 34, S. 161. 1912.

[6] TH. LIEBISCH u. H. RUBENS, Berl. Ber. 1919, S. 216 u. 894.

suchten Substanzen für lange Wellen genügend durchlässig waren, wie dies auch die Maxwellsche Theorie von Nichtleitern verlangt.

Das Reflexionsvermögen wurde für mehrere Reststrahlwellenlängen sowie für die durch Quarzlinsen isolierte Strahlung des Auerbrenners und der Quarz-Quecksilber-Lampe gemessen (relativ zu Silber, dessen Reflexionsvermögen zu 100% angenommen wurde[1]). Die Reflexionsvorrichtung für die Quarzlinsenmethode zeigt Abb. 54. A ist die Lichtquelle, Q der Klappschirm (1,5 cm NaCl), S die reflektierende Platte, die horizontal einjustiert werden

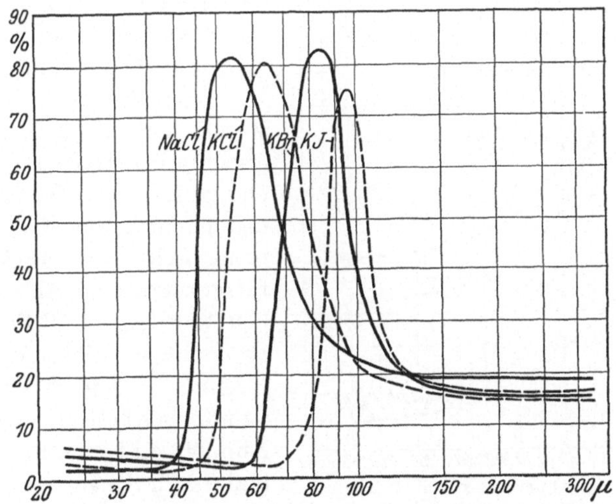

Abb. 55. Reflexionsvermögen von Kristallen nach Liebisch und Rubens.

konnte, U ein Tiefentaster, der den Abstand zwischen reflektierender Platte und Linse einreguliert. Bei der Messung an doppelbrechenden Kristallen wurde die Strahlung durch einen Selen-Spiegel polarisiert[2]. Die längste Wellenlänge war ca. 313 μ, die durch Pappe filtrierte Strahlung der Quarz-Quecksilber-Lampe.

Für eine Auswahl von Kristallen ist das Ergebnis der Beobachtungen in Abb. 55 dargestellt. Man sieht, daß bis zu etwa 120 μ selektive Reflexion vorherrscht, während für die noch längeren

---

[1] H. Rubens, Berl. Ber. 1915, S. 4; Th. Liebisch u. H. Rubens, Berl. Ber. 1919, S. 198 u. 876; 1921, S. 211. In älteren Arbeiten sind nur vereinzelte Angaben enthalten, die überholt sind.

[2] Vgl. auch § 25.

Wellen alle Kurven sich einer Horizontalen nähern. Mit wenigen Ausnahmen stimmt R_{300} mit R_∞ bzw. ε_{300} mit ε_∞ überein. Für einige Kristalle sind größere Abweichungen im Sinne normaler Dispersion vorhanden, d. h. $\varepsilon_{300} > \varepsilon_\infty$; es sind solche Kristalle, deren Stellen selektiver Reflexion bis zu sehr langen Wellen hinauf reichen (zwischen 100 und 150 μ). Abweichung im entgegengesetzten Sinn zeigt außerhalb der Fehlergrenze nur Zirkon,

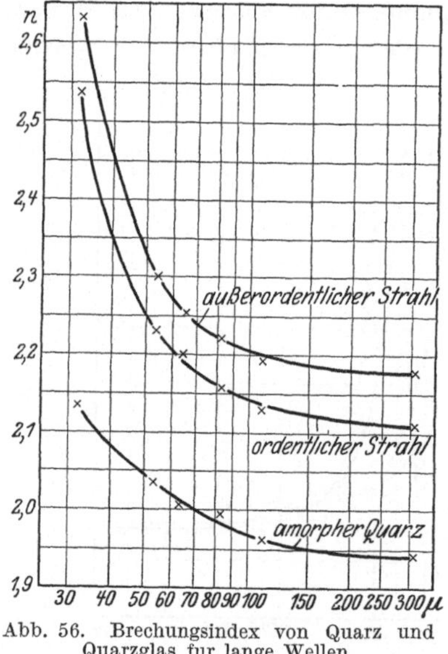

Abb. 56. Brechungsindex von Quarz und Quarzglas für lange Wellen.

was wahrscheinlich auf Verunreinigung zurückzuführen ist, wie überhaupt unkontrollierbare Materialeinflüsse wirksam sind, z. B. bei zwei Beryllen verschiedener Herkunft, wovon der eine positive, der andere negative Doppelbrechung aufweist. In Tab. 9 ist das gesamte Material zusammengestellt. Die Dielektrizitätskonstanten sind hauptsächlich Arbeiten von W. Schmidt[1] entnommen, teils sind sie von Rubens in den zitierten Abhandlungen bestimmt worden[2]. Abb. 56 gibt die Brechungsindizes für Quarz und Quarzglas wieder.

Rubens[3] hat ferner die Dispersion der optischen Symmetrielinien an Gips und Adular für das langwellige Ultrarot bestimmt. Auch hierbei war das Ergebnis, daß für Wellen von 300 μ Länge die Lage der Mittellinien mit der Richtung der größten und kleinsten Dielektrizitätskonstante im Kristall übereinstimmten, während im kurzwelligen Gebiet erhebliche Dispersion vorhanden ist[4]. Die Lage der Achsen wurde so bestimmt, daß die polarisierte Strahlung an einer (010)-Ebene, der Achsenebene[5] des

---

[1] W. Schmidt, Ann. d. Phys. Bd. 9, S. 919. 1902; Bd. 11, S. 114. 1903.

[2] Dazu noch H. Rubens, Berl. Ber. 1917, S. 556.

[3] H. Rubens, Berl. Ber. 1919, S. 976; ZS. f. Phys. Bd. 1, S. 11. 1920.

[4] Vgl. auch E. Goens, ZS. f. Phys. Bd. 6, S. 12. 1921; M. Berek, ZS. f. Phys. Bd. 8, S. 298. 1922.

[5] Bei Adular nur angenähert richtig.

Tabelle 9. Maxwellsche Beziehung.

a) Reguläre Kristalle.

	ε_{300}	ε_∞		ε_{300}	ε_∞
CaF_2	6,8	6,82	TlCl	50	35
NaCl	6,1	5,82	TlBr	61	42
KCl	4,8	4,75	ZnS (Zinkblende)	8,3	7,85
KBr	5,1	4,66	$Pb(NO_3)_2$	16,8	16,0
KJ	5,4	5,10	Analcim, $NaAl(SiO_3)_2 \cdot H_2O$ . . .	6,7	—
NH_4Cl	6,8	6,85	Cäsium-Aluminium-Alaun,		
			$CsAl(SO_4)_2 \cdot 12\,H_2O$	5,0	—
NH_4Br	7,3	6,98	Rubidium-Aluminium-Alaun,		
			$RbAl(SO_4)_2 \cdot 12\,H_2O$	5,1	—
AgCl	12,6	10,9	Rubidium-Chrom-Alaun,		
			$RbCr(SO_4)_2 \cdot 12\,H_2O$	5,0	—
AgBr	15,7	12,1	Ammonium-Aluminium-Alaun,		
			$NH_4Al(SO_4)_2 \cdot 12\,H_2O$	6,0	—
AgCN	5,9	5,57			

b) Einachsige Kristalle.

$D =$ Durchlässigkeit in Prozenten der auffallenden Strahlung für die Plattendicke d (mm).

|| bedeutet elektrischer Vektor parallel zur optischen Achse.

⊥ bedeutet elektrischer Vektor senkrecht zur optischen Achse.

n bedeutet Verwendung unpolarisierter Strahlung.

		d	D	ε_{300}	ε_∞
Quarz, SiO_2	⊥	41,7	58,9	4,4	4,44
	||			4,7	4,65
Chalcedon.	n	0,62	40,8	4,2	—
Kalkspat, $CaCO_3$	||	0,5	24,0	11,0	8,00
	⊥	0,5	29,2	10,1	8,50
Marmor, $CaCO_3$	n	—	—	8,8	8,2
Eisenspat, $FeCO_3$	||	0,47	36,5(n)	6,0	6,9
	⊥			7,8	7,9
Zinkspat, $ZnCO_3$	||	0,49	30,9	9,4	—
	⊥	0,49	30,3	9,3	—
Dolomit, $(CaMg)CO_3$	||	0,5	52,2	7,0	6,8
	⊥	0,5	51,2	8,3	7,8
$NaNO_3$	||	—	—	17,8	} 5,18 [1]
	⊥	—	—	6,5	

---

[1] Für geschmolzenes Salz nach dem Erstarren.

Fortsetzung von Tabelle 9b.

		d	D	ε_{300}	$\varepsilon\infty$
Apatit, $Ca_3(Cl, F)(PO_4)_3$	∥	0,5	15,4	7,7	7,4
	⊥	0,5	15,0	10,5	9,5
Zirkon, SiO_2ZrO_2	∥	0,49	6,8	10,4	12,6
	⊥	0,49	4,9	10,7	12,8
Zinnerz, SnO_2	∥	0,50	10,7	24,0	—
	⊥	0,50	9,4	23,4	—
Rutil, TiO_2	∥	0,42	0,51(n)	167	173
	⊥	—	—	83	89
K-Li-Sulfat	∥	—	—	5,7	—
	⊥	—	—	5,4	—
Kalomel, Hg_2Cl_2	⊥	—	—	14,0	9,36
Turmalin	∥	0,61	57,7	6,1	5,6
	⊥	0,61	44,7	7,2	6,8
Beryll (Nertschinsk), $Be_3Al_2(SiO_3)_6$	∥	—	—	6,0	5,5
	⊥	—	—	5,9	6,1
Beryll (Südwestafrika)	∥	0,35	44,9	5,8	—
	⊥	0,35	14,7	6,0	—
Vesuvian, $Ca_6Al_2(AlOH)(SiO_4)_5$	∥	0,59	18,9	9,4	8,9
	⊥	0,59	20,7	8,6	8,4

c) Zweiachsige Kristalle.

a bedeutet elektrischer Vektor parallel der Richtung der größten Lichtgeschwindigkeit (für sichtbare Strahlung).

b bedeutet elektrischer Vektor parallel der Richtung der mittleren Lichtgeschwindigkeit (für sichtbare Strahlung).

c bedeutet elektrischer Vektor parallel der Richtung der kleinsten Lichtgeschwindigkeit (für sichtbare Strahlung).

ε_1, ε_2 = größte bzw. kleinste Dielektrizitätskonstante.

		d	D	ε_{300}	ε_∞
Anhydrit, $CaSO_4$	a	0,50	59,7	5,8	5,65
	b	0,50	42,8	6,2	6,35
Gips (010), $CaSO_4 \cdot 2 H_2O$	ε_1	0,29	17,6	11,6	9,9
	ε_2	0,29	49,3	5,4	5,0
Baryt, $BaSO_4$	a	0,50	34,5	9,1	7,7
	b	0,50	12,3	23,5	12,2
	c	0,50	32,7	9,8	7,65

Fortsetzung von Tabelle 9c.

		d	D	ε_{300}	ε_∞
Cölestin, $SrSO_4$	a	0,50	18,8	9,3	8,30
	b	0,50	2,0	44	18,5
	c	—	—	8,5	7,70
Anglesit, $PbSO_4$	a	0,50	3,0	44	28
	b	0,50	1,9	50	28
Aragonit, $CaCO_3$	a	0,50	34,3	6,7	6,55
	b	0,50	19,3	10,5	9,80
	c	0,50	36,8	7,6	7,70
Witherit, $BaCO_3$ . . . . . . $\|$ ⎱ Vertikal-		0,44	42,9	7,3	6,4
$\perp$ ⎰ achse		0,44	41,8	7,5	7,5
Cerussit, $PbCO_3$	a	0,50	11,4	24,2	19,2
	b	—	—	25,0	23,2
	c	0,50	8,4	26,3	25,4
Strontianit, $SrCO_3$ . . . . . $\|$ ⎱ Vertikal-		—	—	6,5	—
$\perp$ ⎰ achse		—	—	6,6	—
Malachit, $(CuOH)_2CO_3$	n	0,51	39,4	7.2	—
Topas, $(F, OH)_2Al_2SiO_4$ . . .	a	0,52	64,2	7,4	6,7
	b	0,52	63,5	7,3	6,7
	c	0,52	65,0	7,6	6,3
Adular (001), $(K, Na)AlSi_3O_8$. $\|$ ⎱KantePM		0,49	38,0	4,9	—
$\perp$ ⎰		0,49	15,2	5,8	5,5
Adular (010)	ε_1	0,45	26,8	6,2	5,3
	ε_2	0,45	42	4,8	4,5
Spodumen (100), $(Li, Na)Al(SiO_3)_2$ . . . . . $\|$ ⎱ Vertikal-		0,53	30.1	10,5	—
$\perp$ ⎰ achse		0,53	42,4	9,1	—
Kryolith, $3\,NaF \cdot AlF_3$ . . . $\|$ ⎱ Faser-		0,53	19,3	8,5	—
$\perp$ ⎰ richtg.		0,53	29,5	5,7	—
TlJ	n	—	—	35	30
$PbCl_2$	n	—	—	37	42
Sublimat, $HgCl_2$	n	—	—	6,6	6,52
Wurtzit, ZnS	n	0,50	47,7	8,2	—

Kristalls, unter verschiedenen Azimuten reflektiert wurde. Das Reflexionsvermögen ist eine periodische Funktion des Azimuts, deren Maxima und Minima die Lage der Achsen angeben. Die elektrischen Hauptachsen wurden mittels Lichtenbergscher Figuren ermittelt.

Zahlreiche Flüssigkeiten (Abb. 57 und Tab. 10) zeigen ein den Kristallen ganz entgegengesetztes Verhalten. Das Reflexionsvermögen und dementsprechend der Brechungsexponent steigt dauernd mit wachsender Wellenlänge, ohne selbst für 300 μ den

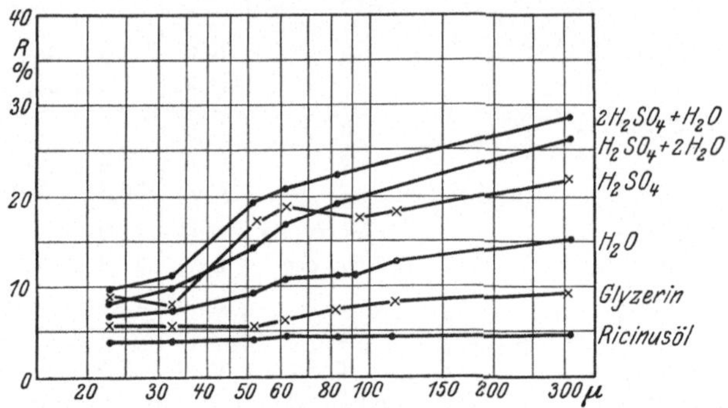

Abb. 57. Reflexionsvermögen einiger Flüssigkeiten im langwelligen Gebiet.

aus der Dielektrizitätskonstante berechneten Endwert zu erreichen. Wie Rubens[1] gezeigt hat, ist dies Ergebnis qualitativ im Einklang mit der Debyeschen Dipoltheorie der Flüss gkeiten[2], wonach diese Flüssigkeiten fertige Dipole enthalten, die zu anomaler

Tabelle 10. Maxwellsche Beziehung (Flüssigkeiten).

	ε_{300}	ε_∞
Wasser	5,15	81
H_2SO_4	2,75	> 84
$2\,H_2SO_4 + H_2O$	3,31	—
$H_2SO_4 + 2\,H_2O$	3,12	—
Glyzerin	3,55	56,2
Rizinusöl	2,44	4,78

Dispersion selbst im Gebiete der kurzen elektrischen Wellen Anlaß geben. Im langsam veränderlichen Wechselfeld stellen sie sich praktisch momentan in die Feldrichtung ein und liefern daher einen Beitrag zur Polarisation. In schnell veränderlichen Feldern jedoch kommt ihre Trägheit zur Geltung, so daß sie dem Feld

---

[1] H. Rubens, Verh. d. D. Phys. Ges. Bd. 17, S. 325. 1915.
[2] P. Debye, Phys. ZS. Bd. 13, S. 97. 1912. Vgl. auch P. Debye, Polare Molekeln. Leipzig 1929.

nicht mehr oder nur teilweise folgen. Die von Debye[1] unter diesen Voraussetzungen abgeleitete Dispersionsformel lautet:

$$\mathfrak{n}^2 = n^2(1 - i\varkappa)^2 = \frac{\dfrac{\varepsilon_\infty}{\varepsilon_\infty + 2} + \dfrac{i\pi c\varrho}{\lambda kT}\dfrac{\varepsilon_0}{\varepsilon_0 + 2}}{\dfrac{1}{\varepsilon_\infty + 2} + \dfrac{i\pi c\varrho}{\lambda kT}\dfrac{1}{\varepsilon_0 + 2}}. \tag{4}$$

Dabei ist ε_0 die Dielektrizitätskonstante für eine Wellenlänge, die groß genug ist, um die molekularen Eigenfrequenzen vernachlässigen zu können, aber klein gegen die Wellenlänge der nach (4) zu erwartenden anomalen Dispersion. (Für kleinere Wellenlängen ist die Formel ungültig.) $\varepsilon_\infty = D.\,K.$ für $\lambda = \infty$; $\varrho = 8\pi\eta a^3$, wo η der Reibungskoeffizient der inneren Reibung der Dipole und a der Dipoldurchmesser ist, der natürlich nur mit mehr oder weniger Willkür gewählt werden kann. Rubens berechnete n aus dem beobachteten Reflexionsvermögen und $n\varkappa$ für die längsten ultraroten Wellen und kurze elektrische Wellen[2] nach Gleichung (5),

$$n = \frac{1+R}{1-R} + \sqrt{\left(\frac{1+R}{1-R}\right)^2 - n^2\varkappa^2 - 1}, \tag{5}$$

und konnte so die Dispersionsformel sowohl für den Verlauf von n, als auch den von $n\varkappa$ bestätigen.

Eine weitere Prüfung ist mittels der Temperaturabhängigkeit der optischen Konstanten möglich, die wegen der Temperaturempfindlichkeit von η sehr groß ist. Wesentlich ist für die Temperaturabhängigkeit nur der Faktor $\dfrac{\pi c\varrho}{\lambda kT}$ verantwortlich, so daß eine Temperaturerhöhung dieselbe Änderung hervorruft wie eine entsprechende Vergrößerung der Wellenlänge, wie dies durch Tab. 11 bestätigt wird.

Tabelle 11.

λ	R_{0°	R_{30°	$n\varkappa_{22^\circ}$	$n\varkappa_{40^\circ}$
$110\,\mu$	11,8%	↗13,2%	0,33	0,42
ca. $250\,\mu$	13,4%↙	↗15,1%	—	—
$313\,\mu$	14,9%↙	17,1%	0,56	0,77

---

[1] P. Debye, Verh. d. D. Phys. Ges. Bd. 15, S. 777. 1913.
[2] F. Eckert, Verh. d. D. Phys. Ges. Bd. 15, S. 307. 1913.

Eine Temperaturerhöhung von $0°$ auf $30°$ erniedrigt nämlich den Wert von ϱ/T auf 40% des ursprünglichen Wertes; dem entspricht eine Vermehrung der Wellenlängen auf das $2^1/_2$fache, wie auch die Erfahrung lehrt. Analoges gilt für $n\varkappa$.

Rubens[1] hat ferner einige amorphe feste Körper untersucht, Quarzglas, Opal, natürlichen und synthetischen Kautschuk und eine große Reihe verschiedener Gläser. Dabei zeigen nur Quarzglas, Opal und Kautschuk normale Dispersion im langwelligen Bereich. Die Gläser besitzen schwache anomale Dispersion, die Werte von ε_{300} nähern sich aber im Gegensatz zu den Flüssigkeiten gut dem elektrischem Wert für ε, so daß man keine weiteren Stellen selektiver Reflexion anzunehmen braucht (Tab. 12). Dies

Tabelle 12. Maxwellsche Beziehung (Amorphe Körper).

	ε_{300}	ε_∞
Fluorkron	5,5	5,81
Kron hoher Dispersion	6,7	6,92
Gewöhnliches Flint	7,4	7,47
Schwerstes Silikatflint	14,2	14,6
Quarzglas	3,8	3,75
Natürlicher Kautschuk	2,61	2,73
Synthetischer Kautschuk	2,56	2,74

Verhalten entspricht unseren Vorstellungen vom Bau dieser Körperklasse. Das Fehlen eines Kristallgitters erzeugt breite, verwaschene Absorptionsstreifen, die das Reflexionsvermögen nur in geringem Maße beeinflussen. Da sich in festen Körpern ferner keine Dipole im elektrischen Feld einstellen können, fehlt die anomale Dispersion für kurze elektrische Wellen, daher die annähernde Gültigkeit der Maxwellschen Beziehung.

§ 22. Die Hagen-Rubenssche Beziehung (Optische Konstanten der Metalle).

Um Aussagen über die optischen Eigenschaften der Metalle aus der Maxwellschen Theorie zu gewinnen, müssen wir die Maxwellschen Gleichungen erweitern durch das Hinzufügen eines Gliedes, das den Leitungsstrom berücksichtigt. Es gilt dann

$$\frac{\varepsilon}{c}\frac{\partial \mathfrak{E}}{\partial t} = \operatorname{rot}\mathfrak{H} - \frac{4\pi\varLambda}{c}\,\mathfrak{E}, \qquad \frac{\varepsilon}{c}\frac{\partial \mathfrak{H}}{\partial t} = -\operatorname{rot}\mathfrak{E}, \qquad \operatorname{div}\mathfrak{E} = 0, \quad (6)$$

---

[1] H. Rubens. Berl. Ber. 1916, S. 1280.

wenn Λ das (elektrostatisch gemessene) Leitvermögen bedeutet. Es ist $\mu = 1$ gesetzt, was nach DRUDE[1] auch für die magnetischen Metalle berechtigt ist, da die Magnetisierung so schnellen Schwingungen nicht mehr zu folgen vermag.

Es folgt, ebenso wie in § 21:

$$\varepsilon \frac{\partial^2 \mathfrak{E}}{\partial t^2} = c^2 \Delta \mathfrak{E} - 4\pi\Lambda \frac{\partial \mathfrak{E}}{\partial t}. \tag{7}$$

Zur Lösung führt der Ansatz

$$\mathfrak{E} = A e^{\omega i\left(t - \frac{p}{c}\mathfrak{s}\right)}, \qquad \omega = \frac{2\pi c}{\lambda} = \frac{2\pi}{\tau}, \qquad \mathfrak{s} = \text{Ortsvektor}, \tag{8}$$

wenn die Gleichung

$$i\omega(\varepsilon - p^2) - 4\pi\Lambda = 0 \tag{9}$$

erfüllt ist. Setzt man $p = n - ik$, dann erhält man aus (9):

$$n k = \frac{2\pi\Lambda}{\omega} = \Lambda\tau \tag{10}$$

und
$$\varepsilon + k^2 - n^2 = 0.$$

Durch Einsetzen in (8) erkennt man die Bedeutung von $k = n\varkappa$ und n; es ist nämlich dann

$$\mathfrak{E} = A e^{-\frac{\omega k \mathfrak{s}}{c}} e^{\omega i\left(t - \frac{n}{c}\mathfrak{s}\right)},$$

d. h. k ist der Absorptionskoeffizient, $\varkappa$ der Absorptionsindex, n der Brechungsexponent.

Aus (10) folgt:

$$n^2 = \tfrac{1}{2}\left\{\sqrt{4\Lambda^2\tau^2 + \varepsilon^2} + \varepsilon\right\},$$
$$k^2 = \tfrac{1}{2}\left\{\sqrt{4\Lambda^2\tau^2 + \varepsilon^2} - \varepsilon\right\}. \tag{11}$$

Das Reflexionsvermögen wird

$$R = \frac{(n-1)^2 + k^2}{(n+1)^2 + k^2} = \frac{\sqrt{4\Lambda^2\tau^2 + \varepsilon^2} + 1 - \sqrt{2\sqrt{4\Lambda^2\tau^2 + \varepsilon^2} + 1}}{\sqrt{4\Lambda^2\tau^2 + \varepsilon^2} + 1 + \sqrt{2\sqrt{4\Lambda^2\tau^2 + \varepsilon^2} + 1}} \tag{12}$$

oder, wenn $\varepsilon \ll 4\Lambda^2\tau^2$, was für große Wellenlängen bei Metallen der Fall ist,

$$k = n = \sqrt{\Lambda\tau}, \qquad R = 1 - \frac{2}{\sqrt{\Lambda\tau}}. \tag{13}$$

---

[1] P. DRUDE, Lehrbuch der Optik, 1. Aufl., S. 419. Siehe auch Verh. d. D. Phys. Ges. Bd. 5, S. 142. 1903.

Führen wir statt Λ den spezifischen Widerstand $\sigma\left(\dfrac{\text{Ohm mm}^2}{\text{m}}\right)$ und für τ die Wellenlänge λ in μ ein, dann erhalten wir für große Wellen, da $\Lambda\tau = \dfrac{30\lambda}{\sigma}$, die Näherungsformel

$$1 - R = 0{,}365\sqrt{\frac{\sigma}{\lambda}}\,, \tag{14}$$

die sogenannte HAGEN-RUBENSsche Beziehung, die HAGEN und RUBENS[1] ohne Kenntnis der Theorie empirisch aus den Reflexionsbeobachtungen gefolgert hatten (s. u.). Die Theorie rührt von DRUDE[2] und PLANCK[3] her. Je besser also die Leitfähigkeit, um so größer ist das Reflexionsvermögen.

Die rechte Seite der Gleichung (14) ist das erste Glied einer Reihe:

$$1 - R = 0{,}365\sqrt{\frac{\sigma}{\lambda}} - 0{,}0667\,\frac{\sigma}{\lambda} + 0{,}0091\left(\frac{\sigma}{\lambda}\right)^{\frac{3}{2}}\ldots \tag{15}$$

Für $\dfrac{\sigma}{\lambda} < \dfrac{1}{3}$ genügen die beiden ersten Glieder; wir wollen hier vorweg nehmen, daß die Reihe (15) mit zwei Gliedern für Wellenlängen bis herab zu $5\,\mu$ gut durch die Erfahrung bestätigt wird. Formel (14) gibt erst ab $12\,\mu$ die Beobachtungen gut wieder.

Für noch kürzere Wellenlängen kann das Reflexionsvermögen nicht mehr aus dem Leitvermögen allein berechnet werden. Eine Theorie für diese Spektralgegenden hat DRUDE[4] in seiner Theorie der Dispersion der Metalle geschaffen. Er geht von der Voraussetzung aus, daß im Metall freie Elektronen sich unter der Wirkung einer Reibungskraft, erzeugt durch die Stöße zwischen Elektronen und Ionen, bewegen. Auf die übliche Art erhält er aus den Bewegungsgleichungen der Elektronen und den MAXWELLschen Ansätzen für die Stromdichte die Dispersionsformeln:

$$n^2(1 - \varkappa^2) = 1 - \frac{C\lambda'^2\lambda^2}{\lambda^2 + \lambda'^2}, \qquad 2n^2\varkappa = \frac{C\lambda'\lambda^3}{\lambda^2 + \lambda'^2}, \tag{16}$$

wo C und λ' Konstanten sind, die in einfacher Weise mit der Leitfähigkeit zusammenhängen. Für $\lambda = \infty$ wird $\dfrac{1 - \varkappa^2}{\varkappa^2} = 0$,

---

[1] E. HAGEN u. H. RUBENS, Berl. Ber. 1903, S. 269.

[2] P. DRUDE, Physik des Äthers, 1. Aufl., S. 574. 1894.

[3] M. PLANCK, Berl. Ber. 1903, S. 278. Siehe auch E. COHN, Berl. Ber. 1903, S. 538.

[4] P. DRUDE, Phys. ZS. Bd. 1, S. 161. 1900; Ann. d. Phys. Bd. 14, S. 936. 1904.

also $\varkappa = 1$, $2n^2 = C\lambda\lambda'$; nach der oben dargelegten Theorie ist aber

$$2n^2 = \frac{60\lambda}{\sigma}, \quad \text{also} \quad C\lambda' = \frac{60}{\sigma}.$$

Auf weitere Folgerungen gehen wir erst am Schluß dieses Paragraphen ein, nachdem wir den experimentellen Befund kennengelernt haben.

Zur experimentellen Untersuchung stehen uns mehrere Methoden zur Verfügung. HAGEN und RUBENS haben direkt das Re-

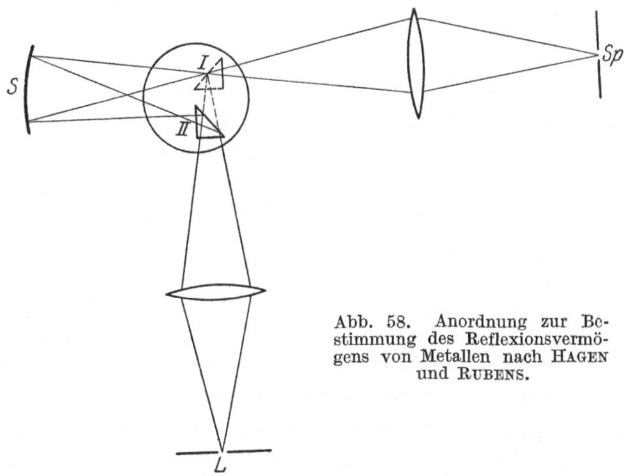

Abb. 58. Anordnung zur Bestimmung des Reflexionsvermögens von Metallen nach HAGEN und RUBENS.

flexionsvermögen beobachtet, und zwar meist nach absoluten Methoden. Den wesentlichen Aufbau ihrer Versuchsanordnung zeigt Abb. 58[1]. Die von der Lichtquelle L kommende Strahlung gelangt von dem Reflexionsprisma entweder (in Stellung 1) direkt auf den Spektrometerspalt Sp oder (in Stellung 2) über den Hohlspiegel S aus dem zu untersuchenden Metall. Die älteren Arbeiten[2] benutzen weniger genaue spektro-bolometrische Anordnungen, so daß ihre Resultate nicht berücksichtigt werden; auch scheint das Untersuchungsmaterial nicht immer einwandfrei ge-

---

[1] E. HAGEN u. H. RUBENS, Ann. d. Phys. Bd. 8, S. 1. 1902; in älteren Arbeiten (H. RUBENS, Diss. Berlin 1889; Wied. Ann. Bd. 37, S. 249. 1889) ist diese Methode schon vorgebildet.

[2] H. RUBENS, l. c.; E. F. NICHOLS, Wied. Ann. Bd. 60, S. 401. 1897; A. TROWBRIDGE, Wied. Ann. Bd. 65, S. 595. 1898.

wesen zu sein. Ist das absolute Reflexionsvermögen eines Metalls (Silber) bekannt, kann man relative Messungen ausführen, die technisch einfacher sind. Die Strahlung wird abwechselnd am zu untersuchenden Spiegel und am Vergleichsspiegel reflektiert und ihre Intensität beobachtet.

Da R sehr groß ist und Unterschiede von R nur relativ ungenau bestimmt werden können, so daß die Größe $1 - R$, auf die es ankommt, mit großen prozentualen Fehlern behaftet sein kann, haben HAGEN und RUBENS[1] diese Größe direkt aus dem Emissionsvermögen $E = 1 - R$ bestimmt, wobei gleichzeitig eine einfache Messung der Temperaturabhängigkeit von R ermöglicht ist (vgl. S. 101).

Die direkte Messung der Temperaturabhängigkeit des Reflexionsvermögens haben HAGEN und RUBENS[2] dadurch erreicht, daß sie mehrfache Reflexionen an einem Spiegelpaar anwandten, was die Genauigkeit wesentlich erhöht. Es ist nämlich

Abb. 59. Mehrfache Reflexion von Metallspiegeln.

$$\left(\frac{R_{t_1}}{R_{t_2}}\right)_1 = \sqrt[m]{\left(\frac{R_{t_1}}{R_{t_2}}\right)_m},$$

wo m die Anzahl der Reflexionen angibt (Abb. 59). Das Spiegelpaar befand sich in einem Ofen. Ein zweites Paar war dauernd auf Zimmertemperatur gehalten und diente als Kontrolle der Konstanz der Lichtquelle. Die Methode gibt nur relative Werte, bezogen auf eine Normaltemperatur.

Wesentlich andere Methoden werden von INGERSOLL[3] und FÖRSTERLING und FRÉEDERICKSZ[4] benutzt. Sie bestimmen n und $\varkappa$ aus dem Haupteinfallswinkel $\overline{\varphi}$ und dem Hauptazimut $\overline{\psi}$. INGERSOLL verwendet Polarisationsprismen und erreicht deshalb nur 2,3 μ. Die beiden andern Autoren gehen in folgender Weise vor: Monochromatische, ultrarote Strahlung wird durch einen Selenspiegel-Polarisator parallel zur Einfallsebene polarisiert und am zu untersuchenden Metall reflektiert. Das Strahlenbündel

<hr>

[1] E. HAGEN u. H. RUBENS, Verh. d. D. Phys. Ges. Bd. 6, S. 128. 1904; Ann. d. Phys. Bd. 11, S. 893. 1903; Berl. Ber. 1909, S. 478 u. 1910, S. 467.
[2] E. HAGEN u. H. RUBENS, Berl. Ber. 1910, S. 479.
[3] L. R. INGERSOLL, Astrophys. Journ. Bd. 32, S. 265. 1910.
[4] R. FÖRSTERLING u. V. FRÉEDERICKSZ, Ann. d. Phys. Bd. 40, S. 201. 1913.

trifft dann je zur Hälfte auf zwei Selenspiegel-Analysatoren, deren Polarisationsebenen senkrecht aufeinander stehen; nach deren Passieren fallen die beiden Teile der Strahlung auf je einen Zweig eines Bolometers, das so geschaltet ist, daß bei gleicher Intensität der beiden Hälften des Strahles kein Ausschlag auftritt (Null-methode). Sind die Polarisationsebenen des Analysators und des Polarisators unter $45°$ gegen die Einfallsebene am Spiegel gestellt, so ist der Haupteinfallswinkel jener Winkel, bei dem das Bolo-meter keinen Ausschlag ergibt, da dann die Achsen der Schwingungsellipse parallel bzw. senkrecht zur Einfallsebene liegen (Phasenverschiebung $= 90°$). Bei diesem Einfallswinkel mißt man das Hauptazimut durch Drehen des Polarisators aus der Null-Lage (Polarisationsebene $=$ Einfallsebene, Analysator-ebenen wieder parallel bzw. senkrecht zur Einfallsebene gestellt), bis wieder der Ausschlag verschwindet; die Strahlung ist dann zirkular polarisiert. Die Methode ist im Ultrarot nicht sehr genau, da die Winkel sich mit der Wellenlänge nur wenig ändern und außerdem in den Formeln für n und $\varkappa$

$$\frac{2\varkappa}{1-\varkappa^2} = \operatorname{tg} 4\overline{\psi}, \qquad n\sqrt{1+\varkappa^2} = \operatorname{tg}\overline{\varphi}, \tag{17}$$

$\operatorname{tg}\overline{\varphi}$ auftritt, was bei großem $\overline{\varphi}$ zu erheblichen Fehlern Anlaß gibt.

Das Ergebnis der Messungen war, daß die mittels der Drude-schen Dispersionsformeln (16) berechneten $\overline{\varphi}$ und $\overline{\psi}$ mit der Er-fahrung genügend übereinstimmten, dagegen ergaben sich aus C und λ' falsche Werte für die Leitfähigkeit, auch waren die aus n und $\varkappa$ errechneten Reflexionsvermögen nicht in Einklang mit den Werten von Hagen und Rubens. Der Gang der Dispersion scheint danach richtig gemessen zu sein, doch sind die Absolut-werte nicht einwandfrei.

Hagen und Rubens[1] haben auch die Absorption von dünnen Metallschichten, ca. 20 bis 150 $\mu\mu$ dick, direkt untersucht bis 2,5 μ. Um den Reflexionsverlust zu eliminieren, wurde bei mehreren Schichtdicken die durchgelassene Intensität gemessen; sei i die durchgelassene, i_0 die auffallende Intensität, g die Schicht-dicke, dann ist

$$\ln\frac{i}{i_0} = -\frac{4\pi}{\lambda}\,n\varkappa d + 2\ln(1-R)\,.$$

---

[1] E. Hagen u. H. Rubens, Ann. d. Phys. Bd. 8, S. 432. 1902.

$n\varkappa$ läßt sich also leicht auf graphischem Wege den Beobachtungen entnehmen (Richtungskonstante einer logarithmischen Geraden). Der allgemeine Schluß aus der MAXWELLschen Theorie, daß die bessere Leitfähigkeit stärkere Absorption bedingt, konnte so für die ultraroten Strahlen bestätigt werden. Aus R und $n\varkappa$ nach Gleichung (5) n zu berechnen, ist hier nicht angängig wegen der Empfindlichkeit der Rechnung auf Beobachtungsfehler in R. Immerhin ergeben sich die richtigen Größenordnungen für n. Tab. 13 gibt einige der Resultate der genannten Forscher.

Tabelle 13. Optische Konstanten.

	$\lambda(\mu)$	1,15	1,50	2,11	2,90	4,00
	n_{Forst}	0,23	0,36	1,00	1,39	2,98
Ag	$n\varkappa_{\text{Forst.}}$	7,18	8,85	14,3	19,0	28,8
	$n\varkappa_{\text{Hag.-Rub}}$ . . .	10,3	12,4	—	—	—
	λ	1,05	1,70	2,86	3,50	4,12
	n_{Forst}	0,25	0,40	0,73	0,96	1,60
Au	$n\varkappa_{\text{Forst}}$	7,1	11,4	16,5	22,6	28,8
	$n\varkappa_{\text{Hag.-Rub}}$ . . .	7,4	12,8	17	—	—
	λ	1,0	1,52	2,0	3,25	4,65
	n_{Forst}	3,42	4,71	5,92	7,50	10,9
Pt	$n\varkappa_{\text{Forst.}}$	6,3	8,3	9,8	12,2	15,5
	$n\varkappa_{\text{Hag.-Rub}}$ . . .	6,47	8,93	11,1	—	—

Die Absorption dünner Metallblättchen im langwelligen Ultrarot (10 bis 110 μ), wo $\varkappa = 1$, hat MURMANN[1] untersucht. Die aus der MAXWELLschen Theorie abgeleitete Formel für die Durchlässigkeit in Abhängigkeit von der Dicke d, die klein gegen die Wellenlänge vorausgesetzt wird, lautet:

$$D = \frac{1}{\left(1 + \dfrac{2\pi}{c}\,d\varLambda\right)^{2}}\,.$$

Von der Wellenlänge ist D unabhängig. Das Experiment ist völlig im Einklang mit der theoretischen Forderung.

---

[1] H. MURMANN, ZS. f. Phys. Bd. 54, S. 741. 1929.

Tabelle 14. Hagen-Rubenssche Beziehung.

$(100-R)\sqrt{\dfrac{1}{\sigma}}$ fur	$4\,\mu$	$8\,\mu$	$12\,\mu$	$25,5\,\mu$
Silber	14,9	9,8	9,0	7,30
Kupfer	20,6	10,6	12,1	—
Gold.	21,9	17,4	13,8	7,10
Platin	25,8	14,0	10,6	—
Nickel	23,9	13,6	12,0	7,33
Stahl	27,3	15,7	11,0	6,91
Wismut, fest	22,7	16,9	16,3	—
Wismut, geschmolzen	—	—	—	8,35
Konstantan	16,7	10,6	8,6	7,43
Rosesche Legierung.	16,6	13,0	10,2	7,53 (geschmolz.)
Brandes u. Schünnemannsche Leg. .	15,7	12,3	11,1	7,20
Berechnet nach Gleichung (14) . .	18,25	12,90	10,54	7,29 fur ca. 175°C

Tab. 14 zeigt die wesentlichsten Ergebnisse der Reflexionsmessungen von Hagen und Rubens[1]. Man erkennt, daß ab 12 μ vollkommene Übereinstimmung zwischen Theorie und Experiment besteht, wobei nur festes Wismut eine Ausnahme macht, während geschmolzenes Wismut sich den übrigen Daten einfügt, was wahrscheinlich auf die geringe Politurfahigkeit des Wismuts bzw. auf Oxydbildung an der Oberflache zurückzuführen ist. Die Messungen von Coblentz und seinen Mitarbeitern[2] an vielen Metallen ergeben das gleiche, soweit die Metalle gut poliert werden konnten. Wir machen ausdrücklich darauf aufmerksam, daß in der Hagen-Rubensschen Beziehung keine willkürlichen Konstanten vorkommen, die Bestatigung der Theorie also um so bemerkenswerter ist.

In Abb. 60 ist das Reflexionsvermögen einiger Metalle als Funktion der Wellenlänge aufgetragen, die Ergebnisse an Silberspiegeln bzw. frisch versilberten Glasspiegeln sind nach Paschen[3] in Tab. 15 vereinigt.

---

[1] E. Hagen u. H. Rubens, Ann. d. Phys. Bd. 1, S. 352. 1900; Bd. 8, S. 1. 1902; Bd. 11, S. 873. 1903; Verh. d. D. Phys. Ges. Bd. 6, S. 128. 1904.

[2] W. W. Coblentz, Bull. Bur. of Stand. Bd. 2, S. 470. 1906; Bd. 7, S. 197. 1911; Bd. 16, S. 249. 1920; W. W. Coblentz u. W. B. Emerson, Bull. Bur. of Stand. Bd. 14, S. 302. 1917; W. W. Coblentz u. H. Kahler, Bull. Bur. of Stand. Bd. 15, S. 215. 1919; R. G. Waltenberg u. W. W. Coblentz, Bull. Bur. of Stand. Bd. 15, S. 653. 1920.

[3] F. Paschen, Ann. d. Phys. Bd. 4, S. 304. 1901.

Tabelle 15. Reflexionsvermögen von Silber.

$\lambda\,(\mu)$	0,80	0,90	1,0	2,0	2,5	3,0	3,5	4,0	6,0	7,0	8,0
R (%)	94,83	95,48	96,04	97,88	98,04	98,12	98,16	98,18	98,36	98,52	98,71

Der allgemeine Typus der Kurven besteht in schnellem Ansteigen im kurzwelligen Ultrarot und Erreichen eines Grenzwertes, der der HAGEN-RUBENSschen Beziehung entspricht, für längere Wellen.

Eine weitere Bestätigung der Theorie ist durch die Messung der Temperaturabhängigkeit des Reflexions- bzw. Emissionsvermögens gegeben[1], die durch den Temperaturkoeffizienten des

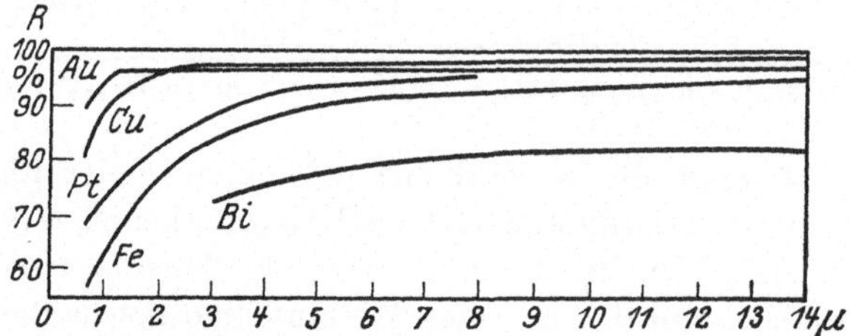

Abb. 60. Reflexionsvermögen einiger Metalle nach HAGEN und RUBENS.

Widerstands bestimmt ist. R nimmt mit wachsender Temperatur ab, da der Temperaturkoeffizient von σ für Metalle positiv ist. Aus Tab. 16 ist ersichtlich, daß von ca. 4 μ an vollkommene Übereinstimmung herrscht. E_s ist in Tab. 16 in willkürlichen Einheiten berechnet worden, daher kommen hier nur relative Werte

Tabelle 16. Emissionsvermögen von Platin.

$$\sigma = 0{,}100 + 3{,}64 \cdot 10^{-3}t - 4 \cdot 10^{-7}t^2.$$

t °C	$\lambda = 2\,\mu$		$\lambda = 4\,\mu$		$\lambda = 6\,\mu$	
	E/E_s beob.	E/E_s ber.	E/E_s beob.	E/E_s ber.	E/E_s beob.	E/E_s ber.
430	—	—	0,285	0,283	—	—
635	0,369	0,271	0,320	0,316	0,323	0,330
844	0,372	0,295	0,347	0,344	0,369	0,362
1045	0,362	0,316	0,377	0,369	0,387	0,390
1251	0,352	0,334	0,389	0,391	0,418	0,411
1455	0,349	(0,349)	0,408	(0,408)	0,431	(0,431)

E/E_s berechnet in willkürlichen Einheiten auf Grund von Formel (14) und der PLANCKschen Strahlungsgleichung.

---

[1] Vgl. Anm. 2, S. 120.

zum Vergleich, doch ist in einer früheren Arbeit[1] schon gezeigt worden, daß auch die Absolutwerte der theoretischen Formel gehorchen. Im sichtbaren Gebiet ist der Temperaturkoeffizient des Reflexionsvermögens 0[2].

Als bemerkenswerte Einzelresultate führen wir noch an: Aschkinass[3] hat Kohle untersucht. Er fand für Anthrazit im Bereich von 8,9 μ bis 90 mm (elektrische Wellen) nur ein geringes Ansteigen des Reflexionsvermögens von 12,2% auf 14% was von dem hohen Kohlenstoffgehalt herrührt, so daß Anthrazit das Verhalten eines Isolators zeigt. Allerdings dürfte das Reflexionsvermögen dann nicht ansteigen. Das Reflexionsvermögen von Gaskohle, auch Siemenskohle, erreicht dagegen schnell hohe Werte, der Grenzwert wird aber erst im Gebiet elektrischer Wellen erreicht.

Zink und Zn-Legierungen zeigen ein Minimum des Reflexionsvermögens in der Nähe von 1 μ[4]; dasselbe gilt für höhere Temperaturen für Palladium Platin und Tantal[5].

Hagen und Rubens[6] haben auch versucht, die Einwirkung eines magnetischen Feldes auf die Leitfähigkeit von Wismut auf optischem Wege nachzuweisen, das Resultat war aber negativ.

Coblentz[7] hat die Durchlässigkeit von dünnen Schichten kolloider Metalle gemessen. Ihre Durchlässigkeit nimmt mit wachsender Wellenlänge zu, während gewöhnliche Metallschichten bei längeren Wellen undurchsichtiger werden. Dies Verhalten entspricht völlig den Forderungen der Theorie der Optik trüber Medien, wie auch aus den auf S. 105 erwähnten Untersuchungen über die Hefner-Flamme hervorgeht.

Als allgemeines Ergebnis sei festgehalten, daß die optischen Eigenschaften der Metalle von etwa 5 μ ab sich aus der Maxwellschen Theorie ohne Berücksichtigung von molekularen Eigenfrequenzen berechnen lassen. Das Verhalten der Metalle ist im

---

[1] E. Hagen u. H. Rubens, Ann. d. Phys. Bd. 11, S. 893. 1903.

[2] Gegenteiliges Ergebnis bei W. Weniger u. A. H. Pfund, Phys. Rev. Bd. 14, S. 427. 1919 (Wolfram); für $\lambda > 2\mu$ ist aber die Hagen-Rubenssche Beziehung erfüllt.

[3] E. Aschkinass, Ann. d. Phys. Bd. 18, S. 373. 1905.

[4] W. W. Coblentz, Bull. Bur. of Stand. Bd. 16, S. 249 1920; R. G. Waltenberg u. W. W. Coblentz, l. c.

[5] G. V. McCaulay, Astrophys. Journ. Bd. 37, S. 164. 1913.

[6] E. Hagen u. H. Rubens, Verh. d. D. Phys. Ges. Bd. 6, S. 132. 1904.

[7] W. W. Coblentz, Investigations Bd. V, S. 51. 1908.

langwelligen Ultrarot lediglich durch die freien Elektronen bestimmt, deren Trägheit gegenüber diesen Wechselzahlen noch nicht in Frage kommt. Das ist nach der vorhin erwähnten Drudeschen Dispersionstheorie erst im kurzwelligen Ultrarot und Sichtbaren der Fall.

Über die freien Elektronen können aus den Beobachtungen von Hagen und Rubens noch weitere Schlüsse gezogen werden, und zwar in bezug auf die mittlere freie Weglänge und die Anzahl dieser Elektronen.

Wenn wir annehmen[1], daß die Abweichungen von (14) merklich werden, wenn die Schwingungsdauer vergleichbar wird mit der Zeit zwischen zwei Zusammenstößen eines Elektrons mit einem Atom (Stoßzeit), dann können wir diese Zeit berechnen erstens aus der Wellenlänge, bei der die Abweichungen merklich werden (ca. 10 μ), und zweitens aus der Dispersionstheorie, die die Leitfähigkeit mit der Stoßzeit τ und den Konstanten des Elektrons verknüpft,

$$\frac{1}{\sigma} = \frac{c\tau}{2} \frac{e^2 N}{m} 10^4,\ ^2 \tag{18}$$

so daß aus τ und der gaskinetisch zu berechnenden mittleren Geschwindigkeit $\bar{u}$ die mittlere freie Weglänge $l = \tau\bar{u}$ berechenbar ist.

Jaffé[3] geht zu dem gleichen Zweck von der Dispersionsformel aus, bzw. der Formel für R, die nach vereinfachenden Voraussetzungen ($\varepsilon \ll n^2 \varkappa$) geschrieben werden kann

$$\frac{1-R}{0{,}365} \sqrt{\frac{\lambda}{\sigma}} = \frac{1}{\sqrt{\psi}},$$

wobei unter ψ eine Funktion von

$$z = \sqrt{\frac{3}{2}} \frac{l}{u} \frac{2\pi c}{\lambda} \cdot 10^4$$

verstanden ist. Durch eine Verzerrung des Wellenlängenmaßstabes können also die individuellen Kurven mit der Ordinate $\frac{1}{\sqrt{\psi}}$ und der Abszisse λ zur Deckung gebracht werden, indem man

---

[1] W. Reinganum, Ann. d. Phys. Bd. 16, S. 558. 1905.

[2] $e =$ Ladung des Elektrons, $m =$ Masse desselben, $N =$ Anzahl im cm³, $c =$ Lichtgeschwindigkeit.

[3] G. Jaffé, Ann. d. Phys. Bd. 45, S. 1217. 1914.

z als Abszisse aufträgt. Das ist tatsächlich für einige Metalle der Fall (Abb. 61). Ausnahmen sind z. B. Gold und Silber, für welche die Voraussetzungen nicht zutreffen. Ist q der Faktor, mit dem λ multipliziert werden muß, damit Deckung erreicht ist, dann kann l berechnet werden aus

$$l = \frac{10^{-4}}{2\pi c q} \cdot \sqrt{\frac{2}{3}\,\bar{u}}\,.$$

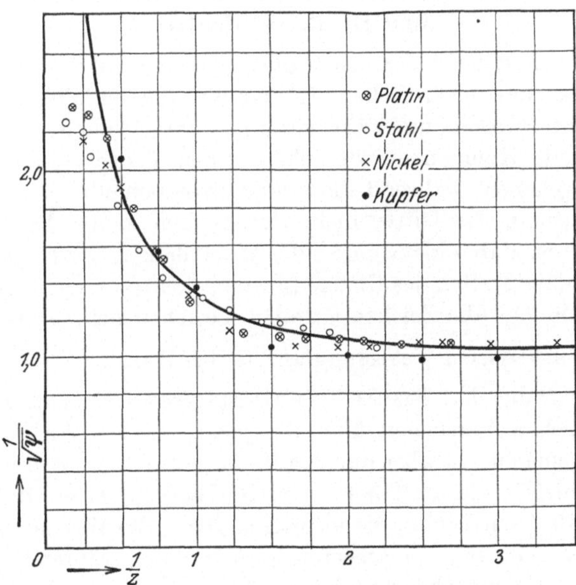

Abb. 61. Zur Bestimmung der freien Weglänge von Elektronen in Metallen nach JAFFÉ.

Aus l, u und σ ergibt sich N wie bei REINGANUM aus (18) und sodann p, die Anzahl Elektronen pro Atom. Das Ergebnis ist zur Illustration in Tab. 17 für drei Metalle dargestellt. Die Bearbeitung dieses Problems mittels der SOMMERFELDschen Metall-

Tabelle 17.

	$l \cdot 10^8$	$N \cdot 10^{-23}$	p
Platin	2,66	1,62	2,37
Nickel	2,13	1,86	2,00
Stahl	3,33	0,70	0,81

theorie[1], die die Fermische Statistik verwendet, ist noch nicht erfolgt. Es sind dann größere Zahlenwerte für l zu erwarten, wie aus der zu (18) analogen Formel Sommerfelds hervorgeht. (Zusatz bei der Korrektur: Die quantenmechanische Behandlung ist inzwischen durch R. de L. Kronig, Proc. Roy. Soc. London (A) Bd. 124, S. 409. 1929, erfolgt.)

§ 23. Versuche an Metallgittern. (Hertz-Effekt und Du Bois-Effekt.)

Es ist seit Hertz' Versuchen über elektrische Wellen bekannt, daß Gitter aus metallischen Stäben auf die einfallende Welle polarisierend wirken, und zwar wird die senkrecht zur Stabrichtung schwingende Komponente des elektrischen Vektors vollkommen hindurchgelassen, während die andere Komponente, parallel der Drahtrichtung, das Gitter nicht durchsetzen kann. Die Gitterkonstante ist dabei klein gegen die Wellenlänge. Bezeichnen wir die Durchlässigkeiten des Gitters für die beiden Vorzugsrichtungen mit $D_{\parallel}$ und $D_{\perp}$ (die Zeichen $\parallel$ und $\perp$ beziehen sich auf die Richtung des elektrischen Vektors), dann ist bei Hertz $\dfrac{D_{\parallel}}{D_{\perp}} = n^2 = 0$.

Schon früher hat Fizeau[2] im sichtbaren Gebiet eine Reihe von ähnlichen Versuchen über die polarisierende Wirkung von Spalten gemacht, die aber nur qualitativ gewertet werden können. Als allgemeines Resultat heben wir nur hervor, daß z. B. Spalte von $10 \cdot 10^{-6}$ cm Breite, die also klein gegen die Wellenlänge ist, im Hertzschen Sinn polarisieren, d. h. $n^2 < 1$, während größere Öffnungen im umgekehrten Sinn, $n^2 > 1$, wirken.

Du Bois[3] hat für sichtbares Licht diese Wirkungen an einer Reihe von Gittern quantitativ erforscht und dabei für metallische Gitter $n^2 > 1$ gefunden, weshalb wir diesen Fall als „Du Bois-Effekt" bezeichnen, im Gegensatz zu dem von Hertz realisierten Fall, dem sog. „Hertz-Effekt".

Wir bemerken vor der näheren Besprechung der Versuche ausdrücklich, daß sich die Untersuchungen auf die Wirkungen im Zentralbild beschränken. Außerdem beschränken wir uns auf

---

[1] A. Sommerfeld, ZS. f. Phys. Bd. 47, S. 1. 1928.
[2] H. Fizeau, Ann. de chim. et de phys. (3) Bd. 63, S. 385. 1861.
[3] H. E. I. G. Du Bois, Wied. Ann. Bd. 46, S. 542. 1892; Bd. 48, S. 546. 1893.

metallische Gitter, da dielektrische Gitter im Ultrarot nicht genauer untersucht sind. Nur in der Du Bois schen Arbeit finden sich einige Angaben mehr qualitativer Art über solche.

Du Bois bediente sich der folgenden Methode. Er bestimmte das Durchlässigkeitsverhältnis n^2 aus der Drehung ε der Polarisationsebene des linearpolarisiert einfallenden Lichts (Azimut v). Die Drehung wurde mit einem Halbschattenpolarimeter beobachtet; aus ihr berechnet sich $n^2 \equiv 1 + 2m$ nach der Gleichung

$$\varepsilon = \frac{m}{2} \sin 2v, \tag{19}$$

wobei m als klein vorausgesetzt ist. Auch ist eine eventuelle Phasenverschiebung der parallelen und senkrechten Komponenten der Strahlung vernachlässigt, die ein weiteres Glied mit $\sin 4v$ erfordert hätte. Daß die Voraussetzung gerechtfertigt ist, folgt aus der experimentell festgestellten Gültigkeit der Beziehung (19). Bei den endgültigen Messungen war übrigens $v = 45°$, so daß das zweite Glied in jedem Falle fortfiel.

Du Bois untersuchte Gitter, deren Gitterkonstanten sehr groß gegen die Wellenlänge waren, z. B. waren die Drahtdurchmesser für zwei Silbergitter 47 μ und 180 μ groß, also erheblich größer als die Wellenlänge sichtbaren Lichts. n^2 hängt von der Wellenlänge ab, und wie FRANZ BRAUN[1] zeigen konnte, kommt es dabei auf die Wellenlänge in dem das Gitter umgebenden Medium an, wie wohl zu erwarten war. Eine Temperaturerhöhung um 250° war auf den Effekt ohne Einfluß.

Wie bei den in §§ 21 und 22 beschriebenen Versuchen war also auch hier eine typisch verschiedene Wirkung von sichtbaren Strahlen und elektrischen Wellen zu konstatieren. Daß aber auch hier ein stetiger Übergang zwischen beiden Gebieten erfolgt, konnten Du Bois und RUBENS[2] in mehreren Arbeiten zeigen, die das Verhalten der Gitter im Ultrarot untersuchen.

Im Ultrarot war es aber praktisch nicht mehr möglich, die Methode von Du Bois anzuwenden, sondern die Durchlässigkeit des Gitters wurde direkt bolometrisch gemessen für die beiden

---

[1] FR. BRAUN, Diss. Berlin 1896.

[2] H. Du Bois u. H. RUBENS, Wied. Ann. Bd. 49, S. 593. 1893 (bis 6 μ); Verh. d. D. Phys. Ges. Bd. 6, S. 77. 1904 (Reststrahlen von Flußspat und Steinsalz); Ann. d. Phys. Bd. 35, S. 243. 1911 (bis 314 μ).

Hauptlagen des elektrischen Vektors. Über Phasenunterschiede ist auf diese Weise keine Aussage mehr möglich, doch sind diese als klein anzunehmen, wie es aus den Messungen von Du Bois im Sichtbaren folgt. Die Versuchsanordnung ist kurz die folgende:

Linear polarisierte Strahlung fiel auf das Gitter (Rubenssches Drahtgitter, vgl. S. 36) und gelangte von da in ein Spektro-Bolometer, dessen Einzelheiten hier nicht näher beschrieben zu werden brauchen. Als Besonderheit ist nur der Gitterträger (Abb. 62) zu erwähnen, der es gestattete, das Gitter um die optische Achse $A\!-\!A$ der Anordnung zu drehen, damit das Azimut der

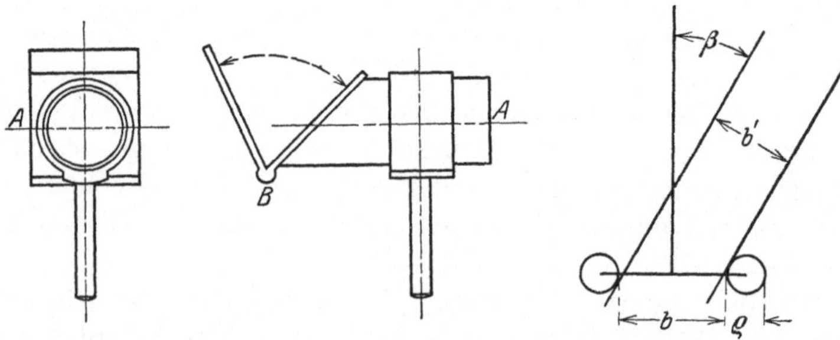

Abb. 62.　Gitterträger nach Du Bois.　　　　Abb. 63. Scheinbare und wahre Öffnungsbreite eines Gitters.

einfallenden Strahlung geändert werden kann, da die Polarisatoren nicht drehbar waren. Nur für lange Wellen dienten Metallgitter selbst als drehbare Polarisatoren. Außerdem konnte die Normale der Gitterebene mittels eines Scharniers bei B aus der Achse herausgedreht und so die scheinbare Öffnung des Gitters verkleinert werden. Die Gitterstäbe sind in Abb. 62 senkrecht zur Zeichenebene zu denken. Bezeichnet ϱ den Stabradius, a die Gitterkonstante, β den Winkel zwischen Achse und Gitternormale, b' die scheinbare, b die wahre Öffnungsbreite, dann ist (Abb. 63) $b' = a\cos\beta - 2\varrho$. In unserem Fall ist $a = 2b = 4\varrho$. Die Werte von a sind in Tab. 18 enthalten.

Tabelle 18.

Gitter	Pt	Fe	Au	Ag	Cu 1	Cu 2
a	50	50	66,2	91,2	50	$105\,\mu$

Bei diesem Verfahren ist folgendes zu beachten: Wenn man den Einfluß der Öffnungsbreite des Gitters untersuchen will, kann es nicht gleichgültig sein, ob b variiert wird (für $\beta = 0$) oder b' (bei konstantem b), da in letzterem Falle nicht sämtliche geometrischen Bestimmungsstücke des Gitters im gleichen Verhältnis geändert werden, so daß dann nicht in Strenge vergleichbare Resultate erhalten werden und die Deutung der Versuche erschwert wird. Innerhalb gewisser Grenzen können aber beide Arten der Variation einander gleichwertig erachtet werden (siehe S. 140ff.).

Die Resultate seien an Hand der Abb. 64 und 65 erläutert. Als Ordinaten sind die Werte von n^2 aufgetragen, Abszissen sind

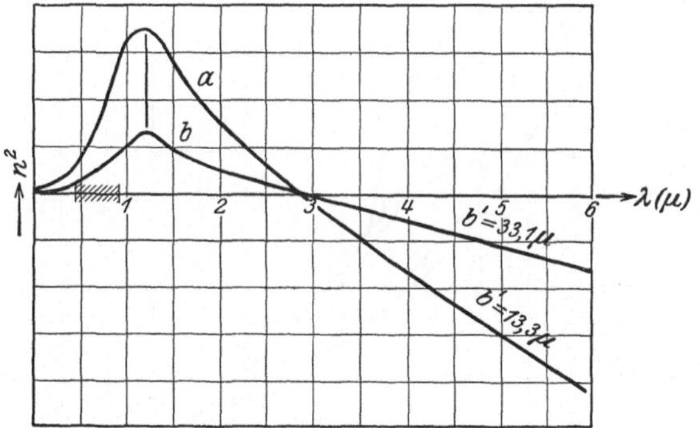

Abb. 64. Unabhängigkeit des Inversionspunktes von der scheinbaren Öffnungsbreite b'.

die Wellenlängen. n^2 erreicht im kurzwelligen Gebiet ein Maximum und geht für längere Wellen zu Werten kleiner als 1 über. Der „neutrale Punkt", an dem die „Inversion" von $n^2 > 1$ zu $n^2 < 1$ erfolgt, ist unabhängig von b'. Das Verhältnis der Wellenlängen des Maximums und des neutralen Punkts hat für alle Metalle den Wert 0,42.

In Abb. 65 sind für die untersuchten Metalle die Kurven für $b' = 10 \mu$ eingetragen. Für Silber und Gold konnten die Kurven auf Grund der gleich zu erwähnenden Versuche über den Einfluß von b' extrapoliert werden. Die Ordinate für die Wellenlänge des Maximums, λ_m, wächst in der Reihenfolge Fe, Pt, Cu, Ag, Au, λ_m selbst in der Reihenfolge Pt, Ag, Au, Fe, Cu.

Aus Abb. 65 folgt weiter, daß für die verschiedenen Metalle die Kurven sich immer mehr nähern und schließlich den Wert Null erreichen, wie es dem HERTZ-Effekt entspricht. Damit ist der Übergang vom DU-BOIS- zum HERTZ-Effekt nachgewiesen. Allerdings zeigen Ag und Au ein nochmaliges Ansteigen von n^2, das für Au sogar wieder größer als 1 wird. Der Grund dieser Erscheinung ist nicht aufgeklärt worden; zum Teil mag mitspielen, daß die langwellige Strahlung sehr inhomogen war.

Weitere interessante Ergebnisse liefert die Betrachtung des Einflusses der scheinbaren Öffnungsbreite des Gitters. In seiner ersten Arbeit glaubte DU BOIS feststellen zu können, daß $2mb'$ eine Konstante sei, nur von der Wellenlänge abhängig. In der

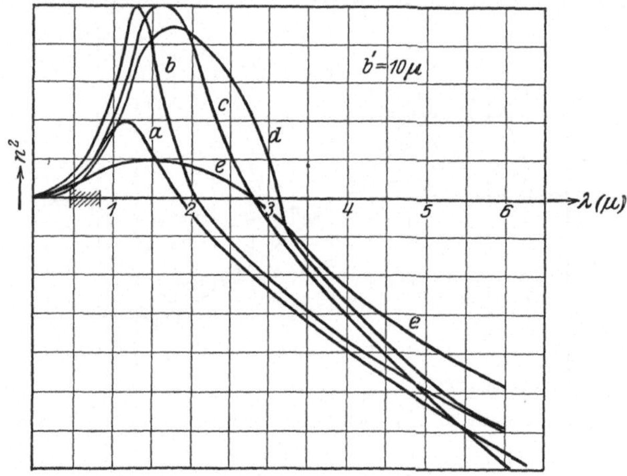

Abb. 65. Inversion bei verschiedenen Metallen. *a* Platin, *b* Silber, *c* Gold, *d* Kupfer, *e* Eisen.

ersten gemeinsamen Arbeit von DU BOIS und RUBENS, die ein wesentlich größeres Spektralintervall erfaßte, mußte dies Ergebnis dahin modifiziert werden, daß zwar $(n^2 - 1)\,b'$ nur annähernd konstant sei, daß aber immerhin noch, wie früher behauptet, n^2 nur von b', nicht aber auch von ϱ abhängt; mit andern Worten, es war gleichgültig, ob b' durch ein Gitter entsprechend kleinerer Gitterkonstante (bzw. Zylinderdurchmessers) oder durch Neigen des Gitters variiert wurde. Daß dieses Resultat ebenso wie die Konstanz der Lage des Inversionspunktes nicht exakt richtig sein können, ergibt sich schon aus der Tatsache, daß im Sichtbaren Polarisation im HERTZschen Sinn beobachtet worden ist (FIZEAU l. c., FERD. BRAUN[1]). Bei der Ausdehnung der Versuche auf lange

---

[1] FERD. BRAUN, Ann. d. Phys. Bd. 16, S. 1 u. 238. 1905.

Wellen mit der Reststrahlen- und Quarzlinsen-Methode stellte sich dann auch heraus, daß die vorerwähnten Ergebnisse keine allgemeine Gültigkeit besitzen. Du Bois und Rubens trugen deshalb direkt $D_{\parallel}$ und $D_{\perp}$ als Funktion von β auf. Sie erhielten vier Kurventypen, die in Abb. 66a—c dargestellt sind. Es ergab sich, daß diese Typen in einfacher Weise mit den Werten von $\frac{a}{\lambda}$, d. h. der Anzahl der Beugungsglieder zusammenhängen:

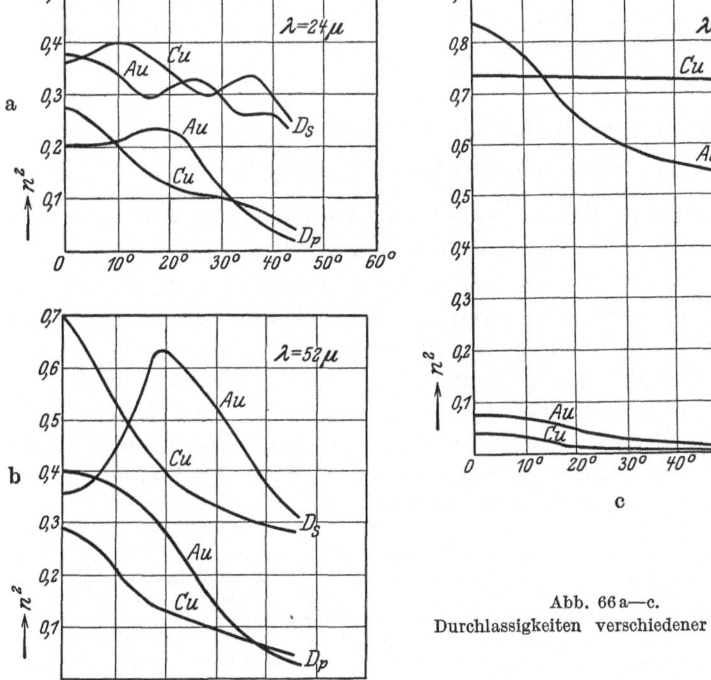

Abb. 66a—c.
Durchlassigkeiten verschiedener Gitter.

Typus I (Cu II, Ag, Au für 24 μ): $D_{\parallel}$ ein Maximum, $D_{\perp}$ zwei Maxima $\left(\frac{a}{\lambda} > 2,\ 2 \text{ und mehr Beugungsbilder}\right)$.

Typus II (Cu I, Pt für 24 μ; Cu II für 52 μ): $D_{\parallel}$ allmählich abfallend, $D_{\perp}$ zwei Maxima $\left(\frac{a}{\lambda} = 2,\ 2 \text{ Beugungsbilder}\right)$.

Typus III (Ag, Au für 52 μ): $D_{\parallel}$ allmählich abfallend, $D_{\perp}$ ein Maximum $\left(1 < \frac{a}{\lambda} < 2,\ 1 \text{ Beugungsbild}\right)$.

Typus IV (Cu I, Pt für 52 μ; alle Metalle für 100 μ): $D_{\parallel}$ und $D_{\perp}$ allmählich abfallend $\left(\dfrac{a}{\lambda} < 1,\ \text{kein Beugungsbild}\right)$.

Bei den Versuchen mit langen Wellen konnte nun auch ein Einfluß von ϱ konstatiert werden, wie die nebenstehende Tab. 19 für zwei Cu-Gitter verschiedener Gitterkonstante lehrt. Das gröbere Gitter polarisiert für gleiche Werte von b' stärker im Hertzschen Sinn als das feinere Gitter.

Tabelle 19.

	Cu 1	Cu 2
$a =$	50 μ	105 μ
$b' =$	25 μ	27,9 μ
$\lambda\,(\mu)$	n^2	n^2
24	0,73	0,43
52	0,41	0,14
100	0,05	—

Betrachten wir nun die mittlere Durchlässigkeit $D_m = \dfrac{D_{\parallel} + D_{\perp}}{2}$. Nach der elementaren Theorie der Beugung läßt ein Gitter, dessen Öffnungsverhältnis $\dfrac{b}{a} = p$ ist, den Betrag $p^2 A$ im Zentralbild hindurch, wenn A die einfallende Intensität bedeutet. Hier ist $p = {}^1/_2$, also $D_m = 0{,}250$, was für kurze Wellen tatsächlich annähernd zutrifft, während für lange Wellen $(\lambda \gg a)$, wo keine Beugungsbilder auftreten, die mittlere Durchlässigkeit auf den Betrag 0,500 ansteigen muß, was ebenfalls innerhalb der Fehlergrenzen mit der Erfahrung übereinstimmt (Tab. 20). Der geringere Betrag der experimentellen Werte ist auf Verluste durch diffus zerstreute Strahlung zurückzuführen, der erst für sehr große Wellenlängen mehr und mehr verschwindet.

Tabelle 20.

	Pt	Fe	Au	Ag	Cu 1	Cu 2
$D_m(\lambda = 4\,\mu)$	0,223	0,224	0,221	0,234	0,210	0,236
$D_m(\lambda = 314\,\mu)$ . . .	0,47	—	0,43	0,40	0,47	0,39

Dieselben Effekte, die für die Durchlässigkeiten gefunden sind, gelten auch für das Reflexionsvermögen eines Gitters[1], nur daß der Sinn der Polarisation umgekehrt ist, da sich D und R für ein metallisches Gitter zu 1 addieren müssen, wie es Blake und Fountain[2] auch beobachtet haben. Du Bois und Rubens fanden allerdings für das Ag-Gitter bei 100 μ nur $R_{\parallel} + D_{\parallel} = 0{,}79$

[1] H. Rubens u. E. F. Nichols, Wied. Ann. Bd. 60, S. 460. 1897.
[2] F. C. Blake u. C. R. Fountain, Phys. Rev. Bd. 23, S. 257. 1906.

und $R_\perp + D_\perp = 0{,}74$, was wohl durch diffuse Streuung des Lichts hervorgerufen ist.

Qualitativ gleiche Resultate erhielt auch MEYER[1] an gerillten Platten und Gittern. Bei Verdoppelung der Wellenlänge mußte auch Tiefe und Breite der Rillen verdoppelt werden, um gleiche Werte für das Reflexionsvermögen zu erhalten. Bei $110\,\mu$ untersuchte MEYER außerdem den Einfluß der Größe des Einfallswinkels auf die Reflexion der Gitter. Auch hier ist $R + D = 1$.

Aus den angeführten Tatsachen ergibt sich noch auf Grund des KIRCHHOFFschen Gesetzes, daß auch die Emission eines gitterartig struierten Körpers partiell polarisiert sein muß, wie es DU BOIS und RUBENS am Auerstrumpf festgestellt haben.

Stellt man mehrere Gitter hintereinander, dann superponieren sich die Wirkungen der einfachen Gitter. Das Durchlässigkeitsverhältnis $n^2_{(N)}$ für N Gitter wird $(n^2)^N$. Man hat mit einer solchen Anordnung sozusagen das makroskopische Modell für das optische Verhalten eines pleochroitischen einachsigen Kristalls, da der Phasenunterschied (also die Doppelbrechung) nicht groß wird. Eine weitergehende Analogie zwischen dem optischen Verhalten eines Kristallgitters hinsichtlich Absorption und Dispersion und dem Verhalten eines Systems von elektrischen Resonatoren haben SCHAEFER und STALLWITZ[2] gefunden, worauf hier nur hingewiesen werden kann.

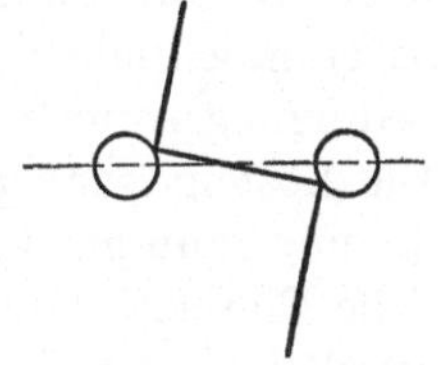

Abb. 67. Mehrfache Reflexion an Gitterstaben.

Was die Theorie der hier besprochenen Erscheinungen betrifft, so läßt sich zunächst sagen, daß die Effekte nicht etwa durch mehrfache Reflexion im Sinn der Abb. 67 erzeugt werden; dies läßt sich nach DU BOIS leicht beweisen. Erstens müßte für die Verhältnisse der DU BOISschen Arbeit die Strahlung elliptisch polarisiert werden, was nicht zutrifft; zweitens müßte die Erscheinung verwaschen sein infolge der Reflexion an den stark gekrümmten Zylindern, was ebenfalls nicht konstatiert werden konnte; drittens tritt die Wirkung nach FIZEAU auch dann auf, wenn nur ein Zylinder an der Erscheinung beteiligt ist, da Schwär-

---

[1] TH. J. MEYER, Verh. d. D. Phys. Ges. Bd. 16, S. 126. 1914.

[2] CL. SCHAEFER u. H. STALLWITZ, Berl. Ber. 1913, S. 674; Ann. d. Phys. Bd. 50, S. 199. 1916.

zung beider Teile die Wirkung aufhebt, aber nicht Schwärzen nur des einen Teils; viertens wäre die Inversion nicht zu erklären.

Wir wenden uns nun der elektromagnetischen Theorie des Beugungsgitters zu. Die uns hier interessierenden Probleme, Materialabhängigkeit und Inversion, sind zuerst von Schaefer und Reiche[1] bearbeitet worden, sodann von v. Ignatowsky[2], Spohn[3] (auf Veranlassung von Schaefer) und Gans[4]. Die Theorie von Schaefer und Reiche beschränkt sich auf weite Gitter, d. h. solche, für die der Abstand zweier Gitterstäbe groß gegenüber der Wellenlänge ist $(a \gg \lambda)$. Das gibt die Möglichkeit, die Gitterwirkung als einfache Superposition der Wirkungen der Einzelstäbe zu betrachten, deren Theorie Schaefer[5] gegeben hat, so daß dessen Resultat einfach übernommen werden konnte. Auf die Durchführung der Theorie verzichten wir hier. Es sei nur bemerkt, daß die Maxwellschen Gleichungen, für Polarkoordinaten geschrieben, unter Berücksichtigung der Grenz- und Randbedingungen mittels Besselscher Funktionen gelöst werden[6]. Die Lösung wird gegeben in einer Reihenentwicklung nach ϱ/λ, die nur dann gut konvergiert, wenn $\varrho/\lambda < \tfrac{1}{3}$ ist, was eine wesentliche Einschränkung bedeutet, da gerade der Du Bois-Effekt hierdurch aus dem Bereich der Theorie fällt. Die Lösung, die nur für große Entfernungen r des Gitters von der Beobachtungsstelle gilt (diese Voraussetzung ist im Experiment immer erfüllt) lautet für die Intensitäten:

$$
\left.
\begin{aligned}
2\,\overline{\mathfrak{E}_{\parallel}^2} &= 1 + \frac{\pi^2 \varrho^2}{\lambda^2} \sqrt{\frac{\lambda}{r}}\,\mathfrak{R}\sqrt{2}\,(\nu^2 - k^2 - 1 - 2\,\nu\,k)\,, \\[2mm]
2\,\overline{\mathfrak{E}_{\perp}^2} &= 1 + \frac{\pi^2 \varrho^2}{\lambda^2} \sqrt{\frac{\lambda}{r}}\,\mathfrak{R}\sqrt{2}\,(\alpha - \beta)\,, \\[2mm]
\alpha &= \frac{(\nu^2 + k^2)^2 - 1}{(\nu^2 - k^2 + 1)^2 + 4\,\nu^2 k^2}\,, \qquad
\beta = \frac{4\,\nu\,k}{(\nu^2 - k^2 + 1)^2 + 4\,\nu^2 k^2}\,,
\end{aligned}
\right\} \tag{20}
$$

<hr>

[1] Cl. Schaefer u. F. Reiche, Ann. d. Phys. Bd. 32, S. 577. 1910; Bd. 35, S. 817. 1911.

[2] W. v. Ignatowsky, Ann. d. Phys. Bd. 44, S. 369. 1914.

[3] A. Spohn, Diss. Breslau 1916; zusammenf. Ber. in Phys. ZS. Bd. 21, S. 444, 469, 501 u. 518. 1920.

[4] R. Gans, Ann. d. Phys. Bd. 61, S. 447. 1920.

[5] Cl. Schaefer, Berl. Ber. 1909, S. 326; Cl. Schaefer u. F. Grossmann, Ann. d. Phys. Bd. 31, S. 455. 1910.

[6] Die molekularen Eigenschaften der Metalle werden nur formal berücksichtigt durch Einführung der komplexen Dielektrizitätskonstanten $\varepsilon = (\nu - i\,k)^2$.

wo $\mathfrak{N}$ = Anzahl der Stäbe, ν = Brechungsexponent und k = Absorptionskoeffizient.

Daraus folgt unter Benutzung der bekannten optischen Konstanten der Metalle, daß sowohl für sichtbare als auch für ultrarote Strahlung Hertz-Effekt auftritt, was die Versuche von Ferd. Braun erklärt. Wie gesagt, bezieht sich dies nur auf den Fall $\varrho/\lambda < 1$.

Für dielektrische Gitter kann unter Umständen Du Bois-Effekt auftreten.

Für ein metallisches Gitter, das von einem metallischen Rahmen umgeben ist, ergibt sich unter denselben Voraussetzungen über ϱ/λ und a/λ, daß für lange Wellen $n^2 \gtreqless 1$, je nachdem

$$\mathfrak{N} \gtreqless \frac{1}{\pi\left\{\left(\frac{2\pi\varrho}{\lambda}\right)^2\left(\nu^4 - \frac{3}{4}\right) - \frac{4a}{\lambda}\left(\nu^2 - \frac{1}{\nu^2}\right)\right\}}, \tag{21}$$

ist; dabei ist $\nu = k$ gesetzt, was für lange Wellen $(\lambda > 5\,\mu)$ erlaubt ist (§ 22).

Spohn gibt im Anschluß an Debye[1] eine Lösung für große Zylinderradien, die für das Problem der Inversion von Bedeutung ist. Er verfolgt die gleiche Methode wie Schaefer und Reiche, doch stellt er die Lösung in Integralform dar, die er für den Fall großer Werte von ϱ/λ asymptotisch auswertet auf Grund von Entwicklungen Debyes[2]. Wir geben gleich das Endresultat an. Man erhält für $\overline{\mathfrak{E}_{\parallel}^2}$ und $\overline{\mathfrak{E}_{\perp}^2}$:

$$\left.\begin{aligned}
2\,\overline{\mathfrak{E}_{\parallel}^2} &= 1 + \frac{4\varrho^2}{\lambda r} + \frac{4\varrho}{r}e^{\frac{p}{2}} + \frac{4\varrho}{\sqrt{\lambda r}}\cos\frac{\pi}{4} + 4\sqrt{\frac{\varrho}{r}}\,e^{\frac{p}{4}}\cos\left(\frac{\delta}{4} + \pi\right), \\
2\,\overline{\mathfrak{E}_{\perp}^2} &= 1 + \frac{4\varrho^2}{\lambda r} + \frac{4\varrho}{r}e^{\frac{p}{2}} - \frac{4\varrho}{\sqrt{\lambda r}}\cos\frac{\pi}{4} - 4\sqrt{\frac{\varrho}{r}}\,e^{\frac{p}{4}}\cos\left(\frac{\delta}{4} + \pi\right).
\end{aligned}\right\} \tag{22}$$

Daraus ergibt sich für n^2, wenn wir berücksichtigen, daß $\varrho/r \ll 1$

$$n^2 = \frac{\overline{\mathfrak{E}_{\parallel}^2}}{\overline{\mathfrak{E}_{\perp}^2}} = 1 + \frac{\overline{\mathfrak{E}_{\parallel}^2} - \overline{\mathfrak{E}_{\perp}^2}}{\overline{\mathfrak{E}_{\perp}^2}} \simeq 1 + \overline{\mathfrak{E}_{\parallel}^2} - \overline{\mathfrak{E}_{\perp}^2},$$

$$n^2 - 1 = \varDelta = \frac{4\varrho}{\sqrt{\lambda r}}\cos\frac{\pi}{4} - 4\sqrt{\frac{\varrho}{r}}\,e^{\frac{p}{4}}\cos\frac{\delta}{4}, \tag{23}$$

[1] P. Debye, Phys. ZS. Bd. 9, S. 775. 1908.

[2] P. Debye, Sitzungsber. Münch. Akad. 1910; Math. Ann. Bd. 67. S. 535. 1909.

und δ sind definiert durch

$$e^{2\,p} = (1 + k^2 - v^2)^2 + 4v^2 k^2 \quad \text{und} \quad \operatorname{tg}\delta = \frac{2vk}{1 + k^2 - v^2}\,.$$

Für Metalle und ultrarote Strahlung können wir, wie aus den Zahlenwerten von v und k hervorgeht, setzen:

$$e^{p} = 1 + k^2 - v^2, \quad \delta = 0,$$

so daß

$$\varDelta = 4\sqrt{\frac{\varrho}{r}}\left(\sqrt{\frac{\varrho}{2\lambda}} - \sqrt[4]{1 + k^2 - v^2}\right). \tag{24}$$

Für den Inversionspunkt muß $\varDelta = 0$ sein, also

$$\frac{\varrho}{2\lambda} = \sqrt{1 + k^2 - v^2}\,.$$

Tabelle 21.

	λ_N beob.	λ_N ber.
Ag	2,1	1,04
Au	2,8	0,98
Cu 1	} 3,1	1,08
Cu 2		1,55

Auf Grund der Daten von Försterling und Fréedericksz[1] hat Spohn $\varDelta$ für Gold, Silber und Kupfer berechnet und daraus die Lage des Inversionspunktes bestimmt. Tab. 21 gibt das Ergebnis der Rechnung [2].

Die theoretischen Werte sind zwar kleiner als die beobachteten, auch zeigen sie, wie die Werte für Cu erkennen lassen, erhebliche Abhängigkeit von der Gitterkonstante [3]. Immerhin ist beachtenswert, daß die Theorie Rechenschaft von der Tatsache der Inversion ablegt und die Wellenlängen der Inversionspunkte die richtige Größenordnung haben.

Aus der Formel für $\varDelta$ geht noch hervor, daß mit wachsender Wellenlänge die metallischen Eigenschaften relativ immer mehr zur Wirkung gelangen, da k sehr hohe Werte annimmt. Für sehr große Wellenlängen würden schließlich die Unterschiede zwischen den verschiedenen Metallen verschwinden (es wird $v = k$), so daß $\varDelta$ einen für alle Metalle gemeinsamen Grenzwert erreichen würde. Diese Extrapolation ist aber nicht gestattet, wenn auch die Beobachtung dasselbe Ergebnis hatte, da der

---

[1] K. Försterling u. V. Fréedericksz, Ann. d. Phys. Bd. 40, S. 214, 1913.

[2] Spohn gibt, wohl infolge eines Rechenfehlers, andere Werte an (zwischen 3 und 4 μ).

[3] Cu 1: $a = 50\,\mu$; Cu 2: $a = 105\,\mu$.

Gültigkeitsbereich der Formel (24) überschritten wird, denn es war $\lambda \ll a$ vorausgesetzt[1].

Eine strenge Lösung des Problems für beliebige Werte von $\dfrac{a}{\lambda}$ hat v. Ignatowsky[2] gegeben, doch ist die numerische Berechnung auch nur näherungsweise möglich.

Schließlich sei nur noch erwähnt, daß die Theorie für den Fall $\lambda \gg a \gg \varrho$, der für die Versuche von Schaefer und Laugwitz[3] an Gittern aus Wasserzylindern im Gebiet elektrischer Wellen in Frage kommt, von Gans[4] durchgeführt wurde. Sie stellt das Ergebnis der Versuche mit ausreichender Genauigkeit dar.

§ 24. Resonanzversuche.

In diesem Abschnitt behandeln wir einige Versuche, die eine direktere Bestätigung der elektromagnetischen Natur des Lichts als Ergebnis hatten. Hierher gehören zunächst die mannigfachen Versuche, sehr kurze elektrische Wellen herzustellen, deren Wellenlänge in den Bereich der Warmestrahlen fallt. Am erfolgreichsten waren darin Nichols und Tear[5], die mit Oszillatoren aus äußerst kleinen Wolframdrahtstücken Wellen erhielten, deren Oberschwingungen sie noch bis herunter zu 220 μ feststellen konnten. Mittels spezieller Oszillatorensysteme gelang es M. Lewitsky[6] und A. Glagolewa-Arkadiewa[7] sogar, noch kürzere Wellen zu erhalten, allerdings nur sehr inhomogene Strahlen unter schlecht reproduzierbaren Verhältnissen.

Daß die elektrischen Wellen alle Eigenschaften der optischen Strahlung besitzen, ist schon von Hertz und im Anschluß daran von vielen andern Forschern gezeigt worden. Im Rahmen dieses Buches können wir diese Versuche nicht ausführlich besprechen. Wir erwähnen nur folgendes: Ein System von regelmäßig ange-

---

[1] Fur die Verhaltnisse im Sichtbaren vgl. auch H. Pfenniger, Ann. d. Phys. Bd. 83, S. 753. 1927.

[2] Siehe Anm. 2, S. 136.

[3] Cl. Schaefer u. M. Laugwitz, Ann. d. Phys. Bd. 21, S. 587. 1906; Bd. 23, S. 951. 1907; Cl. Schaefer, Ann. d. Phys. Bd. 74, S. 275. 1924.

[4] R. Gans, Ann. d. Phys. Bd. 61, S. 447. 1920; vgl. hierzu auch Cl. Schaefer, Ann. d. Phys. Bd. 74, S. 275. 1924.

[5] E. F. Nichols u. J. W. Tear, Phys. Rev. Bd. 21, S. 587. 1923.

[6] M. Lewitsky, Phys. ZS. Bd. 27, S. 177. 1926.

[7] A. A. Glagolewa-Arkadiewa, ZS. f. Phys. Bd. 24, S. 161. 1924.

ordneten Metallstreifen (Abb. 68) reflektiert gewisse Wellenlängen stark, nämlich solche, für die die Streifenlänge $l = \dfrac{n\lambda}{2}$
(n = ganze Zahl). Dies ist eine Resonanzerscheinung (Garbasso [1]).
Die Metallstreifen dienen als Resonatoren und spielen hier dieselbe Rolle wie die Atome bzw. Atomgruppen in der Optik.
Prismen bzw. planparallele Schichten aus solchen Resonatoren
zeigen daher dieselben Phänomene wie Dispersion, Absorption,
Doppelbrechung, Zusammenhang zwi-
schen Dispersion und Absorption:
Kundtsche Regel, die wir aus dem
optischen Gebiet kennen. Die Ex-
perimente [2] entsprachen in jeder Hinsicht diesen Erwartungen. Derartige
Modellversuche sind zur Klärung der
Anschauungen der klassischen Theorie über die den Dispersions-
erscheinungen zugrunde liegenden Vorgänge von Bedeutung gewesen.

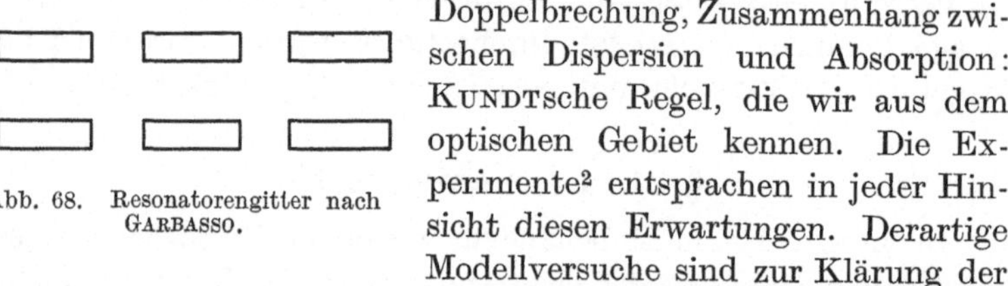

Abb. 68.   Resonatorengitter nach
Garbasso.

Entsprechende Versuche, Resonanzerscheinungen gleicher Art
auch mit ultraroter Strahlung zu erhalten, sind von Rubens und
Nichols [3] ausgeführt worden. Sie benutzten Flußspatreststrahlen
($\lambda = 24\,\mu$). Die Resonatorengitter waren aus versilberten Glasplatten hergestellt; durch Ritzen waren entsprechende Silber-
streifen abgetrennt worden, deren Dimensionen aus Tab. 22 ersichtlich sind. Die Zwischenräume waren immer 5 μ groß, so daß
die Forderung proportionaler Änderung nicht erfüllt ist, die bei
Resonanzversuchen besonders wichtig ist. Die Forderung ist selbstverständlich, wenn man bedenkt, daß die Resonanzerscheinungen

---

[1] A. Garbasso, Journ. d. Phys. Bd. 22, S. 259. 1893.

[2] A. Garbasso u. E. Aschkinass, Wied. Ann. Bd. 53, S. 534. 1893;
E. Aschkinass u. Cl. Schaefer, Ann. d. Phys. Bd. 5, S. 489. 1901; E. Asch-
kinass, Ann. d. Phys. Bd. 19, S. 841. 1906; Cl. Schaefer, Ann. d. Phys.
Bd. 16, S. 106. 1905; Phys. Rev. Bd. 23, S. 257. 1906; Cl. Schaefer u.
M. Laugwitz, Ann. d. Phys. Bd. 20, S. 355. 1906; M. Paetzold, Ann. d.
Phys. Bd. 19, S. 116. 1906; F. C. Blake u. C. R. Fountain, Phys. Rev.
Bd. 24, S. 421. 1907. Die Ergebnisse der beiden letzten Arbeiten sind mit
den vorgenannten nicht vergleichbar, da die Versuchsanordnung wesentlich
verschieden war (divergenter Strahlengang und nichtproportionale Veränderung der geometrischen Größen), so daß Wechselwirkungserschei-
nungen überlagert werden.

[3] A. Rubens u. E. F. Nichols, Wied. Ann. Bd. 60, S. 456. 1897.

Tabelle 22.

Gitter	I	II	III	IV	V
Anzahl d. Streifen pro cm³ .	1000	10^6	$572 \cdot 10^3$	$400 \cdot 10^3$	$333 \cdot 10^3$
Lange $l\,(\mu)$	$600\,\lambda = \infty$	6,5	12,4	18,0	24,4
Breite $b\,(\mu)$	5,8	4,6	5,3	5,1	5,5
$R_{||}$	78,4	22,7	54,5	32,9	50,2

auch dann auftreten müssen, wenn nur die Wellenlänge variiert wird: der Standard der linearen Dimensionen ist natürlich die Wellenlänge. Die variable Anzahl der Resonatoren kann dagegen in dem hier besprochenen Fall unter Umständen Resonanz vortäuschen. In der Tabelle ist für den Fall, das $\mathfrak{E}$ parallel zur Langsrichtung der Streifen schwingt, das Reflexionsvermögen eingetragen, wobei die Reflexion am Glas rechnerisch eliminiert wurde. Das Ergebnis ist, daß für $l = \dfrac{n\lambda}{2}$ die Reflexion wesentlich verstärkt erscheint, was aber aus den erwähnten Gründen nur qualitativ gewertet werden kann. Die starke Dämpfung des Systems (große Kapazität, kleine Selbstinduktion), die Glasunterlage der Resonatoren, die die Resonanzfrequenz beeinflußt, sowie die Inhomogenität der Strahlung und unvollkommene Polarisation verwischen zudem die Resonanzerscheinung. $R_{\perp}$ ist konstant etwa 20%. Die Resonatorengitter zeigen also HERTZ-Effekt. Nach der MAXWELLschen Theorie muß tatsächlich $R_{\perp}$ einen kleinen Wert, im Grenzfall großer Wellenlängen den Wert 0 besitzen, und die Dimensionen müssen für die Größe von R irrelevant sein (vgl. § 23), da im Fall $\mathfrak{E} \perp l$ die Strahlung vollkommen hindurchgelassen wird.

Auch die Versuche von WOOD[1] an fein gepulvertem Metall oder an Niederschlägen verdampften Quecksilbers mit Wellen von 112 μ Länge, bei denen übrigens die Wellenlänge wesentlich großer ist als die Dimensionen der Metallkugeln, sind nur von qualitativer Bedeutung. Im allgemeinen ist Metallpulver gut durchlässig für lange Wellen, für einen Kugeldurchmesser von $\dfrac{\lambda}{2}$ absorbiert dagegen die Schicht fast vollkommen.

---

[1] R. W. WOOD, Phys. ZS. Bd. 14, S. 189. 1913; Phil. Mag. Bd. 25, S. 440. 1913.

IV. Das ultrarote Spektrum der Gase und Flüssigkeiten.

§ 25. Untersuchungsmethoden.

Die Kenntnis des ultraroten Spektrums ist in vieler Beziehung wichtig. Man denke z. B. an geophysikalische Anwendungen bezüglich des Wärmehaushalts der Erde, welcher im wesentlichen durch die Absorption der Atmosphäre und deren Einfluß auf die Zu- und Ausstrahlung geregelt wird. Aber auch in rein physikalischer Hinsicht gibt uns das ultrarote Spektrum wertvolle Aufschlüsse über die Natur der Moleküle, deren Eigenschwingungen wesentlich den Charakter des Spektrums bedingen. Diese und ihre Eigenschaften kennen zu lernen, und aus ihrer Kenntnis Schlüsse auf die Struktur der Moleküle zu ziehen, ist neben Fragen mehr spektral-analytischer Art zur Zeit das Hauptziel der Ultrarotforschung. Die allgemeinen Methoden, die uns hierin zur Verfügung stehen, seien im folgenden kurz besprochen[1], wobei wir auch die für feste Körper geeigneten Methoden berücksichtigen werden.

1. Aus der Theorie der Dispersion[2] weiß man, daß die Eigenschwingungen praktisch zusammenfallen mit den Stellen maximaler Absorption (Maximum von $n\varkappa$), während streng genommen das Maximum von $n^2\varkappa$ die Lage der Eigenfrequenz angibt. Das Absorptionsspektrum liefert also direkt die Lage der Eigenfrequenzen und im Prinzip auch deren Stärke und Dämpfung, doch stellen sich deren Bestimmung erhebliche Schwierigkeiten entgegen, wie im § 29 näher ausgeführt wird, so daß nur äußerst wenige Arbeiten existieren, die theoretisch verwertbare, quantitative Intensitätsangaben liefern. Zumeist beschränken wir uns auf die Bestimmung der Lage der Absorptionsstellen.

Zu der Absorptionsmethode selbst ist nicht viel zu sagen. Abb. 69 gibt eine einfache Anordnung wieder. Man mißt die durch das Absorbens hindurchgelassene Strahlungsenergie bei verschiedenen Wellenlängen des Spektrums. Gase und Flüssigkeiten

---

[1] Vgl. hierzu den Artikel von C. JAFFÉ, Dispersion und Absorption, im Handb. d. Experimentalphysik Bd. 19. 1928.

[2] Vgl. A. GOLDHAMMER, Dispersion und Absorption des Lichts. Leipzig 1913.

werden zu dem Zweck in geeignete Absorptionsgefäße gebracht, deren Verschlußfenster aus durchlässigem Material bestehen müssen, das je nach Spektralgebiet gewählt werden muß. Am gebräuchlichsten sind Quarz, Flußspat, Steinsalz, Glimmer. Bei Verschluß mit Glimmer-plättchen ist aber zu be-achten[1], daß infolge ihrer geringen Dicke Interferenzeffekte auf-treten können. MEYER und BRONK haben dar-auf hingewiesen, daß es nicht genügt, ein dem gasgefüllten gleiches Ge-fäß mit gleich dicken Glimmerplättchen zum Vergleich heranzuzie-hen, da verschiedene Stellen eines und des-selben Blättchens kon-stanter Dicke phasen-verschobene Interferenz-kurven liefern. Wenn man also nicht dauernd das Gefäß an

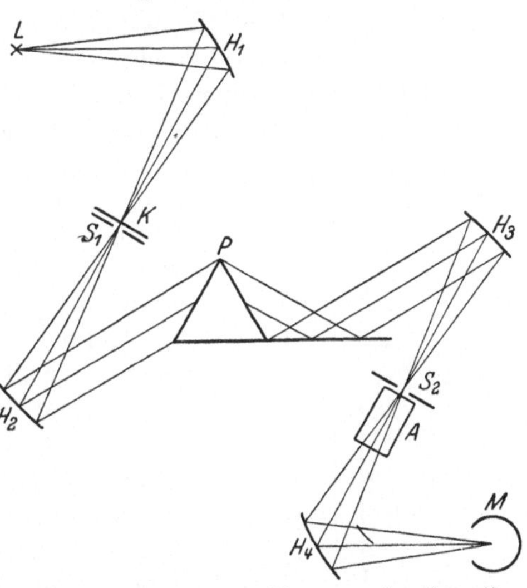

Abb. 69. Anordnung für Messungen der Absorption.

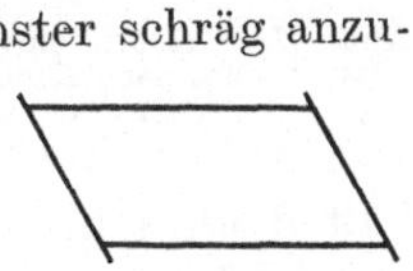

seinem Platz lassen will und abwechselnd evakuieren und mit Gas füllen kann, ist es vorteilhaft, die Verschlußfenster schräg anzu-bringen (Abb. 70), etwa unter einem Winkel von 30°, da dann die Interferenzeffekte ver-schwinden.

Besondere Vorrichtungen verlangt die Mes-sung der Absorption des Wasserdampfs, da man hierfür bei langen Wellen keine geeig-

Abb. 70. Absorptions-gefäß mit schrägen Fen-stern.

neten Verschlußplatten hat. Ein von RUBENS und HETTNER[2] benutztes Absorptionsrohr ist schematisch in Abb. 71 dargestellt, dessen Konstruktion nach der Abbildung ohne weiteres ver-ständlich ist. Das ganze Rohr, das vertikal aufgestellt wird, kann auf über 100° C geheizt werden. Die Schichtdicke ist allerdings

---

[1] C. F. MEYER u. D. W. BRONK, Astrophys. Journ. Bd. 59, S. 252. 1924.
[2] H. RUBENS u. G. HETTNER, Berl. Ber. 1916, S. 167; G. HETTNER, Ann. d. Phys. Bd. 55, S. 476. 1918.

nicht genau definiert, da keine Verschlußplatten vorhanden sind, doch bürgt die vertikale Stellung einigermaßen für konstante Verhältnisse.

Bei einem Absorptionsrohr wie dem oben erwähnten oder bei ähnlich schwerfälligen Konstruktionen, wie sie bei Messungen unter hohem Druck gebraucht werden, ist es nicht möglich, bei jeder Wellenlänge sofort hintereinander das gasgefüllte Rohr und ein leeres Rohr in den Strahlengang zu schieben, also „alternierend" zu messen. Man muß hier die ganze Meßreihe einmal mit Gas und dann ohne Gas aufnehmen. Beide Arten der Messung haben Vorzüge und Nachteile, die je nach Umständen gegeneinander abzuwägen sind.

Mutatis mutandis gilt das Gesagte ebenso für die Messungen an Flüssigkeiten und festen Körpern. Letztere werden meist in Form von Kristalldünnschliffen benutzt, die den Vorteil haben, wohldefinierte Verhältnisse zu liefern. REINKOBER[1] hat für einige Substanzen ein Verfahren angegeben, das erlaubt, sehr dünne Schichten herzustellen. Er läßt nämlich auf eine geeignete Platte aus Flußspat oder anderem Material die zu untersuchende Substanz aus ihrem Dampf sublimieren (z. B. Ammoniumhalogenide). Er erhält dann sehr dünne Schichten gepulverten Materials; es ist aber nicht ganz sicher, ob nicht durch die feine Verteilung infolge Adsorption oder sonstiger Vorgänge unkontrollierbare Änderungen in dem Material auftreten, so daß man es dann nicht mit derselben Substanz mehr zu tun hat.

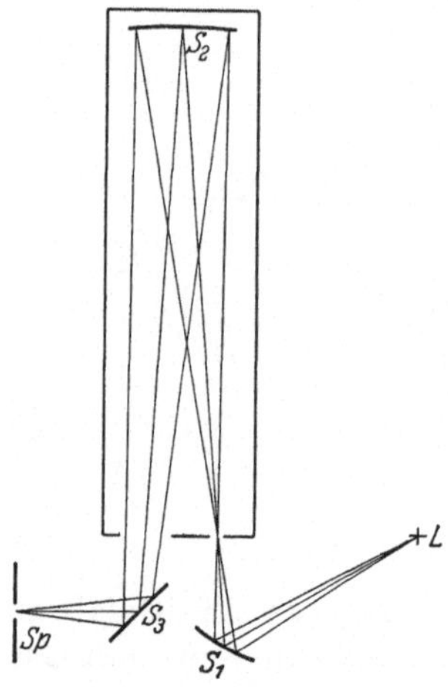

Abb. 71. Absorptionsrohr für Wasserdampf nach RUBENS und HETTNER.

G. LASKI und S. TOLKSDORF[2] zerstäuben den Kristall auf geeignete Trägerplatten. Beide Verfahren sind im allgemeinen nur für reguläre Kristalle vorteilhaft.

---

[1] O. REINKOBER, ZS. f. Phys. Bd. 5, S. 192. 1921.
[2] G. LASKI u. S. TOLKSDORF, Naturwissensch. Bd. 14, S. 488. 1926; s. auch S. TOLKSDORF, ZS. f. phys. Chem. Bd. 132, S. 161. 1928.

Der Strahlengang im Absorptionsgefäß bzw. Dünnschliff darf konvergent sein, wenn es nur auf die Lage des Maximums der Absorption ankommt; bei Verwendung polarisierten Lichtes muß er parallel oder nahezu parallel sein. Das Absorptionsgefäß soll möglichst weit von der Lichtquelle entfernt sein wegen der dauernden Erwärmung, was besonders für Kristalle in Frage kommt. Auf jeden Fall muß der Klappschirm zwischen Lichtquelle und Absorbens angebracht werden, wenn nicht gerade die höhere Temperatur gewünscht wird.

Nach Anbringung aller möglichen Korrekturen (§ 16), besonders in bezug auf Reflexionsverluste, die entweder durch Rechnung oder durch Messung bei zwei verschiedenen Schichtdicken zu berücksichtigen sind, können die folgenden Gleichungen zur Berechnung von Absorptionskoeffizienten usw. aus der prozentualen Durchlässigkeit benutzt werden. Es ist

$$J = J_0 e^{-Kx} = J_0 \cdot 10^{-\alpha x} \qquad \text{(BOUGUER-LAMBERT)} \qquad (1)$$

$$K = \frac{4\pi n \varkappa}{\lambda} = \frac{4\pi k}{\lambda}.$$

$$J = J_0 e^{-ACx} = J_0 \cdot 10^{-\varepsilon Cx} \qquad \text{(BEER)}. \qquad (1\,\text{a})$$

$x =$ Schichtdicke,
$J =$ durchgelassene Intensität,
$J_0 =$ auffallende Intensität, korrigiert wegen Reflexionsverlusten, d. h. „eindringende" Intensität,
$K, \alpha =$ Extinktionskoeffizienten,
$\varkappa =$ Absorptionsindex,
$k =$ Absorptionskoeffizient,
$A, \varepsilon =$ molekulare Extinktionskoeffizienten,
$C =$ Konzentration $\left(\dfrac{\text{Mol}}{\text{lit}}\right)$.

A und ε sind unabhängig von C, wenn die Absorption nur von der Zahl der absorbierenden Teilchen abhängt.

Diese Voraussetzung ist aber in Wirklichkeit nicht streng erfüllt; es treten vielmehr Abweichungen vom BEERschen Gesetz auf, die aber für kleinen Gasdruck bzw. geringe Schichtdicken zu vernachlässigen sind[1]. Da die Messungen meist bei erheblich grö-

---

[1] Vgl. M. PLANCK, Berl. Ber. 1903, S. 480 und R. LADENBURG u. F. REICHE, Ann. d. Phys. Bd. 42, S. 181. 1913. — Modellversuch zur PLANCKschen Theorie: CL. SCHAEFER, Ann. d. Phys. Bd. 16, S. 106. 1925.

ßeren Schichtdicken bzw. Drucken ausgeführt werden, muß auf kleine Werte dieser Größen extrapoliert werden, so daß Beobachtungen bei nur einem Gasdruck für quantitative Angaben unzureichend sind.

2. Gemäß dem KIRCHHOFFschen Gesetz (vgl. § 20) ist die Emission eng mit der Absorption bei gleicher Temperatur verbunden. Die Messung der Emission ist deshalb ein geeignetes Mittel, die Absorption bei hoher Temperatur zu untersuchen. Die Emissionsmessungen sind aber relativ ungenauer als die Absorptionsmessungen, da die emittierenden Strahlungsquellen teils schlecht definiert, teil wenig konstant sind. Außerdem hat man bei Flammen auf Fälschung der Resultate infolge der Absorption in den kalten Teilen der Flamme zu achten (Selbstumkehr). In der Bedeutung für die Erforschung der Eigenfrequenzen tritt die Emissionsmethode stark zurück gegenüber der Absorptionsmethode.

3. Ebenfalls durch die Absorptionsstellen bzw. Eigenfrequenzen bedingt ist die Dispersion der Stoffe. Die experimentellen Methoden zur Bestimmung der Dispersion haben wir zum größten Teil im ersten Kapitel beschrieben. (Prismatische Ablenkung und Interferometer.)

Ergänzend seien hier noch einige spezielle Methoden mitgeteilt. Die Ablenkung im Prisma benutzen STATESCU[1] und WETTERBLAD[2] zur Bestimmung der Dispersion von Gasen. Dabei wird nicht der Absolutwert der Ablenkung gemessen, der ja sehr klein ist, sondern seine Änderung bei Variation der Wellenlänge. Wie man leicht berechnet, ist, da $n - 1$ eine sehr kleine Zahl,

$$n - 1 = \frac{D}{2} \cot \frac{\Phi}{2},$$

$D =$ Winkel der Minimalablenkung, $\Phi =$ brechender Winkel.

Für zwei verschiedene Wellenlängen ist demnach die Differenz der Brechungsindices

$$n_1 - n_2 = \frac{D_1 - D_2}{2} \cot \frac{\Phi}{2} . \tag{2}$$

Der Absolutwert für eine Wellenlänge muß entweder anderweitig bekannt sein oder kann aus Messungen bei verschiedenem

---

[1] C. STATESCU, Phil. Mag. Bd. 30, S. 737. 1915.
[2] T. WETTERBLAD, Dissert. Upsala 1924.

Druck berechnet werden, wenn auch weniger genau. Es ist nämlich in leicht verständlicher Bezeichnung

$$n'' = 1 + \frac{(n' - n'')\, p''}{p' - p''},$$

wo $n' - n''$ wieder die Gleichung (2) erfüllt (folgt aus $\dfrac{n'' - 1}{p''} = \dfrac{n' - 1}{p'}$, was für nicht zu große Druckunterschiede gültig ist).

Für Flüssigkeiten hat SEEGERT[1] eine von der üblichen Methode abweichende Anordnung gegeben, die im wesentlichen nach Art des ABBESchen Refraktometers konstruiert ist, wobei die Refraktometerprismen aus Flußspat sind. Die Einstellung auf den Grenzwinkel geschieht bolometrisch; die Grenze ist unscharf, weshalb SEEGERT die Stellen der stärksten Intensitätsänderung zur Bestimmung des Grenzwinkels benutzt.

Für feste und flüssige Körper kann man außer der Prismenmethode noch Reflexionsmessungen zur Dispersionsbestimmung benutzen, da

$$R = \frac{(n - 1)^2 + n^2 \varkappa^2}{(n + 1)^2 + n^2 \varkappa^2} \quad \text{bzw. für kleines } \varkappa: R = \frac{(n - 1)^2}{(n + 1)^2} \tag{3}$$

(vgl. auch § 21, S. 108 und 115). KREBS[2] bestimmt den Brechungsindex aus dem BREWSTERschen Winkel, welche Methode aber nur für durchlässige Substanzen geeignet ist, da bei Absorption bekanntlich keine lineare Polarisation durch Reflexion erreicht werden kann. Die Methode der prismatischen Ablenkung ist am genauesten, doch ist ihr durch die Absorption des Materials eine Grenze gesetzt, während die Reflexionsmethoden allgemein verwendbar bleiben.

Der theoretische Zusammenhang zwischen Dispersion und Eigenfrequenzen wird durch die nachstehend angegebenen Dispersionsformeln gegeben[3], zunächst auf Gebiete beschränkt, die von der Absorptionsstelle weit genug entfernt sind, um deren Einfluß zu vernachlässigen. Es ist

$$\frac{n^2 - 1}{n^2 + 2} = \sum_i \frac{e_i^2}{3\pi m_i} N_i p_i \frac{1}{v_{o\,i}^2 - v^2}. \tag{4}$$

---

[1] B. SEEGERT, Dissert. Berlin 1908.

[2] A. KREBS, Ann. d. Phys. Bd. 82, S. 113. 1927.

[3] Näheres s. G. JAFFÉ, Handb. d. Experimentalphysik Bd. 19, Kap. 2. Vgl. auch K. F. HERZFELD u. K. L. WOLF, Ann. d. Phys. Bd. 78, S. 35. 1925; O. FUCHS u. K. L. WOLF, ZS. f. Phys. Bd. 46, S. 506. 1928 und O. FUCHS, ZS. f. Phys. Bd. 46, S. 519. 1928.

Diese Gleichung kann man auch in der Form schreiben:

$$n^2 - 1 = \sum_i \frac{e_i^2}{m_i\,\pi}\,N_i\,p_i\,\frac{1}{\bar{\nu}_i^2 - \nu^2}\,; \qquad (4\,\text{a})$$

dabei ist die Bedeutung von $\bar{\nu}_i$ gegeben durch

$$\bar{\nu}_i^2 = \nu_{0i}^2 - \frac{1}{3\,\pi}\,\frac{e_i^2}{m_i}\,N_i\,p_i = \nu_{0i}^2 - C_i\,.$$

Wenn n nur wenig von 1 abweicht, dann kann man auch in (4a) $\bar{\nu}_i$ durch ν_{0i} ersetzen. Hierin bedeuten: N_i die Zahl der Moleküle pro cm³, e_i die Ladung, p_i die sog. Zahl der Dispersionselektronen bzw. Ionen (in quantentheoretischer Deutung prop. der Übergangswahrscheinlichkeit[1]); $m_i =$ Masse der Elektronen bzw. Moleküle $\left(\text{bei mehratomigen Molekülen resultierende Masse } \frac{1}{m_i} = \sum \frac{1}{m_{i\,\text{Atom}}}\right)$; $\bar{\nu}_i =$ Eigenfrequenzen der miteinander gekoppelten Moleküle, $\nu_{0i} =$ Eigenfrequenzen der freien ungedämpften Moleküle.

$\bar{\nu}_i$ ist die in festen Körpern in Absorption auftretende Resonanzfrequenz; dagegen tritt in der Theorie der Eigenschwingungen (vgl. § 28) meist ν_{0i} auf, da die Theorie mit ungekoppelten Resonatoren rechnet.

Für Gase können wir einfacher schreiben (da $n \approx 1$):

$$n - 1 = \sum_i \frac{e_i^2}{2\,m_i\,\pi}\,N_i\,p_i\,\frac{1}{\bar{\nu}_i^2 - \nu^2}\,.$$

In Wellenlängen umgeschrieben lauten die Dispersionsformeln (4) und (4a):

$$\frac{n^2 - 1}{n^2 + 2} = \frac{n_\infty^2 - 1}{n_\infty^2 + 2} + \sum_i \frac{M_{0i}}{\lambda^2 - \lambda_i^2}\,*, \qquad M_{0i} = \frac{\lambda_{0i}^4\,\varrho_i}{12\,\pi^2\,C^2}\,, \qquad (5)$$

$$\left. \begin{aligned} n^2 &= n_\infty^2 + \sum_i \frac{M_i}{\lambda^2 - \bar{\lambda}_i^2}\,, \qquad M_i = \bar{\lambda}_i^4\,\frac{\varrho_i}{4\,\pi^2\,c^2}\,, \\[2mm] \varrho_i &= \frac{4\,\pi\,N_i\,p_i\,e_i^2}{m_i} = 12\,\pi^2\,C_i\,. \end{aligned} \right\} \qquad (5\,\text{a})$$

In der Nähe einer Eigenfrequenz (z. B. der i^{ten}) kann die Dispersion und Absorption dargestellt werden durch die folgenden

---

[1] R. Ladenburg, ZS. f. Phys. Bd. 4, S. 451. 1921; vgl. auch die Darstellung der Quantentheorie der Dispersion in M. Born u. P. Jordan, Elementare Quantenmechanik (Berlin: Julius Springer 1930).

* Mac Laurin (Proc. Roy. Soc. London Bd. 81, S. 367. 1908) ersetzt die 2 durch eine empirisch zu bestimmende Konstante α.

Formeln (6), wobei angenommen wird, daß die benachbarten Eigenfrequenzen soweit entfernt sind, daß ihr Einfluß konstant geworden ist und durch das Glied n_0^2 ausgedrückt werden kann[1]:

$$n^2(1 - \varkappa^2) - n_0^2 = \frac{\varrho\,(\overline{\nu}_i^2 - \nu^2)}{(\overline{\nu}_i^2 - \nu^2)^2 + \nu_i'^2\nu^2} \cdot \frac{1}{4\pi^2}\,, \\[2mm] 2\,n^2\varkappa = \frac{\varrho\,\nu_i'\nu}{(\overline{\nu}_i^2 - \nu^2)^2 + \nu_i'^2\nu^2} \cdot \frac{1}{4\pi^2}\,. \tag{6}$$

ν_i' ist eine durch die Dämpfung des schwingenden Systems gegebene Größe, denn in der Differentialgleichung der erzwungenen Schwingungen stellt in der Dispersionstheorie $\dfrac{m_i\,\nu_i'}{2\pi}$ den Koeffizienten des Dämpfungsgliedes dar.

Einfache Formeln zur Berechnung von $\overline{\nu}_i$ aus den Werten von n und $\varkappa$ in der Nähe des Reflexionsmaximums hat MATOSSI[2] angegeben. Die allgemeinsten Dispersionsformeln und ihre Diskussion findet man bei HAVELOCK[3].

Kennt man die Konstanten der Dispersionsformel, dann läßt sich die Lage des Reflexionsmaximums berechnen, das oft erheblich vom Maximum der Absorption bzw. der Eigenfrequenz $\overline{\nu}_i$ abweicht. Nach HAVELOCK ist, wenn λ_R die Wellenlänge des Reflexionsmaximums, in erster Naherung

$$\frac{1}{\lambda_R^2} = \frac{1}{\lambda^2} + \frac{\varrho}{4\pi^2 c^2 (6\,n_0^2 - 2)}\,, \qquad \text{also} \qquad \lambda_R < \lambda\,. \tag{7}$$

FÖRSTERLING[4] hat eine ähnliche Formel angegeben, deren Ableitung aber auf nicht zulässigen Vernachlässigungen beruht.

4. Umgekehrt kann man aus der Lage des Reflexionsmaximums die Eigenfrequenz bestimmen. Aber auch dann, wenn zu dieser Berechnung die nötigen Daten aus der Dispersionsformel fehlen, gibt das Reflexionsmaximum immerhin ungefähr die richtige Lage der Eigenfrequenz an. Wir kommen so zur Reflexionsmethode bzw. der bereits früher eingehend behandelten Reststrahlmethode (§ 12).

---

[1] Siehe G. JAFFÉ, l. c. S. 61.

[2] F. MATOSSI, ZS. f. Phys. Bd. 48, S. 616. 1928. Das dortige ϱ ist unser $\dfrac{\varrho}{4\pi^2}$.

[3] T. H. HAVELOCK, Proc. Roy. Soc. London Bd. 86, S. 1. 1912.

[4] R. FORSTERLING, Ann. d. Phys. Bd. 61, S. 577. 1920.

Der Strahlengang für die Reflexionsmethode ist in Abb. 72 skizziert. R_1 sei eine Platte aus der Substanz, deren Reflexionsvermögen gemessen werden soll, R_2 ein Vergleichsspiegel (meist Silber oder Stahl). Sie sind beide um eine zu R_1 und R_2 parallele Achse drehbar angeordnet, um abwechselnd in den Strahlengang eingeschaltet werden zu können. Es ist sorgfältig darauf zu achten, daß der Vergleichsspiegel R_2 genau an die Stelle von R_1 gebracht werden kann, da kleine Verschiebungen im Strahlengang in manchen Fällen erhebliche Fehler hervorrufen können, wenn die Energie der Lichtquelle stark von der Wellenlänge abhängt, etwa infolge von Wasserdampfabsorption. Am besten ist es dann, den zu untersuchenden Spiegel und den Vergleichsspiegel an den Enden

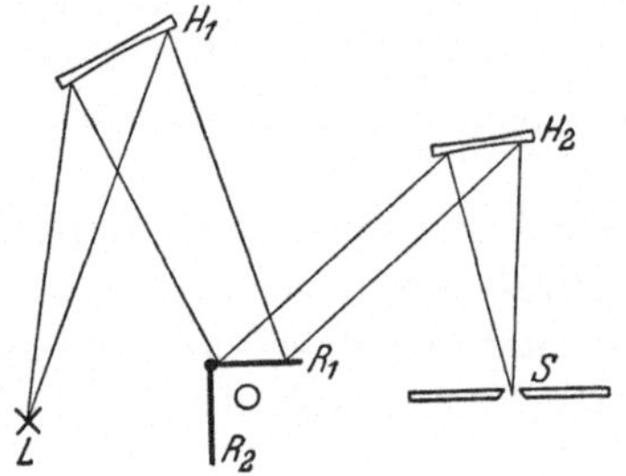

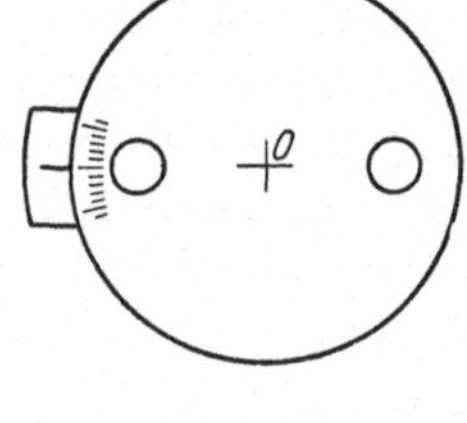

Abb. 72. Anordnung zu Reflexionsmessungen.   Abb. 73. Zur Reflexionsmessung.

eines Durchmessers einer um eine Achse O (Abb. 73) drehbaren Scheibe anzubringen. Die Stellung der Spiegel kann z. B. mittels einer Marke und einer Skala, wie in Abb. 73 angedeutet, kontrolliert werden. Der Einfallswinkel soll im allgemeinen 10° nicht überschreiten, wenn man mit der gewöhnlichen Reflexionsformel rechnen will; doch können unter Umständen größere Winkel von Vorteil sein, denn nach GORTON[1] werden die Maxima der Reflexionskurve dann oft deutlicher; allerdings kann auch eine erhebliche Veränderung der Intensitätsverteilung auftreten. Abb. 74 und 75 erläutern dies Verhalten nach den Beobachtungen GORTONS an Glas und Quarz.

Die Strahlung soll möglichst in parallelem Bündel auf den Kristall fallen, besonders wenn es auf die Abhängigkeit des Reflexionsvermögens von kristallographischen Vorzugsrichtungen ankommt, die gewöhnlich in polarisiertem Licht ausgeführt werden.

---

[1] A. F. GORTON, Phys. Rev. Bd. 7, S. 66. 1916.

Will man polarisierte Strahlung vermeiden, kann man mit LIEBISCH und RUBENS[1] wie folgt vorgehen:

a) einachsige Kristalle. Man mißt das Reflexionsvermögen (in natürlichem Licht) einer senkrecht zur optischen Achse ge-

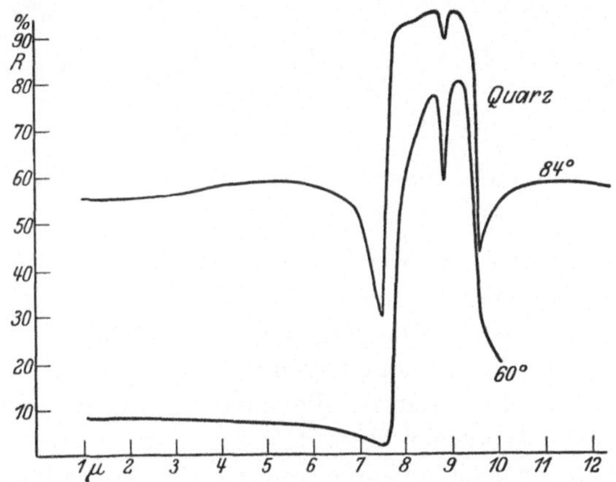

Abb. 74. Abhängigkeit der reflektierten Energie vom Einfallswinkel bei Quarz.

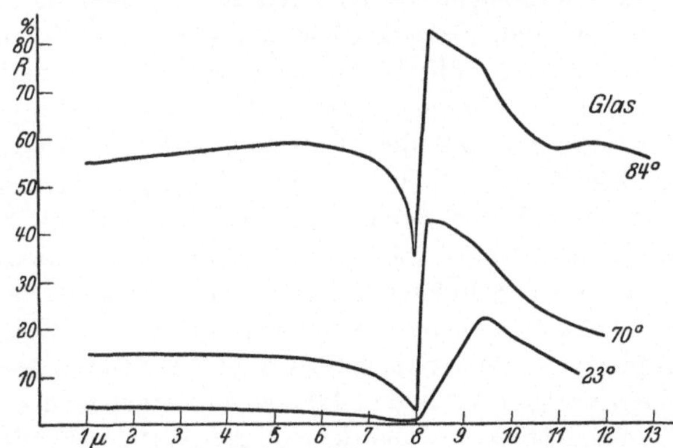

Abb. 75. Abhängigkeit der reflektierten Energie vom Einfallswinkel bei Glas.

schnittenen Platte ($R_\perp$) und einer parallel zur Achse orientierten Platte ($R_{||}$). Das Reflexionsvermögen für den ordentlichen bzw. außerordentlichen Strahl (R_ω bzw. R_ε) ist dann bestimmt durch die Gleichungen

$$R_\perp = R_\omega, \qquad R_{||} = \frac{R_\omega + R_\varepsilon}{2}. \qquad \text{also} \qquad R_\varepsilon = 2R_{||} - R_\perp.$$

---

[1] TH. LIEBISCH u. H. RUBENS, Berl. Ber. 1919, S. 198.

b) zweiachsige Kristalle. Man braucht drei Flächen, die je senkrecht zur c-, b- und a-Achse geschnitten sind (Reflexionsvermögen bzw. R_1, R_2 und R_3). Dann ist, wenn R_a usw. das Reflexionsvermögen für die a-Richtung usw. bedeutet (elektrischer Vektor $\| a$ usw.)

$$R_1 = \frac{R_a + R_b}{2}, \qquad R_2 = \frac{R_a + R_c}{2}, \qquad R_3 = \frac{R_b + R_c}{2},$$

also

$$R_a = R_1 + R_2 - R_3, \qquad R_b = R_1 + R_3 - R_2, \qquad R_c = R_2 + R_3 - R_1.$$

Analoges gilt für die Durchlässigkeit.

Vergleichen wir nun die bisher besprochenen Methoden: Die Absorptionsmethode ist ohne Zweifel die empfindlichste, da selbst schwache Absorptionen durch entsprechende Vergrößerung der Schichtdicke der Messung zugänglich gemacht werden können; zudem gibt sie ohne weiteres die Lage der Eigenfrequenzen an. Dagegen ist sie bei starker Absorption wegen der dann notwendigen geringen Schichtdicke unbequem und nicht anwendbar[1], so daß gerade die Haupteigenschwingungen nicht genau in ihrer Lage zu bestimmen sind. Gemäß Gleichung (3) hat indessen das Reflexionsvermögen überhaupt nur dann große Werte (an 100% heran), wenn die Absorption so stark ist, daß $n^2 \varkappa^2 + n^2 \gg 2\,n$ ist. Man erkennt, daß die Reflexionsmethode also gerade die starken Eigenfrequenzen liefert, die die hauptsächlichen Grundlagen für die weiteren Schlüsse bilden, während die Feinheiten im Bau des Spektrums und die dadurch erreichte Ausgestaltung der theoretischen Schlüsse der Absorptionsmethode vorbehalten bleiben. Die Reflexionsmessungen sind zudem notwendig zwecks Bestimmung des Reflexionsverlustes bei Absorptionsmessungen. Die beiden übrigen Methoden können nur ergänzend in Verwendung kommen trotz der aus dem obigen hervorgehenden prinzipiellen Wichtigkeit gerade der Dispersionsmessungen, ohne die z. B. die Reflexionsmessungen einen Teil ihres Wertes verlieren, soweit die quantitative Seite der Bestimmung der Eigenfrequenzen in Frage kommt. Erst die Benutzung aller dieser Methoden gibt uns die vollständige Kenntnis des ultraroten Spektrums.

---

[1] CZERNY hat ein Verfahren angegeben, Dünnschliffe von sehr geringer Dicke herzustellen. Vgl. L. KELLNER geb. SPERLING, ZS. f. Phys. Bd. 56, S. 215. 1929.

Die Bestimmung der Eigenfrequenzen aus Dispersionsmessungen ist aber nur bei einfach gebauten Substanzen einigermaßen brauchbar, da bei mehr als einer Eigenfrequenz im Ultrarot die Berechnung zu kompliziert wird. Außerdem ist die Dispersionsmethode überhaupt relativ unempfindlich.

Gerade die Dispersion der Flüssigkeiten hat sich mit wenig Ausnahmen (z. B. flüssige Chloride[1]) mit den theoretischen Dispersionsformeln nur schlecht darstellen lassen, so daß wir sie i. a. unberücksichtigt lassen müssen. Es sei daher nur die Literatur angegeben, in der man für verschiedene Flüssigkeiten die Dispersion im kurzwelligen Ultrarot angegeben findet[2].

Es bleibt nun noch übrig, eine Erscheinung anzuführen, die zwar nicht dem ultraroten Spektrum angehört, aber doch so große Bedeutung für die Ultrarotforschung hat, daß wir sie nicht übergehen dürfen. Wir meinen damit die an die Entdeckung des Raman-Effektes[3] anschließenden Forschungen. Das Wesen des Raman-Effektes ist kurz ausgedrückt etwa dies: Bei der Streuung monochromatischer Strahlung in irgendeiner Substanz tritt neben der normal gestreuten Streustrahlung mit derselben Frequenz wie das eingestrahlte Licht (Tyndall-Streuung) eine weitere Streustrahlung auf, die gegen die Tyndall-Linie verschoben ist. Die Frequenzdifferenz beider gestreuter Linien ist, wie die Erfahrung gelehrt hat, und wie man auch theoretisch verstehen kann[4], gerade eine ultrarote Eigenfrequenz des streuenden Moleküls, so daß $\nu_R = \nu \pm \nu_0$, wo ν die eingestrahlte Frequenz, ν_0 die Eigenfrequenz und ν_R die verschobene Raman-Linie bedeuten (ν_0 kann auch eine Rotationsfrequenz darstellen).

---

[1] H. H. Marvin, Phys. Rev. Bd. 34, S. 161. 1912.

[2] H. Rubens, Wied. Ann. Bd. 45, S. 238. 1892; B. Seegert, l. c.; L. R. Ingersoll, Journ. Opt. Soc. Amer. Bd. 6, S. 663. 1922.

[3] C. V. Raman, Ind. Journ. of Phys. Bd. 2, S. 387. 1928 und viele andere Arbeiten. Zusammenfassende Berichte: P. Pringsheim, Naturwissensch. Bd. 16, S. 597. 1928 u. Geiger-Scheels Handb. d. Phys. Bd. 21. 1929; Cl. Schaefer u. F. Matossi, Fortschr. d. Chem., Phys. u. phys. Chem. Bd. 20, H. 6. Bibliographie: A. S. Ganesan, Ind. Journ. of Phys. Bd. 4, S. 281. 1929.

[4] Sowohl auf klassischer Grundlage (Theorie der erzwungenen Schwingungen bei anharmonischer Bindung) als auf quantenmechanischer Basis. Für letztere vgl. z. B. A. Sommerfeld, Atombau und Spektrallinien, Wellenmechanischer Erganzungsband S. 193ff. und M. Born u. P. Jordan, Elementare Quantenmechanik.

Das obere Vorzeichen liefert „anti-STOKESsche" Linien, die mit geringerer Intensität auftreten.

Es ist klar, daß das RAMAN-Spektrum ein Mittel gibt, die ultraroten Eigenfrequenzen ν_0 zu bestimmen mittels bequemer spektrophotographischer Methoden im Sichtbaren und Ultraviolett. Wäre das RAMAN-Spektrum nur ein Abklatsch des Ultrarotspektrums, so wäre es höchstens vom experimentell-technischen Gesichtspunkt interessant. Es hat sich aber gezeigt, daß keineswegs alle Ultrarotfrequenzen im RAMAN-Effekt auftreten, und wenn sie auftreten, so sind doch die Intensitätsverhältnisse völlig andere. Zudem treten Frequenzdifferenzen auf, die keiner Absorptionsbande im Ultrarot entsprechen. z. B. entspricht die stärkste RAMAN-Linie bei den Karbonaten der sog. inaktiven Eigenfrequenz von $9,1\,\mu$. Die inaktiven Frequenzen sind solche, bei denen das Molekül sein elektrisches Moment nicht ändert, so daß sie nicht durch eine elektromagnetische Welle angeregt werden können. Zur Erklärung dieser Tatsachen hat SCHAEFER[1] darauf hingewiesen, daß der RAMAN-Effekt an anharmonische Schwingungen gebunden ist. Die Stärke der RAMAN-Linien muß demnach von der Stärke der Anharmonizität abhängen. Ist die Schwingung zwar anharmonisch aber symmetrisch[2], d. h. befolgt sie ein Kraftgesetz, in dem nur ungerade Potenzen der Elongation vorkommen, dann ist das erste höhere Glied die dritte Potenz. Dieses ist aber viel schwächer, als das quadratische Glied, das bei unsymmetrischer Schwingung vorkommt, so daß die entsprechenden RAMAN-Linien bei symmetrischer Schwingung um Größenordnungen schwächer sind als die unsymmetrischen Schwingungen. Daher kommt es, daß z. B. bei NaCl und ähnlich gebauten Körpern noch kein RAMAN-Spektrum gefunden wurde. Anderseits sind gerade inaktive Frequenzen vielfach sehr unsymmetrisch (vgl. Abb. **76**), was ihr starkes Auftreten bei den Karbonaten erklärt. Die Bedeutung des RAMAN-Spektrums für das Ultrarot ist demnach

---

[1] CL. SCHAEFER, ZS. f. Phys. Bd. 54, S. 153. 1929.

[2] Die Worte symmetrisch bzw. unsymmetrisch werden hier anders als sonst in der Literatur üblich gebraucht, wo symmetrisch meist gleichbedeutend mit inaktiv ist, bzw. sich auf Schwingungen bezieht, die irgendwie spiegelbildlich zu einer Symmetrieachse des Moleküls erfolgen, ohne deshalb inaktiv sein zu müssen. Man könnte evtl. unterscheiden zwischen „kraftsymmetrisch" und „spiegelsymmetrisch". Unsere Bezeichnungsweise geht aus Abb. 76 hervor.

folgende: Die der Ultrarotforschung nur indirekt zugänglichen inaktiven Eigenschwingungen sind hier direkt zu beobachten; das RAMAN-Spektrum gibt wertvollen Aufschluß über die Schwingungsform der Eigenfrequenz, der oft zur Ergänzung des darauf bezüglichen Ultrarotmaterials dienen kann.

Auf die Ergebnisse der Untersuchungen gehen wir bei der Betrachtung der einzelnen Spektren ein, so weit dadurch unsere Kenntnisse über die reinen Ultrarotmessungen hinaus entscheidend bereichert werden[1]. Da wir hier den RAMAN-Effekt nur streifen können, sei auch in bezug auf die quantenmechanische Verfeinerung der Theorie auf die zitierte Literatur verwiesen.

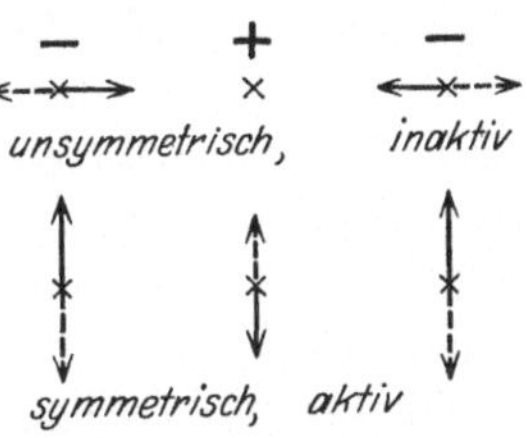

Abb. 76. Symmetrische und unsymmetrische Schwingung.

§ 26. Die Grundlagen der Theorie der ultraroten Bandenspektren.

Schon DRUDE[2] hat aus den Konstanten der Dispersionsformeln erkannt, daß das ultrarote Spektrum auf Schwingungen von Ionen zurückzuführen ist, während das sichtbare und ultraviolette Spektrum von Elektronen hervorgerufen wird. Es ist nämlich das Verhältnis von Ladung zu Masse des Trägers des Spektrums für die ultrarote Absorptionsstelle wesentlich kleiner als für die ultraviolette und zwar ist $\left(\frac{\varepsilon}{m}\right)_{uv} : \left(\frac{\varepsilon}{m}\right)_{ur}$ von der Größenordnung 10^5. Aus dem ZEEMAN-Effekt folgt nun, daß die Elektronen Träger des sichtbaren Spektrums[3] sind. Ihre Masse ist rund $\frac{1}{1800} m_H$ ($m_H =$ Masse des H-Atoms). Aus dem Verhältnis $\left(\frac{\varepsilon}{m}\right)_{uv} : \left(\frac{\varepsilon}{m}\right)_{ur} = 10^5$ erhalten wir also bei gleicher Ladung für die Masse des Trägers des ultraroten Spektrums $m_{ur} = \frac{10^5}{1800} m_H = 55\, m_H$, also die Größenordnung der Molekulargewichte.

Im großen und ganzen ist das auch der heutige Standpunkt, doch können wir die Einteilung des Spektrums präziser durch-

---

[1] Weiteres über den RAMAN-Effekt s. CL. SCHAEFER u. F. MATOSSI, l. c.

[2] P. DRUDE, Ann. d. Phys. Bd. 14, S. 677 u. 936. 1904.

[3] Im folgenden verzichten wir im allgemeinen auf die ausdrückliche Nennung des ultravioletten Spektralgebietes.

führen. Statt einer Trennung in ultrarotes und sichtbares Spektrum ist nämlich die Teilung in Linien- und Bandenspektrum sachgemäßer, wobei das Linienspektrum vom Atom, d. h. dessen Elektronen, das Bandenspektrum von den Schwingungen und Rotationen der Moleküle herrührt, wie sowohl die Erfahrung als auch die Theorie lehrt. Wir beschäftigen uns nur mit den ultraroten Bandenspektren, bei deren Entstehung die Elektronen überhaupt nicht beteiligt sind, lassen also die ultraroten Linienspektren, wie z. B. die PASCHEN-Serie des Wasserstoffs u. a. außer Betracht.

Die klassische Theorie der Spektren faßt die Absorptionsstellen als Resonanzstellen der schwingenden Gebilde gegenüber der einfallenden Strahlung auf. Das Problem der Dispersion und Absorption war damit auf die Theorie der erzwungenen Schwingungen zurückgeführt. Dieses Bild ist aber, wie man heute weiß, unzureichend und daher durch die Quantentheorie ersetzt worden, deren Anwendung auf die Theorie der Bandenspektren wir hier kurz besprechen wollen, wobei wir uns auf die zum Verständnis notwendigen Grundlagen und Ergebnisse beschränken. Für die weitere Durchführung der Theorie, besonders was ihre mathematische Seite betrifft, verweisen wir auf die Werke von SOMMERFELD und BORN[1].

Zunächst wenden wir uns der BOHRschen Fassung der Quantentheorie zu, welche die für die Systematik wesentlichsten Gesichtspunkte geliefert hat. Ein Grundprinzip der Quantentheorie ist die sog. „BOHRsche Frequenzbedingung", nach welcher Strahlung nur ausgesandt wird, wenn das Molekül seinen Energiezustand ändert. Es ist dann

$$h\nu = E^{(1)} - E^{(2)}, \tag{8}$$

wo h die PLANCKsche Konstante, ν die emittierte bzw. absorbierte Frequenz bedeutet je nachdem $E^{(1)} > E^{(2)}$ oder $E^{(1)} < E^{(2)}$. Die Energien $E^{(1)}$ und $E^{(2)}$ sind Funktionen von ganzen Zahlen (Quantenzahlen), die wir später berechnen werden. Schon jetzt können wir aber über die Qualität der Spektren einige Aussagen machen.

---

[1] A. SOMMERFELD, Atombau und Spektrallinien, 4. Aufl. 1924; M. BORN, Atom-Mechanik Bd. I. 1925; M. BORN u. P. JORDAN, Elementare Quantenmechanik (1930).

Die Energie E einer Molekel setzt sich zusammen aus der Energie der Elektronenbewegung (E_{el}), aus der Energie der Schwingung (E_s) und der Rotation (E_r) und einem Energiebetrag, der von den gegenseitigen Einwirkungen der eben genannten Bewegungszustände herrührt, wovon wir aber zunächst absehen. Es ist also angenähert in leicht verständlicher Bezeichnungsweise

$$E = E_{el} + E_s + E_r = f_1(l) + f_2(n) + f_3(m) \,*,$$

wo l, m, n ganze Zahlen, die Quantenzahlen, repräsentieren.

Nach der Frequenzbedingung (8) ist

$$\left. \begin{aligned} h\nu = E^{(1)} - E^{(2)} &= (E_{el}^{(1)} - E_{el}^{(2)}) + (E_s^{(1)} - E_s^{(2)}) + (E_r^{(1)} - E_r^{(2)}) \\ &= \varDelta E_{el} + \varDelta E_s + \varDelta E_r = h(\nu_{el} + \nu_s + \nu_r). \end{aligned} \right\} \quad (9)$$

Um zu einer Systematik zu gelangen, müssen wir etwas über die Größenordnung der einzelnen Energiesprünge bzw. Frequenzen wissen. Es ist ohne weiteres plausibel und durch die klassische Theorie der Schwingungen nahegelegt, daß den Elektronensprüngen infolge ihrer starken Bindung an das Atom eine wesentlich höhere Frequenz zukommt als den Schwingungen der Atome im Molekül, deren Schwingungsenergie wiederum einen größeren Beitrag zur Gesamtenergie liefert als die Rotationsbewegung. Diese Annahme wird bestätigt außer durch den Erfolg der Spektraltheorie noch durch andere auf dieser Grundlage beruhende Erfahrung. So kennen wir die Energie der Elektronensprünge aus den bekannten Versuchen von FRANCK und HERTZ über die Anregung von Spektren durch Elektronenstoß. Schwingungs- und Rotationsquanten sind uns aus der Theorie der spezifischen Wärmen bekannt. Tatsächlich können wir dann, wie in der klassischen Theorie, das sichtbare Spektrum den Elektronen zuschreiben, das kurzwellige Ultrarot bis ca. $20\,\mu$ ist im wesentlichen das Gebiet der Schwingungsfrequenzen[1] und im langwelligen Ultrarot sehen wir die Wirkung der Rotation der Moleküle. Im einzelnen können wir danach aus (9) folgendes entnehmen:

Der Wert von $\varDelta E_{el}$, als der größte, gibt die Lage des Bandensystems im Spektrum an. Jeder Wert von $\varDelta E_{el}$ liefert ein System

---

* Die Darstellung ist hier mit Absicht schematisiert; in Wirklichkeit entspricht im allgemeinen jede der Zahlen l, m, n mehreren Quantenzahlen; z. B. ist der Ausdruck E_{el} der Elektronenbewegung von nicht weniger als 4 Quantenzahlen abhängig, was uns hier jedoch nicht interessiert.

[1] Diese Angabe ist natürlich cum grano salis zu verstehen.

von Banden, die ihrerseits wieder nach den Werten von $\varDelta E_s$ und $\varDelta E_r$ geordnet werden können; ist $\varDelta E_{el} = 0$, so haben wir das System der ultraroten Banden, das uns hier allein interessiert.

Fernerhin ist demnach $\nu = \dfrac{1}{h}(\varDelta E_s + \varDelta E_r)$. Setzen wir $\varDelta E_s = 0$, so entsteht das reine Rotationsspektrum, das in Abb. 77 bei ν_r eingezeichnet ist. Es besteht aus einzelnen Linien, deren Lage durch den jeweiligen Betrag von $\varDelta E_r$ gegeben ist. Ihren gegenseitigen Abstand berechnen wir später, in erster Annäherung haben sie gleichen Abstand voneinander.

Für $\varDelta E_r = 0$ erhalten wir das reine Schwingungsspektrum, das nach größeren Frequenzen zu liegen kommt und in Abb. 77 durch lange Linien dargestellt ist.

Sind sowohl $\varDelta E_r$ als auch $\varDelta E_s$ von Null verschieden, dann addieren bzw. subtrahieren sich zu jeder Schwingungsfrequenz die Rotationsfrequenzen, es entsteht das Rotations-Schwingungsspektrum (s. Abb. 77 bei 3). Im Rotationsspektrum muß selbstverständlich $\varDelta E_r > 0$ sein, im Rotations-Schwingungsspektrum kann $\varDelta E_r$ auch negative Werte annehmen, wir erhalten

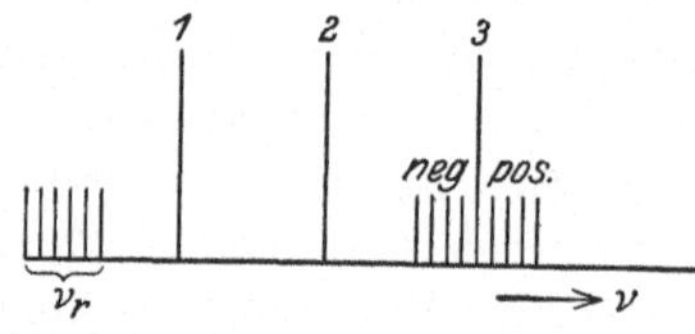

Abb. 77. Schematische Darstellung eines ultraroten Bandenspektrums.

einen positiven und negativen Zweig (auch R- bzw. P-Zweig genannt). Der Nullzweig (Q-Zweig) für $\varDelta E_r = 0$ fällt in unserem vereinfachten Schema mit der Schwingungsfrequenz zusammen, er kann aber bei näherer Berücksichtigung sekundärer Umstände, wie der Wechselwirkung zwischen Rotation und Schwingung, ebenfalls aus mehreren Linien bestehen. Bei zweiatomigen Gasen tritt er im allgemeinen nicht auf (s. indessen unten auf S. 189). Die Erklärung des Rotations-Schwingungsspektrums in der hier gegebenen Weise geht auf Bjerrum[1] zurück, der allerdings die Frequenzbedingung noch nicht anwenden konnte.

Wir können noch weiter zusammenfassen. Alle Rotations-Schwingungsbanden mit gleichem $\varDelta E_r$ bzw. $\varDelta n$* bilden eine

---

[1] N. Bjerrum, Nernstfestschrift 1912, S. 90.

* Wir werden später sehen, daß E_s proportional der Quantenzahl n ist, so daß wir sowohl $\varDelta E_s$ als auch $\varDelta n$ zur Charakterisierung der Bandengruppe benutzen können.

Bandengruppe innerhalb des Systems. Die Gruppe besteht aus **Teilbanden**, die durch den Wert von n selbst charakterisiert sind. Abb. 78 vervollständigt Abb. 77 in dieser Richtung für die Gruppen $\varDelta n = 1$ und $\varDelta n = 2$. Die Teilbanden sind untereinander gezeichnet; ihre Intensität nimmt mit wachsendem n ab, was in der Zeichnung nicht zum Ausdruck kommt. Der gegenseitige Abstand der Teilbanden ist klein gegenüber dem Abstand der Gruppen. Jede Teilbande ist, wie man sieht, wiederum ein Rotations-Schwingungsspektrum mit positivem und negativem Zweig.

Nach Analogie mit der klassischen Theorie (Begründung s. unten S. 163) bezeichnen wir die Gruppen $\varDelta n = \tau$ als die $(\tau - 1)^{\text{te}}$ Oberschwingung der Grundschwingung $\varDelta n = 1$. In Abb. 78 ist also neben der Grundschwingung noch die erste Oberschwingung gezeichnet.

Das Hinzutreten der Wechselwirkung ändert an dieser Systematik nichts, nur die Frequenzen werden dadurch etwas modifiziert, wie wir im nächsten Paragraphen näher diskutieren werden.

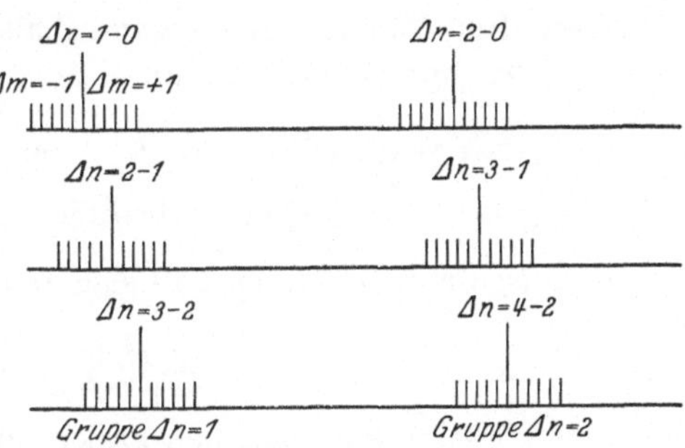

Abb. 78. Bandengruppen und Teilbanden.

Um nun die Energie bzw. die Frequenzen als Funktion der Quantenzahlen berechnen zu können, gehen wir von den kanonischen Bewegungsgleichungen HAMILTONs aus. Diese lauten:

$$\dot{q}_k = \frac{\partial H}{\partial p_k}, \qquad \dot{p}_k = -\frac{\partial H}{\partial q_k}, \qquad k = 1, 2, 3, \ldots, N,$$

wo N die Anzahl der Freiheitsgrade ist. q_k ist die allgemeine Lagekoordinate, $p_k = \dfrac{\partial E_{kin}}{\partial \dot{q}_k} = \dfrac{\partial E}{\partial \dot{q}_k}$ die allgemeine Impulskoordinate; $H = H(p_k, q_k)$ ist die HAMILTONsche Funktion, d. h. die Gesamtenergie als Funktion der p_k und q_k. (Unter E verstehen wir immer die Energie als Funktion von q_k und $\dot{q}_k$ oder, wie oben, allgemein einen Energiewert). Die Bewegung sei periodisch.

Man kann nun zeigen, daß das Integral $J = \oint p_k dq_k$* „adiabatisch invariant" ist; das bedeutet, daß bei unendlich langsamen Einwirkungen auf die Parameter des Systems die Größe J nicht geändert wird. Unter einem Parameter des Systems sind dabei Größen zu verstehen, die ohne äußere Einwirkung zeitlich konstant wären (z. B. Pendellänge bei der Schwingung eines Pendels). Während der äußeren Einwirkung wird der Parameter geändert, für jeden dieser Parameterwerte aber sollen die kanonischen Bewegungsgleichungen Gültigkeit behalten. Man nennt die adiabatische Invarianz deshalb auch Parameterinvarianz[1].

Sodann hat J die Eigenschaft, vom Koordinatensystem unabhängig zu sein, soweit bei der Transformation auf andere kanonisch konjugierte Variable P_k, Q_k die kanonischen Bewegungsgleichungen erhalten bleiben (kanonische Transformation). Diese Eigenschaften führten dazu, gerade J als die zu quantelnde Größe anzusehen; man setzt dafür an

$$J_k = \oint p_k dq_k = n_k \cdot h, \qquad n_k = \text{ganze Zahl.} \qquad (11)$$

$$\text{(Quantenbedingungen.)}$$

Vorausgesetzt ist dabei, daß sich H in der Form

$$H = \sum_k H_k(p_k, q_k) \qquad (12)$$

schreiben läßt, was in manchen Fällen durch geeignete kanonische Transformation erreicht werden kann. Wie man sieht, hängt dann jede der Differentialgleichungen (10) nur von je einem zusammengehörigen Koordinatenpaar p_k, q_k ab: die Differentialgleichung ist „separierbar".

Die Integration von (10) kann dann wie folgt ausgeführt werden.

Man bestimme eine Funktion S aus der sog. HAMILTON-JACOBIschen Differentialgleichung

$$H\left(\frac{\partial S}{\partial q_k}, \, q_k\right) = W = \text{const}, \qquad (13)$$

die aus (12) dadurch entsteht, daß man $H = W = $ const. setzt und

---

* Das Integral $\oint$ ist über eine volle Periode der q_k zu erstrecken.

[1] A. SMEKAL, Enzyklop. d. math. Wiss. V 3, S. 882 ff.

jedes p_k durch $\dfrac{\partial S}{\partial q_k}$ ersetzt. Die Lösung von (13) gelingt in manchen Fällen durch Separation der Variablen, wenn man setzt $S = \sum\limits_k S_k$, wo S_k nur von einem q_k abhängt, wodurch (13) in k Differentialgleichungen zerfällt von der Form

$$H_k\left(\frac{dS}{dq_k},\ q_k\right) = W_k = \text{const}. \tag{13a}$$

Man erhält zunächst S als Funktion von q_k und W_k. Nach (11) berechnet man

$$J_k = \oint \frac{dS_k}{dq_k}\, dq_k, \tag{14}$$

das sonach nur noch Funktion von W_k ist; mittels dieser führt man sodann J_k statt W_k in S ein: $S_k = S_k(q_k,\ J_k)$. Durch die kanonische Transformation[1] (die Indizes lassen wir jetzt weg)

$$p = \frac{\partial S(q,\ J)}{\partial q}, \qquad w = \frac{\partial S(q,\ J)}{\partial J} \tag{15}$$

führt man in (10) neue kanonische Variable w und J ein. Es wird dann

$$\dot{w} = \frac{\partial H(w,\ J)}{\partial J}, \qquad \dot{J} = -\frac{\partial H(w,\ J)}{\partial J}. \tag{16}$$

Es ist dann

$$\left.\begin{aligned}
\oint dw &= \oint \frac{dw}{dq}\, dq = \oint \frac{d}{dq}\left(\frac{\partial S}{\partial J}\right) dq \\
&= \oint \frac{\partial}{\partial J}\left(\frac{\partial S}{\partial q}\right) dq = \frac{\partial}{\partial J} \oint \frac{\partial S}{\partial q}\, dq = \frac{\partial J}{\partial J} = 1,
\end{aligned}\right\} \tag{17}$$

w nimmt also nach Vollendung jeder Periode von q um 1 zu, man nennt daher w „Winkelvariable“, denn $2\pi w$ entspricht dem Verhalten eines Winkels. J, die Zunahme von S während einer solchen Periode, heißt „Wirkungsvariable“, da S bzw. J die Dimension einer Wirkung besitzt.

Nach (14) ist nun J eine reine Funktion von W (über die q wird integriert), also auch W eine Funktion von J allein, so daß in der HAMILTONschen Funktion $W = H(w,\ J)$ nach (13) und (16) die Winkelvariable w tatsächlich nicht vorkommt; w ist also eine sog. zyklische Variable. Die Gleichungen (16) lauten deshalb einfacher:

$$\dot{W} = \frac{\partial H}{\partial J}, \qquad \dot{J} = 0,$$

---

[1] Vgl. z. B. M. BORN, Atommechanik Bd. I, S. 33f.

also wenn wir jetzt den Index wieder hinzufügen:

$$J_k = \text{const}, \quad W_k = \nu_k t + \delta_k, \quad \text{wo} \quad \nu_k = \frac{\partial H}{\partial J_k} = f(J_k) = \text{const}. \quad (18)$$

ist. Damit ist die Integration geleistet. Die ν_k müssen voneinander linear unabhängig sein; andernfalls haben wir ein sog. entartetes System. Die zu entarteten Koordinaten gehörenden J_k dürfen nicht einzeln gequantelt werden[1].

Besonders wichtig ist für uns die Gleichung (18) für ν_k; wir können nämlich an ihre Betrachtung das BOHRsche Korrespondenzprinzip anknüpfen, das uns erlaubt, Intensitäten abzuschätzen.

In der klassischen Theorie der Strahlung bestimmt das elektrische Moment $\mathfrak{M}$ die Intensität der einzelnen Spektrallinien. Die gesamte Ausstrahlung einer Kugelwelle durch die Oberfläche einer die Lichtquelle umschließenden Kugel hat den Betrag

$$S = \frac{2}{3} \frac{\overline{\ddot{\mathfrak{M}}^2}}{c^3}. \quad (19)$$

Daraus folgt die wichtige Tatsache, daß nur Dipolgase (Typus HCl) Ultrarotabsorption besitzen können, denn nur diese können bei Rotation oder Schwingung ihr elektrisches Moment ändern; Gase vom Typus H_2 können keine Ultrarotabsorption aufweisen.

Man kann nun die Komponenten von $\mathfrak{M}$, dessen zeitliche Periodizität die Grundfrequenz ν haben möge, in eine FOURIERsche Reihe entwickeln:

$$\mathfrak{M}_x = \sum_{-\infty}^{\infty} C_\tau \, e^{2\pi i \tau (\nu t + \delta)} = \sum C_\tau \, e^{2\pi i \tau w}.$$

Darin sind die C_τ die Amplituden der τ^{ten} Partialschwingung, deren klassisch gerechnete Strahlungsfrequenz $\tilde{\nu}_{kl} = \tau \nu$ ist. Dafür können wir schreiben

$$\tilde{\nu}_{kl} = \tau \nu = \tau \frac{\partial H}{\partial J} = \frac{\partial H}{\partial \left(\dfrac{J}{\tau}\right)}. \quad (20\,\text{a})$$

Anderseits berechnet sich die quantentheoretische Strahlungsfrequenz aus (8) zu $\tilde{\nu}_{qu} = \dfrac{\Delta H}{h}$; aus der Quantenbedingung (11)

---

[1] M. BORN, Atommechanik Bd. I, Kap. 2, § 15.

folgt

$$h = \frac{J_1 - J_2}{n_1 - n_2} = \frac{\varDelta J}{\varDelta n},$$

also

$$\tilde{\nu}_{qu} = \frac{\varDelta H}{\left(\dfrac{\varDelta J}{\varDelta n}\right)}. \qquad (20\,\mathrm{b})$$

Ein Vergleich der beiden Gleichungen (20) lehrt uns, daß die klassische τ^{te} Partialschwingung mit der quantentheoretischen Strahlungsfrequenz $\tilde{\nu}_{qu}$ für $\tau = \varDelta n$ „korrespondiert". Für große Quantenzahlen kann man in (20 b) $\varDelta$ durch das Differentialzeichen ersetzen. Im $\lim h = 0$ für hohe Quantenzahlen stimmen also klassische und Quantentheorie überein. Diese „Korrespondenz" zwischen τ und $\varDelta n$ gibt uns erstens die Berechtigung, die auf S. 159 angegebenen Definitionen für die Oberschwingungen anzuwenden, wie ohne weiteres ersichtlich. Sodann erhalten wir die Möglichkeit, Intensitäten abzuschätzen. Im Gebiet hoher Quantenzahlen kann die Intensität auf klassische Art richtig erhalten werden, die Übertragung der klassischen Berechnung auf niedere Quantenzahlen wird wenigstens annähernd richtige Resultate liefern. Bei der korrespondenzmäßigen Berechnung tritt aber eine Schwierigkeit auf, die mit dazu beigetragen hat, die BOHRsche Theorie durch die neueren Quantentheorien abzulösen. Für $\overline{\mathfrak{M}^2}$ erhält man nämlich

$$\overline{\ddot{\mathfrak{M}}_x^2} = \tfrac{1}{2} \sum 16\,\pi^4 \tau^4 \nu^4 C_\tau^2 = \tfrac{1}{2} \sum 16\,\pi^4 \tilde{\nu}_{kl}^4 C_\tau^2.$$

Hierin ist $\tilde{\nu}_{kl}$ durch die Schwingungsfrequenzen in einem einzigen Energiezustand gegeben, während $\tilde{\nu}_{qu}$ im wesentlichen die Differenz zweier solcher Frequenzen bedeutet. Man kann also im Zweifel sein, ob die klassische Schwingung mit dem End- oder Anfangszustand korrespondiert oder ob ein Mittelwert genommen werden muß. Diese Schwierigkeit wird gerade durch die Quantenmechanik behoben (s. auch § 29).

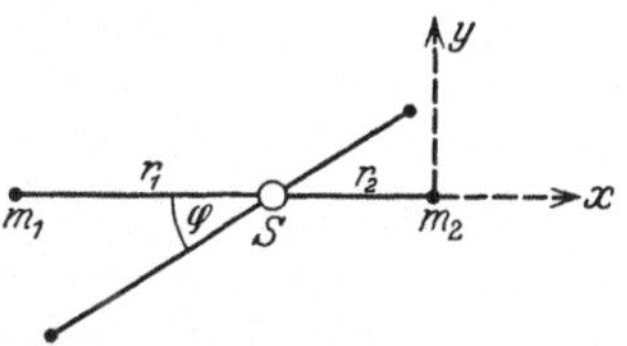

Abb. 79. Modell einer zweiatomigen Molekel.

Im folgenden geben wir einige für die Spektren zweiatomiger Molekeln bedeutungsvolle Anwendungen, für deren nähere Diskussion wir auf § 27 verweisen.

In Abb. 79 sei das Modell der zweiatomigen Molekel dargestellt: Zwei Massen m_1 und m_2 mit den Koordinaten $(x_1\,y_1)$

bzw. $(x_2\,y_2)$ in der Entfernung $r = r_1 + r_2$ voneinander, S der Schwerpunkt.

1. Reine Rotation. Die Rotationsenergie lautet bekanntlich, da $E_{pot} = 0$:

$$E(q,\,\dot{q}) = E_{kin} = \tfrac{1}{2}A\dot{\varphi}^2,$$

wo $A = \mu r^2 =$ Trägheitsmoment,

$$\mu = \frac{m_1 m_2}{m_1 + m_2}, \quad \text{also} \quad p_\varphi = A\dot{\varphi}, \quad H(p,\,q) = \frac{p_\varphi^2}{2A}.$$

Die kanonischen Differentialgleichungen lauten

$$\dot{\varphi} = \frac{\partial H}{\partial p_\varphi} = \frac{p_\varphi}{A} \quad \text{und} \quad \dot{p}_\varphi = -\frac{\partial H}{\partial \varphi} = 0,$$

also
$$p_\varphi = \text{const.} \tag{21}$$

Die Quantenbedingung liefert $J = \oint p_\varphi\, d\varphi = 2\pi p_\varphi = m \cdot h$, $m = 1,\,2,\,3,\,\ldots$ Demnach:

$$H = \frac{m^2 h^2}{8\pi^2 A} = \frac{J^2}{8\pi^2 A}. \tag{22}$$

Die Integration von (21) ergibt

$$\varphi = \frac{mh}{2\pi A}\,t + 2\pi\delta. \tag{23}$$

Da nach (18) $\nu = \dfrac{\partial H}{\partial J}$, so folgt unter Beachtung von (22):

$$\varphi = 2\pi\nu t + 2\pi\delta. \tag{23a}$$

Wir setzen $\delta = 0$, was nur eine Verschiebung des Anfangspunktes der Zeitzählung bedeutet. Die Frequenz ν (der Bewegung, nicht der Strahlung!) ist also

$$\nu = \frac{\partial H}{\partial J} = \frac{mh}{4\pi^2 A}.$$

(21) charakterisiert die einzelnen Quantenzustände durch die Rotationsgeschwindigkeiten $\dot{\varphi}$.

Das Korrespondenzprinzip sagt nun folgendes aus. Die Komponenten des elektrischen Moments nach der x- und y-Richtung sind gegeben durch (vgl. Abb. 79)

$$\left.\begin{aligned}
\mathfrak{M}_x &= e(x_2 - x_1) = er\cos\varphi = er\cos 2\pi w, \\
\mathfrak{M}_y &= e(y_2 - y_1) = er\sin(\pm 2\pi w).
\end{aligned}\right\} \tag{24}$$

Wenn wir (24) mit der allgemeinen Form von $\mathfrak{M}$ vergleichen, so erkennen wir, daß wir hier nur je das erste Glied der FOURIER-

Entwicklung vor uns haben. Es ist also nur der Wert $\tau = \pm 1$ zulässig, d. h. m darf sich nur um 1 ändern: $m \to m \pm 1$.

Die Frequenzbedingung liefert hiernach

$$\tilde{\nu}_{qu} = \frac{E^{(1)} - E^{(2)}}{h} = \frac{h}{8\pi^2 A}[(m+1)^2 - m^2] = \frac{h}{8\pi^2 A}(2m+1),$$

also eine äquidistante Linienfolge mit dem Linienabstand $\Delta\nu = \dfrac{h}{4\pi^2 A}$, wie oben bereits gesagt.

2. Wir gehen gleich zu dem allgemeinsten Fall über (andere Fälle s. BORN, l. c.): **Rotation und Schwingung bei anharmonischer Bindung**[1].

Die allgemeine Form der HAMILTONschen Funktion für eine zweiatomige Molekel, die gleichzeitig rotiert und Schwingungen ausführt, lautet unter Weglassung einer Kreiselbewegung, die evtl. durch einen Elektronenimpuls hervorgerufen sein kann:

$$\left.\begin{aligned} E &= \frac{m_1 \dot{r}_1^2}{2} + \frac{m_1 r_1^2 \dot{\varphi}^2}{2} + \frac{m_2 \dot{r}_2^2}{2} + \frac{m_2 r_2^2 \dot{\varphi}^2}{2} + U(r) \\ &= \frac{\mu}{2}(\dot{r}^2 + r^2 \dot{\varphi}^2) + U(r). \end{aligned}\right\} \tag{25}$$

$U(r)$ ist die potentielle Energie, in der die Bindungskräfte enthalten sind. Wir stellen sie in Form einer Potenzreihe nach den Verrückungen ϱ dar. Die Verknüpfung von U mit Vorstellungen über die Art der Bindung besprechen wir in § 28.

Es existiere eine Gleichgewichtslage $r = r_0$ für die nicht rotierende Molekel, für die $U = U_{\min} = U_0$, $U_0' = 0$, $U_0'' > 0$ *. Durch die Rotation wird infolge der Zentrifugalkraft der Kernabstand der nicht schwingenden Molekel in $\bar{r} = r_0 + r_1$ abgeändert ($r_1 \ll r_0$). Um diese neue „Ruhelage" werden periodische Schwingungen ausgeführt, so daß $r = \bar{r} + \varrho$, wo ϱ eine periodische Funktion der Zeit ist. Setzt man $\bar{r} + \varrho$ für r in (25) ein, dann ist

$$E = \frac{\mu}{2}[\dot{\varrho}^2 + (\bar{r} + \varrho)^2 \dot{\varphi}^2] + U(\bar{r} + \varrho).$$

φ ist zyklische Koordinate, daher ist

$$p_\varphi = \frac{\partial E}{\partial \dot{\varphi}} = \mu(\bar{r} + \varrho)^2 \dot{\varphi} = \text{const} = \mu \bar{r}^2 \dot{\varphi},$$

---

[1] Ausführliche Darstellung bei M. BORN, Atommechanik Bd. I, S. 76 u. 140ff., sowie bei M. BORN u. E. HÜCKEL, Phys. ZS. Bd. 24, S. 1. 1923 und M. BORN u. E. BRODY, ZS. f. Phys. Bd. 6, S. 140. 1921.

* Akzente bedeuten Differentiation nach r, Überstreichung bedeutet den Wert der Funktion für $\bar{r}$.

wenn $\bar{r}$ und $\bar{\varphi}$ die schwingungsfreie Rotationsbewegung charakterisieren. Ferner ist $p_\varrho = \dfrac{\partial E}{\partial \dot{\varrho}} = \mu \dot{\varrho}$. Führt man in E die Impulse p_φ und p_ϱ ein und entwickelt in eine Potenzreihe nach ϱ, dann erhält man nach einigen Rechnungen:

$$H = \frac{p_\varrho^2}{2\,\mu} + \frac{p_\varphi^2}{2\,\mu\,\bar{r}^2} + \overline{U} + \left(\overline{U'} - \frac{p_\varphi^2}{\mu\,\bar{r}^3}\right)\varrho + \left(\frac{1}{2!}\,\overline{U''} - \frac{3\,p_\varphi^2}{2\,\mu\,\bar{r}^4}\right)\varrho^2$$
$$+ \left(\frac{1}{3!}\,\overline{U'''} - \frac{4\,p_\varphi^2}{2\,\mu\,\bar{r}^5}\right)\varrho^3 + \left(\frac{1}{4!}\,\overline{U''''} + \frac{5\,p_\varphi^2}{2\,\mu\,\bar{r}^6}\right)\varrho^4.$$

Das Auftreten von Gliedern mit ϱ^3 und höheren Potenzen von ϱ zeigt, daß die Molekel als anharmonischer Oszillator schwingt. Den Ausdruck für H kann man auch wie folgt schreiben:

$$H = \left(\frac{p_\varrho^2}{2\,\mu} + \frac{p_\varphi^2}{2\,\mu\,\bar{r}^2} + \overline{U}\right) + 0 \cdot \varrho + 2\,\mu\,\pi^2\,\nu^{(0)2}\varrho^2 + a\,\varrho^3 + b\,\varrho^4,$$

wenn $\nu^{(0)}$ die Schwingungsfrequenz des Oszillators bedeutet, insofern man von den höheren Gliedern absieht, so daß also $\nu^{(0)}$ genauer die Frequenz des harmonischen Oszillators ist. Das Glied mit ϱ verschwindet, da für die reine Rotation Zentrifugalkraft und Bindungskraft einander gleich sein müssen, also

$$\overline{U'} - \mu\,r\,\bar{\dot{\varphi}}^2 = \frac{p_\varphi^2}{\mu\,\bar{r}^3}.$$

Nach Einführung von Wirkungsvariablen $J_\varphi = 2\pi\,p_\varphi$ und $J_\varrho = \oint p_\varrho\,d\varrho$ vermittels einer geeigneten kanonischen Transformation erhält man schließlich, wobei das Glied mit ϱ^4 zunächst vernachlässigt werde:

$$H = U_0 + \frac{J_\varphi^2}{8\,\pi^2 A} + \nu^{(0)}J_\varrho + \alpha\,J_\varrho^2,$$

wo zur Abkürzung

$$A = \mu\,r_0^2 \quad \text{und} \quad \alpha = -\frac{15\,a^2\,\nu^{(0)\,2}}{4\,(2\,\pi\,\nu^{(0)})^6\,\mu^3}$$

gesetzt werde.

Der Einfluß der Rotation auf die Schwingungsfrequenz des rotierenden harmonischen Oszillators $\nu^{(0)}$ ist nach BORN (l. c.) näherungsweise gegeben durch $\nu^{(0)} = \nu_0 + \nu_1 J_\varphi^2$.

Für α ergibt sich ebenfalls näherungsweise $\alpha = \alpha_0 + \alpha_1 J_\varphi^2$, und zwar berechnen sich die Größen ν_0, ν_1 und α_0 wie folgt:

$$\nu_0 = \frac{1}{2\pi} \sqrt{\frac{U_0''}{\mu}} = \text{Schwingungsfrequenz des rotationslosen harmonischen Oszillators}[1]$$

$$\nu_1 = \frac{1}{2\pi} \sqrt{\frac{U_0''}{\mu} \left(\frac{3}{r_0^4} + \frac{U_0'''}{r_0^3 U_0''} \right)}, \qquad \alpha_0 = - \frac{15 a^2}{4 (2\pi)^6 \nu_0^4 \mu^3} .$$

Damit wird bis auf Glieder dritter Ordnung in J_φ und J_ϱ einschließlich

$$H = U_0 + \frac{J_\varphi^2}{8\pi^2 A} + r_0 J_\varrho + \alpha_0 J_\varrho^2 + \nu_1 J_\varrho J_\varphi^2 .$$

Da nach den Quantenbedingungen $J_\varrho = nh$ und $J_\varphi = mh$ sein muß, so erhalten wir schließlich

$$H = U_0 + \frac{m^2 h^2}{8\pi^2 A} + nh\nu_0 + n^2 h^2 \alpha_0 + n m^2 h^3 \nu_1 . \tag{26}$$

Die Schwingungsfrequenz des rotierenden anharmonischen Oszillators berechnet sich sodann nach (18):

$$\nu = \frac{\partial H}{\partial J_\varrho} = \nu_0 - \frac{15 a^2}{2 (2\pi)^6 \nu_0^4 \mu^3} J_\varrho + \nu_1 J_\varphi^2 = \nu^{(0)} + 2\alpha_0 J_\varrho ,$$

also verschieden von $\nu^{(0)}$. Wenn man den Einfluß der Rotation vernachlässigt bzw. wenn keine Rotation vorhanden ist, erhalten wir einfacher

$$\nu = \nu_0 + 2\alpha_0 J_\varrho .$$

Die Differenz der Gleichgewichtsradien im rotationslosen und rotierenden Zustand ergibt sich zu

$$r_1 = \frac{J_\varphi^2}{4\pi^2 \mu} \frac{1}{r_0^3 U_0''} .$$

Für ϱ erhalten wir nach längerer Rechnung:

$$\varrho = \sqrt{\frac{J_\varrho}{2\pi^2 \nu_0 \mu}} \sin 2\pi (\nu t + \delta) - \frac{\alpha \nu_0 J_\varrho}{(2\pi \nu_0)^4 \mu^2} [3 + \cos 4\pi (\nu t + \delta)]. \tag{27}$$

Wenn man noch $b\varrho^4$ berücksichtigt, kommt ein weiteres Glied hinzu, nämlich

$$\left(\frac{3 a^2}{16 (2\pi \nu_0)^4 \mu^2} + \frac{b}{8 (2\pi \nu_0)^2 \mu} \right) \sqrt{\frac{J_\varrho}{2\pi^2 \nu_0 \mu}}^{\,3} \sin 6\pi (\nu t + \delta). \tag{27a}$$

Außer der Grundschwingung treten also nach (27) und (27 a) Oberschwingungen (harmonische Obertöne von ν, nicht ν_0!) auf,

---

[1] $\nu^{(0)}$ ist dagegen die Frequenz des rotierenden harmonischen Oszillators.

in erster Näherung die Oktave, weiterhin die Duodezime; die
Intensitäten stehen größenordnungsmäßig im Verhältnis $1 : a^2 : a^4$.
Übertragen auf die Quantensprache bedeutet das, daß n um mehr
als die Einheit springen kann mit entsprechend geringerer Wahrscheinlichkeit. Der harmonische Oszillator dagegen besitzt nur
die Grundschwingung. Auch in der klassischen Theorie treten die
Oberschwingungen nur als Eigenschwingungen eines unharmonisch
schwingenden Systems auf[1].

In bekannter Weise ergeben sich aus (26) die Strahlungsfrequenzen für den Übergang $n_1 \to n_2$, $m \to m \pm 1$ (mit anderer
Reihenfolge der Summanden)

$$\tilde{\nu}_{qu} = \nu_0(n_1 - n_2) + h\alpha_0(n_1^2 - n_2^2)$$
$$+ \frac{h}{8\pi^2 A}(\pm 2m + 1) + h^2\nu_1[n_1(m \pm 1)^2 - n_2 m^2]. \quad \biggr\} \quad (28)$$

Darin liefert das dritte Glied das Rotationsspektrum, das letzte
enthält die Wechselwirkung zwischen Rotation und Schwingung,
die beiden ersten geben die Frequenzen des anharmonischen
Oszillators, die wir auch in der Form schreiben können:

$$\nu_s = n\nu_0 + h\alpha_0(n_1 + n_2)n, \qquad (29\,\mathrm{a})$$

wenn $n_1 - n_2 = n$ gesetzt wird. Ist $n_2 = 0$, wie es meist der Fall
ist, dann haben wir einfacher:

$$\nu_s = n\nu_0 + h\alpha_0 n^2 = n(\nu_0 + h\alpha_0 n). \qquad (29\,\mathrm{b})$$

KRATZER[2] geht zur Behandlung des anharmonischen Oszillators
von einem anderen Ansatz aus. Er setzt U elektrostatisch in einer
Reihe nach Potenzen von $\dfrac{1}{r}$ an:

$$U = -\frac{e^2}{r}\left(1 + \frac{c_1}{r} + \frac{c_2}{r^2} + \frac{c_3}{r^3} + \cdots\right),$$

also abweichend von der reinen COULOMBschen Anziehung. Führt
man statt r die dimensionslose Größe $\varrho = \dfrac{r}{r_0}$ ein und berücksichtigt
die Gleichgewichtsbedingung $\left(\dfrac{dU}{dr}\right)_{r=r_0} = 0$, dann kann man U
in der Nähe der Gleichgewichtslage wie folgt schreiben:

$$U = -\varkappa\left(\alpha + \frac{1}{\varrho} - \frac{1}{2\varrho^2} + b\xi^3 + c\xi^4 + \cdots\right),$$

---

[1] Vgl. G. HETTNER, ZS. f. Phys. Bd. 1, S. 345. 1920. Systematische
Untersuchung s. E. C. KEMBLE, Phys. Rev. Bd. 8, S. 701. 1916.

[2] A. KRATZER, ZS. f. Phys. Bd. 3, S. 289. 1920. Vgl. auch SOMMER-
FELD, Atombau und Spektrallinien.

worin $\xi = \varrho - 1$; $\varkappa$ und α sind Konstanten[1]. Die Glieder mit $\dfrac{1}{\varrho}$ und $\dfrac{1}{\varrho^2}$ stellen die COULOMBsche Anziehung und eine Abstoßung dar und lassen sich bei der Rechnung streng berücksichtigen. Man rechnet leicht aus, daß in U alle Potenzen von ξ vorkommen (von ξ^2 an) und daß für harmonische Bindung $b = -1$ und $c = \frac{3}{2}$ sein muß, damit die Glieder $b\xi^3$ und $c\xi^4$ verschwinden. Nach Durchführung der Rechnung erhält man schließlich folgende Formeln, die mit (26) bzw. (29) identisch sind bis auf ein Glied mit m^4, das bei der BORNschen Näherung noch nicht auftrat[2].

$$\left. \begin{aligned} H = H_0 &+ \frac{m^2 h^2}{8\pi^2 A} + n h \nu_0 - h m^2 a_n \\ &- n^2 h \nu_0 \left(\frac{3}{2} + K\right) u - \frac{h^2}{8\pi^2 A} m^4 u^2, \end{aligned} \right\} \tag{30}$$

$$\nu_s = n\nu_0(1 - nx), \qquad x = (\tfrac{3}{2} + K)u. \tag{30a}$$

Hierin bedeuten

$$\left. \begin{aligned} a_n &= \frac{3}{2} n u \frac{h}{4\pi^2 A}(1 + 2b), \qquad K = \frac{15}{2} b + \frac{3}{2} c + \frac{15}{4} b^2, \\ u &= \frac{h}{2\pi \sqrt{\varkappa A}} = \frac{h}{4\pi^2 \nu_0 A}, \qquad \nu_0 = \frac{1}{2\pi}\sqrt{\frac{\varkappa}{A}}. \end{aligned} \right\} \tag{30b}$$

Durch Vergleich mit (26) finden wir

$$\frac{3}{2} u \frac{1 + 2b}{4\pi^2 A} = h\nu_1, \qquad h\alpha_0 = \nu_0 u \left(\frac{3}{2} + K\right), \qquad x = \frac{h\alpha_0}{\nu_0}.$$

Die bisher zugrunde gelegte BOHRsche Theorie ist vom Standpunkt des Systematikers aus unbefriedigend; denn sie sieht z. B. die Bahnen der Elektronen im Atom als strahlungslos an, was der klassischen Elektrodynamik widerspricht, die man aber gleichwohl zur Intensitätsberechnung mittels des Korrespondenzprinzips braucht; die Quantenbedingungen werden ferner ad hoc eingeführt; zudem ergaben sich in der Deutung der Spektren gewisse Schwierigkeiten, die allerdings durch geeignete, aber wieder nicht zu begründende Zählung der Quantenzahlen behoben werden konnten (vgl. § 27). Diese Schwierigkeiten sind zum größten Teil durch die „Quantenmechanik" von HEISENBERG, BORN und JORDAN[3]

---

[1] ϱ, α und b haben hier andere Bedeutung als oben!

[2] Wir vernachlässigen ferner in (30) ein Glied proportional $n^3 u^2$.

[3] W. HEISENBERG, ZS. f. Phys. Bd. 33, S. 879. 1925; M. BORN u. P. JORDAN, ZS. f. Phys. Bd. 34, S. 858. 1925; M. BORN, W. HEISENBERG u. P. JORDAN, ZS. f. Phys. Bd. 35, S. 557. 1926.

sowie die „Wellenmechanik“ von Schrödinger[1] behoben worden, die beide zwar mehr formalen Charakter haben, aber von einheitlichem Gesichtspunkt aus durchgeführt werden können.

Die Schrödingersche Wellenmechanik beruht auf der Überlegung von de Broglie[2], daß jeder Bewegung eines materiellen Teilchens ein Schwingungsvorgang zugeordnet werden kann. Sei v die Geschwindigkeit des Teilchens, c die Lichtgeschwindigkeit, u die Phasengeschwindigkeit der zugeordneten „Materiewelle“, dann besteht nach de Broglie die Beziehung $uv = c^2$ *; es läßt sich zeigen, daß v als „Gruppengeschwindigkeit“ einer Wellengruppe von Einzelwellen, deren Frequenzen ν von u abhängen, aufgefaßt werden kann:

$$\frac{1}{v} = \frac{d\left(\frac{\nu}{u}\right)}{d\nu} = \frac{1}{u} - \frac{\nu}{u^2}\frac{du}{d\nu},$$

wenn als Dispersionsgesetz die aus der Relativitätstheorie folgende Formel

$$\nu = \frac{\nu_0}{\sqrt{1 - \dfrac{v^2}{c^2}}}$$

zugrunde gelegt wird. Darin ist ν_0 in einem mitbewegten, ν in einem ruhenden Koordinatensystem gemessen. Ferner gilt, wie für alle Wellenvorgänge $u = \lambda\nu$. Die Frequenz berechnet sich nach de Broglie aus

$$h\nu = \mu c^2, \tag{31}$$

woraus

$$\lambda = \frac{h}{\mu v} \qquad (\mu = \text{Masse des Teilchens}). \tag{31a}$$

Auf Grund der de Broglieschen Vorstellungen stellt Schrödinger für die Schwingungsvorgänge, die einer materiellen Be-

---

[1] E. Schrödinger, Abhandlungen zur Wellenmechanik. Leipzig 1926; Ann. d. Phys. Bd. 79, S. 361, 489 u. 734. 1926; Bd. 80, S. 437 u. Bd. 81, S. 109. 1926; Naturwissensch. Bd. 14, S. 666. 1926.

[2] L. de Broglie, Ann. de phys. Bd. 10, S. 22. 1925. Vgl. auch A. Haas, Materiewellen und Quantenmechanik. Leipzig 1928; J. Frenkel, Einführung in die Wellenmechanik. Berlin; Julius Springer 1929.

. * Die Form dieser Gleichung leuchtet ein aus der Form der Minimumprinzipe der Optik $\int \frac{1}{u}\,ds = $ Min. und der Mechanik $\int v\,ds = $ Min.

wegung entsprechen, eine Wellengleichung auf, wobei ihn der Gedanke leitet, daß analog zu dem Übergang von der geometrischen zur Wellenoptik (erstere gültig für Dimensionen, die groß gegen die Wellenlänge sind, letztere bei kleineren Dimensionen) auch in der Mechanik eine wellentheoretische Verfeinerung notwendig ist, die bei atomaren Vorgängen von Einfluß wird. Tatsächlich ist auch $\lambda = \dfrac{h}{\mu v}$ von der Größenordnung atomarer Dimensionen, wenn für μ und v Masse und Geschwindigkeit von Elektronen eingesetzt werden.

Die Wellengleichung lautet für Vorgänge, deren Zeitabhängigkeit rein periodisch ist:

$$\varDelta \psi + \frac{4\,\pi^2\,v^2}{u^2}\,\psi = 0\,.$$

$\varDelta$ ist der LAPLACEsche Operator, ψ der räumliche Anteil der Funktion $\varPsi = \psi\, e^{\frac{2\,\pi\,i\,E}{h}\,t}$, E die Gesamtenergie. Da

$$\frac{v^2}{u^2} = \frac{1}{\lambda^2} = \frac{\mu^2 v^2}{h^2} = \frac{2\,(E - V)}{h^2}\,\mu\,,$$

wo V die potentielle Energie — dabei ist die Energiegleichung der klassischen Mechanik benutzt —, so erhalten wir die SCHRÖDINGERsche Differentialgleichung

$$\varDelta \psi + \frac{8\,\pi^2\,\mu}{h^2}\,(E - V)\,\psi = 0\,. \tag{32}$$

Allgemeinere Formen namentlich mit Berücksichtigung der Relativitätstheorie siehe in der Literatur[1].

Als Randbedingung wird vorgeschrieben, daß ψ überall eindeutig und endlich sei. Unter diesen Bedingungen ist (32) nur für gewisse Werte des Energieparameters E, die Eigenwerte der Differentialgleichung, lösbar. Es hat sich herausgestellt, daß diese Eigenwerte gerade die von der Spektraltheorie gesuchten Energieniveaus sind, wodurch also eine ad hoc vorzuschreibende Quantenbedingung überflüssig wird.

Bevor wir die Eigenfunktionen selbst betrachten, wollen wir auch noch einen kurzen Blick auf die Quantenmechanik[2] werfen. HEISENBERG ging davon aus, daß nur prinzipiell beob-

---

[1] Vgl. E. SCHRÖDINGER, Abhandlungen zur Wellenmechanik, insbes. 2. u. 4. Mitteilung.

[2] Vgl. hierzu insbesondere: M. BORN u. P. JORDAN, Elementare Quantenmechanik.

achtbare Größen in die Quantentheorie eingeführt werden dürfen;
das sind die Frequenzen des Spektrums und deren Intensitäten.
Aus der Erfahrung weiß man, daß die Spektrallinien eine
zweifache Mannigfaltigkeit bilden, da sie als Termdifferenzen
$\nu(n, m) = T(n) - T(m)$ dargestellt werden können. Im Verlauf
des HEISENBERGschen Gedankens ersetzen BORN und JORDAN daher jede gewöhnliche Koordinate q durch eine Matrix $\boldsymbol{q}$ mit
den Elementen $q(n, m) = a(n, m)\, e^{2\pi i \nu(n,\, m)t}$. Wenn man nun
fordert, daß $a(n, m) = a^*(m, n)$ (* bedeutet konjugiert komplex),
dann ist wegen $\nu(n, m) = -\nu(m, n)$ auch $q(n, m) = q^*(m, n)$,
d. h. daß symmetrisch zur Diagonale liegende Elemente der Matrix
zueinander konjugiert komplex sind. Weiter folgt $\nu(n, n) = 0$.

Entsprechende Matrizen können für $\dot{q}$, $\ddot{q}$, p usw. gebildet werden. Für Matrizen gelten im wesentlichen die gewöhnlichen
Rechenregeln mit der Ausnahme, daß die Multiplikation nicht kom-
mutativ ist, falls der eine Faktor nicht eine „Diagonalmatrix“[1] ist.
Speziell ist nach BORN und JORDAN

$$\boldsymbol{p}\boldsymbol{q} - \boldsymbol{q}\boldsymbol{p} = \frac{h}{2\pi i}\,\mathbf{1} \qquad (\mathbf{1} = \text{Einheitsmatrix}[2]). \tag{33}$$

Dies ist die sogenannte „Vertauschungsrelation“; sie ist
der Quantenbedingung der BOHRschen Theorie äquivalent. Unter
Beachtung dieser Regeln gelten für die Matrizen nach der Quantenmechanik formal die Gleichungen der klassischen Theorie, speziell die HAMILTONschen Bewegungsgleichungen

$$\dot{\boldsymbol{q}} = \frac{\partial \boldsymbol{H}}{\partial \boldsymbol{p}}, \qquad \dot{\boldsymbol{p}} = -\frac{\partial \boldsymbol{H}}{\partial \boldsymbol{q}},$$

deren Lösung nicht nur die von vornherein diskret verteilten
Strahlungsfrequenzen, sondern auch deren Intensitäten oder
richtiger Übergangswahrscheinlichkeiten liefert, wie wir noch
später erläutern werden.

SCHRÖDINGER[3] konnte zeigen, daß die quantenmechanischen
Matrixelemente sich aus den Eigenfunktionen ψ seiner eigenen
Theorie berechnen lassen, da mathematisch die beiden Theorien
identisch sind. Das beruht darauf, daß die Rechenregeln für $\boldsymbol{p}$
und $\boldsymbol{q}$ dieselben sind, wie für die Operatoren $\dfrac{\partial}{\partial q}$ und q. Führt

---

[1] In der Diagonalmatrix sind nur die Elemente $a(n, n) \neq 0$.
[2] $a(n, n) = 1$, $a(n, m) = 0$.
[3] E. SCHRÖDINGER, Ann. d. Phys. Bd. 79, S. 734. 1926.

man nämlich die Operation $\left(\dfrac{\partial}{\partial q_k} q_i - q_i \dfrac{\partial}{\partial q_k}\right)$ an q_i aus, dann erhält man $\dfrac{\partial q_i^2}{\partial q_k} - q_i \dfrac{\partial q_i}{\partial q_k}$. Dies ergibt null für $i \neq k$ und q_i für $i = k$. Man kann also in Operatorform schreiben: $\dfrac{\partial}{\partial q_k} q_i - q_i \dfrac{\partial}{\partial q_k} = \delta_{ik}$, wo δ_{ik} das bekannte KRONECKERsche Symbol oder die Einheitsmatrix bedeutet. Man erkennt, daß diese Operatorgleichung formal mit der Vertauschungsrelation der p und q übereinstimmt, wenn man die Operatorgleichung beiderseits mit $\dfrac{h}{2\pi i}$ multipliziert. Es entspricht demnach p dem Operator $\dfrac{h}{2\pi i} \dfrac{\partial}{\partial q}$.

Für das Matrixelement $F(n, m)$ eines Operators F gilt nach SCHRÖDINGER[1]

$$F(n, m) = \int \varrho \, \psi_n^* [F, \psi_m] \, dx, \tag{34}$$

wo ϱ eine Funktion der Koordinaten ist. $\sqrt{\varrho} \cdot \psi$ seien die normierten und orthogonalisierten Eigenfunktionen[2]. Das Integral ist über den gesamten Geltungsbereich von ψ zu erstrecken.

Aus (34) folgt also

$$\left.\begin{aligned} q(n, m) &= \int q \varrho \, \psi_n^* \psi_m \, dx, \qquad p(n, m) = \int \varrho \, \psi_n^* \frac{\partial \psi_m}{\partial q} \, dx, \\ (pq - qp)(n, m) &= K \int \varrho \, \psi_n^* \psi_m \, dx = \delta_{nm} K. \end{aligned}\right\} \tag{34a}$$

Um die Intensität einer Linie zu erhalten, greifen wir zunächst auf die vollständigen Eigenfunktionen $\Psi = \sum \psi_k \, e^{\frac{2\pi i E_k}{h} t}$ zurück[3]. Nach einer Hypothese von SCHRÖDINGER stellt $\varepsilon \psi \psi^*$ die Raum-

---

[1] F entsteht aus einer wohlgeordneten Funktion der p und q (Reihenfolge der Faktoren!), indem überall p durch $K \dfrac{\partial}{\partial q}$ ersetzt wird.

[2] ϱ ist die Koordinatenfunktion, mit der multipliziert die SCHRÖDINGERsche Differentialgleichung die selbstadjungierte Form $\pi y'' + \pi' y' + \varkappa y = 0$ annimmt.

[3] Die hier gegebene Darstellung der Intensitätsberechnung geht auf SCHRÖDINGER zurück. Die Summation über sämtliche Eigenschwingungen bedeutet dabei, daß das Molekül sich gleichzeitig in mehreren Zuständen befindet. Wie wir gleich sehen werden, erhalten wir nur dann eine Spektrallinie, wenn gleichzeitig zwei Eigenfunktionen (unteres und oberes Niveau) angeregt sind. Die SCHRÖDINGERsche Auffassung ist heute zugunsten der statistischen Deutung der Wellenmechanik verlassen, worauf wir nicht eingehen wollen, da die uns hier interessierenden Ergebnisse hiervon nicht berührt werden. Vgl. hierzu A. SOMMERFELD, Wellenmechanischer Ergänzungsband 1929, wo eine mehr formale Rechnungsweise durchgeführt wird, und J. FRENKEL, Einführung in die Wellenmechanik. 1929.

dichte der Elektrizität dar, gemäß der die Ladung ε des Elektrons über den Raum verteilt ist. Nach der statistischen Auffassung der Wellenmechanik (Born) gibt $\psi\psi^*$ die Wahrscheinlichkeit dafür, daß das Elektron eine bestimmte Lage im Raum annimmt. Für das elektrische Moment in Richtung der Koordinaten q erhalten wir demnach, von konstanten Faktoren abgesehen,

$$\mathfrak{M}_q = \varepsilon \int \sum_k \sum_m \psi_k^* \psi_m \varrho\, q\, e^{\frac{2\pi i (E_k - E_m)}{h}t} + \text{zeitunabhängige Glieder}$$

$$= \sum \sum q(k, m)\, e^{\frac{2\pi i (E_k - E_m)}{h}t} \qquad \text{(vgl. (34a)).}$$

Es treten also in der Fourier-Entwicklung von $\mathfrak{M}$ nur die Differenzen $\dfrac{E_k - E_m}{h}$ auf, die Schwebungsfrequenzen zweier gleichzeitig angeregter Eigenfunktionen, was mit der Frequenzbedingung identisch ist. Für die Intensität des Übergangs $k \to m$ ist $\overline{\mathfrak{M}^2_{km}}$ maßgebend, also bis auf konstante Faktoren der Ausdruck

$$\nu^4 \big[\, |x(k, m)|^2 + |y(k, m)|^2 + |z(k, m)|^2 \,\big]. \qquad (35)$$

$\overline{\mathfrak{M}^2_{km}}$ ist sodann noch mit der Zahl der Molekeln in dem betreffenden Anfangszustand zu multiplizieren. Diese Zahl berechnet sich multiplikativ aus dem statistischen Gewicht (Anzahl der Realisierungsmöglichkeiten des Zustands) und der Boltzmannschen Wahrscheinlichkeit dafür, daß ein Atom die entsprechende Energie besitzt.

Das statistische Gewicht eines Rotationszustandes mit der Quantenzahl m ist $2m + 1$. Es ist nämlich i. a. (für die Kreiselbewegung) außer der Rotation noch eine Präzession möglich. Der reine Rotator kann als Entartung des Kreisels betrachtet werden. Es läßt sich zeigen, daß dann auch das Impulsmoment um die Figurenachse gequantelt werden muß: $M_z = \dfrac{m_0 h}{2\pi}$, wo m_0 nur um ± 1 und 0 springen kann. m_0 kann dabei alle Werte vom $-m$ bis m annehmen[1]; es gibt also $2m + 1$ mögliche Werte

---

[1] In der „klassischen" Quantentheorie ist dies leicht zu beweisen. Ist ϑ der Winkel zwischen Figurenachse und Impulsachse, dann ist $M_z = M \cos\vartheta$, also, da $M = \dfrac{m h}{2\pi}$ und $M_z = \dfrac{m_0 h}{2\pi}$, $\dfrac{m_0}{m} = \cos\vartheta \lessgtr 1$. In der neuen Theorie können wir das Resultat z. B. aus den weiter unten gegebenen Intensitätsformeln ablesen.

von m_0, die alle zu dem Rotationszustand m gehoren und bei Fehlen eines äußeren Feldes mit ihm zusammenfallen.

Als einfachste Beispiele für die Anwendung der genannten Methode seien der Rotator mit freier Achse und der lineare harmonische Oszillator erwähnt, wenn auch für die Anwendung auf Bandenspektren diese Beschränkung der Freiheitsgrade nicht statthaft ist. Für den allgemeinen Fall geben wir nur das Resultat der Rechnung.

1. Der starre Rotator. Für ihn ist $V = 0$. In Polarkoordinaten ϑ und φ hat der LAPLACEsche Operator die Form ($r = \text{const}$)

$$\Delta \psi = \frac{1}{r^2 \sin \vartheta} \frac{\partial}{\partial \vartheta} \left(\sin \vartheta \frac{\partial \psi}{\partial \vartheta} \right) + \frac{1}{r^2 \sin^2 \vartheta} \frac{\partial^2 \psi}{\partial \varphi^2}.$$

Die SCHRÖDINGERsche Differentialgleichung lautet dann

$$\Delta \psi + \frac{8 \pi^2 A E}{h^2} \psi = 0.$$

wo $A = \mu r^2$ das Trägheitsmoment ist.

Die Lösung dieser Differentialgleichung geschieht in bekannter Weise durch den Ansatz $\psi = \Theta(\vartheta) \Phi(\varphi)$. Für Φ erhält man $\Phi = \begin{Bmatrix} \cos \\ \sin \end{Bmatrix} (\pm m_0 \varphi)$, $m_0 = $ ganze Zahl. Für Θ gelangt man zu der Differentialgleichung

$$\frac{1}{\sin \vartheta} \frac{\partial}{\partial \vartheta} \left(\sin \vartheta \frac{\partial \Theta}{\partial \vartheta} \right) + \left(\lambda - \frac{m_0^2}{\sin^2 \vartheta} \right) \Theta = 0, \quad \text{wo} \quad \lambda = \frac{8 \pi^2 A E}{h^2}.$$

Die zu dieser Differentialgleichung gehörigen Orthogonalfunktionen sind die zugeordneten Kugelfunktionen für die Eigenwerte $\lambda = m(m + 1)$, $m_0 \leqq m$:

$$P_m^{m_0}(\cos \vartheta) = \sin^{m_0} \vartheta \, \frac{d^{m_0}}{(d \cos \vartheta)^{m_0}} P_m(\cos \vartheta),$$

$$P_m(\cos \vartheta) = \frac{1}{2^m \cdot m!} \frac{d^m}{(d \cos \vartheta)^m} (\cos^2 \vartheta - 1)^m.$$

Es ist also $\sqrt{\varrho} \, \psi = \sqrt{\varrho} \, P_m^{m_0}(\cos \vartheta) e^{\pm i m_0 \varphi}$ die normierte Eigenfunktion, wenn $\sqrt{\varrho}$ der Normierungsfaktor ist; man hat demnach für jeden Eigenwert $(2m + 1)$ Eigenfunktionen; das statistische Gewicht ist also $(2m + 1)$.

Aus $\lambda = m(m + 1)$ folgt

$$E_{\text{rot}} = \frac{h^2 m (m + 1)}{8 \pi^2 A} \tag{36}$$

statt wie früher nach der BOHRschen Theorie $= \dfrac{h^2}{8\pi^2 A}\, m^2$, was praktisch auf die Einführung halber Quantenzahlen hinauskommt, da $m_2(m_2 + 1) - m_1(m_1 + 1) = (m_2 + \tfrac{1}{2})^2 - (m_1 + \tfrac{1}{2})^2$ ist. Die Auswahlregeln ergeben sich aus der Intensitätsberechnung (s. SOMMERFELD, Ergänzungsband, S. 62ff.) wie folgt: $m \to m \mp 1$, $m_0 \to m_0$, für die z-Komponente, $m \to m \mp 1$, $m_0 \to m_0 \pm 1$ für die x- und y-Komponente. Die Auswahlregeln für m_0 haben jedoch nur dann Bedeutung, wenn ein äußeres Feld parallel zur z-Achse vorhanden ist.

3. **Der harmonische Oszillator.** Seine kinetische Energie hat den Wert $E_{kin} = \dfrac{p^2}{2\mu}$, die potentielle Energie ist $V(q) = 2\pi^2 \nu_0^2 \mu q^2$. Die SCHRÖDINGERsche Differentialgleichung lautet nach unserer Vorschrift:

$$\frac{1}{\mu}\, \frac{\partial^2 \psi}{\partial q^2} + \frac{8\pi^2}{h^2} \left(E - 2\pi^2 \nu_0^2 q^2 \mu \right) \psi = 0$$

oder, wenn $x = 2\pi q \sqrt{\dfrac{\mu \nu_0}{h}}$ eingeführt wird:

$$\frac{d^2 \psi}{d x^2} + \left(\frac{2E}{h\nu_0} - x^2 \right) \psi = 0\,.$$

Die Eigenwerte dieser Differentialgleichung sind[1]:

$$\frac{2E}{h\nu_0} = 1, 3, 5, \ldots, 2n + 1, \quad \text{also} \quad E = \frac{2n + 1}{2}\, h\nu_0;$$

die Eigenfunktionen sind

$$\psi_n = \frac{1}{N_n}\, e^{-\frac{x^2}{2}} (-1)^n e^{x^2} \frac{d^n e^{-x^2}}{d x^n} = \frac{1}{N_n}\, e^{-\frac{x^2}{2}}\, H_n\,,$$

$H_n = $ HERMITEsche Polynome[2].

Für x erhalten wir nach (34a)

$$x(n, m) = \frac{1}{N_n N_m} \int x e^{-x^2} H_n(x)\, H_m(x)\, dx\,.$$

Für $x H_n$ können wir setzen $x H_n = \dfrac{H_{n+1}}{2} + n H_{n-1}$ (Rekursionsformel). Damit wird

$$x(n, m) = \frac{1}{N_{n+1} N_m} \int \frac{1}{2} e^{-x^2} H_{n+1} H_m\, dx + \frac{1 \cdot n}{N_{n-1} N_m} \int e^{-x^2} H_{n-1} H_m\, dx\,.$$

---

[1] Siehe z. B. COURANT-HILBERT, Methoden der mathematischen Physik. Bd. I, S. 261. Berlin: Julius Springer 1924.

[2] N_n ist wieder ein Normierungsfaktor, dessen Größe uns hier nicht interessiert.

Gemäß der Orthogonalität der Eigenfunktionen sind diese Integrale nur dann von Null verschieden, wenn $m = n \pm 1$, was die Auswahlregel für die Oszillationsquantenzahl ist.

Für den allgemeinen **rotierenden harmonischen Oszillator** findet Fues[1] (Kratzerscher Energieansatz ohne die Glieder mit ξ, vgl. S. 168):

$$E = E_0 + \frac{(m + \frac{1}{2})^2 h^2}{8\pi^2 A} + \frac{2n+1}{2} h\nu_0. \tag{37a}$$

Für den **rotierenden anharmonischen Oszillator** erhält man:

$$\left. \begin{aligned} E = E_0 &+ h\nu_0(n + \tfrac{1}{2})[1 - \tfrac{3}{2}u^2(1 + 2b)(m + \tfrac{1}{2})^2] \\ &+ \frac{h^2}{8\pi^2 A}\left(m + \frac{1}{2}\right)^2\left[1 - u^2\left(m + \frac{1}{2}\right)^2\right] \\ &- \frac{h^2}{8\pi^2 A}\left(n + \frac{1}{2}\right)^2\left(3 + 15b + \frac{15}{2}b^2 + 3c\right). \end{aligned} \right\} \tag{37b}$$

$$E_0 = E_{\text{transl}} - \frac{(2\pi\nu_0)^2}{2^\cdot} A\left(1 + \frac{7}{4}b + \frac{7}{8}b^2 + \frac{3}{4}c\right).$$

Für $E > E_{\text{transl}}$ erhält man außerdem ein kontinuierliches Spektrum.

Das Resultat stimmt im wesentlichen mit dem auf quantenmechanische Weise gewonnenen von L. Mensing[2] überein, deren Näherung aber nicht weit genug reicht.

Für die Matrixelemente x, y, z geben wir hier die Werte von L. Mensing. Es ist ($n =$ Schwingungsquantenzahl, $m =$ Rotations-, $m_0 =$ Präzessionsquantenzahl):

$$\left. \begin{aligned} x(n,m,m_0 : n',m-1,m_0-1) &= -\frac{i}{2}\sqrt{\frac{(m+m_0)(m+m_0-1)}{(2m-1)(2m+1)}}\, r(n,n'), \\ x(n,m,m_0-1 ; n',m-1,m_0) &= \frac{i}{2}\sqrt{\frac{(m-m_0)(m-m_0+1)}{(2m-1)(2m+1)}}\, r(n,n'), \\ z(n,m,m_0 ; n',m-1,m_0) &= \sqrt{\frac{m^2 - m_0^2}{(2m-1)(2m+1)}}\, r(n,n'), \\ x(m_0, m_0 - 1) &- iy(m_0, m_0 - 1) = 0; \\ x(m_0 - 1, m_0) &+ iy(m_0 - 1, m_0) = 0. \end{aligned} \right\} \tag{38}$$

Alle übrigen Elemente verschwinden. Analoge Formeln gelten für den Übergang $m \to m + 1$. Die Übergangswahrscheinlichkeit

---

[1] E. Fues, Ann. d. Phys. Bd. 80, S. 367. 1926 und Bd. 81, S. 281. 1926.

[2] L. Mensing, ZS. f. Phys. Bd. 36, S. 814. 1926.

für den Übergang m, $m-1$ ist die Summe der Übergangswahrscheinlichkeiten aller Sprünge von m_0 [1]. Daß m_0 zwischen $-m$ und $+m$ liegen muß, ersieht man ohne weiteres aus den Formeln, da die Sprünge $m_0 = m \rightarrow m_0 = m+1$ bzw. $m_0 = -m \rightarrow m_0 = -m-1$ verschwindende Komponenten liefern. Die Größen $r(n, n')$ hängen von den Konstanten der Oszillatorenergie ab, und nehmen mit wachsender Differenz $n' - n$ ab, d. h. die Oberschwingungen werden mit wachsender Ordnungszahl immer schwächer, wie es auch die klassische Theorie verlangt. Die Ausrechnung liefert schließlich für die Ausstrahlung:

$$\left.\begin{aligned}
J(m,\, m-1;\, n,\, n') &\sim \nu^4 m \, |r(n,\, n')|^2 e^{-\frac{W_{n,\,m}}{kT}}, \\
J(m,\, m+1;\, n,\, n') &\sim \nu^4 (m+1) \, |r(n,\, n')|^2 e^{-\frac{W_{n,\,m}}{kT}}.
\end{aligned}\right\} \tag{39}$$

Der Unterschied der Formeln (37) gegen die BOHRschen Formeln besteht im wesentlichen in dem Auftreten „halber Quantenzahlen" $m + \frac{1}{2}$, wie sie schon von der Erfahrung gefordert wurden (vgl. § 27). Der Vorteil der neuen Methoden ist ihre Einheitlichkeit und Freiheit von willkürlichen Zusatzannahmen. Anderseits müssen wir im Prinzip auf Anschaulichkeit und modellmäßige Deutung verzichten. Trotzdem behalten die Modellvorstellungen auch in der Quantenmechanik ihren Wert, denn wir sind gezwungen, die Form des Energieansatzes aus der Punktmechanik zu entnehmen [2]. Davon aber abgesehen, braucht man zur Berechnung der Frequenzen die Werte gewisser Konstanten, wie ν_0 und A, die auf quantenmechanische Weise nur sehr umständlich zu erlangen sind. Wir sind also gezwungen und auch berechtigt, die klassische Schwingungstheorie heranzuziehen, was in § 28 geschehen soll.

§ 27. Das ultrarote Spektrum zweiatomiger Dipolgase.

Die in § 26 dargelegte Theorie wollen wir jetzt an Hand der Beobachtungen diskutieren. Als Beobachtungsmaterial benutzen wir das ultrarote Absorptionsspektrum zweiatomiger Gase, im besonderen das der eingehend untersuchten Halogenwasserstoffe.

---

[1] $|x(m_0,\, m_0-1)|^2 + |x(m_0,\, m_0+1|^2 + |y(m_0,\, m_0-1)|^2 + |y(m_0,\, m_0+1)|^2 + |z(m_0,\, m_0)|^2$. Die Intensitäten werden addiert, da die Einzelübergänge $m_0 \rightarrow m_0'$ als inkohärent gelten.

[2] Vgl. hierzu auch die Bemerkungen von A. SOMMERFELD, Phys. ZS. Bd. 30, S. 866. 1929.

Im langwelligsten Ultrarot ist das Rotationsspektrum dieser Gase zu erwarten, das von CZERNY[1] untersucht wurde. Daß Salzsäuregas (HCl) überhaupt im langwelligen Gebiet absorbiert, wurde schon von RUBENS und v. WARTENBERG[2] gezeigt. CZERNY benutzt ein Gitterspektrometer mit RUBENSschen Drahtgittern (Gitterkonstante: 0,3; 0,4 und 0,8 mm). Zur Messung der Intensität

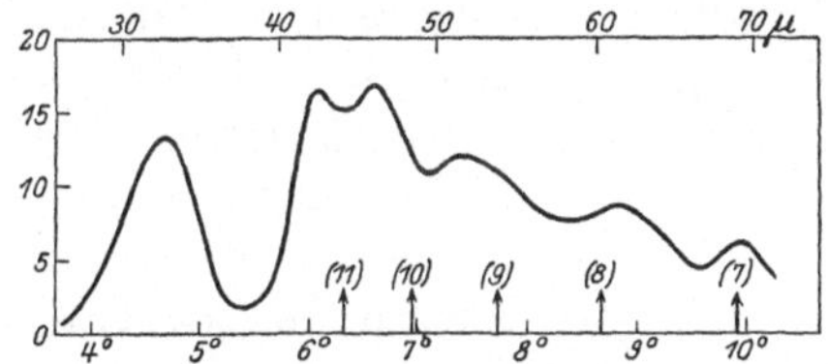

Abb. 80. Messungen im Rotationsspektrum von HCl.

diente ein empfindliches Mikroradiometer. Die ganze Apparatur mit Ausnahme der Lichtquelle (Auerbrenner) war in einen Kasten mit trockener Luft eingebaut. Die Verschlußfenster des Kastens und des Absorptionsrohrs bestanden aus Zaponlack-Membranen

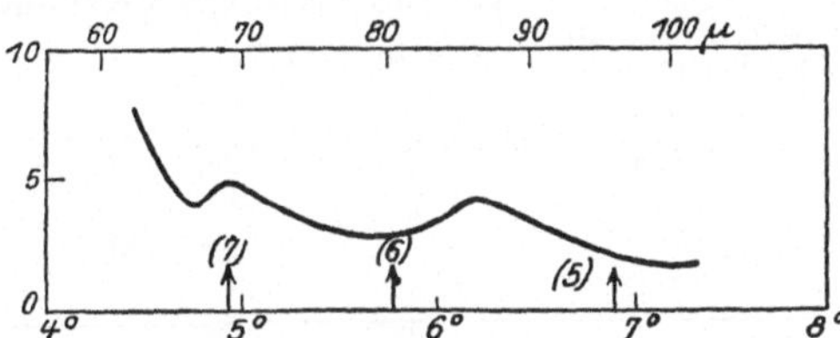

Abb. 81. Messungen im Rotationsspektrum von HCL.

bei den Messungen mit HCl, bei HBr und HJ wurde das Absorptionsgefäß mit dünnen Quarzlamellen verschlossen, bei HF wurden Paraffinfenster benutzt.

Ein Teil der Versuchsergebnisse ist in den Abb. 80 bis 82 dargestellt. Abb. 80 gibt die Messungen mit dem Gitter von 0,4 mm Gitterkonstante, Abb. 81 die mit dem gröbsten Gitter wieder. Abszissen sind die Beugungswinkel, Ordinaten die vom gasgefüllten Gefäß durchgelassene Strahlung. Das starke Minimum

---

[1] M. CZERNY, ZS. f. Phys. Bd. 34, S. 227. 1925; Bd. 44, S. 235. 1927; Bd. 45, S. 476. 1927.

[2] H. RUBENS u. H. v. WARTENBERG, Verh. d. D. Phys. Ges. Bd. 13, S. 796. 1911.

bei 38 μ rührt wahrscheinlich von der Absorption des Quarzfensters am Mikroradiometer her[1]. In Abb. 82 ist für drei Streifen die Durchlässigkeit von HCl in Prozenten der freien Strahlung angegeben. Es ergeben sich scharfe Minima, die Intensitäten sind aber wegen der großen Breite des Spalts ungenau.

Die weiteren Ergebnisse sind in Tabelle 23 zusammengestellt[2] und in Abb. 83 schematisch eingetragen. Auf die daraus hervorgehenden Gesetzmäßigkeiten gehen wir noch genauer ein. Verschiedene Linien konnten nicht ausgemessen werden, da die Intensität infolge der Absorption des Wasserdampfes der Luft zu gering war.

Aus der Theorie läßt sich folgendes für das Rotationsspektrum erwarten:

Die Theorie des Rotators liefert je nach Anwendung der Bohrschen Theorie oder der Quantenmechanik für die Frequenz des Quantensprungs $m \to m - 1$ [3]:

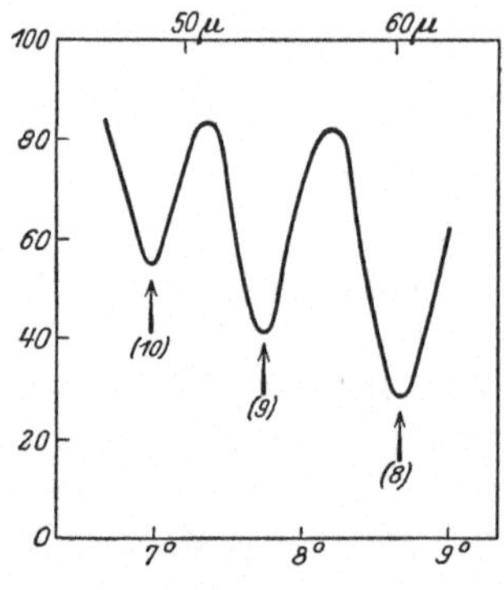

Abb. 82. Durchlassigkeit von HCl im langwelligen Ultrarot.

$$\nu_{\mathrm{rot}} = \frac{h}{4\pi^2 A}\left(m - \frac{1}{2}\right), \qquad [\text{aus (22)}] \qquad (40\,\mathrm{a})$$

$$\nu_{\mathrm{rot}} = \frac{h}{4\pi^2 A}\, m . \qquad [\text{aus (36)}] \qquad (40\,\mathrm{b})$$

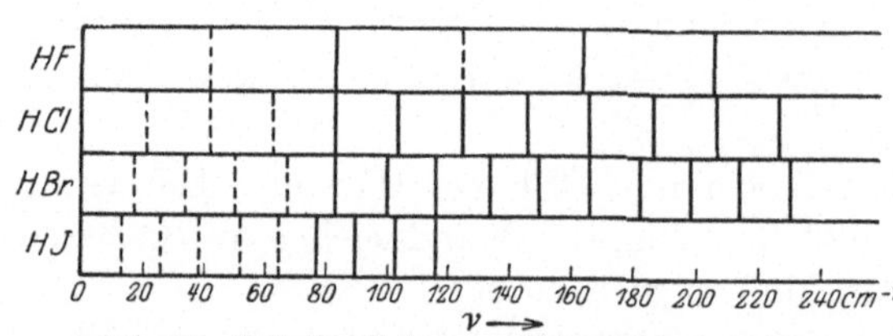

Abb. 83. Rotationslinien von Halogenwasserstoffen.

Tatsächlich lehren Tabelle 23 und Abb. 83, daß das Rotationsspektrum in erster Annäherung das von (40) geforderte Aussehen

---

[1] M. Czerny, ZS. f. Phys. Bd. 53, S. 317. 1929.

[2] Alle Zahlen werden angegeben: Wellenlangen in μ; statt der in den theoretischen Beziehungen auftretenden Frequenzen (sec⁻¹) die Wellenzahlen in cm⁻¹.

[3] Wir numerieren die Linien nach der Quantenzahl im Anfangszustand der Emission bzw. Endzustand der Absorption.

Tabelle 23. Rotationsspektrum.

m	HF $\nu_{rot} = 41{,}142\ m - 0{,}00869\ m^3$		$(\nu_0 = 4003\ \text{cm}^{-1})$
	$\lambda\ (\mu)$	$\nu_{beob.}\ (\text{cm}^{-1})$	$\nu_{ber}\ (\text{cm}^{-1})$
2	121,12	82,56	82,21
3	—	—	—
4	61,18	163,44	164,01
5	48,79	204,94	204,62

m	HCl $\nu_{rot} = 20{,}794\ m - 0{,}00164\ m^3$		$(\nu_0 = 2939\ \text{cm}^{-1})$
4	120	83,03	83,15
5	(96,0)	(104,1)	103,77
6	80,45	124,30	124,41
7	68,95	145,03	145,00
8	60,40	165,57	165,51
9	53,83	185,77	185,95
10	48,49	206,24	206,30
11	44,15	226,50	226,50

m	HBr $\nu_{rot} = 16{,}697\ m - 0{,}00139\ m^3$		$(\nu_0 = 2590\ \text{cm}^{-1})$
5	120,44	83,03	83,26
6	99,80	100,20	99,63
7	86,01	116,27	116,35
—	—	—	—
10	60,40	165,55	165,55
11	55,05	181,64	181,81
12	50,53	197,90	197,97
13	46,66	214,34	214,05
14	43,50	229,90	230,02

m	HJ $\nu_{rot} = 12{,}840\ m - 0{,}000820\ m^3$		$(\nu_0 = 2272\ \text{cm}^{-1})$
6	130,27	76,76	76,86
7	112,34	89,01	89,60
8	79,87	102,18	102,30
9	86,51	115,60	114,96

hat, nämlich eine äquidistante Linienfolge, deren Abstand durch $\Delta\nu = \dfrac{h}{4\pi^2 A}$ gegeben ist. Zu einer genaueren Darstellung müssen wir aber auf die vollständigen Formeln für den rotierenden Oszillator zurückgreifen, die wir für das Rotationsspektrum spezialisieren. Schon die Gleichungen (40) geben aber eine eindeutige Ent-

scheidung in bezug auf die Gültigkeit der alten und neuen Quanten-
theorie. Berechnet man nämlich A aus dem Linienabstand, der
für beide Theorien den gleichen Wert hat, und benutzt diesen
Wert in (40a) bzw. (40b), dann findet man, daß nur (40b) die
Beobachtung richtig darstellt, wie z. B. im unteren Teil von
Abb. 83 für HCl zu ersehen ist.

Aus den vollständigen Formeln (30) bzw. (37b) folgt nun für
$\nu_{\mathrm{rot}}\,(\varDelta n = 0,\, m \to m - 1)$

$$\nu_{\mathrm{rot}} = \frac{(m - \tfrac{1}{2})\,h}{4\,\pi^2 A} - \frac{h}{2\,\pi^2 A}\,u^2 m^3 - 2\left(m - \frac{1}{2}\right) a_n, \qquad (41\,\mathrm{a})$$

$$\nu_{\mathrm{rot}} = \frac{m\,h}{4\,\pi^2 A} - \frac{h}{2\,\pi^2 A}\,u^2 m^3 - 2\,m\,a_n', \qquad (41\,\mathrm{b})$$

$$u = \frac{h}{4\,\pi^2 \nu_0 A}, \qquad a_n = \frac{n}{\nu_0} \cdot \gamma, \qquad a_n' = \frac{(n + \tfrac{1}{2})}{\nu_0}\,\gamma',$$

γ und γ' unabhängig von n.

Im zweiten Glied ist wegen des Faktors u^2 nur die dritte Potenz
von m berücksichtigt. In beiden Gleichungen kommt durch a_n
bzw. a_n' auch die Schwingungsquantenzahl n vor. Der Linienabstand ist nicht mehr konstant, sondern von m abhängig. Ferner
besteht jede Rotationslinie aus einem Multiplett, von dessen
Komponenten aber nur die für $n = 0$ intensiv ist, während die
übrigen zu schwach sind und sich daher der Beobachtung ent-
ziehen. Der Abstand der Multiplett-Komponenten beträgt etwa
$^1/_{10}$ des Abstandes der Hauptlinien. Wir setzen demgemäß
fernerhin

$$n = 0, \qquad a_n = a_0 = 0, \qquad a_n' = a_0' = \frac{1}{2}\,\frac{\gamma'}{\nu_0}.$$

(41a) geht formal in (41b) über, wenn $m - \tfrac{1}{2} = m^*$ gesetzt
wird, wenn also für m sog. halbe Quantenzahlen eingeführt
werden. Beide Theorien führen demnach zur selben Form der
Gleichungen (41), nur ändern die Koeffizienten des in m linearen
und kubischen Glieds ihre Bedeutung. Wir schreiben (41) in
der Form

$$\nu_{\mathrm{rot}} = 2\,B \begin{Bmatrix} m^* \\ m \end{Bmatrix} - \frac{2\,(2\,B)^3}{\nu_0^2} \begin{Bmatrix} m^{*\,3} \\ m^3 \end{Bmatrix} - \frac{\gamma'}{\nu_0} \begin{Bmatrix} 0 \\ m \end{Bmatrix}, \quad \text{wo } B = \frac{h}{8\,\pi^2 A} \text{ ist.} \quad (42)$$

In der Bohrschen Theorie fällt dabei das Glied mit $a_n = a_0$
fort, so daß nur eine unbekannte Konstante vorkommt, falls ν_0

aus dem noch zu besprechenden Rotationsschwingungsspektrum entnommen wird[1]. In Tabelle 23 sind die Zahlenwerte der Koeffizienten von (42) angegeben und die danach berechneten ν_{rot} den beobachteten Wellenzahlen gegenübergestellt. Sieht man auch ν_0 als aus den Beobachtungen des Rotationsspektrums zu bestimmende Konstante an, so ändern sich die Zahlenwerte etwas, die Darstellung ist nach beiden Methoden ausreichend genau.

In der BOHRschen Theorie ist es nach (41a) möglich, aus dem Rotationsspektrum allein das Trägheitsmoment zu berechnen, und zwar aus dem Wert des linearen Glieds, während die quantenmechanische Formel (41b) γ' und ν_0 benötigt, die dem Rotationsspektrum nicht entnommen werden können. In Tabelle 24 findet man die sowohl nach (41a) als auch nach (41b) berechneten Trägheitsmomente und Molekülradien zusammengestellt. Über die Art der Rechnung mit (41b) vergleiche weiter unten S. 193. Vergleicht man die Radien in Tabelle 24, Spalte 3 und 5, mit den aus dem elektrischen Dipolmoment $e r_0$ berechneten Werten (Spalte 8), so findet man letztere viel zu klein, falls $e = 4{,}77 \cdot 10^{-10}$ el.-stat. CGS, was bedeuten würde, daß für das Verhalten des Moleküls eine wesentlich kleinere Ladung verantwortlich ist; über die physikalische Bedeutung dieses Verhaltens wird in §§ 28 und 29 noch einiges ausgeführt.

Tabelle 24.

	BOHRsche Theorie		Quantenmechanik			Dipolmoment[2]	$r_0 \cdot 10^8$
	$A \cdot 10^{40}$	$r_0 \cdot 10^8$	$A \cdot 10^{40}$	$r_0 \cdot 10^8$	a_0'		
HF	1,345	0,923	1,322	0,915	0,763	—	—
HCl	2,656	1,282	2,617	1,273	0,303	$1{,}03 \cdot 10^{-18}$	0,216
HBr	3,314	1,420	3,267	1,410	0,230	$0{,}79 \cdot 10^{-18}$	0,166
HJ	4,309	1,616	4,253	1,605	0,170	$0{,}38 \cdot 10^{-18}$	0,0797

CZERNY findet in dem hier wiedergegebenen Beobachtungsmaterial noch weitere Gesetzmäßigkeiten. So hat annähernd $\dfrac{\nu_0^2}{2\,B}$ für alle Halogenwasserstoffe den gleichen Wert; diese Beziehung hat CZERNY benutzt, um die in Tabelle 23 angegebene Schwingungsfrequenz von HJ zu berechnen. Die theoretische Bedeutung dieser

---

[1] Die Schwingungsfrequenz von HJ wurde berechnet, da sie noch nicht beobachtet ist; s. u.

[2] C. T. ZAHN, Phys. Rev. Bd. 24, S. 400. 1924 und Bd. 27, S. 455. 1926.

Gleichung, auf die schon Kratzer[1] aufmerksam machte, liegt in folgender Betrachtung: Angenähert ist $\nu_0 = \frac{1}{2\pi}\sqrt{\frac{f}{\mu}}$, also $\frac{\nu_0^2}{2B}$ proportional $f r_0^2$, wo f die Bindungsfestigkeit kennzeichnet, welche demnach umgekehrt proportional dem Quadrat des Kernabstandes ist; diese Tatsache wird uns in § 28 in anderem Zusammenhang interessieren.

Ferner verhalten sich die Werte von $2B$ und μr_0 für die Halogenwasserstoffe ungefähr wie ganze Zahlen. Die Verhältniszahlen sind in Tabelle 25 gegeben.

Tabelle 25.

	HF	HCl	HBr	HJ
$2B$	$10\cdot4{,}114$	$5\cdot4{,}166$	$4\cdot4{,}174$	$3\cdot4{,}280$
$\mu\,r_0$	$5\cdot2{,}915$	$5\cdot2{,}961$	$8\cdot2{,}916$	$9\cdot2{,}963$

Die schematische Darstellung in Abb. 83 zeigt die erste dieser beiden Gesetzmäßigkeiten daran, daß verschiedene Linien nahezu gleiche Lage besitzen. Z. B. fällt jede Linie von HF mit jeder zweiten Linie von HCl zusammen.

Wir wenden uns nun dem kurzwelligen Teil des ultraroten Spektrums zu.

Zunächst sei nochmals erwähnt, daß elementare Gase und Dämpfe im Ultrarot keine Absorption besitzen, wie auch die Beobachtungen an Chlor, Brom, Wasserstoff und Sauerstoff ergaben[2]. Entgegenstehende Beobachtungen sind auf Verunreinigungen zurückzuführen[3].

Was die Dipolgase angeht, so zeigten schon die ältesten Messungen[4], daß selektive Absorption vorhanden ist, doch war zunächst wegen der zu kleinen spektralen Auflösung keine Fein-

---

[1] A. Kratzer, ZS. f. Phys. Bd. 3, S. 305. 1920.

[2] W. Burmeister, Verh. d. D. Phys. Ges. Bd. 15, S. 589. 1913.

[3] Wie Schaefer (Fortschr. d. Min., Krist. u. Petrograph. Bd. 9, S. 58. 1924) bemerkt, sollte man allerdings für große Schichtdicken und große Dichten doch Absorption erwarten; denn nur wenn die Wellenlänge unendlich groß gegen den Atomabstand ist, was streng nie erfüllt ist, ist es unmöglich, eine homöopolare Molekel zu Eigenfrequenzen mittels Einstrahlung anzuregen. Vgl. auch § 35.

[4] Angström u. Palmaer, Öfversigt af K. Vet. Akad. Förh. 1893, S. 389; F. Paschen, Wied. Ann. Bd. 50, S. 409. 1893; Bd. 51, S. 1. 1894.

struktur zu erkennen. Der erste, der tatsächlich eine Struktur in einer Absorptionsbande beobachtete, war BURMEISTER[1] (l. c.). Er erhielt für verschiedene Gase Banden von der in Abb. 84 dargestellten Form. Diese Form müssen wir aber nach der Theorie erwarten, wenn die spektrale Auflösung nicht ausreicht, um die durch die Überlagerung der Rotation über die Kernschwingung erzeugte Feinstruktur zu erkennen. Zu beiden Seiten der Schwingungsfrequenz muß dann das nicht aufgelöste System der Rotationslinien erscheinen (positiver und negativer Zweig bzw. R- und P-Zweig). Da die Intensität der Linien im wesentlichen durch die MAXWELLsche Verteilung gegeben ist (vgl. S. 174 und 210), so erhalten wir das Bild der Abb. 84, eine sog. „BJERRUMsche Doppelbande“, so genannt, weil BJERRUM diese Art von Banden zuerst theoretisch deutete. Der Nullzweig (Q-Zweig) tritt bei zweiatomigen Gasen im allgemeinen nicht auf.

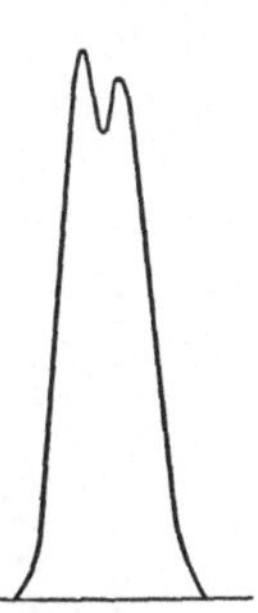

Abb. 84.
BJERRUMsche
Doppelbande

Die Tatsache, daß sich in der Form der Absorptionskurve die MAXWELLsche Geschwindigkeitsverteilung widerspiegelt, was von KEMBLE[2] für CO besonders nachgeprüft und bestätigt wurde, gibt uns eine weitere Möglichkeit, das Trägheitsmoment der Molekel zu berechnen. Berechnet man nach klassisch-statistischen Methoden die wahrscheinlichste Rotationsfrequenz[3], dann erhält man hierfür den Wert

$$\nu_{\max} = \frac{1}{2\pi}\sqrt{\frac{kT}{A}} \tag{43}$$

(k = BOLTZMANNsche Konstante, T = absol. Temperatur).

Der Abstand der beiden Maxima der Doppelbande hat danach die Größe

$$\Delta\nu = \frac{1}{\pi}\sqrt{\frac{kT}{A}}, \tag{44}$$

woraus das Trägheitsmoment A berechnet werden kann. Gleichzeitig erkennen wir, daß $\Delta\nu$ von der Temperatur abhängt, und zwar

---

[1] Indirekt, aus Versuchen über die Druckabhängigkeit der Absorption von CO_2, konnte schon von SCHAEFER (Ann. d. Phys. Bd. 16, S. 93. 1905) ein Schluß auf die Existenz einer Feinstruktur gezogen werden.

[2] E. C. KEMBLE, Phys. Rev. Bd. 8, S. 689. 1916.

[3] Vgl. z. B. CL. SCHAEFER, Einführung in die theoret. Physik Bd. II, S. 600ff. (2. Aufl.).

ist $\Delta \nu \sim \sqrt{T}$, worin wir ein Mittel haben, festzustellen, ob eine bestimmte Doppelbande tatsächlich eine BJERRUMsche Bande ist, oder ob zufällig zwei nahe benachbarte Banden vorliegen. Diese Temperaturabhängigkeit ist für die CO-Bande bei 4,7 μ von E. v. BAHR[1] bestätigt worden. Genauer gehen wir auf die Temperaturabhängigkeit der Absorption später ein. Tabelle 26 gibt die Abstände der Doppelbanden und die daraus berechneten Trägheitsmomente. Es sei noch erwähnt, daß die hier benutzte Methode zur Berechnung von Trägheitsmomenten nicht auf zweiatomige Gase beschränkt ist.

Tabelle 26.

Gas	λ_1	λ_2	$A \cdot 10^{40}$	$r_0 \cdot 10^8$	Literatur[2]
HCl	3,40 μ	3,55 μ	2,9	1,36	W. BURMEISTER
HBr	3,84	4,01	3,6	1,28	,,
CO	4,60	4,72	14,8		,,
	4,62	4,74	14,7		E. v. BAHR
	4,600	4,728$_5$	14,9	1,14	E. F. LOWRY
	2,354	2,385	14,8		CL. SCHAEFER u. B. PHILIPPS
NO	5,25	5,41	13,0	1,04	E. WARBURG u. G. LEITHÄUSER

Das Spektrum von Kohlenmonoxyd, CO, besteht nur aus den eben angeführten Doppelbanden bei 2,37 μ und 4,66 μ und aus der von SCHAEFER und THOMAS[3] gefundenen schwachen Bande bei 1,573 μ. Da unseren Anschauungen gemäß zweiatomige Gase nur eine Grundfrequenz haben können, müssen wir die außer der stärksten Bande bei 4,66 μ auftretenden Absorptionsstellen als Oberschwingungen auffassen. Tatsächlich verhalten sich die Wellenlängen der drei Banden nahezu wie $1 : {}^1/_2 : {}^1/_3$; außerdem ist, wie es sein muß, die Intensität der Oberbanden wesentlich geringer als die Grundbande. Benutzen wir für die Frequenzen die Formel (30a) $\nu_n = n\nu_0(1 - nx)$, dann können wir ν_0 und x aus ν_1 und ν_2 berechnen. Es ergibt sich ($\nu_1 = 2145 \text{ cm}^{-1}$, $\nu_2 = 4220 \text{ cm}^{-1}$)

$$\nu_0 = 2180 \text{ cm}^{-1}, \qquad \lambda_0 = 4,59 \mu, \qquad x = 0,0160.$$

---

[1] E. v. BAHR, Verh. d. D. Phys. Ges. Bd. 15, S. 710. 1913.

[2] W. BURMEISTER, Verh. d. D. Phys. Ges. Bd. 15, S. 589. 1913; E. v. BAHR, Verh. d. D. Phys. Ges. Bd. 15, S. 710. 1913; E. F. LOWRY, Journ. Opt. Soc. Amer. Bd. 8, S. 647. 1924; CL. SCHAEFER u. B. PHILIPPS, ZS. f. Phys. Bd. 36, S. 399. 1926; E. WARBURG u. G. LEITHÄUSER, Ann. d. Phys. Bd. 28, S. 313. 1909.

[3] CL. SCHAEFER u. M. THOMAS, ZS. f. Phys. Bd. 12, S. 330. 1920.

Hieraus folgt $\nu_3 = 6226 \text{ cm}^{-1}$, $\lambda_3 = 1{,}608\,\mu$, was gut mit der Beobachtung übereinstimmt, wenn man bedenkt, daß die genaue Lage von ν_1 und ν_2 nicht direkt festgestellt werden kann, sondern aus den beiden Maxima der Doppelbande errechnet werden muß. Für den Kernabstand von CO erhalten wir aus A

$$r_0 = 1{,}14 \cdot 10^{-8} \text{ cm} .$$

Die Existenz der Oberbanden beweist nach den Ausführungen des § 26, daß das Kraftgesetz nicht linear ist, was auch von vornherein unwahrscheinlich wäre[1]. Wie wir im einzelnen noch sehen werden, treten in fast allen Spektren Ober- bzw. Kombi-nationsschwingungen auf, deren Bedeutung teils in der dadurch ermöglichten Ordnung komplizierter Spektren liegt, teils darin, daß sie oft Hinweise auf die Struktur komplizierterer Moleküle geben. Der erste, der überhaupt ganzzahlige Beziehungen im ultraroten Spektrum bemerkte, war COBLENTZ[2].

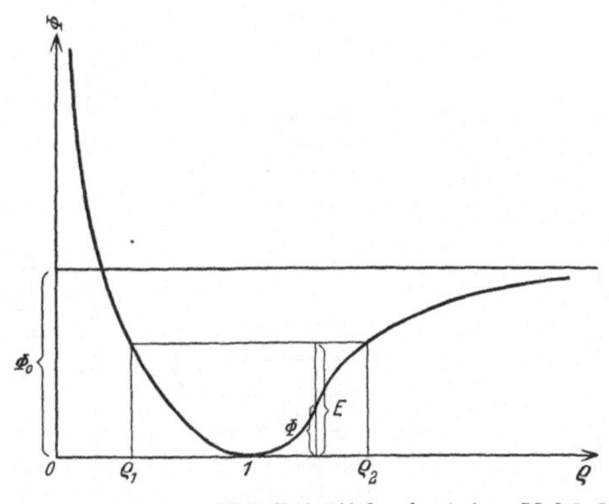

Abb. 85. Schematischer Potentialverlauf einer Molekel.

TARTAKOWSKY[3] hat geglaubt, für die Anzahl der Oberschwingungen eine obere Grenze angeben zu können. KRATZER[4] hat aber gezeigt, daß diese Behauptung auf einer unzulässigen Verallgemeinerung beruht. Abb. 85 zeigt den qualitativen Verlauf der Energie Φ einer Molekel als Funktion von $\varrho = \dfrac{r}{r_0}$, wie er sich ergibt,

---

[1] Die Dispersionstheorie des anharmonischen Oszillators ist auf klassischer Grundlage von SCHAEFER (Ann. d. Phys. Bd. 67, S. 407. 1922) durchgeführt worden. Das Ergebnis, daß an der Stelle der Oberbanden weder Absorption noch anomale Dispersion auftritt, ist darauf zurückzuführen, daß der Einfluß der freien Schwingungen unberücksichtigt bleibt. KALLMANN und GORDON (Ann. d. Phys. Bd. 70, S. 121. 1923) haben die Rechnung in dieser Beziehung verbessert.

[2] W. W. COBLENTZ, Investig. of infrared spectra, Part IV, S. 79. 1906.

[3] P. TARTAKOWSKY, ZS. f. Phys. Bd. 24, S. 98. 1924.

[4] A. KRATZER, ZS. f. Phys. Bd. 26, S. 40. 1924.

wenn man als Kraftgesetz COULOMBsche Anziehung und eine Abstoßung proportional $\frac{1}{r^\sigma}$ annimmt. Daraus entnimmt man unmittelbar, daß die Schwingungsenergie zweifellos nach oben durch die Dissoziationsenergie begrenzt ist. Die Oszillations-Quantenzahl n ist aber gegeben durch

$$n \cdot h = \oint p_\varrho \, d\varrho$$

$$= 2 \oint_{\varrho_1}^{\varrho_2} \sqrt{2\,A\,(E - \Phi)}\, d\varrho,$$

wo E die Energiekonstante ist. Nun ist Φ als Potenzreihe von $\frac{1}{\varrho}$ darstellbar. Ist die niedrigste vorkommende Potenz von ϱ kleiner oder gleich 2, wie es bei COULOMBscher Anziehung der Fall ist (heteropolare Bindung), dann wächst n ins Unendliche. Es sind also bei heteropolarer Bindung, entgegen der Behauptung von TARTAKOWSKY, unendlich viele Oberschwingungen vorhanden. Andernfalls hat aber n tatsächlich eine Grenze; dieser Fall tritt bei homöopolarer Bindung ein und kann zur Bestimmung der Dissoziationsenergie benutzt werden (vgl. § 28), während bei heteropolarer Bindung

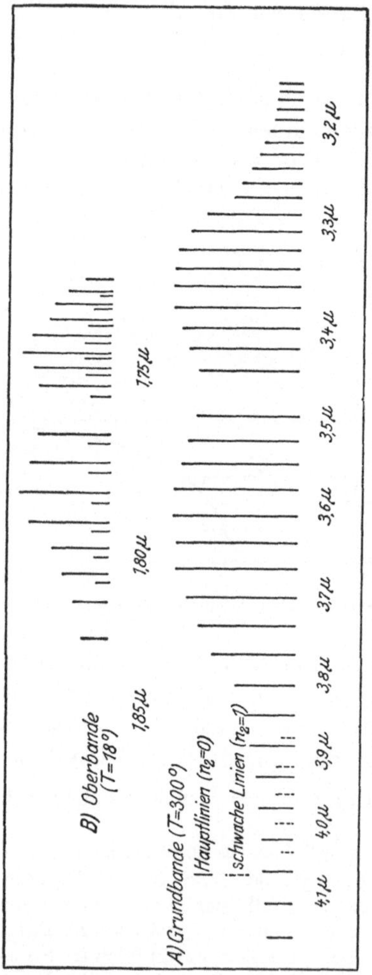

Abb. 86. Rotationsschwingungsbanden von HCl (schematisch).

dazu eine Extrapolation auf hohe Oszillations-Quantenzahlen nötig ist, für die zu wenig Glieder zur Verfügung stehen. Die bekannte Formel $\nu_n = n\nu_0(1 - nx)$ gilt dann nicht mehr. Das

Resultat von Tartakowsky beruht gerade auf dieser unzulässigen Extrapolation.

Die Auflösung der oben vernachlässigten Feinstruktur der Banden ist zuerst E. v. Bahr[1] bei HCl gelungen unter Benutzung eines Quarzprismas, anstatt des von Burmeister gebrauchten Flußspatprismas. Mit noch besserer Versuchsanordnung, doppelter Zerlegung mit Prisma und Gitter, Einbau der gesamten Apparatur in einen luftdichten Kasten zwecks Reinigung der Luft von CO_2 und H_2O, ist es amerikanischen Forschern gelungen, die Rotations-Schwingungsspektren sehr genau auszumessen.

Gerade die Halogenwasserstoffe eignen sich sehr für diese Untersuchungen, wie alle Moleküle, die H enthalten, da ihr Trägheitsmoment relativ klein ist, also der Linienabstand relativ groß[2].

Das Spektrum von HCl ist von Imes, Colby, Meyer und Bronk[3] ausführlich untersucht worden, die anderen Halogenwasserstoffe wurden von Randall und Imes[4] ausgemessen. Die ersten derartigen Messungen von Brinsmade und Kemble[5] sind durch diese neueren Arbeiten überholt.

Das Ergebnis der Messungen an HCl ist schematisch in Abb. 86 dargestellt nach Colby, Meyer und Bronk. Abb. 87

---

[1] E. v. Bahr, Verh. d. D. Phys. Ges. Bd. 15, S. 1150. 1913.

[2] Neuerdings ist es jedoch auch gelungen (C. P. Snow, A. M. Taylor, F. I. G. Rawlins u. E. K. Rideal, Proc. Roy. Soc. London (A) Bd. 124, S. 442 u. 453. 1929), die Feinstruktur von NO in der Grundbande bei $5,3\,\mu$ zu erhalten. Der Abstand der einzelnen Linien betrug im Mittel nur $3,35\ \mathrm{cm^{-1}}$ (s. auch Tabelle 26). Das Trägheitsmoment hat den Wert $16,4 \cdot 10^{-40}\ \mathrm{g\,cm^2}$. Bemerkenswert ist, daß ein schwacher Null-Zweig vorhanden ist. Er rührt davon her, daß NO ein Molekül mit ungerader Elektronenzahl ist, deren Drehimpuls parallel zur Kernverbindungsachse der Molekel den Charakter eines symmetrischen Kreisels gibt, wo auch der Sprung $m \rightarrow m$ erlaubt ist. Der Null-Zweig ist aber nur schwach, da der Elektronenimpuls gegenüber dem Impuls der Kernrotation klein ist. Auch für CO hoffen die Autoren, die Feinstruktur messen zu können. Die Strahlung wurde mit Steinsalzprisma und Reflexionsgitter zerlegt, die Intensität wurde mit Mollscher Thermosäule und Paschen-Galvanometer gemessen.

[3] E. S. Imes, Astrophys. Journ. Bd. 50, S. 251. 1919; W. F. Colby u. Ch. F. Meyer, Astrophys. Journ. Bd. 53, S. 300. 1921; W. F. Colby, Ch. F. Meyer u. D. W. Bronk, Astrophys. Journ. Bd. 57, S. 7. 1923.

[4] H. M. Randall u. E. S. Imes, Phys. Rev. Bd. 15, S. 152. 1920; E. S. Imes, Astrophys. Journ. Bd. 50, S. 251. 1919.

[5] J. B. Brinsmade u. E. C. Kemble, Proc. Nat. Acad. Amer. Bd. 3, S. 420. 1917.

zeigt eine der Messungen von Imes an den HCl-Banden bei 3,46 und 1,76 μ.

Das Gas stand unter Atmosphärendruck in einer Absorptionskammer von 15 cm (Imes) bzw. 16 cm Länge (Colby, Meyer und Bronk). Die Messungen wurden sowohl bei Zimmertemperatur als auch bei höherer Temperatur durchgeführt; letzteres hat den Vorteil, die Linienzahl zu erhöhen, denn mit höherer Temperatur gewinnen die Übergänge zwischen hochquantigen Energieniveaus

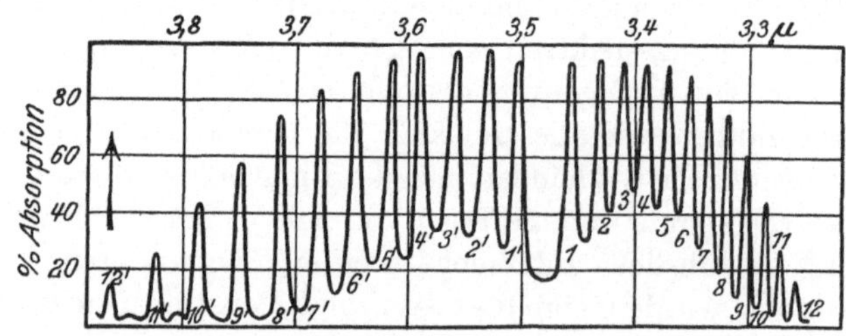

Abb. 87a. Grundbande von HCl nach Imes.

an Wahrscheinlichkeit; dies ist auch deutlich aus der Abbildung zu entnehmen. Die Intensitätsverhältnisse verschieben sich dabei allerdings gemäß der Maxwellschen Verteilung, doch bleiben die Wellenlängen, die uns hier interessieren, ungeändert[1]. Spence

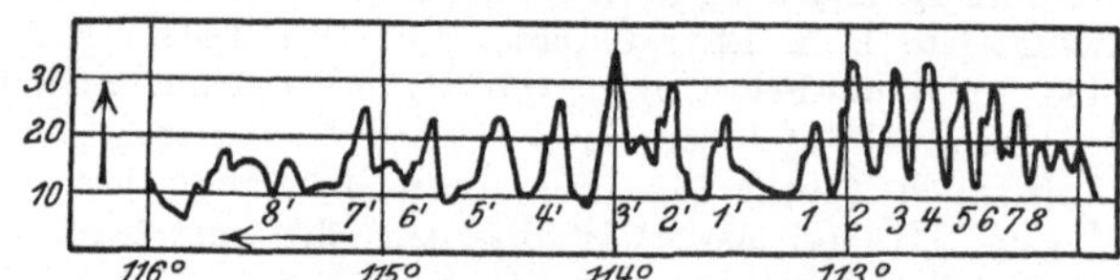

Abb. 87b. Oktave von HCL nach Imes.

und Holley[2] finden aber für eine Temperatur von 200° K, daß entgegen der Erwartung die zentral gelegenen Linien relativ mehr geschwächt werden als die Linien mit höherer Quantenzahl.

Die Bande bei 1,76 μ ist die Oktave von der bei 3,46 μ gelegenen Grundbande. Sie wurde zuerst von Brinsmade und Kemble (l. c.) gefunden. Die Duodezime fanden Schaefer und Thomas (l. c.) bei 1,190 μ.

---

[1] H. M. Randall, W. F. Colby u. R. F. Paton, Phys. Rev. Bd. 15, S. 541. 1920.

[2] B. J. Spence u. C. Holley, Phys. Rev. Bd. 19, S. 397. 1922.

An der Abb. 86 fallt folgendes auf: 1. die Abstände der Bandenlinien sind nicht konstant, sondern nehmen nach höheren Frequenzen ab, eine Folge der Wechselwirkungsglieder in der allgemeinen Bandenformel. 2. In der Mitte der Bande besteht eine Lücke, die Nullinie fällt aus. 3. In der Grundbande erkennen wir bei ca. $4\,\mu$ einige schwache Linien. Wir werden sie dem Oszillations-Quantensprung $2 \rightarrow 1$ zuordnen, während die Hauptbande dem Sprung $1 \rightarrow 0$ entspricht. 4. In der Oberbande bei $1,76\,\mu$ bestehen die Bandenlinien aus Dubletts. Diese Dubletts beruhen auf der Existenz der Chlor-Isotopen.

Empirisch werden die Hauptlinien der beiden Banden durch die Formeln dargestellt (in cm^{-1})

$$\nu_1 = 2886,07 + 20,59831\,m - 0,3010228\,m^2 - 0,0020566\,m^3 \quad (45\,\mathrm{a})$$

(COLBY, MEYER, BRONK),

$$\nu_2 = 5666,97 + 20,819\,m - 0,59\,m^2 \qquad (\text{IMES}). \qquad (45\,\mathrm{b})$$

Zur weiteren Diskussion ziehen wir die Ergebnisse der Theorie heran, und zwar werden wir von vornherein die Formeln der Quantenmechanik benutzen. Aus (37), S. 177, erhalten wir für die Frequenz des Übergangs $m_2 \rightarrow m_1$, $n_2 \rightarrow n_1$ folgenden Ausdruck, abgesehen zunächst von der Wechselwirkung [Bezeichnungen s. auch Gleichung (30b), S. 169]:

$$\nu = \frac{E_2 - E_1}{h} = \nu_0(n_2 - n_1) - \frac{h}{4\pi^2 A}[n_2^2 - n_1^2 + n_2 - n_1]\left(\frac{3}{2} + K\right) \left.\right\}$$
$$+ \frac{h}{8\pi^2 A}\left[\left(m_2 + \frac{1}{2}\right)^2 - \left(m_1 + \frac{1}{2}\right)^2\right]. \qquad (46)$$

Für den Sprung $m \rightarrow m - 1$ erhalten wir den positiven Zweig (R-Zweig):

$$\nu_+ = \nu_s + \frac{h}{4\pi^2 A}\,m \qquad (m = 1, 2, 3, \ldots);$$

für den Sprung $m - 1 \rightarrow m$ den negativen Zweig (P-Zweig)

$$\nu_- = \nu_s - \frac{h}{4\pi^2 A}\,m \qquad (m = 1, 2, 3, \ldots).$$

Die Folge der m muß mit 1 beginnen, da negative Quantenzahlen nicht möglich sind ($m - 1 \geqq 0$). Der Abstand zweier Linien ist $\varDelta\nu = \dfrac{h}{4\pi^2 A}$; nur zwischen je der ersten Linie des positiven und negativen Zweigs bleibt der doppelte Abstand, d. h. es erscheint, wie schon vorhin hervorgehoben, eine Lücke im Spektrum, die sich aus der quantenmechanischen Formel zwanglos erklärt. In der alten Quantentheorie war das anders (vgl. Abb. 88). Es war dort auch der Wert $m = 0$ an und für sich möglich; man war also gezwungen, den Übergang $m = 0 \to m = 1$ in Absorption zu verbieten, d. h. der rotationslose Zustand konnte nicht Ausgangspunkt der Absorption sein, wohl aber der der Emission; denn die Linie $1 \to 0$ in Absorption durfte nicht verboten werden, da nur eine Linie ausfiel; also mußte $0 \to 1$ in Emission zugelassen werden. Die Benutzung halber Quantenzahlen behob formal diese

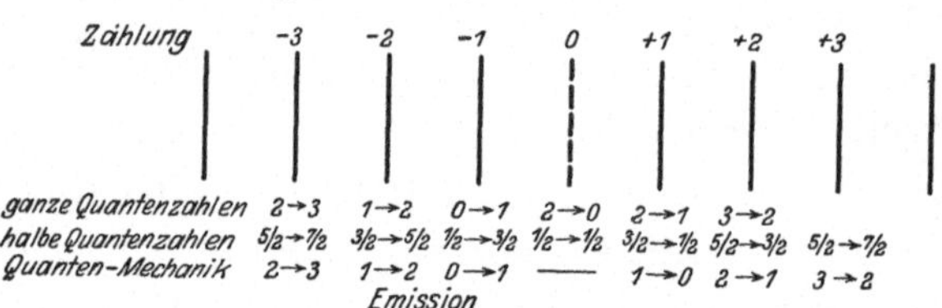

Abb. 88. Zählung der Feinstrukturlinien.

Schwierigkeit, da nur die Linie $^1/_2 \to ^1/_2$ verboten zu werden brauchte und damit wieder Symmetrie erreicht wurde.

Die allgemeine Formel lautet, wenn wir $n_2 = 1, n_1 = 0$ und $m_2 = m, m_1 = m - 1$ (positiver Zweig) setzen:

$$\nu_1 = \nu_0 - \frac{3}{8} \nu_0 u^2 (1 + 2b) - \frac{h}{2\pi^2 A} \left(\frac{3}{2} + K \right)$$

$$+ \left[\frac{h}{4\pi^2 A} - 3\nu_0 u^2 (1 + 2b) - \frac{hu^2}{8\pi^2 A} \right] m - \frac{3}{2} \nu_0 u^2 (1 + 2b) m^2 - \frac{hu^2}{8\pi^2 A} m^3 ,$$

$$m = +1, +2, \ldots$$

Für den negativen Zweig $m_2 = m - 1$, $m_1 = m$ gilt dieselbe Formel, nur vertauschen sich die Vorzeichen des in m linearen und kubischen Glieds. Man kann also die gleiche Formel für beide Zweige benutzen, wenn man für den negativen Zweig formal m durch $-m$ ersetzt; diese formale Schreibweise steht natürlich nicht im Widerspruch zu dem allgemeinen Verbot negativer Quantenzahlen. Wir schreiben statt der letzten Gleichung in leicht verständlicher Abkürzung

$$\nu_1 = N_1 + L_1 m + Q_1 m^2 + K_1 m^3 . \tag{47}$$

Das Rotationsspektrum $(n_2 = n_1 = 0)$ wird dann speziell dargestellt durch

$$\nu_{\text{rot}} = (L_1 - Q_1) m + K_1 m^3 = L_{\text{rot}} \cdot m + K_{\text{rot}} \cdot m^3 . \tag{47a}$$

Mit Rucksicht auf die Beziehung zwischen L_{rot}, K_{rot} einerseits und L_1, Q_1, K_1 anderseits berechnete CZERNY die Koeffizienten N_1, L_1, Q_1 und K_1 aus dem Rotations- und Rotations-Schwingungsspektrum mittels Ausgleichsrechnung (sechs Gleichungen für 4 Koeffizienten) und erhielt etwas andere Werte für die Koeffizienten als in (45) angegeben. Man sieht, daß die 4 Unbekannten ν_0, A, b und c aus den 4 empirisch bekannten Koeffizienten zu berechnen sind. Oft ist aber das kubische Glied nicht oder nur ungenau bekannt und man muß die eine Größe, am besten ν_0, aus anderen Daten bestimmen. Das ist z. B. möglich, wenn eine Oberschwingung bekannt ist.

Wir erkennen ferner, daß das erste Glied in (47) nicht die Eigenfrequenz des Moleküls selber liefert, sondern infolge der Wechselwirkung und anharmonischen Bindung dagegen verschoben ist. Dagegen ist N_1 die Strahlungsfrequenz im rotationslosen Zustand ($m = 0$), wenn gleichzeitig n von 1 auf 0 springt, d. h. für die Grundfrequenz.

Gehen wir zu den Oberschwingungen über, so galt in der alten Quantentheorie für die erwähnte Frequenz die Formel (s. S. 169) $\nu_{ns} = n\nu_0(1 - nx)$. Sie gilt hier nicht mehr streng. Es muß jetzt heißen, wie man leicht aus (37b) berechnet:

$$\nu_{ns} = n\nu_0 \left[1 - \frac{3u^2}{8}(1 + 2b) - x(n + 1)\right],$$

was wir auch in der Form schreiben können

$$N_n = n N_1 + n\nu_0 x(1 - n),$$

was übrigens nur unwesentlich von der einfachen Formel abweicht.

Wenn wir ν_1 in der Form schreiben: $\nu_1 = \nu_s + \nu_{rot}$, so ist nach (47) und (47a) $\nu_s = N_1 + Q_1(m + m^2)$, d. h. die Schwingung wird durch die Rotation geändert, und zwar wird ν_S mit wachsender Rotation immer kleiner. In Wirklichkeit überlagern sich ja auch nicht die Frequenzen, sondern die Energien, was nur bei fehlender Wechselwirkung gleichbedeutend ist.

Speziell für den Sprung der Oszillations-Quantenzahl von 2 auf 1 erhalten wir in gleicher Weise wie oben aus (37b)

$$\nu_1' = N_1' + L_1' m + Q_1' m^2 + K_1' m^3.$$

Die Koeffizienten N_1' usw. berechnen sich aus den Koeffizienten der Grundbande nach (48):

$$\left.\begin{aligned}
N_1' &= N_1 - \frac{h}{2\pi^2 A}\left(\frac{3}{2} + K\right), \\
L_1' &= L_1 + 2Q_1, \quad Q_1' = Q_1, \quad K_1' = K_1.
\end{aligned}\right\} \tag{48}$$

Da der Sprung der Oszillations-Quantenzahl n von 2 auf 1 unwahrscheinlicher ist als der Sprung $1 \rightarrow 0$, erhalten wir eine schwache Bande, die nur bei hoher Temperatur auftritt. COLBY, MEYER und BRONK haben eingehend dargelegt, daß die beobachteten schwachen Linien bei $4\,\mu$ (s. Abb. 86), die wir dem eben besprochenen Oszillationsquantensprung $2 \rightarrow 1$ zuordnen (s. S. 191 unter 3), reell und nicht auf Geister oder irreguläre Reflexionen zurückzuführen sind. Später werden wir einen Fall kennenlernen, wo die hier besprochene Bande deutlicher von der Hauptbande getrennt ist (CO_2).

Für die Oktave $n_2 = 2$, $n_1 = 0$ erhalten wir ebenso ($\nu_2 = N_2 + L_2 m + Q_2 m^2 + K_2 m^3$):

$$\left.\begin{aligned}
N_2 &= 2N_1 - \frac{h}{2\pi^2 A}\left(\frac{3}{2} + K\right), \\
L_2 &= L_1 + Q_1, \quad Q_2 = 2Q_1, \quad K_2 = K_1.
\end{aligned}\right\} \tag{49}$$

Der Abstand zweier Linien mit den Quantenzahlen m und $m + 1$ ist danach in der Oberschwingung kleiner als in der Grundschwingung, und zwar wird der Unterschied um so größer, je größer m ist. Es ist nämlich in leicht verständlicher Bezeichnungsweise unter Beachtung von (49):

$$\begin{aligned}
\varDelta\nu_1 &= L_1 + (2m + 1)Q_1 + K_1(3m^2 + 3m + 1) \\
\varDelta\nu_2 &= L_2 + (2m + 1)Q_2 + K_2(3m^2 + 3m + 1) \\
\hline
\varDelta\nu_2 - \varDelta\nu_1 &= 2(m + 1)Q_1, \quad \text{wobei } Q_1 < 0.
\end{aligned}$$

Wir ersehen ferner aus der Form von $\varDelta\nu_1$ und $\varDelta\nu_2$, daß der Abstand der Feinstrukturlinien von m abhängt. Da Q_1 negativ ist, nehmen tatsächlich, wie auf S. 191 gesagt, die Abstände mit wachsendem m ab.

Da die in (47) bis (49) eingehenden Konstanten aus den Daten der Grundbande bekannt sind, haben wir in den hier aufgestellten Beziehungen ein Mittel, die Gültigkeit der Bandenformel zu prüfen. COLBY[1] konnte zeigen, daß die Kombinationsbeziehungen bei

---

[1] W. F. COLBY, Astrophys. Journ. Bd. 58, S. 303. 1923.

halbzahligen Rotationsquantenzahlen erfüllt sind, während bei ganzzahliger Zählung die dann geltenden Beziehungen nicht erfüllt werden können, was mit den obenerwähnten Ergebnissen von CZERNY im Rotationsspektrum übereinstimmt. Da allein die halbzahlige Formulierung mit der Quantenmechanik übereinstimmt, ist damit auch für das Rotations-Schwingungsspektrum gezeigt, daß die Quantenmechanik die Erfahrung richtig wiedergibt.

Die Beziehungen zwischen Rotations- und Rotations-Schwingungsspektrum sind nach CZERNY befriedigend erfüllt, wenn auch kleine systematische Abweichungen bleiben. Unabhängig von jeder speziellen Quantentheorie ist diese Prüfung möglich auf Grund einer Beziehung, die nur die Termdarstellung der Frequenzen voraussetzt. Es muß nämlich sein (ν_+ bzw. ν_- bezeichnen Linien des positiven und negativen Zweigs)

$$\nu_+(m-1) - \nu_-(m+1) = \nu_{\mathrm{rot}}(m-1) + \nu_{\mathrm{rot}}(m+1),$$

denn es ist

$$\nu_+(m-1) = W(m-1) - W(m-2),$$
$$\nu_-(m+1) = W(m) - W(m+1)$$

und

$$\nu_{\mathrm{rot}}(m-1) = W(m-1) - W(m-2)$$
$$\nu_{\mathrm{rot}}(m+1) = W(m+1) - W(m),$$

wo $W(m)$ die Energie des m ten Zustands.

Man könnte an Hand der Beziehungen (47) bis (49) eine Entscheidung fällen, ob auch n ganz- oder halbzahlig zu zählen ist, denn N_1 und L_1 hängen in beiden Fällen verschieden von den Konstanten ab, so daß K und A verschiedene Werte in beiden Theorien erhalten, womit sich auch der Wert von N_2 ändert, während die Beziehungen selbst die gleichen bleiben. Leider ist die Rechnung sehr empfindlich auf den unsicher bekannten Wert von K_1, so daß eine eindeutige Entscheidung nicht möglich ist. Aus allgemein quantentheoretischen Gründen entscheiden wir uns aber für die halbzahlige Formulierung, die zudem aus dem Isotopeneffekt in Bandenspektren des sichtbaren Gebiets gefolgert werden kann[1].

In Tabelle 27 ist der Vergleich zwischen Theorie und Beobachtung in der Weise durchgeführt, daß mittels der Beziehungen

---

[1] R. S. MULLIKEN, Phys. Rev. Bd. 25, S. 259. 1925.

(47) bis (49) die Konstanten N, L, Q und K für ν_{rot} und ν_2 aus N_1 bis K_1 bestimmt wurden; für ν_1' ($n = 2 \to n = 1$) sind einzelne Linien berechnet. Die Konstanten der Formeln wurden aus den in (45a) angegebenen Zahlenwerten für N_1 bis K_1 bestimmt[1]. Für die übrigen Halogenwasserstoffe können wir auf den ausführlichen Vergleich verzichten[2]. Die uns interessierenden Trägheitsmomente sind schon in Tabelle 24 angegeben, ν_0 und die früher definierte Verstimmung in Tabelle 28.

Während wir zur Berechnung nur die Daten der Grundbande benutzten, hat COLBY[3] auch die Daten der Oktave auf Grund der Messungen von MEYER und LEVIN[4] der Berechnung zugrunde gelegt. Für ν_0 erhält COLBY aus den beiden Serien für HCl_{35} und HCl_{37} die Werte 2989,36 und 2987,28, während die übrigen Konstanten nicht wesentlich von den unsrigen abweichen.

Tabelle 27.

		N	L	Q	K
ν_{rot}	beobachtet		20,793		—0,00164
	berechnet		20,899		—0,00206
ν_2	beobachtet	5666,97	20,819	—0,59	—
	berechnet	5613,70	20,297	—0,60	—

m	ν_1' (berechnet)	ν_1' (beobachtet) (cm^{-1})
— 7	2572,7	2579,7
— 8	2549,5	2554,7
— 9	2525,6	2528,8
—10	2499,7	2502,1
—11	2474,0	2476,0

Tabelle 28.

	ν_0 (cm^{-1})	x
HF	3513	0,0101
HCl	3045	0,0178
HBr	2583	0,0119

---

[1] Die Werte von CZERNY geben wesentlich schlechtere Resultate, was auf die Unsicherheiten der Messungen im Rotationsspektrum zurückzuführen ist.

[2] Vgl. M. CZERNY, ZS. f. Phys. Bd. 45, S. 476. 1927.

[3] W. F. COLBY, Phys. Rev. Bd. 34, S. 53. 1929.

[4] C. F. MEYER u. A. A. LEVIN, Phys. Rev. Bd. 34, S. 44. 1929.

Aus den Daten der Bandenformeln kann man noch mit den auf S. 166 bis 169 angegebenen Gleichungen die unbekannten Koeffizienten der Schwingungsenergie bestimmen[1]; ebenso nach (27) die Amplituden der Schwingung.

Es bleibt noch die in der Oktave auftretende Verdoppelung der schwachen Linien zu erklären. Wir haben schon angedeutet, daß sie durch die Isotopen des Chlors bedingt sind. Die Schwingungsfrequenz hängt bekanntlich von der reduzierten Masse ab, und zwar ist ν_0 proportional $\dfrac{1}{\sqrt{\mu}}$. Für die beiden Chlorisotopen Cl_{35} und Cl_{37} erhalten wir also zwei verschiedene Rotations-Schwingungsbanden, die gegeneinander um $\Delta\nu = \nu \dfrac{1}{2}\left(\dfrac{1}{35} - \dfrac{1}{37}\right)$ verschoben sind. Für $\lambda = 1{,}76\,\mu$ folgt daraus eine Verschiebung um $13{,}5\,\text{Å}$; beobachtet ist eine mittlere Verschiebung um $14 \pm 1\,\text{Å}$. Die Intensitäten der beiden Komponenten sollten etwa im gleichen Verhältnis zueinander stehen wie die Mengenverhältnisse der beiden Isotopen im Chlor, d. h. etwa wie $1:3$, was annähernd zutrifft[2]. Die Deutung dieser Linien durch den Isotopeneffekt der Schwingung wurde gleichzeitig von LOOMIS[3] und KRATZER[4] gegeben. Der Einfluß der Isotopen auf die Rotationslinien[5] ist von geringerer Größenordnung und daher bisher nicht beobachtet.

Genauere Messungen, auch an der Grundbande, haben inzwischen MEYER und LEVIN[2] ausgeführt. Ihre Beobachtungen lassen sich darstellen durch die Gleichungen

$$HCl_{35}:\ \nu_1 = 2\,885{,}88 + 20{,}562\,m - 0{,}3030\,m^2 - 0{,}0020\,m^3$$
$$HCl_{37}:\ \nu_1 = 2\,883{,}84 + 20{,}536\,m - 0{,}3022\,m^2 - 0{,}0020\,m^3$$
$$HCl_{35}:\ \nu_2 = 5\,667{,}96 + 20{,}291\,m - 0{,}6028\,m^2 - 0{,}0025\,m^3$$
$$HCl_{37}:\ \nu_2 = 5\,663{,}97 + 20{,}259\,m - 0{,}6029\,m^2 - 0{,}0022\,m^3$$

Daraus folgt für ν_2 ein Dublettabstand von ca. $4\,\text{cm}^{-1}$, der von m übrigens nicht unabhängig ist. In Wellenlängen umgerechnet erhält man $\Delta\lambda = 12{,}5\,\text{Å}$, also einen kleineren Wert, als dem theoretischen entspricht.

---

[1] W. F. COLBY, Phys. Rev. Bd. 34, S. 53. 1929.
[2] C. F. MEYER u. A. A. LEVIN, Phys. Rev. Bd. 34, S. 44. 1929.
[3] F. W. LOOMIS, Astrophys. Journ. Bd. 52, S. 248. 1920.
[4] A. KRATZER, ZS. f. Phys. Bd. 3, S. 460. 1920.
[5] A. KRATZER, l. c. und A. HAAS, ZS. f. Phys. Bd. 4, S. 68. 1920.

Die Diskussion des Spektrums von HCl ist damit beendet; wir wenden uns nun anderen zweiatomigen Gasen zu.

Imes (l. c.) hat neben HCl auch die Grundbande von HBr und HF untersucht.

Die Grundschwingung von HBr liegt bei $3,9\,\mu$. Imes fand je neun Linien im positiven und negativen Zweig. Nach Czerny[1] gehorchen sie der Gleichung

$$\nu = 2559,151 + 16,4788\,\mathrm{m} - 0,23044\,\mathrm{m}^2 - 0,001457\,\mathrm{m}^3.$$

Die Oktave fanden Brinsmade und Kemble bei $1,98\,\mu$. Ihre Feinstruktur ist noch nicht gemessen worden.

Für HF ergibt sich für die Grundbande bei $2,52\,\mu$:

$$\nu = 3962,565 + 40,3224\,\mathrm{m} - 0,76321\,\mathrm{m}^2 - 0,011879\,\mathrm{m}^3.$$

Die Oktave liegt nach Schaefer und Thomas bei $1,27\,\mu$.

Bei HJ ist nach Czerny bei ca. $4,5\,\mu$ Absorption zu erwarten, deren Existenz von ihm auch festgestellt werden konnte.

Aus diesen Formeln folgen die in Tabelle 28 angegebenen Werte von ν_0 und x.

Wir besprechen noch den Einfluß eines äußeren elektrischen Felds auf das Rotations-Schwingungsspektrum, der theoretisch von Hettner[2] und experimentell von Barker[3] untersucht wurde. Durch das äußere Feld sind die Moleküle gezwungen, eine Präzession um die Richtung des Feldes auszuführen. Das hat zur Folge, daß eine weitere Quantenzahl eingeführt werden muß, wodurch im elektrischen Feld eine Aufspaltung der Rotationszustände erfolgen muß, die aber zu klein ist, um beobachtet werden zu können. Außerdem werden alle Energieniveaus um einen Betrag verschoben, der annähernd unabhängig von m ist. Nur der rotationslose Zustand bleibt ungeändert, so daß nur die Linie $0 \to 1$ (Emission) eine resultierende Verschiebung erleidet, die proportional dem elektrischen Moment der Molekel und dem äußeren Potential ist. Für HCl würde eine Verschiebung um $1/_6$ des normalen Linienabstands eintreten müssen, die aber von Barker nicht beobachtet wurde, was ganz im Einklang mit der quantenmechanischen Theorie steht, da kein rotationsloser Zustand existiert, denn auch für

<hr>

[1] Vgl. M. Czerny, ZS. f. Phys. Bd. 45. S. 476. 1927.
[2] G. Hettner, ZS. f. Phys. Bd. 2, S. 349. 1920.
[3] E. F. Barker, Astrophys. Journ. Bd. 58, S. 201. 1923.

$m = 0$ verschwindet die Rotationsenergie nicht. Weiter wollen wir auf die quantenmechanische Theorie des Starkeffektes an Molekülen nicht eingehen[1]. Es sei nur erwähnt, daß ein linearer Starkeffekt bei einem Kreiselmolekül existiert, falls eine Komponente des Impulses parallel zur Figurenachse vorhanden ist.

Zum Schluß gehen wir noch auf die langwellige Strahlung der Quarz-Quecksilberlampe ein, die zwei Maxima bei etwa $218\,\mu$ und $343\,\mu$ zeigt (S. 69). LINDEMANN[2] hielt es für wahrscheinlich, daß diese Strahlung von der Rotation von Hg_2-Molekülen herrührt. Die Atome des Moleküls müßten dann aber elektrisch geladen sein. Neuere Versuche weisen indessen darauf hin, daß metastabil angeregte Quecksilbermoleküle die Träger dieses Spektrums sind. Die Strahlung der Quecksilberlampe wird nämlich von neutralem Quecksilberdampf nicht absorbiert[3], dagegen sehr stark in angeregtem Quecksilberdampf, sofern die Bildung metastabiler Moleküle begünstigt wird[4]. G. LASKI[5] hat zudem gefunden, daß die Emission der Lampe als Funktion der Belastung sprunghaft steigt, wenn die Spannung um je $5\,V$, die Anregungsspannung der Hg-Linien 2537, steigt. Die dadurch angeregten Atome können dann zu angeregten Molekülen zusammentreten.

Nach KROEBEL (l. c.) ist das Spektrum der Quecksilberlampe als das Rotations-Schwingungsspektrum der Hg_2-Molekel aufzufassen; das reine Rotationsspektrum muß bei noch längeren Wellen liegen. Das Trägheitsmoment berechnet sich zu $1250 \cdot 10^{-40}\,g\,cm^2$ ($T = 2273^\circ\,K$), der Kernabstand hat den Betrag $2{,}75 \cdot 10^{-8}\,cm$. Die angeregte Hg_2-Molekel ist also ebenso als Dipolmolekel anzusprechen wie die bisher besprochenen Moleküle, doch existiert sie nur unter besonders günstigen Umständen, die gerade in der Quarzquecksilberlampe realisiert sind.

---

[1] Neuere Literatur: Rotator: L. MENSING u. W. PAULI, Phys. ZS. Bd. 27, S. 509. 1926; C. MANNEBACK, Phys. ZS. Bd. 27, S. 563. 1926. Symm. Kreisel: F. REICHE, ZS. f. Phys. Bd. 39, S. 444. 1926; C. MANNEBACK, Phys. ZS. Bd. 28, S. 72. 1927.

[2] Siehe H. RUBENS u. O. v. BAEYER, Berl. Ber. 1911, S. 666.

[3] H. RUBENS u. H. v. WARTENBERG, Verh. d. D. Phys. Ges. Bd. 13, S. 796. 1911.

[4] W. KROEBEL, ZS. f. Phys. Bd. 56, S. 114. 1929.

[5] G. LASKI, ZS. f. Phys. Bd. 10, S. 353. 1922.

§ 28. Die Eigenschwingungen zweiatomiger Molekeln.

Bisher war es uns nicht möglich, über die absolute Lage der Eigenschwingungen eine Aussage zu machen bzw. sie mit anderen Daten des Moleküls in Beziehung zu setzen, wie z. B. das reine Rotationsspektrum mit dem Trägheitsmoment. Wir müssen dazu ν_0, die mechanische Eigenfrequenz, kennen, die wir vorläufig nur aus der klassischen Theorie der kleinen Schwingungen berechnen können. Die Schwingungsgleichung einer zweiatomigen Molekel lautet nach bekannten Gesetzen der Mechanik

$$\mu \frac{d^2 u}{d t^2} = -\left(\frac{d^2 \Phi}{d r^2}\right)_{r=r_0} \cdot u = -k^2 u . \tag{50}$$

Darin bedeuten: $\mu = \dfrac{m_1 m_2}{m_1 + m_2}$, m_1 und m_2 die Massen der beiden Atome der Molekel, r den Abstand der beiden Atome, r_0 den Gleichgewichtsabstand, u die relative Verrückung und $\Phi = \Phi(r)$ die potentielle Energie des Moleküls. Aus dem Ansatz $u = A e^{i \omega_0 t} = A e^{2 \pi i \nu_0 t}$ folgt aus (50)

$$\mu \omega_0^2 = \left(\frac{d^2 \Phi}{d r^2}\right)_{r=r_0} = k^2 . \tag{51}$$

Es kommt also darauf an, für Φ einen passenden Ansatz zu finden, wozu wir etwas über die Art der Bindung wissen müssen. Ist die Bindung im wesentlichen durch die elektrostatische Anziehung von verschieden geladenen Ionen gemäß dem COULOMB-schen Gesetz gegeben, so wollen wir von „heteropolarer“ Bindung sprechen, andernfalls von „homöopolarer“ Bindung. Diese beiden Bindungsarten sind nicht scharf voneinander getrennt. Außerdem sind noch mehrere andere Definitionen möglich, je nachdem man gewisse, durch die Bindung beeinflußte Erscheinungen heranzieht. Uns interessiert hier jedoch nur die Frage, ob wir die Kräfte zwischen den einzelnen Teilen der Molekel als Zentralkräfte ansehen können oder nicht; im letzteren Falle (bei homöopolarer Bindung) sind einfache Ansätze kaum möglich[1].

Da wir uns hier hauptsächlich mit den eingehend untersuchten Halogenwasserstoffen beschäftigen, ist es von Bedeutung, daß

---

[1] Die Quantenmechanik hat indessen neuerdings zu erfolgreichen Ansätzen für die Bindung homöopolarer Molekeln geführt. Vgl. W. HEITLER und F. LONDON, ZS. f. Phys. Bd. 44, S. 455. 1927 und F. LONDON, ZS. f. Phys. Bd. 46, S. 455. 1928.

KONDRATJEW[1] Zweifel an der Heteropolarität der Halogenwasserstoffe geäußert hat, die sich im wesentlichen darauf stützen, daß man die Dissoziationsenergie aus dem ultraroten Bandenspektrum berechnen könne, was nach den Darlegungen auf S. 188 nur bei homöopolarer Bindung möglich ist, und daß die ultravioletten HJ-Banden dafür sprächen, daß HJ in ein angeregtes und in ein unangeregtes Atom zerfällt, was von FRANCK und KUHN[2] als ein Kennzeichen homöopolarer Bindung angesehen wird.

Die Dissoziationsenergie D berechnet sich auf folgende Weise (vgl. a. § 33): Es ist allgemein die Energie $E_{n \atop m=0}$ nach (37b), wenn man dort die Glieder mit u^2 und ein konstantes Glied wegläßt, $E_{n \atop m=0} = h\nu_0 (n + \tfrac{1}{2})[1 - (n + \tfrac{1}{2})x]$, wo x die Verstimmung bedeutet. Durch diese Gleichung ist die Energie als Funktion der Schwingungsquantenzahl n gegeben. Die Dissoziationsenergie D ist dann nach S. 188 die maximal mögliche Energie. Es muß also sein $\dfrac{dE_n}{dn} = 0 = h[\nu_0 - 2\nu_0(n - \tfrac{1}{2})x]$. Daraus folgt $D = \dfrac{\nu_0 h}{4x} - \nu_0 h x$ oder angenähert, da $x \ll 1$, $D = \dfrac{\nu_0 h}{4x}$. Für HCl erhält man aus den Daten von § 27 $D = $ ca. 125 kcal/Mol, während für die Dissoziationsarbeit des HCl in neutrale Atome eine Energie von ca. 101 kcal/Mol nötig ist, wenn man annimmt, daß der mittels Elektronenstoß ermittelte Wert von ca. 316 kcal der Zerlegung in Ionen entspricht[3], wovon das eine angeregt ist. (Aus Anregungsenergie des Cl^{--}-Ions, Ionisationsenergie des H-Atoms und Elektronenaffinität von Cl folgt dann die Dissoziationswärme im angegebenen Betrag.)

Wenn auch die annähernde Übereinstimmung der auf den beiden erwähnten Wegen berechneten Dissoziationsenergien für homöopolare Bindung spricht, so gibt es doch eine Reihe von Argumenten für Heteropolarität[4], u. a. dies, daß die Bindungs-

---

[1] V. KONDRATJEW, ZS. f. Phys. Bd. 48, S. 583. 1928.

[2] J. FRANCK u. H. KUHN, ZS. f. Phys. Bd. 43, S. 162. 1927; Bd. 44, S. 607. 1927.

[3] Der Wert von 10,93 Volt = ca. 253 kcal, den KEMBLE (Journ. Opt. Soc. Amer. Bd. 12, S. 1. 1926) für den Prozeß $HCl \rightarrow H^+ + Cl^-$ angibt, wurde die Übereinstimmung aufheben. KEMBLE schreibt die Energie 316 kcal der Bildung eines Molekülions zu. Vgl. zu diesen Fragen auch J. FRANCK und P. JORDAN, Anregung von Quantensprüngen durch Stöße. Berlin 1926.

[4] F. J. G. RAWLINS, ZS. f. Phys. Bd. 50, S. 440. 1928.

kräfte proportional $\frac{1}{r^2}$ sind, wie wir am Rotationsspektrum erkannten (S. 184).

Daß die Entscheidung gerade bei den Halogenwasserstoffen schwierig ist, liegt daran, daß der H-Kern in die Elektronenhülle des Halogenions eindringt, so daß im Grunde nicht mehr von der Anziehung zweier räumlich getrennter Ionen gesprochen werden kann. Wie man trotzdem einen Energieansatz, der mit Zentralkräften operiert, verwenden kann, wird weiter unten dargelegt.

Um die Energie berechnen zu können, benutzen wir das in Abb. 89 angegebene Modell der zweiatomigen Molekel. Die Elektronen des Halogenions sind irgendwie verteilt zu denken. Detaillierte Angaben sind weder möglich noch nötig. COLBY[1] und v. WIŚNIEWSKI[2] haben vorgeschlagen, zwei Elektronen auf einer Kreisbahn, senkrecht zur Verbindungslinie der Ionen rotieren zu lassen. Nach v. WIŚNIEWSKI sind die beobachteten Dissoziationsenergien und Trägheitsmomente mit diesem Modell verträglich, doch sind seine Darlegungen wenig überzeugend.

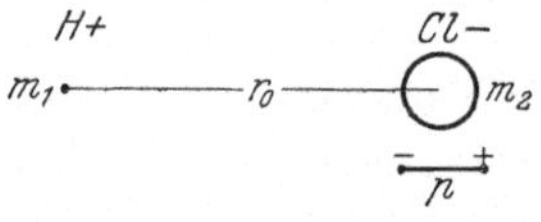

Abb. 89. Modell der HCl-Molekel.

Gemäß unserem Modell setzt sich die Energie aus folgenden Beträgen zusammen:

1. Elektrostatische Anziehung der Ionen: $-\dfrac{e^2}{r}$. Diese allein genügt nicht, da sonst die Ionen keine Gleichgewichtslage einnehmen könnten. Es muß hinzutreten

2. eine Abstoßung $\dfrac{b\,e^2}{r^\sigma}$; b und σ sind im allgemeinen unbekannt und müssen mittels der Gleichgewichtsbedingungen eliminiert werden. Zwar konnte BORN[3] aus allgemeinen Erwägungen heraus für σ theoretische Werte von 9 bzw. 5 berechnen, die sich resp. auf die gegenseitige Wirkung zweier würfelförmiger bzw. eines punkt- und würfelförmigen Atoms beziehen, und tatsächlich kommt man bei den Halogenwasserstoffen mit $\sigma = 5$ aus, wie wir

---

[1] W. F. COLBY, Astrophys. Journ. Bd. 51, S. 230. 1920; Phys. Rev. Bd. 15, S. 140. 1920.

[2] F. J. v. WIŚNIEWSKI, ZS. f. Phys. Bd. 31, S. 869. 1925.

[3] M. BORN, Atomtheorie des festen Zustands S. 733 ff.

unten sehen werden, doch kommen auch erhebliche Abweichungen vor, wie z. B. für CO (s. u.).

Unsöld[1] hat · gezeigt, daß man die Abstoßungskraft auch quantenmechanisch verstehen kann; der Bornsche Ansatz stellt in diesem Sinne eine Näherung dar. Unsöld behandelt nur das Wasserstoffmolekül, so daß seine Ergebnisse hier nur qualitativ verwertet werden können. Die Abstoßung kommt dadurch zustande, daß der eine H-Kern in die Ladungswolke des anderen eindringt. Man kann die Abstoßungskraft wieder in der Form $\dfrac{b}{r^{\sigma}}$ schreiben, nur ist jetzt σ nicht mehr konstant, sondern von der Entfernung der beiden Kerne abhängig, und zwar wächst σ ziemlich rasch mit r. Für uns folgt daraus, daß man σ als empirisch zu bestimmende Größe betrachten muß[2].

3. Das Halogenion ist nicht starr, sondern unter Einwirkung der Ladung des H-Ions deformiert sich seine Elektronenhülle, so daß, wie man aus Abb. 89 ersieht, im Halogenion ein Dipol vom Moment p erzeugt wird, dessen Wirkung einen Teil des Gesamtdipolmoments des Moleküls aufhebt. Für p setzen wir $p = \alpha\,|\mathfrak{E}|$, wo α die „Deformierbarkeit“ des Ions und $\mathfrak{E}$ das deformierende Feld[3]. α kann auf mehrere Arten bestimmt werden:
a) aus der Refraktion[4]:

$$\alpha = \frac{3}{4\pi N}\,\frac{n^2 - 1}{n^2 + 2}, \quad N = \text{Avogadrosche Zahl pro Mol,}$$

b) aus dem gemessenen Dipolmoment $\bar{p}$:

$$\bar{p} = e\,r_0 - \frac{\alpha\,e}{r_0^2}, \tag{52}$$

wenn man r_0 kennt, z. B. aus dem Trägheitsmoment mittels des Rotationsschwingungsspektrums;
c) aus der Eigenschwingung auf dem weiter unten beschrittenen Weg, auf dem wir umgekehrt α bekannt annehmen und ν_0 berechnen. Der induzierte Dipol zieht seinerseits das H-Ion an mit einer Kraft

$$\frac{2\,p\,e}{r^3} = \frac{2\,\alpha\,e^2}{r^5}\,.$$

---

[1] A. Unsöld, ZS. f. Phys. Bd. 43, S. 563. 1927.
[2] Vgl. auch H. Brück, ZS. f. Phys. Bd. 51, S. 707. 1928.
[3] M. Born u. W. Heisenberg, ZS. f. Phys. Bd. 23, S. 388. 1924.
[4] n ist hier natürlich der Brechungsexponent.

Die dieser Kraft entsprechende potentielle Energie hat also den Wert $-\dfrac{\alpha\,e^2}{2\,r^4}$. Die Einführung der Deformation hat sich außer für die Theorie der Eigenschwingungen in mancher Beziehung als fruchtbar erwiesen, besonders auch bei der Betrachtung der Gleichgewichtskonfiguration mehratomiger Molekeln, auf die sich die obigen Betrachtungen sinngemäß übertragen lassen[1].

Für die Halogenwasserstoffe haben wir aber die Deformationsenergie zu modifizieren, um der oben erwähnten Eindringung des H-Kerns Rechnung zu tragen. Wir nehmen mit BORN und HEISENBERG an, daß der Wert von α beim Eindringen in die äußerste Schale, deren Radius r_s sei, von α auf den ebenfalls konstanten Wert $\alpha_{\text{eff.}}$ herabsinke. Dann haben wir für die Energie zu setzen:

$$2\,e^2\,\alpha\int\limits_{\infty}^{r_s}\frac{d\,r}{r^5} + 2\,e^2\,\alpha_{\text{eff.}}\int\limits_{r_s}^{r}\frac{d\,r}{r^5}.$$

Die Gesamtenergie lautet demnach, nach Ausführung der Integration:

$$\varphi = -\frac{e^2}{r} + \frac{b\,e^2}{r^5} - \frac{e^2\,\alpha_{\text{eff}}}{2\,r^4} - \frac{e^2\,(\alpha - \alpha_{\text{eff}})}{2\,r_s^4}.$$

Die weitere Rechnung liefert nun für die Wellenlänge der Eigenfrequenz

$$\lambda_0 = \frac{c}{r_0} = 2\,\pi\,e\sqrt{\frac{\mu\,r_0^3}{4\,e^2\left(1 + \dfrac{\alpha_{\text{eff}}}{2\,r_0^3}\right)}}.$$

$\alpha_{\text{eff.}}$ wird für HCl nach (52) berechnet aus dem bekannten Wert von r_0 (S. 183). Für die andern Halogenwasserstoffe wird $\alpha_{\text{eff.}}$ bestimmt unter der Annahme, daß $\dfrac{\alpha_{\text{eff}}}{\alpha}$ konstant ist. α ist aus der Refraktion bekannt. Die Rechnung liefert das in Tab. 29 zusammengestellte Ergebnis.

Der Wert der Energie im Gleichgewichtsabstand r_0, der nahezu gleich r_s ist, gibt die Energie der Dissoziation in Ionen an. Das Ergebnis zeigt Tab. 29a.

---

[1] L. PAULING (Phys. Rev. Bd. 27, S. 568. 1926) hat die Berechnung von α auf Grund der alten Quantentheorie (aber mit halben Quantenzahlen) durchgeführt. Die Rechnung führt zu falschen Werten des Dipolmoments. Ähnliche Probleme sind von PAULING (Proc. Roy. Soc. London (A) Bd. 114, S. 181. 1927) auch quantenmechanisch behandelt worden.

<table>
<tr><td colspan="4" align="center">Tabelle 29.</td></tr>
<tr><td></td><td align="center">HF</td><td align="center">HCl</td><td align="center">HBr</td></tr>
<tr><td>$\alpha_{\text{eff}}\,10^{24}$.</td><td>0,42</td><td>1,30</td><td>1,78</td></tr>
<tr><td>λ_0 (beob.)[1]</td><td>$2,48\,\mu$</td><td>$3,42\,\mu$</td><td>$3,85\,\mu$</td></tr>
<tr><td>λ_0 (ber.)[1]</td><td>$1,93\,\mu$</td><td>$3,09\,\mu$</td><td>$4,50\,\mu$</td></tr>
</table>

<table>
<tr><td colspan="4" align="center">Tabelle 29a.</td></tr>
<tr><td></td><td align="center">HF</td><td align="center">HCl</td><td align="center">HBr</td></tr>
<tr><td>D (ber.) .</td><td>$436\,\dfrac{\text{kcal}}{\text{Mol}}$</td><td>339</td><td>272</td></tr>
<tr><td>D (beob.)</td><td>—</td><td>313</td><td>299</td></tr>
</table>

Trotz des sehr rohen Energieansatzes und der zahlreichen Vereinfachungen erhalten wir also die wichtigsten Daten überraschend genau, wenn man bedenkt, daß es sich um absolute Angaben handelt; doch werden wir darauf im Anschluß an eine Arbeit von HUND gleich noch einmal zurückkommen.

Auf ähnliche Weise berechnen BORN und HEISENBERG die Eigenfrequenzen dampfförmiger binärer Salzmolekeln der Alkalihalogenide. Hier sind beide Ionen deformierbar, und der Gleichgewichtsabstand, der aus der Gleichgewichtsbedingung berechnet wird, groß genug, um mit dem einfacheren Ausdruck der Deformationsenergie rechnen zu können. b und σ werden der Gittertheorie entnommen. Wir geben hier nur das Ergebnis für NaCl an: Man erhält für die Wellenlänge der dampfförmigen Molekel $19,5\,\mu$, während der NaCl-Kristall ein Reststrahlmaximum bei $52\,\mu$ aufweist, was einer Eigenwellenlänge von ca. $60\,\mu$ entspricht (s. §. 36). Die Theorie ist von K. SOMMERMEYER[2] an ultravioletten Banden bestätigt worden.

Versucht man den bisher benutzten Energieansatz auch auf CO anzuwenden, so gelingt dies nicht, wenn man σ den Wert 9 bzw. 5 gibt. Bestimmt man dagegen σ aus der Eigenfrequenz, dann erhält man etwa $n = 3,6$. Die Deformierbarkeit α berechnet sich aus dem elektrischen Moment zu $\alpha = 1,07 \cdot 10^{-24}$, aus der Molekularrefraktion zu $1,73 \cdot 10^{-24}$. Gerade bei Stoffen wie CO zeigen sich die Schwierigkeiten unseres Ansatzes in besonderem Maße[3].

HUND[4] schlägt einen anderen Weg ein, um zu quantitativen Angaben über den Potentialverlauf in einigen Ionen zu kommen. Das Potential eines Ions in der Nähe der Gleichgewichtslage ist

---

[1] In der zitierten Arbeit von BORN und HEISENBERG sind diese beiden Zeilen vertauscht.

[2] K. SOMMERMEYER, ZS. f. Phys. Bd. 56, S. 548. 1929.

[3] Vgl. F. MATOSSI, ZS. f. Phys. Bd. 40, S. 1. 1926.

[4] F. HUND, ZS. f. Phys. Bd. 32, S. 1. 1925.

nämlich seinem Wert nach bestimmt durch die Dissoziationsarbeit. Die zweiten bis vierten Ableitungen des Potentials an der Stelle $r = r_0$ kann man aus der Bandentheorie entnehmen (s. S. 166 ff.), falls die darin vorkommenden Größen r_0, ν_0, α, x bekannt sind. Der Verlauf des Potentials ist durch diese Angaben in der Nähe der Gleichgewichtslage damit numerisch bekannt. Für große r lautet die Energie

$$\varphi = -\frac{e^2}{r} - \frac{\alpha\,e^2}{2\,r^4}\,.$$

Abb. 90 zeigt für das Cl-Ion, wie sich die beiden Energieanteile für große r und für r nahezu gleich r_0 aneinander anschließen. Ähnlich ist der Verlauf für das F- und Br-Ion. Für weitere Ionen

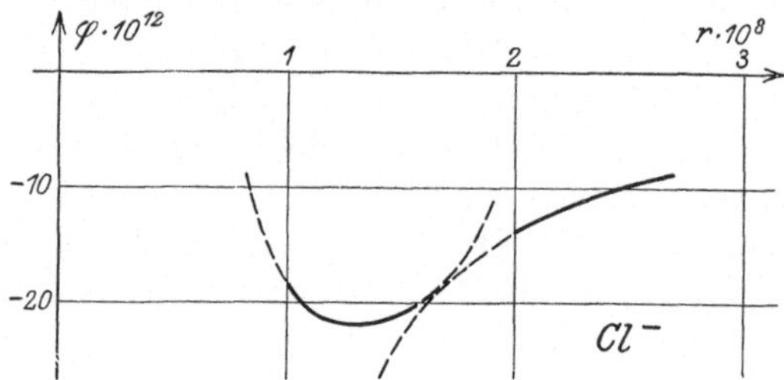

Abb. 90. Potentialverlauf für das Cl⁻-Ion.

$(O^{--}, S^{--}, Se^{--}, N^{---})$ wird durch Ähnlichkeitsbetrachtungen aus den Energien der Halogenionen der Potentialverlauf bestimmt, woraus dann wiederum Rückschlüsse auf die Dissoziationsarbeit und Eigenfrequenzen gezogen werden können. Für die Frequenz $\nu_0 = \frac{1}{2\pi}\sqrt{\frac{\varphi_0''}{\mu}}$ des OH-Ions erhält man den Wert $2{,}5\;\mu$, wie er auch annähernd aus gewissen ultravioletten Banden bestimmt wurde.

Es ist sodann grundsätzlich noch möglich, aus thermischen Messungen die Daten des Moleküls zu berechnen. Aus der Abhängigkeit der spezifischen Wärme von der Temperatur läßt sich ν_0 berechnen. Der Schwingungsanteil der spezifischen Wärme hat bekanntlich die Form (für einen Freiheitsgrad)

$$C_v = R\,\frac{\left(\dfrac{\Theta_s}{T}\right)^2 e^{\frac{\Theta_s}{T}}}{\left(e^{\frac{\Theta_s}{T}}-1\right)^2}\,,$$

wo $\Theta_s = \dfrac{h \nu_0}{k}$ die sog. charakteristische Temperatur des Stoffes ist. Je größer Θ_s, bei um so höherer Temperatur T wird der Gleichverteilungswert von C_v erreicht (pro Freiheitsgrad der Schwingungsenergie, potentiell und kinetisch, $\dfrac{R}{2}$). Analog wird der Rotationsanteil definiert. Bei gewöhnlicher Temperatur sind die Rotationen schon voll angeregt, d. h., ihr Anteil an der spezifischen Wärme hat den Wert $\dfrac{2}{2} R$, dazu kommt der Beitrag der Translation mit $\dfrac{3}{2} R$. Der Einfluß von ν_0 ist also erst bei höherer Temperatur zu erwarten, wo für die hier betrachteten Gase noch keine Messungen vorliegen, so daß wir nicht näher darauf eingehen. Aus der Feinstruktur der ultraroten Banden haben HICKS und MITCHELL[1] die Rotationsenergieniveaus bestimmt und daraus die Rotationswärme von HCl berechnet.

Ferner läßt sich das Trägheitsmoment aus dem Rotationsanteil der chemischen Konstanten bestimmen, doch haften der Berechnung einige Unsicherheiten an, so daß die optisch und thermisch bestimmten Trägheitsmomente zwar der Größenordnung nach übereinstimmen, aber in den Zahlenwerten erheblich voneinander abweichen[2].

§ 29. Die Intensität der Bandenspektren.

Während wir bisher nur die Lage der Bandenlinien berücksichtigten, sollen uns nun deren Intensitäten interessieren, soweit aus ihnen quantitative Angaben über Übergangswahrscheinlichkeiten oder andere die Intensität bestimmende Größen abgeleitet werden können.

Die Schwierigkeiten, die sich quantitativen Intensitätsmessungen entgegenstellen, haben wir schon früher (S. 142) erwähnt. In der Hauptsache sind es folgende: Prinzipiell kann eine Intensitätsmessung bei nur einem Gasdruck bzw. einer Schichtdicke nicht dazu benutzt werden, Extinktionskoeffizienten zu berechnen, da die dieser Berechnung zugrunde liegenden Gesetze (S. 145) wegen der endlichen Breite der Spalte nur für geringen Druck bzw. Schichtdicke gelten, so daß die Abhängigkeit der

---

[1] H. C. HICKS u. A. C. G. MITCHELL, Journ. Amer. Chem. Soc. Bd. 48, 1520. 1926.

[2] A. EUCKEN, E. KARWAT u. F. FRIED, ZS. f. Phys. Bd. 29, S. 1. 1924.

Absorption vom Druck mit untersucht werden muß (s. auch § 30).
Es ist sodann auf den Druck Null zu extrapolieren, was aber
immer recht unsichere Angaben liefert. Vom rein experimentellen Standpunkt aus ergibt sich als besondere Schwierigkeit die
Notwendigkeit, Apparate mit großem spektralem Auflösungsvermögen und geringen Spaltbreiten zu benutzen, wodurch die
Intensität des Spektrums sehr herabgesetzt wird. Daher kommt
es, daß erst zwei experimentelle Arbeiten existieren[1], die an sich
die notwendigen Bedingungen erfüllen, während die in § 27 zitierten Beobachtungen höchstens für relative Intensitätsangaben in
Frage kommen.

Wir betrachten zunächst den Zusammenhang zwischen Absorption und Übergangswahrscheinlichkeiten und deren theoretische Berechnung.

Als experimentell gegeben sehen wir an das Integral $\int K_\nu\, d\nu$,
wo K_ν den auf S. 145 definierten Extinktionskoeffizienten für
die Frequenz ν bedeutet. Das Integral ist über die gesamte Breite
der Linie zu erstrecken. Wir bezeichnen seinen Wert als „integralen Extinktionskoeffizienten"; es dient als Maß der Absorption
einer Linie. Aus den direkten Beobachtungen berechnet sich K_ν
wie folgt:

Die gesamte von einer breiten Linie absorbierte Intensität
ist gegeben durch

$$J_0\int (1 - e^{-K_\nu x})\, d\nu,$$

wo J_0 die eindringende Intensität und x die Schichtdicke bedeuten; demgemäß ist der Flächeninhalt der Kurve des Absorptionsvermögens $F = \int (1 - e^{-K_\nu x})\, d\nu$. Wie man leicht be-
berechnet, ist also $\int K_\nu d\nu = \left(\dfrac{dJ}{dx}\right)_{x=0}$, also $\int K_\nu d\nu$ die Tangente
von F (als Funktion von x) im Punkte $x = 0$. Abb. 91 zeigt die
von Bourgin aufgenommene Kurve für eine Bandenlinie der
Rotationsschwingungsbande von HCl bei 3,5 μ (Linie $m = 3$ des
positiven Zweigs). Die Messungen wurden in bezug auf endliche
Spaltbreite korrigiert. Die spektrale Anordnung bestand aus einem
doppelt durchlaufenen Prismenspektrometer. Als Lichtquelle
diente ein Nernstbrenner. Die Strahlung wurde mit Thermosäule

---

[1] D. G. Bourgin, Phys. Rev. Bd. 29, S. 794. 1927; s. a. F. C. Kemble
u. D. G. Bourgin, Nature Bd. 117, S. 789. 1926. — R. M. Badger, Proc.
Nat. Acad. Amer. Bd. 13, S. 408. 1927.

(Bi-Ag-Vakuumsäule nach COBLENTZ) und Galvanometer gemessen. Die benutzten Schichtdicken sind aus der Abbildung zu entnehmen. Die Spaltbreite betrug 0,3 mm oder 126 Å. E.

Ähnlich geht BADGER vor, der eine Linie des Rotationsspektrums bei 80 μ untersucht. Nur benutzt er Gitteroptik und mißt bei drei verschiedenen Drucken.

Nun ist

$$-dJ_\nu = N_n^{(\nu)} \frac{J_\nu}{c} b_n^m h \nu dx, \qquad (53)$$

$$\frac{J_\nu}{c} = \varrho_\nu = \text{Strahlungsdichte (vgl. S. 87)}$$

für Absorption einer Linie bei dem Quantensprung $n \to m$[1]. $N_n^{(\nu)}$ ist die Zahl der Atome im n-ten Niveau, welche die Frequenz

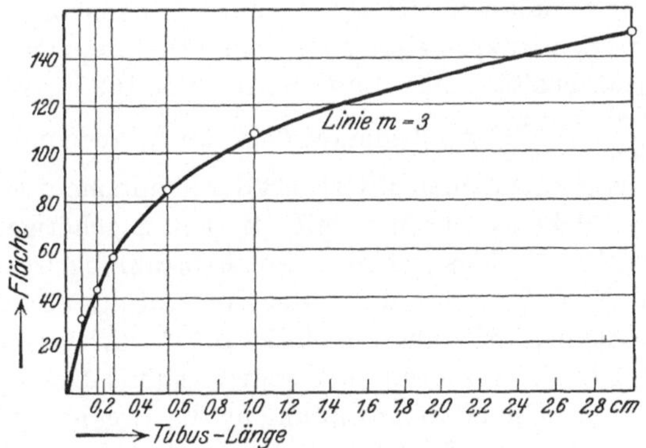

Abb. 91. Zur Intensitätsmessung nach BOURGIN.

ν absorbieren, b_n^m die entsprechende Übergangswahrscheinlichkeit. Beide Größen müssen wir wegen der endlichen Linienbreite als Funktionen von ν ansehen. Sie hängen mit der auf S. 87 benutzten Größe B_n^m durch die Beziehung zusammen (N_n = Gesamtzahl der Atome im n-ten Niveau):

$$B_n^m = \frac{1}{N_n} \int b_n^m N_n^{(\nu)} d\nu, \qquad (54)$$

wodurch die B_n^m auch für Linien endlicher Breite definiert sind[2].

Eine genauere Rechnung führen TOLMAN und BADGER l. c. durch, die außerdem noch die induzierte Emission betrachten

---

[1] CHR. FÜCHTBAUER, Phys. ZS. Bd. 21, S. 322. 1920. — R. TOLMAN, Phys. Rev. Bd. 23, S. 693. 1924.

[2] R. C. TOLMAN u. R. M. BADGER, Phys. Rev. Bd. 27, S. 383. 1926.

(Übergangswahrscheinlichkeit B_m^n). Wir benutzen im folgenden die einfachere Formel (53).

Für $-\left(\dfrac{1}{J_\nu}\dfrac{dJ_\nu}{dx}\right)$ können wir K_ν schreiben. Aus (53) und (54) folgt demnach[1]

$$B_n^m = -\frac{c}{h\,N_n\,\nu_0}\int K_\nu\,d\nu\,,\tag{55}$$

woraus B_n^m berechenbar ist. ν_0 gibt die Lage des Intensitätsmaximums an. N_n ist nach MAXWELL-BOLTZMANN zu berechnen, kann aber meistens, zum mindesten bei Schwingungsfrequenzen, der Gesamtzahl der vorhandenen Atome gleichgesetzt werden[2].

Anderseits können wir B_n^m theoretisch berechnen auf Grund des Korrespondenzprinzips bzw. der Quantenmechanik. Die Strahlungsintensität einer Linie ist nach S. 162 f. gegeben durch $S = \dfrac{16\,\pi^4\,\nu^4\,C^2}{3\,c^3}$. Hierin bedeutet C in der korrespondenzmäßigen Formulierung irgendeinen Mittelwert der Komponenten der Amplituden der elektrischen Momente in den zugehörigen Energieniveaus und ν die klassisch berechnete Strahlungsfrequenz. Wir schreiben $C = \varepsilon Q$, wo ε die „effektive Ladung"[3], (die von der normalen Elementarladung $e = 4,77 \cdot 10^{-10}\ CGS$ verschieden sein kann,) und Q die Amplitude der schwingenden bzw. rotierenden Teilchen. Wir nehmen in Anlehnung an die Ergebnisse der Quantenmechanik für ν und Q die Werte im oberen Niveau an. Für Oszillationsfrequenzen ist nach (27) $Q_m^2 = \dfrac{mh}{2\,\pi^2\,\mu\,\nu_m}$ (μ = Masse). Für Rotationsfrequenzen ist $Q = r$, also $C = \varepsilon r$ = elektrisches Dipolmoment.

Wie schon früher gesagt, hat die Quantenmechanik die Vieldeutigkeit der Mittelung aufgehoben und zu der eben genannten Formulierung geführt.

S ist nach allgemeinen quantentheoretischen Grundsätzen auch gegeben durch den Ausdruck $S = A_m^n\,h\nu$. Beide Ausdrücke für

---

[1] Wir nehmen die Linienbreite klein an; man kann dann ν vor das Integral setzen, da sich K_ν relativ stärker ändert als ν.

[2] Vgl. zu diesen Betrachtungen auch R. LADENBURG u. F. REICHE, Naturwissensch. Bd. 11, S. 584. 1923.

[3] D. M. DENNISON, Phil. Mag. Bd. 1, S. 195. 1926. Die effektive Ladung ist im wesentlichen durch die Ionendeformation bedingt.

S gleichgesetzt und für A_m^n nach S. 87 wieder B_n^m eingeführt, ergibt für B_n^m den theoretischen Wert

$$B_n^m = \frac{2\,\pi^3}{3\,h^2}\frac{p_m}{p_n}\,\varepsilon^2 Q_m^2 \tag{56}$$

($p_m =$ statistisches Gewicht $= 2m + 1$ für Rotationslinien; $p_m = p_n$ für Schwingungsfrequenzen zweiatomiger Molekeln).

(55) und (56) dienen einmal dazu, den Vergleich der Theorie mit der Erfahrung durchzuführen, wenn ε aus dem Dipolmoment als bekannt angesehen wird und sodann dazu, aus dem nach (55) bestimmten B_n^m die effektive Ladung zu berechnen.

Auf Grund der soeben dargelegten Überlegungen haben TOLMAN und BADGER l. c. die Übergangswahrscheinlichkeiten für die Rotationslinien Nr. 8—10 von HCl mittels des Korrespondenzprinzips berechnet und mit den Messungen von CZERNY verglichen. Da CZERNY nur bei einer Schichtdicke gemessen hat,

Tabelle 30.

Nr. der Linie (vgl. S. 181)	B_n^m (exp.)	B_n^m (theor.)[1]
8	$5{,}61 \cdot 10^{16}$	$1{,}16 \cdot 10^{18}$
9	$6{,}81 \cdot 10^{16}$	$1{,}15 \cdot 10^{18}$
10	$10{,}59 \cdot 10^{16}$	$1{,}13 \cdot 10^{18}$

erhält man allerdings nicht die wahren Absorptionswerte, so daß die Absolutangaben zweifelhaft sind. Das Resultat der Rechnung ist in Tab. 30 dargestellt.

Man erkennt, daß weder die Größenordnung, noch, was wichtiger ist, die Relativwerte miteinander übereinstimmen. Zum gleichen Ergebnis gelangt BADGER (l. c.) auch für die Linie Nr. 6, obwohl er auf den Druck Null extrapoliert. Nach BADGER ist B_n^m (theor.) $= 1{,}21 \cdot 10^{18}$, während aus der Absorption nur $B_n^m = 4{,}7 \cdot 10^{16}$ folgt. Der große Unterschied in der Größenordnung dürfte wohl auf der mangelhaften Extrapolation beruhen. da BADGER nur drei Punkte der Druckabhängigkeitskurve zur Verfügung stehen. Der erhebliche Gang in den experimentellen Werten gegenüber den theoretischen dürfte darauf hindeuten, daß für niedrige Quantenzahlen der Ansatz für die Intensitätsberechnung modifiziert werden müßte, wenn sich die hier erhaltenen Ergebnisse auch anderweitig bestätigen sollten.

Günstiger liegen die Verhältnisse im Gebiet der Rotationsschwingungsbande von HCl bei $3{,}46\,\mu$. Der Vergleich zwischen

---

[1] Die von TOLMAN und BADGER angegebenen Werte sind ca. 10 mal kleiner, da sie einen zu kleinen Wert für das Dipolmoment benutzten.

Theorie und Erfahrung ist nach Bourgin (l. c.) in Abb. 92 durchgeführt in der Weise, daß der integrale Extinktionskoeffizient α_m einer Linie relativ zu der Linie $m = 3$, der stärksten der Bande, aufgetragen ist. Dabei sieht man deutlich, daß der positive Zweig eine größere Intensität besitzt als der negative Zweig, obwohl die älteren Messungen eher das Gegenteil vermuten ließen, was aber wohl nur durch apparative Eigentümlichkeiten vorgetäuscht war. Außerdem sieht man, daß der Wert des statistischen Gewichts $p_m = 2m + 1$ durch die Erfahrung bestätigt wird. Auch

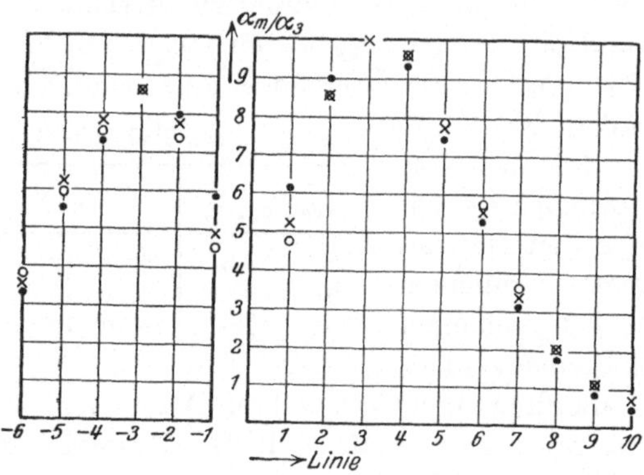

Abb. 92. Intensitaten im Rotationsschwingungsspektrum von HCl nach Bourgin. (× Experiment, ○ Theorie fur $p_i = 1, 3\ldots$, ● Theorie fur $p_i = 2, 4\ldots$).

Dennison[1] kommt an dem experimentellen Material von Paton[2] und Bourgin zu dem gleichen Ergebnis. Dennison vervollständigt dabei die theoretischen Überlegungen in mehrfacher Hinsicht. Er berücksichtigt die endliche Breite der Linien infolge der endlichen Länge der Wellenzüge (alle anderen Ursachen der Verbreiterung können vernachlässigt werden), ferner die endliche Spaltbreite. Er kommt zu dem Resultat, daß die Absorption [gemessen durch die Fläche der Absorptionskurve: $\int\left(1 - \dfrac{J_0}{J_\nu}\right)d\nu$] mit der Wurzel aus Teilchenzahl und Schichtdicke zunimmt, bei geringer Schichtdicke direkt proportional diesen beiden Größen[3].

---

[1] D. M. Dennison, Phys. Rev. Bd. 31, S. 503. 1928.
[2] R. F. Paton, Phys. Rev. Bd. 15, S. 541. 1920.
[3] Zu dem gleichen Ergebnis gelangten auf allgemeinerer Grundlage schon Ladenburg und Reiche, Ann. d. Phys. Bd. 42, S. 181. 1913.

Mittels dieser Theorie kann DENNISON auch aus den Beobachtungen von PATON einwandfreie Schlüsse ziehen. Die Amplituden
berechnet DENNISON nach einer quantenmechanischen Formel von
OPPENHEIMER[1].

Nicht nur die relativen Intensitäten stimmen gut mit der
Theorie überein; die absoluten Intensitäten sind ebenfalls mit der
Theorie im Einklang. Berechnet man nämlich die effektive
Ladung ε aus den Absorptionsbeobachtungen, so erhält man nach
DENNISON $\varepsilon = 0{,}199\,e$, während aus dem elektrischen Moment εr
der Wert $\varepsilon = 0{,}171\,e$ folgt. Der DENNISONsche Wert ist das Mittel
der aus sämtlichen Linien erhaltenen Werte, während BOURGIN
aus der Linie $0 \to 1$ den Wert $\varepsilon = 0{,}173\,e$ erhält.

Es sei noch erwähnt, daß schon KEMBLE[2] das Korrespondenzprinzip an der Bande bei $3{,}46\,\mu$ prüfte, doch kann seine Arbeit
durch die neueren Arbeiten als überholt gelten.

Aus älteren Absorptionsmessungen an Gasen hat DENNISON[3]
die effektive Ladung für einige (unaufgelöste) Banden berechnet,
doch sind die so erhaltenen Zahlenwerte von ε nur als rohe Schätzung
anzusehen. In derselben Arbeit hat DENNISON die relativen Intensitäten verschiedener Banden, insbesondere der Oberschwingungen von HCl, HBr, HF und CO berechnet. Die Intensitäten
sind mit Hilfe der Formeln (27) dieses Kapitels bestimmt. Die
darin vorkommenden Konstanten des Kraftgesetzes lassen sich
so aus Intensitätsmessungen bestimmen. Größenordnungsmäßig
stimmen Theorie und Erfahrung miteinander überein.

§ 30. Der Einfluß von Druck und Temperatur auf die Absorption der Gase.

In § 25 hatten wir schon erwähnt, daß das BEERsche Gesetz
im allgemeinen nicht gültig ist. Im BEERschen Gesetz sind bekanntlich zwei Aussagen vereinigt: Einmal die exponentielle Abhängigkeit der Intensität von der Schichtdicke x $(J = J_0 e^{-Kx}$;
über die Bezeichnungen s. § 25), sodann die Proportionalität von
K mit der Konzentration bzw. der Dichte oder dem Druck des
Gases, d. h. die Konstanz des molekularen Extinktionskoeffi-

---

[1] J. R. OPPENHEIMER, Proc. Cambridge Phil. Soc. Bd. 23, S. 327. 1926.
(Anharmonisch schwingender Rotator.)

[2] E. C. KEMBLE, Phys. Rev. Bd. 25, S. 1. 1925.

[3] D. M. DENNISON, Phil. Mag. Bd. 1, S. 196. 1926.

zienten A. Die Abweichungen werden sich darin bemerkbar machen, daß A von der Konzentration abhängt, wenn man an der Exponentialform des Gesetzes festhält. Auch ist unter Umständen K scheinbar von x abhängig, worüber wir weiter unten noch näheres sagen. Wir wollen nun in diesem Abschnitt die Untersuchungen besprechen, die sich mit den erwähnten Abweichungen und deren Gesetzmäßigkeiten befassen, soweit dabei das ultrarote Spektralgebiet in Frage kommt.

Zunächst ist zu sagen, daß die meisten dieser Arbeiten vom heutigen Standpunkt aus gesehen überholt sind, da sie entweder überhaupt ohne spektrale Zerlegung arbeiten oder mit zu geringer Dispersion, so daß Vergleiche mit der Theorie unmöglich sind. Immerhin sind sie von Interesse wegen einiger Gesetzmäßigkeiten, die in ihnen enthalten sind, und wegen gewisser Folgerungen allgemeiner Art in bezug auf die Struktur der Banden. Außerdem sind sie von praktischem Wert, denn die Untersuchung des BEER-schen Gesetzes bedingt Messungen bei verschiedenen Drucken, so daß wir zugleich über den vom experimentellen Standpunkt aus wichtigen Einfluß des Drucks als äußerer Versuchsbedingung Kenntnis erhalten. Den Einfluß der Temperatur (der mit den Absorptionsgesetzen nicht verknüpft ist) werden wir am Schluß dieses Paragraphen besprechen. Daß wir es hauptsächlich mit Kohlensäure, Wasserdampf und anderen Gasen zu tun haben werden, die erst in § 31 näher betrachtet werden, stört nicht, da wir nicht mehr brauchen als die Tatsache selektiver Absorption bei gewissen Wellenlängen (CO_2 : $2{,}7\,\mu$, $4{,}25\,\mu$, $14{,}7\,\mu$; H_2O : $3\,\mu$, $6{,}2\,\mu$).

Das Absorptionsgesetz von BEER[1] verlangt folgendes: Für konstantes Produkt aus Druck des Gases p und Schichtdicke x muß die Absorption den gleichen Wert haben, d. h., die durchgelassene Intensität darf nur von der Zahl der absorbierenden Moleküle abhängen. Bei konstantem p bzw. x ändert sich die Absorption bei Variation von x bzw. p in der durch die e-Funktion nach BOUGUER-LAMBERT gegebenen Weise.

Eine Prüfung der Frage, ob tatsächlich das Produkt px allein maßgebend für die Absorption ist, nahm zum erstenmal ÅNGSTRÖM[2] vor, doch ohne ein sicheres Ergebnis erzielen zu können.

---

[1] Wir schreiben das BEERsche Gesetz jetzt in der Form $J = J_0\,e^{-Apx}$.

[2] K. ÅNGSTRÖM, Phys. Rev. Bd. 1, S. 597. 1892. (Auszug aus: Öfversigt K. Vetensk. Akad. Förh. Bd. 46. S. 549, 1889 und Bd. 47, S. 331. 1890.)

Die erste einwandfreie Feststellung einer Abweichung gelang Ångström[1] später in folgender Weise. Bei gleichbleibender Gasmenge (CO_2) wurden Druck und Schichtdicke einzeln im Verhältnis 5 : 1 variiert, so daß aber $px =$ const. blieb. Das geschah einfach in der auch später noch benutzten Weise, daß ein abgeteiltes Absorptionsrohr (Abb. 93) mit kurzer und langer Kammer A und B durch ein abschließbares Rohr verbunden waren. Das zunächst in A befindliche Gas wird zwecks Verdünnung auf das ganze Gefäß verteilt. Das Resultat des Versuches war, daß im verdünnten Gas die Gesamtstrahlung weniger absorbiert wurde als in der gleichen Menge dichten Gases. Hieraus folgt, daß die absorbierte Intensität nicht nur von der Zahl der absorbierenden Molekeln abhängt, da ja die Unterschiede trotz konstanter Gasmenge auftraten. Da bei dichten Gasen, d. h. geringen Molekülabständen, die Moleküle

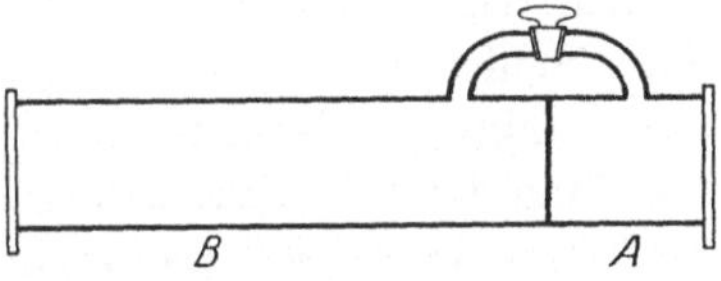

Abb. 93.   Absorptionsrohr nach Ångström.

nicht unabhängig voneinander sind, so ist auch nicht zu erwarten, daß das Beersche Gesetz bei großen Dichten noch gilt. Dieses kann nur als Grenzgesetz für niedrige Drucke bzw. Dichten gültig sein.

Wir wenden uns nun der systematischen Untersuchung zu.

Aus dem oben Gesagten geht hervor, daß es nicht gleichgültig sein kann, ob der Druck bei konstanter Schichtdicke, also bei veränderlicher Dichte, oder die Schichtdicke bei konstantem Druck variiert wird. Das ersieht man auch schon daraus, daß die Spektra von Flüssigkeit und Dampf einer Substanz qualitativ verschieden sind, worauf Ångström aufmerksam machte.

Die Abhängigkeit der Absorption von Gasen vom Druck bei konstanter Schichtdicke ist zum erstenmal von Ångström[2] untersucht worden, der aber keine spektrale Zerlegung verwandte. Dagegen hat Schaefer[3] die Absorption der Kohlensäure bei 2,7 und 4,3 μ unter Verwendung spektral zerlegten Lichtes bei Drucken von 1 bis 4 Atm. und bei ca. 0,001 Atm. (Partialdruck der Kohlensäure der Zimmerluft) untersucht (Schichtdicke gleich

---

[1] K. Ångström, Ann. d. Phys. Bd. 6, S. 163. 1901.

[2] K. Ångström, Wied. Ann. Bd. 39, S. 267. 1890.

[3] Cl. Schaefer, Ann. d. Phys. Bd. 16, S. 93. 1905.

50 cm). Das Ergebnis war, daß sich beide Absorptionsbanden verbreiterten und gleichzeitig die Absorption im Maximum der Bande stieg. Ähnliches beobachtete WIMMER[1] mit höherer spektraler Auflösung für Drucke zwischen 1,75 und 675 mm Hg. Die Verbreiterung der Bande vollzieht sich hauptsächlich nach langen Wellen zu. Zuerst steigt die Absorption auch im Maximum der Bande, b⟨ i höheren Drucken bleibt sie dort annähernd konstant.

Durch bloße Vergrößerung der Schichtdicke kann dies Ergebnis (Verbreiterung und Verstärkung der Absorption) nicht erzielt werden; sowohl die Breite, als auch die Maximalabsorption bleibt nämlich bei Vergrößerung der Schichtdicke einer CO_2-Schicht von 1 Atm. Druck von 50 auf 200 cm dieselbe, woraus folgt, daß in einer Schicht von 50 cm CO_2 von einer Atmosphäre Druck schon die maximale Absorption erreicht ist, so daß eine weitere Vermehrung der Schichtdicke ohne Einfluß auf die Absorption bleibt. Daß die Breite der Bande in dem erwähnten Fall ungeändert bleibt, hat auch schon PASCHEN festgestellt[2]. Im Gegensatz zu den kurzwelligen Absorptionsstreifen verbreitert sich aber die langwellige Bande bei 14,7 μ mit zunehmender Schichtdicke[3]. Auch verschiebt sich hier das Maximum nach längeren Wellen.

Aus seinen Messungen konnte SCHAEFER einen Schluß auf die Konstitution der Bande ziehen: Die Beobachtungen lassen sich nämlich erklären, wenn man annimmt, daß die Banden Feinstruktur besitzen. Bei niedrigem Druck wird also von dem einfallenden Frequenzintervall nur ein gewisser Bruchteil der Absorption unterworfen, während andere Frequenzen nicht absorbiert werden. Erhöht man den Druck, so daß die Abstände der Moleküle kleiner werden, dann verbreitern sich die einzelnen Absorptionslinien, so daß weitere Frequenzen absorbiert werden. Dadurch erhöht sich die Absorption der ganzen Bande, obwohl, wie oben erwähnt, das Gebiet maximaler Absorption an sich erreicht ist, während Vergrößerung der Schichtdicke allein, die den Molekülabstand nicht ändert, die Absorption nicht mehr verstärken kann. Aus der Tatsache, daß man bei Vergrößerung der Schichtdicke niemals bis zu einer Absorption von 100 % gelangte,

---

[1] M. WIMMER, Ann. d. Phys. Bd. 81, S. 1091. 1926.
[2] F. PASCHEN, Wied. Ann. Bd. 51, S. 23. 1894.
[3] H. RUBENS u. E. LADENBURG, Verh. d. D. Phys. Ges. Bd. 7, S. 170. 1905.

durfte der Schluß auf die Existenz der Feinstruktur noch nicht gezogen werden, da das Ergebnis auf der Wirkung falscher Strahlung beruhen konnte. Durch die beschriebenen Versuche war somit die Existenz der Feinstruktur der Ultrarotbanden indirekt bewiesen worden, die später bekanntlich (s. § 27) direkt beobachtet werden konnte, allerdings noch nicht vollkommen bei der gerade hier in Frage kommenden Kohlensäure, wo nur die BJERRUMsche Doppelbandenstruktur bekannt ist (vgl. § 31).

Eine andere Gruppe von Beobachtungen bezieht sich auf die Absorption von Gasgemischen, und zwar von Gemischen aus einem absorbierenden und einem nichtabsorbierenden Gas, während wir bisher nur reine Gase betrachteten. Als neue Veränderliche tritt hier der Partialdruck des absorbierenden Gases auf, der hier in gewisser Weise dieselbe Rolle spielt wie vorher der Gasdruck überhaupt. Diese Versuche sind, nach vorbereitenden Untersuchungen von ÅNGSTRÖM[1], hauptsächlich von Frl. v. BAHR[2] und G. HERTZ[3] durchgeführt worden[4]. Die Methode ist schon auf S. 215 beschrieben: Das Produkt $p_p x$ ($p_p =$ Partialdruck) wird konstant gehalten. Übereinstimmend mit den Beobachtungen ÅNGSTRÖMS stellten auch die anderen Forscher fest, daß die Absorption wesentlich vom Partialdruck abhängt, und zwar wächst sie mit wachsendem p_p (bei konstantem Gesamtdruck). Die oben besprochenen Versuche sind nur ein Spezialfall dieser Anordnung für $p_p = p$, d. h. reines Gas.

Wichtiger ist aber die Entdeckung, daß die Absorption bei gleicher Schichtdicke nicht nur von p_p abhängt; vergrößert man nämlich den Gesamtdruck des Gases durch Zusatz eines indifferenten, nicht absorbierenden Gases, z. B. Luft, dann steigt die Absorption. Es hat sich in eingehenden Untersuchungen durch Frl. v. BAHR und G. HERTZ herausgestellt, daß Luftzusatz zum verdünnten, in A und B verteilten Gas (s. Abb. 93) bis zu einem Gesamtdruck, der dem ursprünglichen, in A vorhandenen gleich ist, auch die Absorption wenigstens annähernd wieder der ur-

---

[1] K. ÅNGSTRÖM, Ark. f. Mat., Astron. och Fys. 1908, Nr. 30.

[2] E. v. BAHR, Ann. d. Phys. Bd. 29, S. 780. 1909; Bd. 33, S. 585. 1910. Verh. d. D. Phys. Ges. Bd. 15, S. 673 u. 710. 1913.

[3] G. HERTZ, Verh. d. D. Phys. Ges. Bd. 13, S. 617. 1911.

[4] Siehe auch W. GERLACH, Ann. d. Phys. Bd. 50, S. 233. 1916. (Kohlensäure der Zimmerluft, Gesamtstrahlung.)

sprünglich vorhandenen gleich macht, woraus wieder folgt, daß nicht nur die Zahl absorbierender Moleküle die Absorption bestimmt; über eine Verfeinerung dieses Resultats s. weiter unten.

Was die Abhängigkeit vom Gesamtdruck betrifft, so wurde festgestellt, daß die Absorption bei einem gewissen Gesamtdruck einen Maximalwert erreicht, den sie bei weiterer Druckverstärkung beibehält und der von der Menge des absorbierenden Gases abhängt. Dieser kritische Druck ist um so größer, je größere Durchmesser die absorbierenden Moleküle besitzen.

Bei konstantem Gesamtdruck p ist also $p_p \cdot x$ maßgebend für die Absorption, und eine Vergrößerung des Partialdrucks kann durch entsprechende Verringerung der Schichtdicke kompensiert werden; dies benutzte E. v. BAHR dazu, das BOUGUER-LAMBERTsche Gesetz zu prüfen, indem sie statt der unbequemen Variation der Schichtdicke nur den Partialdruck veränderte unter Aufrechterhaltung des konstanten Gesamtdrucks durch Luftzusatz. Bei allen Gasen zeigten sich Abweichungen vom LAMBERTschen Gesetz, die um so geringer waren, je größer der Gesamtdruck des betreffenden Gasluftgemisches war bzw. (beim Vergleich der Absorption verschiedener Gase), je näher der Druck an dem oben erwähnten kritischen Druck lag. Diese Abweichungen sind nur scheinbar und auf die relativ zu große Spaltbreite zurückzuführen. Folgerichtig zog E. v. BAHR hieraus den Schluß, daß bei niedrigem Druck die Absorptionsbanden aus einzelnen Streifen bestehen, während unter hohem Druck die Banden immer einheitlicher werden (ein Schluß, den wir oben schon auf Grund der Messungen von SCHAEFER gezogen haben) und infolgedessen der Extinktionskoeffizient innerhalb der Spaltbreite immer weniger mit der Wellenlänge variiert, so daß die Breite des Spalts geringeren Einfluß hat. Dieser Schluß wird noch bestätigt durch Beobachtungen über den Einfluß der Spaltbreite auf die Abweichungen vom Absorptionsgesetz: Besteht die Bande aus mehreren benachbarten Linien, von denen infolge zu geringer Auflösung mehrere gleichzeitig beispielsweise auf die Lötstelle des Mikroradiometers fallen, so ist die Spaltbreite ohne Einfluß, da der Mittelwert von K_ν für alle Spaltbreiten derselbe bleibt; bei einer einheitlichen schmalen Bande dagegen ändert sich der Mittelwert von K_ν bei Variation der Spaltbreite um so stärker, je größer man diese macht, und demgemäß werden auch die Abweichungen stärker.

Die genannten Tatsachen machen es auch unmöglich, von Laboratoriumsversuchen unter hohem Druck ohne weiteres auf die Absorptionsverhältnisse der Kohlensäure der Atmosphäre zu schließen, wie es ARRHENIUS[1] getan hat, um seine Eiszeittheorie zu stützen. Nun ist aber in der Atmosphäre die Maximalabsorption der Kohlensäure schon erreicht, so daß Schwankungen im Kohlensäuregehalt, solange sie unter 80% des normalen Gehalts bleiben, die Absorptionsverhältnisse, also auch die Temperatur, nicht beeinflussen können[2].

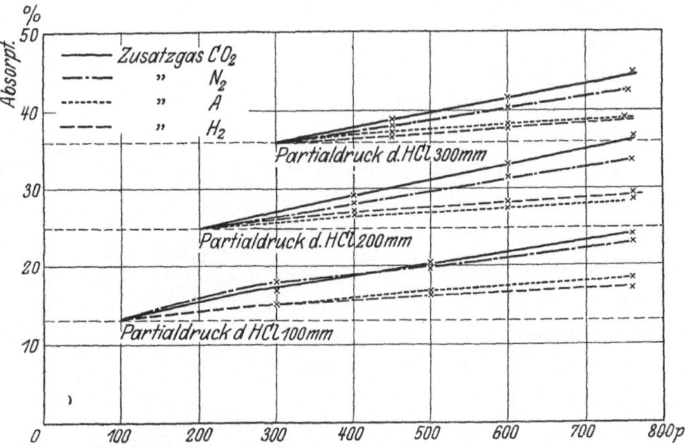

Abb. 94. Einwirkung von Fremdgasen auf die Absorption von HCl nach KUSSMANN.

Die schon vorhin besprochene Wirkung von Zusatzgasen auf die Absorption hat HERTZ (l. c.) genauer untersucht. Er hat für Kohlensäure festgestellt, daß die absorptionsverstärkende Wirkung eines Gaszusatzes nicht für alle Zusatzgase gleich ist, während bei CO E. v. BAHR keinen Unterschied in der Wirkung verschiedener Gase (Luft, H_2, O_2) beobachten konnte. HERTZ glaubte seine Beobachtungen auf die verschiedene Zahl der Zusammenstöße zurückführen zu können; denn einerseits übt H_2-Zusatz größere Wirkung auf die Absorption der Kohlensäure aus als Luftzusatz, und andererseits ist die Zahl der Zusammenstöße mit Kohlensäuremolekeln ebenfalls für H_2 größer als für Luft. Doch ist dies nur

---

[1] Sv. ARRHENIUS, Phil. Mag. Bd. 41, S. 237. 1896; Ann. d. Phys. Bd. 4, S. 690. 1901. — K. ÅNGSTRÖM, Ann. d. Phys. Bd. 3, S. 720. 1900.
[2] CL. SCHAEFER, Ann. d. Phys. Bd. 16, S. 93. 1905.

qualitativ richtig; denn gibt man mit E. v. BAHR[1] nur so viel H_2 zu, daß die Stoßzahl für beide Zusatzgase gleich wird, so ist die Absorption verschieden[2]. Der Einfluß der Stöße erklärt auch qualitativ das oben über den kritischen Druck Gesagte, da bei größerem Molekülradius die Moleküle öfters zusammentreffen werden, so daß die Dämpfung, die nach der LORENTZschen Theorie der Stoßdämpfung[3] proportional der Zahl der Zusammenstöße ist, schon bei geringem Druck beträchtlich wird.

In neuerer Zeit hat KUSSMANN[4] eingehend die Wirkung des Zusatzes von Fremdgasen (N_2, H_2, CO_2, A) auf die Absorption im Rotationsspektrum von HCl untersucht. Die Strahlung war durch die Quarzlinsenmethode ausgesondert. Das Ergebnis ist in Abb. 94 dargestellt. Die

---

[1] E. v. BAHR, Phys. ZS. Bd. 12, S. 1167. 1911.

[2] Dabei ist aber der Gesamtdruck verschieden, was die Beweiskraft dieser Versuche herabsetzt.

[3] H. A. LORENTZ, Proc. Amsterdam Bd. 8, S. 591. 1905; s. a. Theory of Electrons 1909, S. 141 u. 306.

[4] H. W. KUSSMANN, ZS. f. Phys. Bd. 48, S. 831. 1928.

verschiedenen Teile beziehen sich auf HCl von 100, 200 und 300 mm Hg Partialdruck; der Gesamtdruck wurde bis auf 760 mm Hg gesteigert. Man erkennt, daß die Größe der Wirkung in der Reihenfolge CO_2, N_2, A, H_2 abnimmt. Die Kurven sind mit einer Ausnahme (N_2, Partialdruck 100 mm) geradlinig. Die Tatsache, daß H_2 die geringste Wirkung hat, ist nach dem Befund von HERTZ überraschend, da für H_2 die größte Stoßzahl erreicht wird, doch ist die Stoßdauer für Stöße zwischen H_2 und HCl kleiner als für die übrigen Gase, so daß evtl. auch diese zu berücksichtigen wäre. Andere Ursachen der Linienverbreiterung kommen größenordnungsmäßig nicht in Frage.

WIMMER (l. c.) hat gezeigt, daß man den Einfluß der Fremdgase auf die Absorption der Kohlensäure bei $4{,}3\,\mu$ dazu benutzen kann, den Kohlensäuregehalt der Luft spektralanalytisch festzustellen. Dabei führt er in rationellerer Weise mit FUCHTBAUER[1] den integralen Extinktionskoeffizienten ein, wie wir es auch schon in § 29 getan haben. Während bisher nur Messungen an unaufgelösten Banden vorliegen, hat

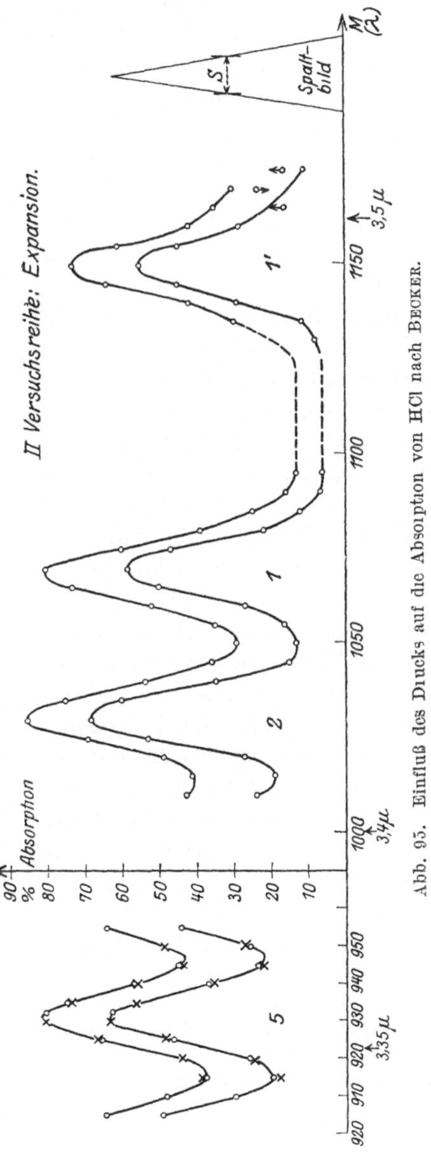

Abb. 95. Einfluß des Drucks auf die Absorption von HCl nach BECKER.

---

[1] CHR. FUCHTBAUER, Phys. ZS. Bd. 21, S. 322. 1911.

BECKER[1] Druckabhängigkeitsmessungen an den Linien der Rotationsschwingungsbande von HCl bei 3,46 μ durchgeführt. Die Strahlung wird spektral zerlegt durch zwei je zweimal durchlaufene Quarzprismen (60°), ihre Intensität mit dem Mikroradiometer gemessen. Die Absorptionsrohre hatten eine Länge von 19,9 cm, eines davon war unterteilt in zwei Kammern von 7,87 und 12,85 cm Länge. Es war eine erhebliche Menge falscher Strahlung vorhanden (Streuung in den Prismen), die besonders gemessen und in Rechnung gestellt wurde. Die Spaltbreite betrug 60 Å. Die Ergebnisse der Messungen zeigt Tab. 31, in der die Gesamtabsorption jeder gemessenen Linie angegeben ist. Die Linien sind symmetrisch verbreitert. Abb. 95 zeigt einen Teil der Messungen in Form von Kurven. Abb. 95, *I* bezieht sich auf den Fall der Druckerhöhung durch Luftzusatz (einfaches Absorptionsrohr), Abb. 95, *II* auf Druckerhöhung reinen Salzsäuregases (Rohr mit zwei Kammern[2]) unter Konstanthaltung des Produkts Druck mal Schichtdicke. Wie man sieht, verhalten sich die beiden Fälle verschieden; obwohl im Fall *I* die Druckänderung größer ist als im Fall *II*, vermehrt sich die Absorption im ersten Fall nur im Verhältnis 1,13 : 1, im letzteren Fall im Verhältnis 1,31 : 1. Auch die Zahl der Zusammenstöße ist im Fall *I* größer als im Fall *II*, was ebenso wie die früher erwähnten Untersuchungen darauf hindeutet, daß nicht nur die Zahl der Stöße von Einfluß ist.

BECKER diskutierte nun, ob die beobachtete Intensitätsvermehrung auf einer Verbreiterung der Linie bei konstanter Gesamtabsorption der Linie beruhen kann. Unter der Annahme, daß die Linie die Form einer GAUSSschen Fehlerverteilungskurve hat und daß die Linienbreite kleiner als die Spaltbreite ist[3], erhält man das Resultat, daß die Absorptionsvermehrung schon dann durch die Verbreiterung gedeckt ist, wenn die Linienbreite langsamer als der Druck zunimmt; aber eine stärkere Zunahme ist nötig, wenn die Linie breiter ist als der Spalt, denn dann faßt der Spalt relativ weniger Intensität von der verbreiterten Linie, d. h., die Zahlen in Tab. 31 geben nicht mehr die Gesamtabsorp-

---

[1] G. BECKER, ZS. f. Phys. Bd. 34, S. 255. 1926.

[2] Praktisch wurde der umgekehrte Vorgang benutzt: Expansion des Gases von einer in zwei Kammern.

[3] Dann sind die Absorptionszahlen in Tab. 31 ein Maß für die Gesamtabsorption.

tion. Das Verhältnis von Spalte 4 zu 3 bzw. 6 zu 5 ist dann kleiner als das wahre Intensitätsverhältnis. Leider ist über das Gesetz der Zunahme der Linienbreite nichts bekannt. Die untere Grenze der Linienbreite betrug 30 Å, die obere 120 Å; die untere Grenze ist die kleinste Breite, die noch mit der beobachteten Intensitätsvermehrung verträglich ist, die obere Grenze ist direkt den Messungen entnommen.

Tabelle 31.

Nr.	λ	Absorption in % für			
		$\tfrac{1}{3}$ Atm. HCl	$\tfrac{1}{3}$ Atm. HCl $+\tfrac{2}{3}$ Atm. Luft	$\dfrac{1}{2,66}$ Atm. HCl	1 Atm. HCl
8	3,29903	30,5	33,5	—	—
5	3,35305	72	80	64	82
2	3,41529	66	75	68	85
1	3,43907	62	74	59	81
—1	3,48897	60	67	55	73
—2	3,51565	58,5	66	—	—

Die Temperaturabhängigkeit der Absorption wurde zuerst von Paschen[1] an Kohlensäure und Wasserdampf untersucht. Er stellte fest, daß im allgemeinen die Banden nach längeren Wellen zu verbreitert werden und daß das Maximum sich nach längeren Wellen verschiebt, weshalb die Emissionsmaxima bei größeren Wellenlängen liegen als die Absorptionsmaxima bei gewöhnlicher Temperatur[2]; dies Ergebnis wurde später in genauerer Weise von Schmidt[3] bestätigt, der gleichzeitig feststellte, daß mit wachsender Temperatur die Maximalabsorption der Kohlensäure bei 2,7 μ zunimmt. Dasselbe findet E. v. Bahr[4] für Kohlensäure bestätigt; dagegen stellt Frl. v. Bahr bei Messungen an anderen Gasen, CO, N_2O, CH_4 und Äther fest, daß der Temperatureinfluß sich nur in einer Verbreiterung der Bande ohne Erhöhung der Maximalabsorption bemerkbar macht. Wir wollen hierauf nicht eingehen, da die älteren Messungen zu weiteren Schlüssen

---

[1] F. Paschen, Wied. Ann. Bd. 50, S. 409. 1893; Bd. 51, S. 1. 1894; Bd. 52, S. 209. 1894.

[2] Eine Ausnahme bildet eine H_2O-Bande bei 6 μ, die sich nach kurzen Wellen verschiebt. Die Ausnahme ist aber nur scheinbar, da diese Bande das kurzwellige Maximum einer Bjerrumschen Doppelbande ist.

[3] H. Schmidt, Ann. d. Phys. Bd. 42, S. 415. 1913.

[4] E. v. Bahr, Verh. d. D. Phys. Ges. Bd. 15, S. 710. 1913.

nicht geeignet sind. Soweit Messungen an aufgelösten Banden
vorliegen, haben wir sie schon in § 27 besprochen. Das dort er
haltene Ergebnis erklärt auch die hier vorliegenden Beobachtungen
Was die Verbreiterung nach längeren Wellen betrifft, so brauchen
wir nur darauf hinzuweisen, daß die Linien der Feinstruktur sich
i. a. nach höheren Frequenzen, d. h. kürzeren Wellen, hin zu

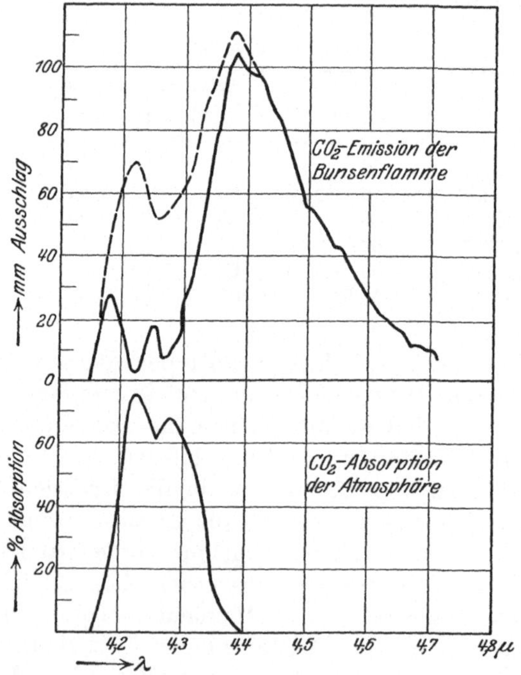

Abb. 96. Emission und Absorption der Kohlensäure nach BARKER.

sammendrängen und dort einen Bandenkopf bilden (vgl. § 27).
Der Einfluß der Temperaturerhöhung (Erhöhung der Linienzahl,
Verschiebung der Maximalintensitäten nach höheren Quantenzahlen) kann sich dann nur auf der Seite niederer Frequenzen
bzw. längerer Wellen auswirken. Wo eine solche einseitige Verbreiterung nicht festgestellt werden konnte, wie bei den Messungen
von E. v. BAHR, müssen wir annehmen, daß die Bandenkopf-
bildung nicht auftritt, doch bedürfte es erst weiterer Messungen,
um einwandfreie Angaben zu erhalten.

Eine praktische Folgerung aus der Wellenlängenverschiebung sei noch erwähnt. Das Emissionsmaximum eines Gases, besonders eines der in der Atmosphäre vorhandenen, ist gegenüber seinem wahren Wert nach langen Wellen verschoben, da ein Teil der kurzwelligen Strahlung von den kalten Teilen der Flamme bzw. der Luft absorbiert wird. Diese Verhältnisse seien an einer Messung von BARKER[1] erläutert, wo ein Triplett vorgetäuscht wird (Abb. 96). Der untere Teil der Abbildung zeigt die Absorption der atmosphärischen Kohlensäure, der obere Teil in der ausgezogenen Kurve die beobachtete Emission der Bunsenflamme, in der gestrichelten die bezüglich der Absorption korrigierte wahre Emission.

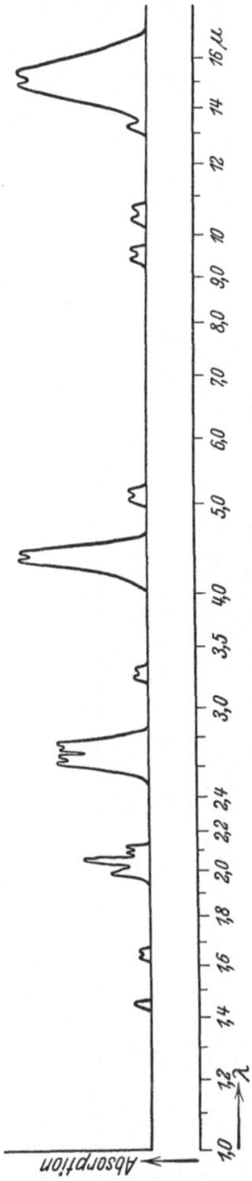

§ 31. Spektrum und Struktur dreiatomiger Moleküle.

Die dreiatomigen Gase sind die nächst den bisher behandelten zweiatomigen Molekülen komplizierteren Systeme. Von ihnen sind am meisten Kohlensäure und Wasserdampf auf ihre optischen Eigenschaften im Ultrarot untersucht worden, deren Spektrum uns deshalb fast vollständig bekannt ist. Daneben existieren einige wenige Untersuchungen an anderen dreiatomigen Substanzen, nämlich SO_2, CS_2, H_2S, O_3, NO_2 und N_2O. Zunächst besprechen wir das Spektrum und die Struktur des CO_2-Moleküls.

Wir übergehen alle älteren Messungen an Kohlensäure, da sie durch neuere und genauere überholt sind. SCHAEFER und PHILIPPS[2] haben das Spektrum der Kohlensäure zwischen $1\,\mu$ und $15\,\mu$ systematisch durchgemessen und dabei neben einer Reihe

Absorption

Abb. 97. Ultrarotes Spektrum von CO₂.

---

[1] E. F. BARKER, Astrophys. Journ. Bd. 55, S. 391. 1922.
[2] CL. SCHAEFER u. B. PHILIPPS, ZS. f. Phys. Bd. 36, S. 641. 1926.

lange bekannter Absorptionsmaxima einige neue entdeckt. Fast alle Banden zeigen die Form BJERRUMscher Doppelbanden, nur bei wenigen schwachen Maximis der Absorptionskurve reichte dazu die Auflösung nicht aus. Eine genauere Untersuchung mit großer Auflösung führte BARKER[1] an den Banden bei 2,7 μ und 4,3 μ durch. Das Ergebnis der Messungen ist in der schematischen Abb. 97 (nach SCHAEFER und PHILIPPS) zur Darstellung gebracht. Die Lage der Maxima ist in Tab. 32 angegeben. Um einen Anhalt

Tabelle 32.

Absorptionsbanden von CO_2 nach SCHAEFER und PHILIPPS.

$\lambda\,(\mu)$		Schichtd. cm	Druck Atm.	Max. Abs. %	Bemerkungen
1,465		· 100	8	27	Evtl. Verunreinigung, aber sicher nicht von Wasserdampf, dessen Absorptionsstelle bei 1,37 μ hiervon deutlich getrennt war.
1,602		100	1	16	
1,629		100	1	13,5	
1,991 / 1,999	1,995	100	1	30	
2,039 / 2,048	2,043	100	1	50	
2,087 / 2,098	2,092	100	1	20	
2,677 / 2,698	2,688	5	1	70	} BARKER
2,753 / 2,776	2,765	5	1	50	
3,268 / 3,286	3,277	100	11	34	
4,255 / 4,280	4,267	0,2	1	80	BARKER, CO_2 der Zimmerluft
4,855 / 4,900	4,88	100	1	20	
9,30 / 9,55	9,425	100	8	40	
10,27 / 10,57	10,42	100	8	24	
12,7		100	1	40	Sehr stark, genaue Messungen unmöglich
14,70 / 15,05	14,78	0,2	1	—	

---

[1] Siehe Anmerkung 1 auf S. 225.

für die Intensitäten zu geben, sind in Spalte 2 bis 4 einige diesbezügliche Angaben gemacht, doch können diese Zahlen nicht als quantitatives Maß der Absorption gelten. Nach der Tabelle gehören z. B. die Banden bei 2,7 μ zu den stärksten (sie stehen an dritter Stelle), doch haben genaue Messungen der Dispersion gezeigt[1], daß bei 2,7 μ nur ganz schwache anomale Dispersion vorhanden ist und nur zwei Eigenschwingungen in der Dispersionsformel erfordert werden ($\lambda_1 = 4{,}31\ \mu$ und $\lambda_2 = 14{,}91\ \mu$), was wir weiter unten bei der Betrachtung der Struktur zu beachten haben.

In den Doppelbanden ist das langwellige Maximum durchweg niedriger als das kurzwellige.

Eine weitere Auflösung in Linien ist bisher nicht erreicht worden, nur ÔKUBO[2] glaubt bei 2,7 μ eine solche beobachtet zu haben. Neben einer großen Anzahl sehr schwacher Maxima, die kaum als reell anzusprechen sind, sind drei stärkere vorhanden bei 2,61 μ, 2,71 μ und 2,77 μ, von denen die beiden letzten mit den in Tab. 32 genannten identisch sind. Da ÔKUBO nur ein Steinsalzprisma benutzt, ist die Messung sehr ungenau und unzuverlässig.

Wir gehen nun dazu über, aus dem Spektrum Schlüsse auf die Struktur des Moleküls zu ziehen. Es stehen von vornherein zwei Formen zur Diskussion. Zunächst die gewinkelte Gestalt, das C-Atom an der Spitze eines gleichschenkligen Dreieckes, sodann die lineare Form, in der alle drei Atome auf einer Geraden liegen, das C-Atom in der Mitte. Die unsymmetrische lineare Form, bei der das C-Atom nicht im Zentrum liegt, ist nicht stabil[3].

Die Annahme der Dreiecksgestalt war die naturgemäße und einzig mögliche, solange die Dipolmessungen endliche, wenn auch kleine Werte für das Moment zu liefern schienen. Die älteren Messungen ergaben für das Dipolmoment Werte zwischen 0,14 bis $0{,}3 \cdot 10^{-18}$ el.-stat. Einh. Das CO_2-Molekül muß dann also drei aktive Eigenfrequenzen besitzen. Als die Grundfrequenzen würden die drei stärksten Banden bei 2,7, 4,3 und 14,7 μ anzusehen sein, von denen die kurzwelligste am schwächsten ist. BJERRUM[4] und DENNISON[5]

---

[1] T. WETTERBLAD, Diss. Upsala 1924; O. FUCHS, ZS. f. Phys. Bd. 46, S. 506, 1928.

[2] J. ÔKUBO, Ss. Reports Tôhoku Univ. Bd. 12, S. 39. 1923.

[3] F. HUND, ZS. f. Phys. Bd. 31, S. 81. 1925.

[4] N. BJERRUM, Verh. d. D. Phys. Ges. Bd. 16, S. 737. 1914.

[5] D. M. DENNISON, Phil. Mag. Bd. 1, S. 195. 1926.

konnten zeigen, daß die Gestalt eines stumpfwinkligen Dreiecks mit der Lage der Eigenfrequenzen und deren relativen Intensitäten vereinbar war, wenn man annahm, daß die Bindung zwischen den O-Atomen ca. viermal so groß sei als die Bindung zwischen Kohlenstoff und Sauerstoff, was immerhin unwahrscheinlich ist. Die Schwingungsform dieser drei Frequenzen ist in Abb. 98 angegeben. Aus der Schwingungsform erhellt die geringe Intensität der Bande bei 2,7 μ, da sie fast inaktiv ist.

Bei gleichen Bindungskräften sollte man aber nun annehmen, daß die Schwingung ν_1, bei der im wesentlichen die beiden O-Atome schwingen, eine größere Wellenlänge hat als die stark aktive Schwingung ν_2, bei der im wesentlichen nur das C-Atom schwingt. Eucken[1] hat aus diesen und anderen Gründen das lineare Modell vorgeschlagen, indem er nur die Banden bei 4,25 μ und 14,7 μ

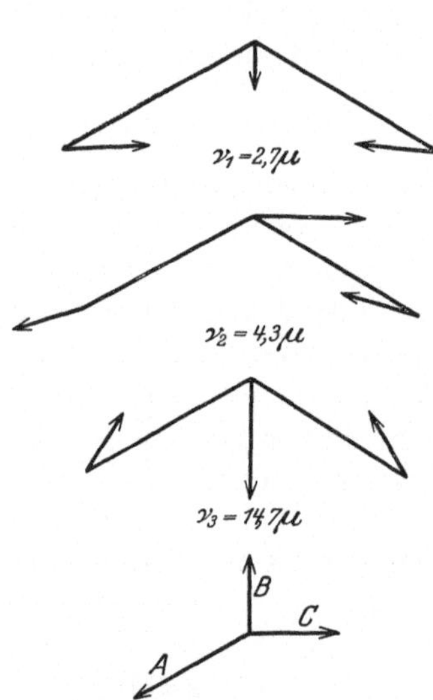

Abb. 98. Eigenfrequenzen für das Dreiecksmodell der CO₂-Molekel

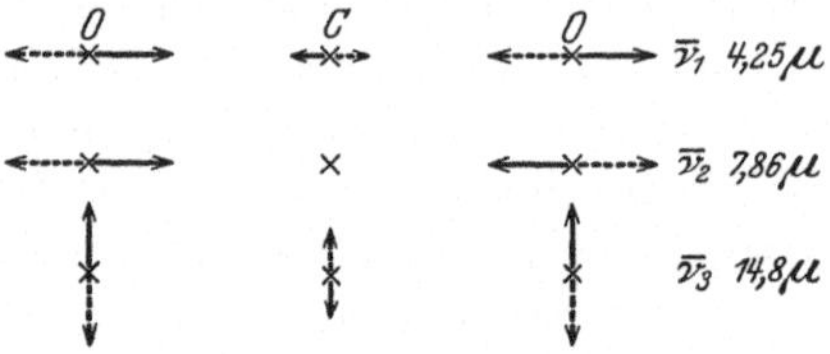

Abb. 99. Eigenfrequenzen für das lineare CO₂-Modell.

als aktive Grundfrequenzen $\bar{\nu}_1$ und $\bar{\nu}_3$ annimmt. Die mittlere Bande $\bar{\nu}_2$ muß dann inaktiv sein (Abb. 99). Ihre Wellenlänge müßte etwa $\sqrt{\dfrac{M_{CO_2}}{M_C}} = 1{,}91$ mal größer sein als diejenige der kurzwelligen Bande. Dies Modell steht im Einklang damit, daß, wie erwähnt, die anomale Dispersion bei 2,7 μ so gering ist, daß diese Bande nicht als Grundbande angesehen werden kann, und daß die neuesten Messungen des Dipolmoments einen verschwindenden Wert liefern[2]; letzteres allein spricht aber noch nicht entscheidend

---

[1] A. Eucken, ZS. f. phys. Chem. Bd. 100, S. 159. 1921; ZS. f. Phys. Bd. 37, S. 714. 1926.

[2] H. A. Stuart, ZS. f. Phys. Bd. 47, S. 457. 1928.

gegen die Dreiecksgestalt, denn die Deformation der O-Ionen verkleinert den aus dem Modell berechneten Wert (vgl. § 28). Berechnet man nun die Deformierbarkeit sowohl aus der Molekularrefraktion, als auch aus dem gemessenen effektiven Dipolmoment 0, dann ergibt sich[1]

$$\alpha_{\text{Mol.-Refr.}} = 1{,}43 \cdot 10^{-24} \quad \text{und} \quad \alpha_{\text{Dipol}} = 4{,}78 \cdot 10^{-25},$$

also Werte, die wohl miteinander verträglich sind.

Wie weit die beiden Auffassungen fähig sind, die Eigentümlichkeiten des CO_2-Spektrums zu deuten, werden wir gleich näher diskutieren. Vorher erwähnen wir, daß das Gitter der festen Kohlensäure nach röntgenographischen Untersuchungen[2] aus linearen CO_2-Molekülen aufgebaut ist. Man könnte nun annehmen, daß bei höherer Temperatur die Kohlensäure gewinkelte Gestalt erhalten kann, und nach Mac Crea[3] spricht dafür der Verlauf der spezifischen Wärme, der bei tiefen Temperaturen der Formel für das Euckensche Modell folgt, dagegen bei höheren Temperaturen den Werten für das dreieckige Modell näher kommt. Dieser Prozeß ist aber nicht sehr wahrscheinlich (vgl. Eucken [l. c.]).

Charakteristisch für das CO_2-Spektrum ist, wie ein Blick auf Abb. 97 lehrt, folgendes: Es existiert eine Reihe von Bjerrumschen Doppelbanden, von denen oft zwei dicht beieinander liegen, nämlich bei 1,6 μ, 2 μ, 2,7 μ, 10 μ und 14,7 μ. Alle diese Banden müssen als Ober- bzw. Kombinationsfrequenzen der drei Grundfrequenzen gedeutet werden können, wobei wir zunächst benachbarte Banden zusammenfassen. Beiden Theorien ist diese Deutung möglich, wie Tab. 33 zeigt.

Als besonders bemerkenswert heben wir hervor:

In beiden Fällen treten Differenzschwingungen auf, die im ultraroten Spektrum hier zum erstenmal von Schaefer und Philipps beobachtet sind, und die, wie Hettner[4] zuerst betont hat, nur geringe Intensität besitzen können im Vergleich zur entsprechenden Summationsfrequenz, da die Quantenzahl der

---

[1] Vgl. F. Matossi, ZS. f. Phys. Bd. 40, S. 1. 1927. Dort wurde noch mit dem Dreiecksmodell gerechnet.

[2] J. de Smedt u. W. H. Keesom, ZS. f. Krist. Bd. 62, S. 312. 1926; H. Mark, ZS. f. Elektr.-Chem. Bd. 31, S. 523. 1925; H. Mark u. E. Pohland, ZS. f. Krist. Bd. 61, S. 293. 1925.

[3] W. H. Mac Crea, Proc. Cambridge Phil. Soc. Bd. 23, S. 819. 1927.

[4] G. Hettner, ZS. f. Phys. Bd. 31, S. 273. 1925.

Tabelle 33.

Kombinationsfrequenzen im Spektrum der Kohlensäure.

$\lambda_{beob.}$	Komb. (Drei-ecksmodell)	$\lambda_{ber.}$	Komb. (lineares Modell)	$\lambda_{ber.}$[1]
1,465	$3\,\nu_2$	1,417	—	—
1,615	$\nu_1 + \nu_2$	1,670	$2\,\bar\nu_1 + \bar\nu_2$	1,66
2,020	$2\,\nu_1 - \nu_2$	2,033	$\bar\nu_1 + 2\,\bar\nu_2$	2,00
2,092	$2\,\nu_2$	2,125	$2\,\bar\nu_1$	2,10
2,72	ν_1	—	$\bar\nu_1 + \bar\nu_2$	2,72
3,277	$\nu_2 + \nu_3$	3,318	$\nu_1 + \bar\nu_3$	3,33
4,25	ν_2	—	$\bar\nu_1$	—
4,880	$3\,\nu_3$	4,960	$\bar\nu_2 + \bar\nu_3$	5,00
9,920	$2\,\nu_2 - \nu_1$	9,70	$\bar\nu_1 - \bar\nu_2$	9,9
14,87	ν_3	—	$\bar\nu_3$	—
				$[\bar\nu_2 = 7{,}86]$

einen Grundfrequenz dabei von höheren Werten auf niedrigere springt; im höheren Energiezustand befinden sich aber bei Zimmertemperatur relativ wenig Moleküle[2]. Die in Tab. 33 gegebene Deutung widerspricht dieser Forderung nicht, und auch sonst sind die Kombinationsfrequenzen höherer Ordnung schwächer als solche niederer Ordnung. Differenzfrequenzen müßten übrigens auch in stärkerem Maße von der Temperatur abhängen als andere Kombinationsfrequenzen. Es fehlen aber leider nähere Untersuchungen hierüber.

Die Frequenz ν_3 besitzt nach SCHAEFER und PHILIPPS nur die Duodezime als Oberschwingung, nach EUCKEN fehlt auch diese. Das läßt sich erklären durch die Schwingungsform von ν_3. Diese ist symmetrisch in dem in § 25 angegebenen Sinn, es muß also die Oktave fehlen.

EUCKEN ist gezwungen, Kombinationen der inaktiven Frequenz mit aktiven Eigenschwingungen zuzulassen, wie es auch SCHAEFER, BORMUTH und MATOSSI bei den Karbonaten für notwendig befanden (§ 39). Da hiergegen Bedenken geäußert worden sind[3], sei hier betont, daß die Kombinationsfähigkeit zweier Frequenzen ein mechanisches Problem ist, das von der optischen Aktivität oder

---

[1] Die EUCKENSchen Werte sind nur angenäherte Mittelwerte. Näheres s. in Tab. 34.

[2] In der HELMHOLTZSchen Theorie der Kombinationstöne der Akustik sind bekanntlich die Differenztöne intensiver als die Summationstöne.

[3] A. M. TAYLOR, Phil. Mag. Bd. 6, S. 88. 1928.

Inaktivität unabhängig ist. Die Kombinationsfrequenz wird im allgemeinen auch aktiv sein. Im RAMAN-Effekt der Kohlensäure[1] ist bisher nur eine Frequenzverschiebung um $1284\ \mathrm{cm}^{-1}$ bzw. $1392\ \mathrm{cm}^{-1}$ beobachtet worden, was einer Ultrarotwellenlänge von $7,8\ \mu$ bzw. $7,2\ \mu$ entspricht, also fast übereinstimmend mit der inaktiven Frequenz EUCKENS. Dagegen ist die Bande bei $4,3\ \mu$ nicht im RAMAN-Spektrum beobachtet worden, obwohl sie unsymmetrischen Charakter hat, wenn auch nicht sehr ausgeprägt, denn nur die O-Atome schwingen in einem unsymmetrischen Kraftfeld. Auch die Bande bei $14,7\ \mu$ fehlt im RAMAN-Spektrum, was mit ihrer Symmetrie im Einklang ist. Zur weiteren Klärung müssen fernere Beobachtungen abgewartet werden, doch dürften gerade diese Messungen die stärkste Stütze für das lineare CO_2-Modell sein.

Wir gehen nun zu den Feinheiten des Spektrums über, wobei wir zunächst das Dreiecksmodell zugrunde legen. Aus dem Abstand der Maxima in den einzelnen BJERRUMschen Doppelbanden können wir, wie bei den zweiatomigen Gasen, eines der drei Hauptträgheitsmomente berechnen (s. Abb. 98). Man erhält hierfür nach BARKER aus der Bande bei $4.25\ \mu$:

$$A = 48,6 \cdot 10^{-40}\ \mathrm{g\ cm^2}.$$

Nun wird aber aus der chemischen Konstante für mehratomige Gase ein mittleres Trägheitsmoment $J = \sqrt[3]{ABC}$ von nur $8,5$ $10^{-40}\ \mathrm{g\ cm^2}$ berechnet, d. h., eines der Trägheitsmomente, C, ist sehr klein, wie es nach den theoretischen Modellen auch sein muß.

Es wäre also für das Dreiecksmodell: $A \approx B = 48,6 \cdot 10^{-40}\ \mathrm{g\ cm^2}$, C klein.

Einen von $48,6 \cdot 10^{-40}\ \mathrm{g\ cm^2}$ wesentlich abweichenden Wert ergibt die Bande bei $14,7\ \mu$. Der Abstand der beiden Maxima ist hier zu gering, auch in den älteren Messungen von BURMEISTER. Da aber die Messungen in diesem Gebiet, besonders wegen der störenden Absorption der Kohlensäure der Zimmerluft sehr schwierig sind, fragt es sich zunächst, ob die Beobachtung Vertrauen verdient. Außerdem aber hat DENNISON[2] bemerkt, daß das abweichende Ergebnis an dieser Bande darauf zurückzuführen sein könnte, daß die Amplitude der Schwingung bei $14,7\ \mu$ sehr groß

---

[1] F. RASETTI, Nature Bd. 123, S. 205. 1929.
[2] D. M. DENNISON, ZS. f. Phys. Bd. 38, S. 137. 1926.

wird und außerdem die Schwingungsfrequenz nicht viel größer als die Frequenz der Rotation um die C-Achse, so daß größere Störungen auftreten. Die Rotation um die C-Achse müßte ein Spektrum bei ca. 100 μ geben, wo aber CO_2 völlig durchlässig ist, was auch gegen die Dreiecksgestalt spricht, doch dürfte die Intensität dieses Spektrums auch im Fall des dreieckigen Modelles sehr gering sein, da die Amplitude der Rotation des elektrischen Moments nur sehr klein ist. Auch das normale Rotationsspektrum, das bei Wellenlängen von ca. 1000 μ zu erwarten wäre, gehört für beide Modelle einer inaktiven Rotation an[1]. Leider ist eine Beobachtung in diesem Spektralbezirk noch kaum einwandfrei möglich.

DENNISON sowie SCHAEFER und PHILIPPS faßten auf Grund der oben zitierten Werte des Trägheitsmomentes das CO_2-Molekül als symmetrischen Kreisel auf (Figurenachse gleich Richtung $O-O$). Für dessen Energie gilt[2]

$$E_{\text{rot}} = \frac{m(m+1)h^2}{8\pi^2 A} + \frac{m_0^2 h^2}{8\pi^2}\left(\frac{1}{C} - \frac{1}{A}\right). \tag{57}$$

DENNISON hat gezeigt, daß für die Frequenz ν_2 nur die Sprünge $\Delta m = 0, \pm 1$, $\Delta m_0 = 0$ möglich sind. Man erhält eine einfache BJERRUMsche Doppelbande, aus der sich, wie oben geschehen, das Trägheitsmoment A berechnen läßt. Dasselbe gilt für die betreffenden Oberschwingungen.

Anders ist es mit den Banden ν_1 und ν_3. Hier sind auch die Sprünge $\Delta m_0 = \pm 1$ möglich (und dazu $\Delta m = 0, \pm 1$), denn bei diesen beiden erfolgt die Schwingung des elektrischen Moments senkrecht zur C-Achse, und nur, wenn Schwingungsrichtung und Rotationsachse senkrecht zueinander stehen, beeinflussen sich Rotation und Schwingung gegenseitig, so daß die Überlagerung der Rotation über die Schwingung entsteht. Wir erhalten bei ν_1 und ν_3 demnach außer dem normalen unaufgelösten System der Rotationslinien noch ein zweites System von Linien, die der Rotation um die C-Achse entsprechen. Ihr Abstand beträgt

$$\Delta\nu = \frac{h}{4\pi^2}\left(\frac{1}{C} - \frac{1}{A}\right),$$

---

[1] Auf diese Erklärungsmöglichkeit hat uns Herr EUCKEN freundlicherweise aufmerksam gemacht. In die Sprache der Quantenmechanik übersetzt, heißt dies, daß ein Sprung von m bzw. m_0 allein in diesem Falle nicht möglich ist.

[2] Vgl. F. REICHE u. H. RADEMACHER, ZS. f. Phys. Bd. 39, S. 444. 1926.

ist also, da $C \ll A$, wesentlich größer als der Feinstrukturabstand. Dieser Abstand entspricht nach der Auffassung der genannten Forscher dem Abstand zweier benachbarter Doppelbanden. Daraus läßt sich C berechnen. Man erhält

$$C = 0{,}5 \cdot 10^{-40}\ \mathrm{g\,cm^2}.$$

Damit ist formal das Spektrum gedeutet. Es bleibt aber eine gewisse Schwierigkeit: Man wird die beiden Einzelbanden der Dubletts den Sprüngen $0 \to 1$ bzw. $1 \to 0$ von m_0 zuordnen[1] (die Nullinie fällt hier nicht aus[2]). Man sollte dann erwarten, daß auch die Linie $1 \to 2$ mit etwa gleicher Intensität auftritt, da für die Intensität die Zahl der Moleküle im Anfangszustand maßgebend ist. Es ist aber keine weitere Bande gefunden worden, obwohl bei $2{,}7\ \mu$ in nicht veroffentlichten Versuchen besonders danach gesucht wurde. Nach DENNISON müßte ein schwacher Nullzweig in allen Banden auftreten, der vielleicht für gewisse Unsymmetrien in den Doppelbanden verantwortlich ist.

Aus den Trägheitsmomenten folgen für die strukturellen Daten der CO_2-Molekel die Werte: ($\gamma = \sphericalangle OCO$).

Abstand $C\!-\!O = 0{,}985 \cdot 10^{-8}$ cm,

Abstand $O\!-\!O = 1{,}993 \cdot 10^{-8}$ cm, $\gamma = 158° 14'$.

Für das nun zu betrachtende lineare Modell ist nur ein Trägheitsmoment notwendig, da $A = B$, $C = O$. Übereinstimmend mit der Berechnung aus der chemischen Konstante eines zweiatomigen Gases (die lineare Molekel kann thermisch als zweiatomig angesehen werden) ergibt sich hierfür aus dem Doppelbandenabstand:

$$A = B = 48{,}6 \cdot 10^{-40}\ \mathrm{g\,cm^2}.$$

Daraus folgt: Abstand $C - O = 0{,}975 \cdot 10^{-8}$ cm; Abstand $O - O = 1{,}950 \cdot 10^{-8}$ cm.

EUCKENS Erklärung des Spektrums benutzt die Tatsache anharmonischer Bindung, die durch das Vorhandensein von Oberschwingungen gegeben ist. Die benachbarten Banden faßt EUCKEN nach einer Annahme von BARKER auf als die einzelnen Glieder einer Bandengruppe (vgl. § 25), für welche $\Delta n = $ const., die Absolutwerte von n aber verschieden sind, was infolge der quadratischen Glieder der Frequenzformel für den anharmonischen Oszillator eine Aufspaltung bewirkt, wie wir schon bei HCl gesehen

---

[1] Siehe Anmerkung 2 auf S. 231.

[2] D. M. DENNISON, Phys. Rev. Bd. 28, S. 318. 1926.

234   Das ultrarote Spektrum der Gase und Flüssigkeiten.

haben, wo der Abstand der Einzelbanden aber wesentlich geringer
war als bei der Kohlensäure. Um die nahezu gleiche Intensität
der Banden zu deuten, muß man aber annehmen, daß eine verhältnismäßig große Anzahl von Molekülen in höheren Energieniveaus sich befindet. Zur Berechnung der Kombinationsfrequenzen benutzt EUCKEN folgende Formel[1]: (n'' gleich Anfangs-,
n' gleich Endquantenzahl für Emission)

$$\begin{aligned}
\nu = {}& \bar{\nu}_1 (n_1'' - n_1') + \bar{\nu}_2 (n_2'' - n_2') + \bar{\nu}_3 (n_3'' - n_3') \\
& + \nu_{11} (n_1''^2 - n_1'^2) + \nu_{12} (n_1'' n_2'' - n_1' n_2') \\
& + \nu_{22} (n_2''^2 - n_2'^2) + \nu_{33} (n_3''^2 - n_3'^2) + \cdots
\end{aligned} \right\} \tag{58}$$

Die sechs Konstanten $\bar{\nu}_1$, $\bar{\nu}_2$, $\bar{\nu}_3 + \nu_{33}$, ν_{11}, ν_{12} und ν_{22}
haben die Werte (in cm^{-1}):

$$\bar{\nu}_1 = 2295, \qquad \bar{\nu}_2 = 1223,5, \qquad \bar{\nu}_3 + \nu_{33} = 672,5,$$
$$\nu_{11} = 40, \qquad \nu_{12} = 3,0, \qquad \nu_{22} = 51\,5,$$

alle übrigen $\cong 0$.

Tabelle 34. Kombinationsfrequenzen von CO_2 nach EUCKEN.

Kombination	$\lambda_{\text{ber.}}$	$\lambda_{\text{beob.}}$	n_1''	n_1'	n_2''	n_2'	n_3''	n_3'
$\bar{\nu}_1 + \nu_{11}$	(4,28)	4,25	1	0				
$\bar{\nu}_2 + \nu_{22}$	7,86	—			1	0		
$\bar{\nu}_3 + \nu_{33}$	(14,87)	14,87					1	0
$2\bar{\nu}_1 + 4\nu_{11}$	2,100	2,092	2	0				
$2\bar{\nu}_1 + 8\nu_{11}$	2,039	2,043	3	1				
$\bar{\nu}_1 + \bar{\nu}_2 + \nu_{11} + \nu_{12} + \nu_{22}$	(2,768)	2,768	1	0	1	0		
$\bar{\nu}_1 + \bar{\nu}_2 + \nu_{11} + 2\nu_{12} + 3\nu_{22}$	2,691	2,685	1	0	2	1		
$\bar{\nu}_1 + \bar{\nu}_3 + \nu_{11} + \nu_{33}$	3,325	3,277	1	0			1	0
$\bar{\nu}_2 + \bar{\nu}_3 + \nu_{22} + \nu_{33}$	5,135	— !			1	0	1	0
$\bar{\nu}_2 + \bar{\nu}_3 + 3\nu_{22} + \nu_{33}$	(4,880)	4,880			2	1	1	0
$\bar{\nu}_1 - \bar{\nu}_2 + \nu_{11} - \nu_{22}$	(9,425)	9,425	1	0	0	1		
$\bar{\nu}_1 - \bar{\nu}_2 + \nu_{11} + \nu_{12} - 3\nu_{22}$	10,41	10,42	1	0	1	2		
$\bar{\nu}_1 + 2\bar{\nu}_2 + \nu_{11} + 2\nu_{12} + 4\nu_{22}$	2,003	1,996	1	0	2	0		
$2\bar{\nu}_1 + \bar{\nu}_2 + 4\nu_{11} + 2\nu_{12} + \nu_{22}$	1,660	— !	2	0	1	0		
$2\bar{\nu}_1 + \bar{\nu}_2 + 4\nu_{11} + 4\nu_{12} + 3\nu_{22}$	(1,629)	1,629	2	0	2	1		
$2\bar{\nu}_1 + \bar{\nu}_2 + 8\nu_{11} + 3\nu_{12} + \nu_{22}$	1,615	1,602	3	1	1	0		

[1] G. HETTNER, ZS. f. Phys. Bd. 31, S. 273. 1925. Die Verwendung halber Quantenzahlen ändert an der Form von (58) nichts, auch die Zahlenwerte der Koeffizienten bleiben dieselben; nur ihre physikalische Bedeutung
ändert sich unwesentlich.

Die zahlenmäßige Übereinstimmung zwischen Theorie und Experiment ist gut (Tabelle 34), doch sind einige zu erwartende Kombinationsfrequenzen nicht vorhanden (vgl. die Ausrufungszeichen). In den Spalten 4 bis 6 sind die Quantenzahlen für die einzelnen Banden angegeben. Die Bande bei 12,7 μ läßt Eucken unberücksichtigt; faßt man sie als $\bar{\nu}_3 + 3\nu_{33}$ auf, so läßt sich aus ihr ν_{33} zu 114 berechnen. Die Bande bei 1,4 μ läßt sich nach Eucken nicht deuten, sie beruht möglicherweise auf einer Verunreinigung.

Um noch einmal auf die Frage nach der Struktur der Kohlensäuremolekel zurückzukommen, so können wir sagen, daß heute die lineare Struktur der Kohlensäure als gesichert anzusehen ist, wenn auch einige Schwierigkeiten noch nicht überwunden sind[1].

H_2O. Neben der Kohlensäure ist H_2O in der Form von Dampf, Wasser und Eis oft untersucht worden. Da das H_2O-Molekül kleinere Tragheitsmomente hat als das CO_2-Molekül, ist es möglich, die Feinstruktur der Banden zu finden, die besonders von Sleator und Phelps[2] ausgemessen ist, nachdem ihre Existenz bereits von E. v. Bahr[3] nachgewiesen wurde. Die Feinstruktur ist aber so kompliziert, daß sie noch nicht in allen Einzelheiten gedeutet werden konnte, insbesondere, wenn man die Intensitätsverhältnisse berücksichtigt. Ob irgendein regelmäßiger Intensitätswechsel vorliegt, kann nicht entschieden werden. Ein

---

[1] Vgl. zu der Diskussion noch: F. J. G. Rawlins, Trans. Faraday Soc. Sept. 1929, S. 925.

[2] W. W. Sleator, Astrophys. Journ. Bd. 48, S. 125. 1918; W. W. Sleator u. E. R. Phelps, Astrophys. Journ. Bd. 62, S. 28. 1925.

[3] E. v. Bahr, Verh. d. D. Phys. Ges. Bd. 15, S. 731. 1913.

Abb. 100. Feinstruktur der Wasserbande bei 6,27 μ nach Sleator und Phelps.

Beispiel zur Feinstruktur zeigt Abb. 100 nach SLEATOR und PHELPS für die Bande bei 6 μ.

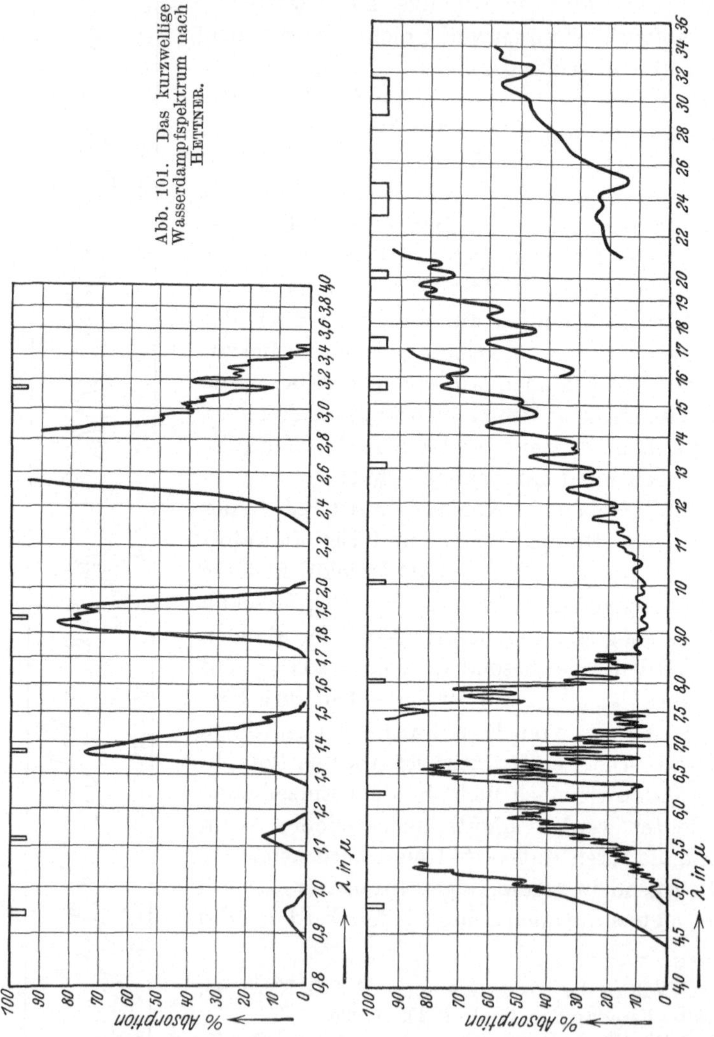

Das kurzwellige Spektrum ist nach Messungen von HETTNER[1] in Abb. 101 dargestellt; bei 6 μ sind die Beobachtungen von

____

[1] G. HETTNER, Ann. d. Phys. Bd. 55, S. 476 u. 545. 1918.

E. v. BAHR benutzt. In Tab. 35 sind die Beobachtungen des Schwingungsspektrums (abgesehen von der Feinstruktur) zusammengestellt und ihre Deutungen als Kombinationsschwingungen gegeben (nach HETTNER[1], ohne Berücksichtigung einer Verstimmung).

Tabelle 35. Eigenfrequenzen von Wasserdampf.

Komb.	λ_{ber} μ	λ_{beob} (HETTNER) μ	λ_{beob} (SLEATOR u. PHELPS) μ
Grundfrequenzen $\begin{cases} \nu_1 \\ \nu_2 \end{cases}$	— —	6,26 2,66	6,2673 2,6720
$2\,\nu_1$	3,1337	3,19	3,1087
$\nu_1 + \nu_2$	1,8733	1,87	1,8700
$2\,\nu_2$	1.3360	1.37	1,3821
$3\,\nu_1$	2,09	2,00	
		2,05 (Sonnenspektrum)	
$2\,\nu_1 + \nu_2$	1,44	1,46	
$\nu_1 + 2\,\nu_2$	1,10	1,13	
$3\,\nu_2$	0,89	—	
$4\,\nu_1$	1,55	—	
$3\,\nu_1 + \nu_2$	1,17	1,16	
$2\,\nu_1 + 2\,\nu_2$	0,94	0,94	
$\nu_1 + 3\,\nu_2$	0,79	0,77 $\big\}$ (LANGLEY)	
$4\,\nu_2$	0,67	0,69	

Zur Deutung des Spektrums brauchen also nur zwei Grundfrequenzen angenommen zu werden, obwohl H_2O als dreiatomiges, nicht geradliniges Molekül drei Eigenfrequenzen hat. Daß H_2O nicht etwa, wie CO_2, als geradlinig betrachtet werden darf, erkennen wir aus der Feinstruktur, in der nach WITT[2] drei Serien vorkommen mit den Frequenzdifferenzen 18, 24 und 57 cm^{-1}, welche drei Hauptträgheitsmomenten entsprechen, nämlich:

$$A = 3,07 \cdot 10^{-40}, \quad B = 2,31 \cdot 10^{-40} \quad \text{und} \quad C = 0,97 \cdot 10^{-40} \text{ g cm}^2 *$$

Das mittlere Trägheitsmoment $J = \sqrt[3]{ABC}$ hat den Betrag $1,90 \cdot 10^{-40}$ g cm^2, während aus der Dampfdruckkurve dafür

---

[1] G. HETTNER, ZS. f. Phys. Bd. 1, S. 345. 1920.

[2] H. WITT, ZS. f. Phys. Bd. 28, S. 249. 1924.

* Den mittleren Wert findet M. NEUNHOEFFER (Ann. d. Phys. Bd. 2, S. 334. 1929) als einzigen im Emissionsspektrum bei 2,7 μ.

Tabelle 36. Rotationsspektrum von Wasserdampf.

$\lambda_{beob.}$ (μ)	I		II		III	
	m	$\lambda_{ber.}$ (μ)	m	λ_{ber} (μ)	m	λ_{ber} (μ)
ca. 267	2	278	2	208		—
175,6 R ⎫ 167 W ⎭	2	182		—	1	175
132	4	139	3	137		—
116,8	5	111,2		—		—
108,9 W ⎫ 105,8 R ⎭		—	4	104		—
90,9	6	91,7		—	2	87,5
83		—	5	83		—
79.3 W ⎫ 78 R ⎭	7	79,4		—		—
74,5 W ⎫ 72,2 R ⎭		—		—		—
69,6	8	68,3	6	69,3		—
63,7 W ⎫ 65,8 R ⎭	9	61,7		—		—
57		—	7	59,4	3	58,1
52,5	10	55,6	8	52,0		—
50 W ⎫ 49 R ⎭	11	50,1		—		—
44,1	12	45,5	9	46,2	4	43,8
40,0	13	42,2	10	41,6		—
	14	39,0	11	36,8		—
35,7	15	37,0	12	34,8	5	35,0
	16	34,8		—		—
32,9	17	32,7	13	32,0		—
30,6	18	30,9	14	29,7		—
29,0	19	29,3		—	6	29,2
28,9	20	27,8	15	27,7		—
26,6	21	26,5	16	26,0		—
25,0	22	25,3	17	24,5	7	25,0
23,8		—	18	23,1		—
22,9		—		—		—
21,6		—	19	21,9	8	21,9
20,5		—	20	20,8		—
19.7		—		—	9	19,4
19,2		—		—		—
17,5		—		—	10	17,5
15,7		—		—	11	15,9
14,3		—		—	12	14,6
13,4		—		—	13	13,5
12,4		—		—	14	12,4
11,6		—		—	15	11,7
10,9		—		—	16	10,9

$W =$ WITT, $R =$ RUBENS.

Serie   I: $\lambda = 556/m$ (Trägheitsmoment A).

Serie II: $\lambda = 416/m$ (Trägheitsmoment B).

Serie III: $\lambda = 175/m$ (Trägheitsmoment C).

$2{,}1 \cdot 10^{-40}\,\mathrm{g\,cm^2}$ folgt. Aus dem Doppelbandenabstand bei $6{,}26\,\mu$ (Maxima bei $5{,}90\,\mu$ und $6{,}53\,\mu$) erhält man $1{,}69 \cdot 10^{-40}\,\mathrm{g\,cm^2}$.

Diesen drei Serien des Rotationsschwingungsspektrums müßten an sich auch drei Serien im reinen Rotationsspektrum entsprechen, doch muß eine dieser Rotationen, nämlich die um die Symmetrieachse, inaktiv sein, so daß nur zwei Serien auftreten sollten. Tab. 36 gibt eine Zusammenstellung[1] der beobachteten Werte für die Rotationslinien nach RUBENS, HETTNER und WITT[2] im Vergleich zu den theoretischen. Letztere sind mit den oben angegebenen Trägheitsmomenten mittels der Formeln für den gewöhnlichen Rotator berechnet worden, was allerdings grundsätzlich nicht zulässig ist; doch ist die Berechnung für den unsymmetrischen Kreisel[3] zu kompliziert, so daß sie noch nicht numerisch durchgeführt wurde.

Bei $75\,\mu$ bleibt eine Lücke, indem beobachteten Linien keine theoretische Deutung zugeordnet werden konnte. Ferner sind bei $150\,\mu$ und $100\,\mu$ Linien beobachtet worden, die aber wahrscheinlich durch Überlagerung höherer Ordnungen des Gitterspektrums entstanden sind (2. und 3. Ordnung von $50\,\mu$).

EUCKEN l. c. benutzt etwas andere Werte zur Darstellung des Spektrums mit ähnlichem Erfolg, er kommt mit den Serien II und III aus. Unterhalb $20\,\mu$ sind noch einige schwache Maxima, die sich in Serie II einordnen lassen.

Im langwelligen Gebiet könnte man mit Serie I und II auskommen, von $20\,\mu$ abwärts muß auch Serie III hinzugefügt werden wenn man nicht annehmen will, daß in II jede zweite Linie verstärkt ist, was immerhin möglich wäre, da in H_2O zwei gleiche Atome vorhanden sind (vgl. S. 264). Ist diese Annahme richtig, dann würde das kleinste Trägheitsmoment der Symmetrieachse zuzuordnen sein (inaktive Rotation), also ein spitzes Drei-

---

[1] A. EUCKEN, Jahrb. d. Radioakt. Bd. 16, S. 361. 1920; s. a. Verh. d. D. Phys. Ges. Bd. 15, S. 1159. 1913.

[2] H. RUBENS, Berl. Ber. 1913, S. 513; H. RUBENS und O. v. BAEYER, Berl. Ber. 1913, S. 802; H. RUBENS und G. HETTNER, Berl. Ber. 1916, S. 167; H. RUBENS und H. v. WARTENBERG, Berl. Ber. 1914, S. 169; H. RUBENS, Berl. Ber. 1921, S. 8; H. WITT, ZS. f. Phys. Bd. 28, S. 236. 1924.

[3] E. E. WITMER, Proc. Nat. Acad. Amer. Bd. 13, S. 60. 1927; H. A. KRAMERS und G. P. ITTMANN, ZS. f. Phys. Bd. 53, S. 553. 1929 und Bd. 58, S. 217. 1929.

eck als Modell resultieren, während EUCKEN ein flaches Modell für wahrscheinlicher hält.

Für die Dimensionen des EUCKENschen Modells folgt aus den Trägheitsmomenten (s. Abb. 102)

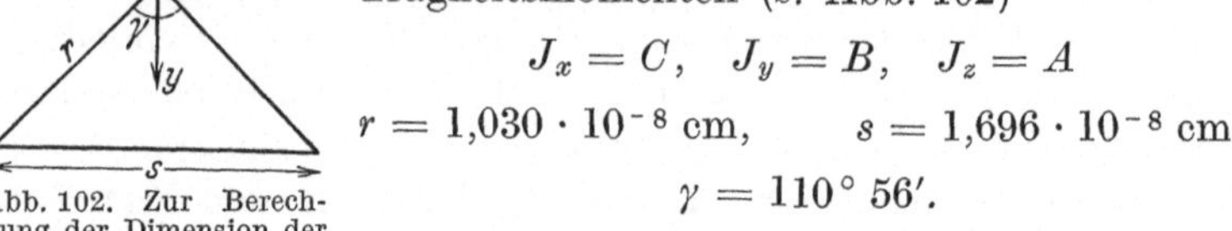

$$J_x = C, \quad J_y = B, \quad J_z = A$$

$$r = 1{,}030 \cdot 10^{-8}\,\text{cm}, \qquad s = 1{,}696 \cdot 10^{-8}\,\text{cm},$$

$$\gamma = 110°\,56'.$$

Abb. 102. Zur Berechnung der Dimension der H₂O-Molekel.

HUND[1] dagegen zieht ein Modell vor das ein nahezu gleichseitiges Dreieck liefert:

$$J_x = B, \quad J_y = C, \quad J_z = A$$

$$r = 1{,}038 \cdot 10^{-8}\,\text{cm}, \quad s = 1{,}10 \cdot 10^{-8}\,\text{cm}, \quad \gamma = 64°\,06'.$$

Letztere Werte stimmen ungefähr mit den aus der Energie, dem Dipolmoment, der Ionendeformation und den Gleichgewichtsbedingungen nach den Methoden des § 28 berechneten Dimensionen überein, worauf aber wegen der allgemeinen Unsicherheit dieser Methode kein entscheidendes Gewicht gelegt werden darf.

Aus diesem Modell berechnen sich nach HUND die Eigenfrequenzen (mit dem Abstoßungsexponenten $\sigma = 5$):

$$\nu_1 = 6100\,\text{cm}^{-1}\ (\lambda_1 = 1{,}64\,\mu), \quad \nu_2 = 3000\,\text{cm}^{-1}\ (\lambda_2 = 3{,}33\,\mu),$$

$$\nu_3 = 5800\,\text{cm}^{-1}\ (\lambda_3 = 1{,}73\,\mu),$$

während zwei Eigenfrequenzen, wie oben gesagt, zur Darstellung des Spektrums genügen. Das ließe sich nach HUND dadurch erklären, daß die eine dieser Frequenzen ν_1 oder ν_2 sehr schwach aktiv ist; da eine inaktive Frequenz aber aktive Kombinationen ergeben kann, erscheint es wahrscheinlicher, zur Erklärung die Tatsache heranzuziehen, daß die beiden kurzwelligen Eigenfrequenzen nach der Theorie nahe zusammenfallen müssen. Zwar ist die theoretische Berechnung zu ungenau, um die Absolutwerte der Frequenzen richtig zu liefern, doch sind die Relativwerte mit der Erfahrung in genügender Übereinstimmung.

Analoges gilt auch für die aus dem EUCKENschen Modell folgenden Werte der Frequenzen:

$$\nu_1 = 5250\,\text{cm}^{-1}\ (\lambda_1 = 1{,}91\,\mu), \quad \nu_2 = 1210\,\text{cm}^{-1}\ (\lambda_2 = 8{,}27\,\mu),$$

$$\nu_3 = 4760\,\text{cm}^{-1}\ (\lambda_3 = 2{,}10\,\mu).$$

<hr>

[1] F. HUND, ZS. f. Phys. Bd. 31, S. 81. 1925.

Aus genaueren photographischen Beobachtungen im kurzwelligen Ultrarot unterhalb 1 μ folgert nun MECKE[1] ein Modell, das durch nachstehende Angaben charakterisiert ist:

$$r = 0{,}86 \cdot 10^{-8}\ \mathrm{cm}, \quad s = 1{,}28 \cdot 10^{-8}\ \mathrm{cm}, \quad \gamma = 96°.$$

Die Berechnung der Absolutwerte der Frequenzen wurde für dieses Modell nicht durchgeführt. Dagegen wurde aus den beiden bekannten Grundschwingungen $\lambda_1 = 6{,}26\ \mu$ und $\lambda_2 = 2{,}66\ \mu$, die zur Bestimmung der Konstanten der Schwingungsgleichung dienten, die dritte Grundschwingung berechnet[2]. Die Rechnung lieferte den Wert $\lambda_3 = 2{,}33\ \mu$. Tatsächlich braucht MECKE zur Darstellung des Spektrums auch diese dritte Eigenfrequenz, deren Lage er aus den Messungen zu $\lambda_3 = 2{,}51\ \mu$ bestimmt, also in

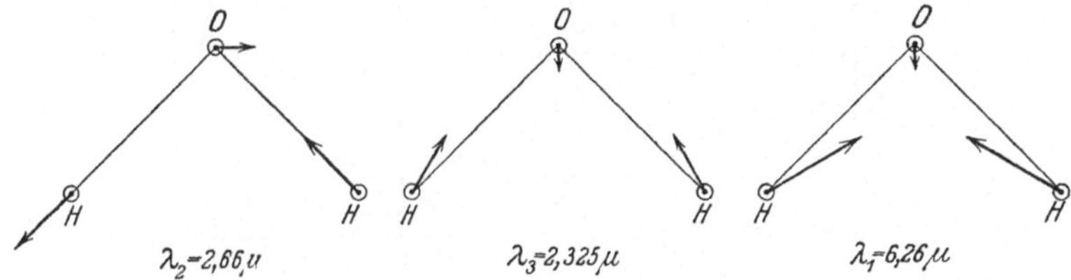

Abb. 103. Eigenfrequenzen dei H_2O-Molekel.

befriedigendem Einklang mit der Theorie. Wie man sieht, sind auch bei diesem Modell die beiden kurzwelligen Eigenfrequenzen nur wenig voneinander verschieden[3].

Die Schwingungsform der Frequenzen des MECKEschen Modells ist in Abb. 103 angegeben.

Es sei noch erwahnt, daß die Größe des Dipolmoments von ca. $1{,}7 \cdot 10^{-18}$ el.-stat. Einh. dafür spricht, daß die H_2O-Molekel eine ziemlich spitze Gestalt besitzt[4].

---

[1] R. MECKE, Phys. ZS. Bd. 30, S. 907. 1929.

[2] Vgl. N. BJERRUM, Verh. d. D. Phys. Ges. Bd. 16, S. 737. 1914.

[3] In diesem Zusammenhang sei darauf hingewiesen, daß im RAMAN-Effekt des flussigen Wassers (K. W. F. KOHLRAUSCH, Naturwissensch. Bd. 17, S. 625. 1929) und des Kristallwassers (CL. SCHAEFER, F. MATOSSI und H. ADERHOLD, Phys. ZS. Bd. 30, S. 581. 1929) die 3μ-Bande als Dublett (bei etwa $2{,}85\mu$ und $3{,}0\mu$) auftritt, worin man vielleicht die beiden hier erwahnten Grundfrequenzen zu erblicken hat. Freilich bedarf dies erst naherer Untersuchung.

[4] Vgl. hierzu und zu den spater erwahnten Dipolmomenten: P. DEBYE, Polare Molekeln. Leipzig 1929.

Eine endgültige Entscheidung zwischen diesen Modellen ist aber vor weiterer Klärung des Rotations- und Rotationsschwingungsspektrums nicht möglich. Insbesondere wäre dabei zu prüfen, inwiefern die Verwendung der Formeln für den asymmetrischen Kreisel die Berechnung der Trägheitsmomente entscheidend beeinflußt.

Das Spektrum des flüssigen Wassers[1] und des Eises[2] ist insofern einfacher als das Wasserdampfspektrum, als die Rotation hier wegfällt oder zum mindesten (für die Flüssigkeit) keine

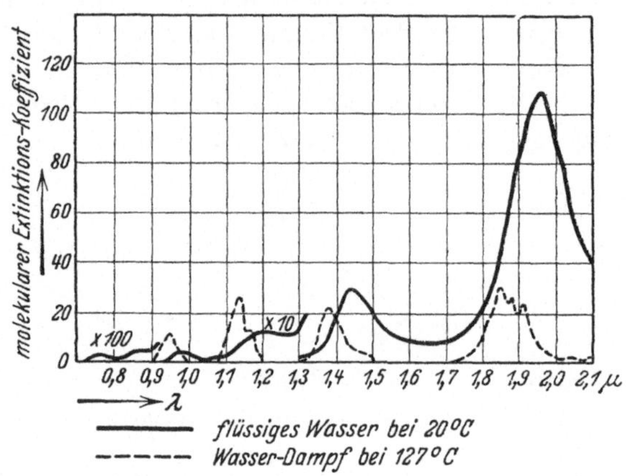

Abb. 104.   Die Absorption von flüssigem Wasser und Wasserdampf.

scharfen Rotationsfrequenzen zu erwarten sind, so daß die Feinstruktur verwischt wird. Es bleiben also einfache Banden übrig, die zwar annähernd mit denen des Dampfes zusammenfallen, aber doch gegen diese, sowohl was Intensität als auch Frequenz betrifft, in charakteristischer Weise verschoben sind. In Abb. 104 ist das Ergebnis der Messungen nach COLLINS und DREISCH dargestellt. DREISCH hat das Flüssigkeits- und Dampfspektrum mit der gleichen Apparatur gemessen, so daß die Verschiebungen sicher zu konstatieren sind. Tab. 37 gibt für einige Banden die molekularen Extinktionskoeffizienten A an.

---

[1] E. ASCHKINASS, Wied. Ann. Bd. 55, S. 401. 1895; TH. DREISCH, ZS. f. Phys. Bd. 30, S. 200. 1924; J. R. COLLINS, Phys. Rev. Bd. 20, S. 486. 1922 und Bd. 26, S. 771. 1925; J. W. ELLIS, Journ. Opt. Soc. Amer. Bd. 8, S. 1. 1924.

[2] E. K. PLYLER, Journ. Opt. Soc. Amer. Bd. 9, S. 545. 1924; G. BODE, Ann. d. Phys. Bd. 30, S. 326. 1909.

Tabelle 37.

$\lambda\ (\mu)$	0,97	1,20	1,44	2,00
A	0,46	1,30	30,5	104

Nach PLYLER zeigt Eis Dichroismus; der außerordentliche Strahl wird stärker absorbiert als der ordentliche Strahl. Die Absorptionsmaxima sind für letzteren etwas nach kurzen Wellen verschoben.

Wie Tab. 38 lehrt, können auch die Banden des Wassers als Oberschwingungen zweier Grundfrequenzen gedeutet werden (ELLIS[1]). Die in der Tabelle gegebene Deutung, bei der einige Banden zusammenfallen, ist im Einklang damit, daß die Intensitäten der Oberbanden nicht regelmäßig abnehmen, sondern jede zweite Bande verhältnismäßig stärker ist, was man durch Quotientenbildung leicht aus Tab. 37 erkennen kann.

Tabelle 38. Eigenfrequenzen von Wasser.

$\lambda_{\text{beob}}\ (\mu)$	Komb.	$\lambda_{\text{ber}}\ (\mu)$	Komb.	$\lambda_{\text{ber}}\ (\mu)$	Komb.	$\lambda_{\text{ber}}\ (\mu)$
6,1	ν_1	—	—	—	—	—
4.7	—	—	—	—	—	—
2,97	$2\nu_1$	3,05	ν_2	—	—	—
1,98	$3\nu_1$	2,03	—	—	$\nu_1 + \nu_2$	1,96
1,46	$4\nu_1$	1,52	$2\nu_2$	1,45	$2\nu_1 + \nu_2$	1,48
1,18	$5\nu_1$	1,22	—	—	$\nu_1 + 2\nu_2$	1,17
0,98	$6\nu_1$	1,02	$3\nu_2$	0,97	$2\nu_1 + 2\nu_2$	0,98
0,85	$7\nu_1$	0,88	—	—	$\nu_1 + 3\nu_2$	0,85
0,75	$8\nu_1$	0,77	$4\nu_2$	0,73	$2\nu_1 + 3\nu_2$	0,73
0,63	$9\nu_1$	0,68	—	—	—	—
0,63	$10\nu_1$	0,61	—	—	—	—
0,55	$11\nu_1$	0,55	$5\nu_2$	0,58	—	—

Die in Tab. 35 enthaltenen Kombinationen sind mit einer Ausnahme ($3\nu_1 + \nu_2$) auch in Tab. 38 vertreten; wegen der verschiedenen Lage der Grundfrequenzen in den beiden Aggregatzuständen differieren aber natürlich die Wellenlängen entsprechender Oberbanden in erheblichem Maße.

Eine einzige Absorptionsbande paßt nicht in das gegebene Schema: Bei 4,7 μ tritt in Wasser und Eis Absorption auf, aber nicht in Dampf. ELLIS hat geglaubt, diese Bande einer O-O-Schwin-

---

[1] J. W. ELLIS, Phil. Mag. Bd. 3, S. 618. 1927.

gung zweier assoziierter Molekeln zuschreiben zu dürfen, da O_2 bei 4,7 μ absorbieren soll. Wir haben aber schon früher betont, daß letzteres nicht der Fall ist, wenigstens nicht unter normalen Umständen. Daß aber überhaupt die genannte Bande durch Assoziation hervorgerufen wird, erscheint auch deshalb wahrscheinlich, weil auch bei den kurzwelligen Banden die Temperaturabhängigkeit einen Einfluß der Assoziation erkennen läßt[1]. Eine andere Deutung konnte bisher nicht gegeben werden.

Auch die Reflexion des Wassers ist öfters untersucht worden[2]. Es zeigen sich scharfe Reflexionsmaxima bei 3 μ und 6,3 μ — diese entsprechen den Grundfrequenzen —, das Reflexionsvermögen erreicht aber nur Werte von ca. 4%; daneben erscheinen noch schwächere Reflexionsstellen bei 4,5 μ und zwischen 15 und 20 μ. Daraus könnte man eventuell schließen, daß 4,7 μ die Stelle der dritten Eigenfrequenz wäre, was aber wegen der oben angeführten Berechnung der Eigenfrequenzen wenig wahrscheinlich erscheint, um so mehr als sie bei der Dampfmolekel nicht auftritt. Aus Reflexion und Absorption haben RUBENS und LADENBURG[3] den Brechungsexponenten von Wasser bis 7 μ bestimmt. Bei 3 und 6 μ finden sie anomale Dispersion. Vergleicht man das Reflexionsspektrum mit dem Absorptionsspektrum, dann findet man, daß die Reflexionsmaxima etwas nach längeren Wellen verschoben sind, in Übereinstimmung mit der Theorie für schwache Absorption.

Der Einfluß von Salzen auf die Absorption von Wasser in wäßrigen Lösungen ist der Gegenstand von Versuchen von ÅNGSTRÖM[4], GUY, SCHAEFFER, PAULUS und JONES[5] u. a.[6]. Sie

---

[1] O. REDLICH, Wiener Ber., Math.-naturw. Klasse, Abt. II b, Bd. 138, Suppl., S. 874. 1929. In diesem Zusammenhang wäre es besonders erwünscht, die Temperaturabhängigkeit der 4,7 μ-Bande zu untersuchen.

[2] H. RUBENS und E. LADENBURG, Berl. Ber. 1908, S. 274; K. BRIEGER, Ann. d. Phys. Bd. 57, S. 387. 1918; F. GEHRTS, Ann. d. Phys. Bd. 47, S. 1059. 1915; A. K. ÅNGSTROM, Phys. Rev. Bd. 3, S. 47. 1914; O. REINKOBER, ZS. f. Phys. Bd. 35, S. 179. 1926.

[3] H. RUBENS u. E. LADENBURG, Verh. d. D. Phys. Ges. 11, S. 16. 1909.

[4] Siehe Anm. 2.

[5] A. S. GUY, E. J. SCHAEFFER u. H. C. JONES, Phys. ZS. Bd. 14, S. 278. 1913; E. J. SCHAEFFER, M. G. PAULUS u. H. C. JONES, Phys. ZS. Bd. 15, S. 447. 1914; G. H. LIVENS, Phys. ZS. Bd. 14, S. 660. 1913.

[6] J. R. COLLINS, s. Anm. 1. S. 242; G. E. GRANTHAM, Phys. Rev. Bd. 18, S. 339. 1921.

fanden, daß im allgemeinen das Wasser der Lösung durchsichtiger ist als das reine Wasser, sofern das Salz in der Lösung Hydrate bildet, so daß weniger Wassermoleküle absorptionsfähig sind. Gleichzeitig wird die Lage des Absorptions- bzw. Reflexionsmaximums nach längeren Wellenlängen verschoben. Ähnliches findet GRANTHAM für Lösungen von Hydroxyden in dem Spektralbereich von 1,3 μ bis 1,5 μ, während bei 2 μ die Hydroxyde auf die Absorption verstärkend wirken, und zwar proportional mit der Konzentration. Das OH-Ion selbst hat aber an dieser Stelle, wie wir später an den Alkoholen sehen werden, keine Absorptionsstelle, der Effekt ist demnach nur den in Wasser dissoziierten OH-Ionen zuzuschreiben.

COLLINS findet, daß mit Ausnahme von $Al_2(SO_4)_3$, $ZnSO_4$ und den Alkalihydroxyden alle Substanzen absorptionsvermehrend wirken bei 0,97 μ und 1,20 μ, absorptionsvermindernd bei 1,44 μ und 2,00 μ, ähnlich wie der Übergang von der Flüssigkeit zum Dampf.

Ob die von COLLINS geäußerte Vermutung, daß die beschriebenen Vorgänge auf die Existenz verschiedener Arten von Wassermolekeln zurückzuführen sind, zutrifft oder nicht, kann an dem bisher vorliegenden Material nicht entschieden werden. Immerhin ist bemerkenswert, daß auch die Temperaturabhängigkeit der Absorption des Wassers für einen derartigen Effekt spricht (vgl. O. REDLICH, l. c.).

Weiteres über Spektren von wäßrigen Lösungen anorganischer Substanzen und über Kristallwasser s. § 41 und 42.

Das Spektrum weiterer dreiatomiger Moleküle kennen wir nicht mit der Vollständigkeit, welche die Untersuchungen an H_2O und CO_2 auszeichnet. Namentlich fehlen Messungen für Wellenlängen jenseits 15 μ und bei höherer Dispersion.

Die Absorption von Schwefeldioxyd, SO_2, ist von COBLENTZ[1] gemessen worden. Es zeigen sich zwei starke Banden bei 7,4 μ und 8,7 μ; daneben einige schwächere Absorptionsstellen bei 3,18 μ, 3,97 μ, 5,68 μ und 10,4 μ. MEYER, BRONK und LEVIN[2] haben die Bande bei 4 μ in ein Dublett aufgelöst: $\Delta\nu = 23\ \mathrm{cm}^{-1}$. Da SO_2 ein großes Dipolmoment besitzt (ca. $1,7 \cdot 10^{-18}$ el.-stat. Einheiten), dürfte das Molekül Dreiecksgestalt aufweisen.

---

[1] W. W. COBLENTZ, Investig. of infrared spectra, part. I.
[2] C. F. MEYER, D. W. BRONK u. A. A. LEVIN, Journ. Opt. Soc. Amer. Bd. 15, S. 257. 1925.

Schwefelkohlenstoff, CS_2[1] zeigt starke Absorption bei 4,7 μ, 6,8 μ, 11,7 μ und 13,4 μ. Bei 6,8 μ ist die Absorption am stärksten. Weder CS_2 noch SO_2 ähneln in ihrem Spektrum dem Verhalten der Kohlensäure, obwohl CS_2 sonst ähnliche Eigenschaften wie CO_2 aufweist, wobei aber zu bemerken ist, daß COBLENTZ das Spektrum von flüssigem Schwefelkohlenstoff untersucht hat. Außerdem ist zu erwarten, daß wegen des höheren Atomgewichts von Schwefel das ganze Spektrum nach langen Wellen verschoben ist, so daß vielleicht die Bande bei 6,8 μ der Kohlensäurebande bei 4,3 μ entsprechen würde, während die langwellige aktive Grundfrequenz hier nicht mehr beobachtet werden konnte. Das CS_2-Molekül hat nach den neuesten Messungen[2] kein elektrisches Moment; man muß daher auch dem CS_2 ein lineares Molekül zuschreiben.

Schwefelwasserstoff, H_2S, dessen Dipolmoment den Wert $1 \cdot 10^{-18}$ el.-stat. Einheiten hat, besitzt nach COBLENTZ einige schwache Banden in dem untersuchten Spektralgebiet (3 bis 12 μ). Etwas stärkere Banden liegen bei 2,3 μ und 7,8 μ. ROLLEFSON[3] findet bei 8 μ eine komplizierte Feinstruktur. Im Gegensatz zu COBLENTZ findet er zwischen 4,8 μ und 6,5 μ keine Absorption. Die dort von COBLENTZ beobachtete Bande dürfte daher Verunreinigungen zuzuschreiben sein.

Die Druckabhängigkeit der Absorption dieser Gase für einige Wellenlängen hat E. v. BAHR untersucht[4].

Nach RUBENS und v. WARTENBERG[5] absorbieren H_2S und SO_2 das langwellige Ultrarot ($\lambda > 25\ \mu$) in erheblichem Maße, während CS_2 diese Strahlen vollkommen hindurchläßt.

N_2O zeigt eine Doppelbande bei 4,5 μ mit Maximis bei 4,49 μ und 4,54 μ (E. v. BAHR, l. c.). Das Dipolmoment ist sehr klein ($0,25 \cdot 10^{-18}$ el.-stat. Einh.).

NO_2 absorbiert bei 3,43 μ, 5,7 μ, 6,1 μ und 7,3 μ[6]. Das

---

[1] W. W. COBLENTZ, l. c.; K. ÅNGSTRÖM, Physik. Revue Bd. 1, S. 597. 1892.

[2] J. W. WILLIAMS, Phys. ZS. Bd. 29, S. 174. 1928.

[3] A. H. ROLLEFSON, Phys. Rev. Bd. 34, S. 604. 1929.

[4] E. v. BAHR. Verh. d. D. Phys. Ges. Bd. 15, S. 673 u. 710. 1913; Ann. d. Phys. Bd. 33, S. 585. 1910.

[5] H. RUBENS u. H. v. WARTENBERG, Verh. d. D. Phys. Ges. Bd. 13, S. 796. 1911.

[6] E. v. BAHR. l. c.

Maximum bei 5,7 μ beruht aber nach WARBURG und LEITHÄUSER[1] auf einer Verunreinigung mit N_2O_4. Auch N_2O_5 absorbiert an dieser Stelle sehr stark, außerdem noch schwach an einigen anderen Stellen.

Ozon, O_3, absorbiert[2] stark bei 9,8 μ und 4,75 μ (Oktave von 9,8 μ?), schwächer bei 5,94 μ, 6,63 μ, 7,6 μ und 11,35 μ, doch ist es fraglich, ob alle diese Absorptionsstreifen dem Ozon angehören oder Verunreinigungen durch N_2O_5 und andere Stickoxyde.

Die Absorption der Stickoxyde wurde von WARBURG und LEITHÄUSER untersucht, um sie zu spektralanalytischen Zwecken zu benutzen, sowohl in qualitativer als auch in quantitativer Hinsicht; ihre Ergebnisse konnten sie dazu verwenden, die Stickstoffoxydation bzw. Ozonisierung der Luft bei elektrischen Entladungen zu erforschen.

Ausführlichere Angaben liegen wieder für HCN vor[3]. HCN zeigt drei starke Banden bei 14 μ, 7 μ und 3,04 μ; sodann noch zwei schwächere bei 4,8 μ und 3,6 μ. Die vier langwelligen Banden sind wahrscheinlich Grund- und Oberschwingungen einer einzigen Bande, nämlich der bei 14 μ. Einige dieser Banden sind Doppelbanden. Die genauen Wellenlängen sind folgende (in μ):

$$\underbrace{3{,}04}_{\text{I}} \quad \underbrace{(3{,}540) \quad 3{,}564 \quad (3{,}584)}_{\text{II}} \quad \underbrace{4{,}723 \quad 4{,}756 \quad 4{,}99}_{\text{III}} \quad \underbrace{6{,}94 \quad 7{,}23}_{\text{IV}}$$

$$\underbrace{13{,}6 \quad 14{,}3}_{\text{V}}$$

Davon können die Banden II, III und V als BJERRUMsche Doppelbanden aufgefaßt werden mit einer Frequenzdifferenz von 35 cm^{-1}. II und III besitzen einen starken Nullzweig, V keinen. Für das Trägheitsmoment folgt $A = 36{,}2 \cdot 10^{-40}$. Der Abstand in der Bande IV ist viel größer (60 cm^{-1}), die beiden Zweige sind sehr breit. Wenden wir darauf die Frequenzformel des symmetrischen Kreisels an (s. CO_2), dann könnte man die beiden

---

[1] G. WARBURG u. G. LEITHÄUSER, Ann. d. Phys. Bd. 23, S. 209. 1907 u. Bd. 28, S. 313. 1909.

[2] E. LADENBURG u. E. LEHMANN, Ann. d. Phys. Bd. 21, S. 305. 1906.

[3] W. BURMEISTER, Verh. d. D. Phys. Ges. Bd. 15, S. 589. 1913; E. F. BARKER, Phys. Rev. Bd. 23, S. 200. 1924.

Maxima als Glieder der Serie $\Delta m_0 = 1$ auffassen. Die weitere Auflösung in BJERRUMsche Doppelbanden ist hier nicht erreicht. Wenn diese Auffassung zutrifft, was durch neue Messungen nachgeprüft werden müßte, erhält man hieraus das andere Trägheitsmoment $C = 0{,}907 \cdot 10^{-40}$. Danach dürfte das Modell der HCN-Molekel nicht linear sein, doch wäre die Abweichung von der linearen Gestalt, die man in der Chemie dem HCN zugrunde legt, nur sehr gering, da C sehr klein gegen A ist. Da man das Spektrum aber wie bei CO_2 auch für die lineare Molekel erklären kann, so dürfen wir der HCN-Molekel lineare Gestalt zuschreiben. Auch das Dipolmoment ($2{,}65 \cdot 10^{-18}$ el.-stat. Einheiten[1]), welches praktisch ganz der CN-Gruppe zukommt, widerspricht nicht der Annahme des linearen Modells, da ja die drei Atome des Moleküls voneinander verschieden sind.

Obwohl eigentlich nicht hierher gehörig, führen wir noch die Messungen von BURMEISTER l. c. an Cyan (CN_2) an. Er erhielt verschiedene Banden bei $3{,}79\ \mu$, $3{,}93\ \mu$, $4{,}65\ \mu$, $13{,}50\ \mu$ und $16{,}07\ \mu$. Im langwelligen Ultrarot ($\lambda > 20\ \mu$) ist Cyan durchlässig (RUBENS und v. WARTENBERG).

§ 32. Das ultrarote Spektrum einiger mehratomiger Moleküle (NH_3, PH_3, AsH_3; Methan und Methylhalide; Acetylen, Äthan und Äthylen).

Von den Spektren mehratomiger Moleküle sind die in der Überschrift genannten am besten bekannt, und sie verdienen eine gesonderte Betrachtung, da uns hierbei einige typische Bandenstrukturen gegenübertreten, die bisher noch nicht besprochen sind. Das Spektrum von Ammoniak ist besonders bemerkenswert, da es theoretisch und experimentell weitgehend geklärt ist; denn NH_3 ist im Gegensatz zu H_2O ein symmetrischer Kreisel.

Das Spektrum von Ammoniak und den ihm nahe verwandten Stoffen Phosphor- und Arsen-Wasserstoffgas ist zuletzt von ROBERTSON und FOX[2] genau untersucht worden. Für Ammoniak existieren sodann noch die etwas älteren Beobachtungen von SCHIERKOLK[3], die in allgemeiner Übereinstimmung mit den

---

[1] O. WERNER, ZS. f. phys. Chem. (B), Bd. 4, S. 388. 1929.

[2] R. ROBERTSON u. J. J. FOX, Proc. Roy. Soc. A Bd. 120, S. 128, 149, 161 u. 189. 1928; Teil II mit E. S. HISCOCKS.

[3] K. SCHIERKOLK, ZS. f. Phys. Bd. 29, S. 277. 1924.

erstgenannten sind, von kleinen Unterschieden in den Angaben
der Wellenlängen abgesehen. Während diese Messungen das
gesamte Spektrum zwischen 1 μ und 17 μ umfassen, sind außerdem einige Banden von Ammoniak mit großer Dispersion von
COLBY, BARKER, STINCHCOMB, BADGER und MECKE[1] aufgelöst
worden. Eine Arbeit von SPENCE[2] (bei 3 μ) ist dadurch überholt worden.

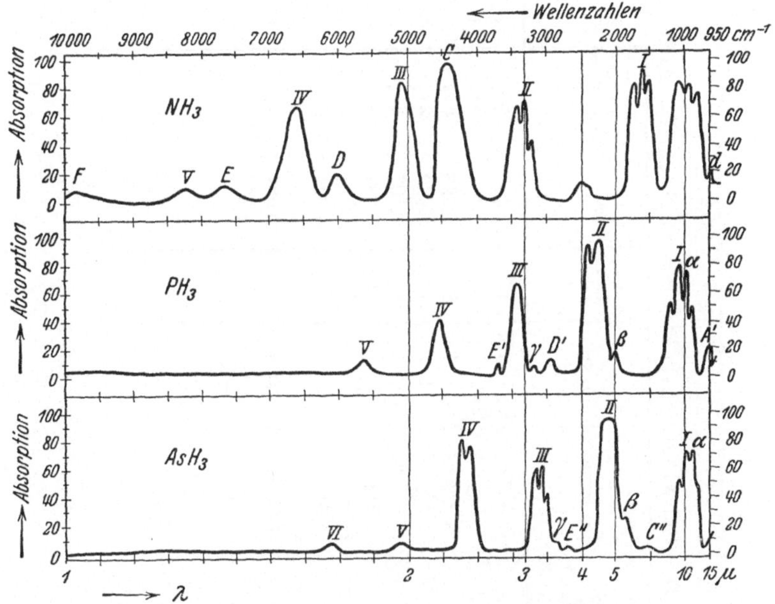

Abb. 105. Die Spektren von NH_3, PH_3 und AsH_3 nach ROBERTSON und FOX.

Die Struktur der Spektren der genannten Stoffe ist in Abb. 105
nach ROBERTSON und FOX in schematisierter Form dargestellt,
und zwar ist von der Feinstruktur abgesehen worden, so daß
im wesentlichen das reine Schwingungsspektrum dargestellt ist.
Man bemerkt wohl eine gewisse Ähnlichkeit zwischen den verschiedenen Spektren, von einer zu erwartenden Verschiebung

[1] W. F. COLBY u. E. F. BARKER, Phys. Rev. Bd. 29, S. 923. 1927;
G. A. STINCHCOMB u. E. F. BARKER, Phys. Rev. Bd. 33, S. 305. 1929;
E. F. BARKER, Phys. Rev. Bd. 33, S. 684. 1929; R. M. BADGER u. R. MECKE,
ZS. f. phys. Chem. (B) Bd. 5, S. 333. 1929.
[2] B. J. SPENCE, Journ. Opt. Soc. Amer. Bd. 10, S. 127. 1925.

Tabelle 39. Das Schwingungsspektrum von NH_3, PH_3, AsH_3

Be-zeich-nung	λ_{beob} (μ)	Kombination nach (DENNISON) BARKER	ROBERTSON und FOX	HETTNER	HUND	Be-zeich-nung	λ_{beob} (μ)	Kombination (ROBERTSON und FOX)	Be-zeich-nung	λ_{beob} (μ)	Kombination (ROBERTSON und FOX)
		NH_3					PH_3			AsH_3	
F	1,023	$\nu_1 + 5\nu_2$	$6\nu_2$	$\nu_1 + 5\nu_2$	$\nu_1 + 5\nu_2$	V	1,783	$5\nu_1$	VI	1,634	$6\nu_1$
V	1,212	$\nu_2 + 2\nu_3$	$5\nu_1$	$5\nu_2$	$2\nu_2 + \nu_3$	IV	2,193	$4\nu_1$	V	1,951	$5\nu_1$
E	1,307	$\nu_1 + 4\nu_2$	$5\nu_2$	$\nu_1 + 4\nu_2$	$\nu_1 + 4\nu_2$	E'	2,696	$5\nu_2$	IV	2,403	$4\nu_1$
IV	1,513	$4\nu_2$	$4\nu_1$	$4\nu_2$	$4\nu_2$	III	2,929	$3\nu_1$	δ	2,550	$4\nu_3$
D	1,663	$\nu_1 + 3\nu_2$	$4\nu_2$	$\nu_1 + 3\nu_2$	$\nu_1 + 3\nu_2$	ν	3,107	$3\nu_3$	III	3,235	$3\nu_1$
III	1,967	ν_4	$3\nu_1$	$3\nu_2$	$3\nu_2$	D'	3,407	$4\nu_2$	γ	3,461	$3\nu_3$
C	2,264	$\nu_1 + 2\nu_2$	$3\nu_2$	$\nu_1 + 2\nu_2$	ν_3	II	4,297	$2\nu_1$	E''	3,683	$5\nu_2$
II	2,998	ν_3	$2\nu_1$	$2\nu_2$	$2\nu_2$	β	4,924	$2\nu_3$	II	4,713	$2\nu_1$
	3,494	$3\nu_1$	—	$3\nu_1$	$3\nu_1$	I	8,889	ν_1	β	5,393	$2\nu_3$
	4,05	$\nu_1 + \nu_2$	—	$\nu_1 + \nu_2$	$\nu_1 + \nu_2$	α	10,068	ν_3	I	9,946	ν_1
	4,920					A'	14,778	ν_2	α	11,037	ν_3
	5,167	$2\nu_1$	—	$2\nu_1$	$2\nu_1$						
I	6,132	ν_2	ν_1	ν_2	ν_2						
	10,322										
	10,710	ν_1	—	ν_1	ν_1						

$\nu_2 = 6{,}792\,\mu$ $\nu_2 = 18{,}4\,\mu$

nach längeren Wellen mit wachsendem Atomgewicht abgesehen, doch zeigen sich auch Unterschiede.

Wir versuchen nun, die beobachteten Banden in ein System von Kombinationsschwingungen einzuordnen. Wenn wir nun mit DENNISON[1] dem NH_3-Molekül die Gestalt einer symmetrischen Pyramide mit N an der Spitze zuschreiben, dann müssen wir nach der Theorie der kleinen Schwingungen vier aktive Grundschwingungen annehmen, und zwar zwei, deren Moment parallel, und zwei, deren Moment senkrecht zur Symmetrieachse schwingt. DENNISON konnte zeigen, daß die nachstehend angegebenen Grundfrequenzen, bzw. die daraus zu berechnenden Konstanten der Schwingungsgleichung zu relativen Intensitäten führen, die mit den beobachteten der Größenordnung nach genügend übereinstimmen. DENNISON nimmt folgende Grundfrequenzen an:

$$\nu_1 : 10{,}7\ \mu\ (\perp), \quad \nu_2 : 6{,}14\ \mu\ (\|), \quad \nu_3 : 2{,}97\ \mu\ (\|), \quad \nu_4 : 2{,}22\ \mu\ (\perp).$$

BARKER setzt aus später zu erörternden Gründen als vierte Grundfrequenz eine Bande bei $1{,}97\ \mu$ ein; wir schließen uns dem an.

In Tab. 39 ist die Deutung der Banden nach BARKER für NH_3 angegeben. Weiterhin sind noch einige andere Deutungsvorschläge in der Tabelle zusammengestellt. Da nämlich zwei Grundfrequenzen (ν_2 und ν_3) nahezu in dem Verhältnis Grundton und Oktave stehen und zudem ν_4 ebenfalls formal als Kombination gedeutet werden kann, kommt man für die Darstellung des Spektrums auch mit drei (HUND[2]) und sogar mit zwei Grundfrequenzen (HETTNER[3], ROBERTSON und FOX, l. c.) aus. Das System von ROBERTSON und FOX besitzt aber wenig Wahrscheinlichkeit, denn einmal ist ihre Grundbande ν_2 bei NH_3 gar nicht vorhanden und sodann sind auch die höheren Oberbanden intensiver als die niedrigeren. Dieser letzte Vorwurf trifft allerdings, wenn auch in erheblich geringerem Maße, die von den anderen Autoren gegebenen Deutungen. So z. B. wird die schwache Bande bei $4{,}05\ \mu$ als $\nu_1 + \nu_2$ gedeutet. Nach BADGER und MECKE wäre hier eventuell die Deutung als $\nu_3 - \nu_1$ vorzuziehen. Für PH_3 und AsH_3 geben wir nur das System von ROBERTSON und

[1] D. M. DENNISON, Phil. Mag. Bd. 1, S. 195. 1926.

[2] F. HUND, ZS. f. Phys. Bd. 31, S. 81. 1925.

[3] G. HETTNER, ZS. f. Phys. Bd. 31, S. 273. 1925.

Fox an, obwohl auch hier die Deutung des Spektrums nach BARKER durchgeführt werden müßte. Man sieht, daß ROBERTSON und Fox bei PH_3 und AsH_3 noch eine dritte Eigenfrequenz zur Erklärung heranziehen müssen.

Die Messungen von BADGER und MECKE an NH_3 mittels photographischer Methoden führen zu weiteren drei Banden bei $0,880\,\mu$, $0,792\,\mu$ und $0,647\,\mu$, die im BARKERschen System bzw. als $3\nu_3 + \nu_2$, $4\nu_3$ und $5\nu_3$ zu deuten wären. Dabei ist noch besonders darauf hinzuweisen, daß BADGER und MECKE bei der Berechnung der Oberschwingungen von ν_3 die Formel für den anharmonischen Oszillator benutzen, d. h. die Verstimmung berücksichtigen. Sie erhalten in leichtverständlicher Bezeichnung:

$$\nu_{3,n} = 3396\,n - 60\,n^2 \quad (n = 1, 2, \ldots).$$

Analog ergibt sich für PH_3:

$$\left.\begin{array}{l} \nu_{3,n} = 2374\,n - 47\,n^2 \\[1mm] \text{und für } AsH_3: \\[1mm] \nu_{3,n} = 2162\,n - 40\,n^2 \end{array}\right\} \quad (n = 1, 2, \ldots).$$

Betrachten wir nun das Rotationsspektrum, dann können wir aus dem Modell der NH_3-Molekel voraussagen, daß die Rotation um die Symmetrieachse inaktiv ist, so daß, da die beiden anderen Rotationsachsen gleichwertig sind, nur eine Serie beobachtet werden kann. Das reine Rotationsspektrum ist von BADGER und CARTWRIGHT[1] ausgemessen worden. Sie finden tatsächlich nur eine Serie mit Maximis bei den Wellenzahlen $79{,}79\ \mathrm{cm}^{-1}$; $99{,}06\ \mathrm{cm}^{-1}$; $118{,}60\ \mathrm{cm}^{-1}$; $156{,}80\ \mathrm{cm}^{-1}$ und $176{,}10\ \mathrm{cm}^{-1}$, die sich formelmäßig darstellen lassen durch $\nu_{\mathrm{rot}} = 19{,}957\,m - 0{,}0050826\,m^3$ $(m = 1, 2, \ldots)$. RUBENS und v. WARTENBERG[2] hatten schon früher festgestellt, daß bei $63\,\mu$ ($156\ \mathrm{cm}^{-1}$) starke Absorption herrscht. In Tab. 40 sind die Wellenlängen und Frequenzen des Rotationsspektrums zusammengestellt.

Nunmehr gehen wir zum Rotationsschwingungsspektrum über.

Wenn wir die Feinstruktur näher untersuchen, treten uns in der Hauptsache drei Bandentypen entgegen, die schematisch

---

[1] R. M. BADGER, Nature Bd. 121, S. 492. 1928; R. M. BADGER u. C. H. CARTWRIGHT, Phys. Rev. Bd. 33. S. 692. 1929.

[2] H. RUBENS u. H. v. WARTENBERG, Verh. d. D. Phys. Ges. Bd. 13. S. 796. 1911.

in Abb. 106 aufgezeichnet sind. Außerdem ist als Beispiel jedesmal eine gemessene Kurve als Vertreter der drei Typen wiedergegeben worden (Abb. 107).

Tabelle 40.   Rotationsspektrum von NH_3.

m	$\nu_{ber.}$ cm^{-1}	ν_{beob} cm^{-1}	$\lambda_{beob.}$[1] μ
4	79,504	79,79	125,3
5	99,150	99,06	101,0
6	118,645	118,60	84,3
7	137,960	—	—
8	157,054	156,80	63,8
9	175,908	176,10	56,8

Der erste Typus zeigt eine normale Feinstruktur mit positivem und negativem Zweig und einem starken Nullzweig; die

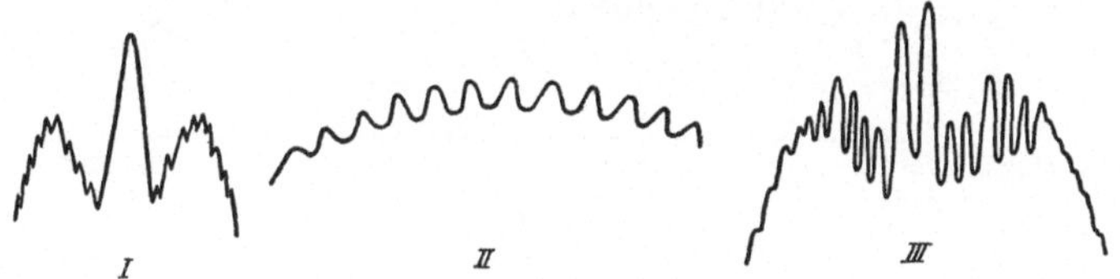

Abb. 106.   Bandentypen, schematisch.

Feinstruktur dieses letzteren ist nicht aufgelöst. Es ist dieselbe Struktur wie die der BJERRUMschen Doppelbanden des HCl, nur daß dort der Nullzweig fehlt, wie es für zweiatomige Moleküle ohne Elektronenimpuls die Theorie erfordert. Bei einem komplizierter gebauten Molekül, bei dem auch Rotationen um eine zur Schwingungsrichtung des elektrischen Moments parallele Achse vorkommen können, ist der Nullzweig nicht mehr verboten, da jetzt auch eine z-Komponente im elektrischen Moment auftritt (vgl. S. 164). Diese Struktur scheint in den meisten Banden von NH_3 vertreten zu sein. Direkt beobachtet ist sie

---

[1] ROBERTSON und FOX glauben Auslaufer dieses Spektrums im Gebiet zwischen 10 μ und 15 u in kleinen Störungen innerhalb der dort gelegenen Rotationsschwingungsbanden, z. B. bei d in Abb. 105 zu erkennen, doch halten wir diese Deutung nicht für wahrscheinlich (der Linienabstand beträgt nämlich etwa 159 cm^{-1} anstatt 20 cm^{-1}!). Die Bande d bei 15,9 μ kann nach BADGER und MECKE als $\nu_2 - \nu_1$ gedeutet werden.

in den Banden I und II, doch zeigen auch die meisten anderen
Banden Andeutungen dieser Struktur. Die aus ihnen berechneten
Trägheitsmomente geben wir später an.

Der Typus II ist bisher nur bei der Bande bei 1,967 μ beobachtet worden. Dies ist auch der Grund, warum BARKER diese

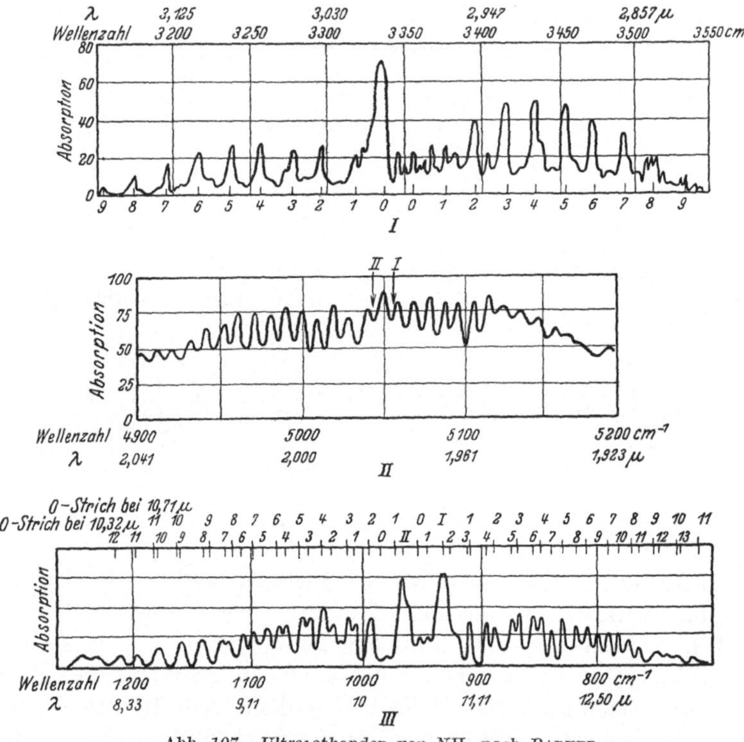

Abb 107. Ultraiotbanden von NH_3 nach BARKER

Bande als vierte unabhängige Grundfrequenz und nicht als Kombination einführt, da man annehmen muß, daß Oberbanden dieselbe Struktur besitzen wie ihre Grundbanden. Das wesentliche
Kennzeichen des Typus II ist eine gleichabständige Folge von
Maximis mit einem wenig ausgeprägten Intensitätsmaximum in
der Mitte der Bande, aber ohne die bekannte Doppelbandenstruktur. Derartige Banden werden uns auch noch später ent-
gegentreten. Wir wollen zunächst die theoretische Deutung
dieses Typus geben.

Das NH_3-Molekül stellt einen symmetrischen Kreisel dar mit den Trägheitsmomenten $A = B$ und C. Wir müssen also die Spektralformel anwenden, die wir auch schon bei der Kohlensäure erwähnten [Gleichung (57)]. Die Achse des Trägheitsmoments C ist die Symmetrieachse der Molekel. Bei einer Schwingung, die parallel zu dieser Achse erfolgt, können sich demnach nur die Rotationen um die Achsen des Trägheitsmoments A überlagern. Wir erhalten dann das normale Rotationsschwingungsspektrum, d. h. Typus I. Bei einer Schwingung senkrecht zur Symmetrieachse überlagern sich dagegen zwei verschiedene Rotationen, nämlich die um die A- und C-Achse. Das zu A gehörige reine Rotationsspektrum haben wir vorhin besprochen. Die Rotation um die C-Achse liefert dagegen kein Rotationsspektrum, da diese Rotation inaktiv ist, wie wir schon bemerkten; nur durch die Überlagerung über eine Schwingung macht sich diese Rotation bemerkbar.

Was wir bei dieser Überlagerung der beiden Rotationen über die Schwingung zu erwarten haben, zeigt Abb. 108 nach Bennett und Meyer[1]. Wie bei der Besprechung des Spektrums der Kohlensäure erläutert wurde, wiederholen sich die gewöhnlichen Rotationsschwingungsbanden (Trägheitsmoment A, Quantenzahlen m) für die verschiedenen Werte von m_0 im Abstand $\dfrac{h}{4\pi^2}\left(\dfrac{1}{C} - \dfrac{1}{A}\right)$. In der Abbildung sind diese Einzelbanden untereinander gezeichnet, jede mit positivem, negativem und Nullzweig. Außerdem ist angedeutet, daß wegen der Beziehung $m_0 \leqq m$ in der Nähe des Nullzweigs einige Feinstrukturlinien ausfallen. Bei b sind sodann die einzelnen Banden überlagert worden. Die Feinstrukturlinien verwischen sich zu einem kontinuierlichen Untergrund, von dem sich die Nullzweige in gleichen Abständen herausheben. Dies ist gerade das bei dem Typus II beobachtete Verhalten. Das Intensitätsmaximum befindet sich in der Mitte (dadurch unterscheidet sich dieser Bandentypus von einer Bandenfolge, wie sie in den Teilbanden einer Bandengruppe [vgl. HCl] verwirklicht ist).

Aus dem Abstand der Nullzweige in Typus II (Bande bei $1{,}967\ \mu$, $\varDelta\nu = 9{,}98\ \mathrm{cm}^{-1}$) kann man C berechnen, wenn man A dem Bandentypus I oder dem Rotationsspektrum entnommen hat.

---

[1] W. H. Bennett u. C. F. Meyer, Phys. Rev. Bd. 32, S. 888. 1928.

Nun tritt aber bei der Diskussion des Spektrums von NH_3 dadurch eine besondere Schwierigkeit auf, daß der Abstand der Linien in Typus II etwa halb so groß ist wie der gewöhnliche Feinstrukturabstand[1]. Das hat zur Folge, daß die Feinstrukturlinien sich nicht zu dem kontinuierlichen Untergrund verwischen

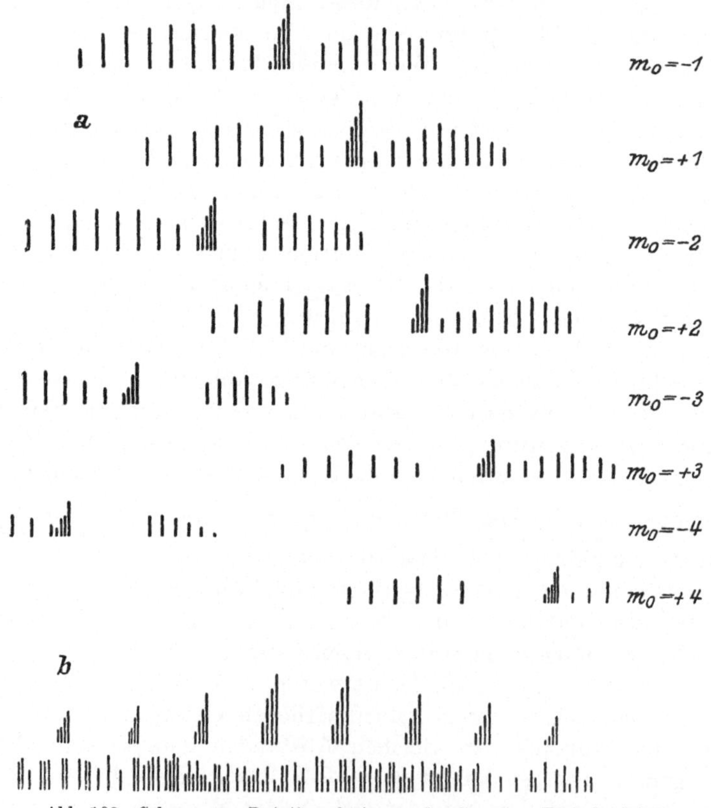

Abb. 108. Schema von Rotationschwingungsbanden eines Kreiselmoleküls (nach BENNETT und MEYER).

können, wie es in der schematischen Erklärung angenommen wurde. Dadurch wird die eindeutige Bestimmung der Trägheitsmomente erschwert. Die weitere Frage, ob $C < A$ oder $C > A$ ist,

---

[1] Abb. 108 bezieht sich auf den allgemeinen Fall; in ihr ist der Abstand der Linien des Typus II wesentlich größer als die Feinstruktur. Dieser allgemeinere Fall tritt z. B. bei den Methylhaliden (s. weiter unten) auf.

kann durch Betrachtung der Intensitätsverhältnisse, die für die beiden Fälle verschieden sind, entschieden werden (vgl BARKER, l. c.).

BARKER berechnet nun aus seinen Messungen die Trägheitsmomente $A = 2{,}77 \cdot 10^{-40}$ gcm^2, $C = 5{,}53 \cdot 10^{-40}$ gcm^2, was eine sehr flache Pyramide als Modell der NH_3-Molekel geben würde.

Eine genauere photographische Untersuchung von BADGER und MECKE, l. c., an den kurzwelligen Banden führte diese Autoren jedoch zu einem weniger flachen Modell. Nach ihren Messungen ist das NH_3-Molekül nur angenähert ein symmetrischer Kreisel, doch ist diese Unsymmetrie wahrscheinlich nur eine Folge der Kernschwingung. (Sie beobachteten bei $0{,}792\ \mu$.) Sie erhalten für die Trägheitsmomente

$$A = 2{,}79 \cdot 10^{-40}\ \text{gcm}^2, \quad (B = 2{,}74 \cdot 10^{-40}\ \text{gcm}^2),$$
$$C = 3{,}40 \cdot 10^{-40}\ \text{gcm}^2.$$

Daraus berechnen sich die Dimensionen wie folgt (ohne Berücksichtigung der Unsymmetrie): Abstand $N - H = 0{,}977 \cdot 10^{-8}$ cm, Abstand $H - H = 1{,}43 \cdot 10^{-8}$ cm, Höhe der Pyramide $= 0{,}517 \cdot 10^{-8}$ cm, Winkel zwischen Höhe und $N - H = 58°$.

Für PH_3 und AsH_3 erhalten wir für A die Werte $4{,}78 \cdot 10^{-40}$ gcm^2 und ca. $6{,}0 \cdot 10^{-40}$ gcm^2. Das elektrische Dipolmoment nimmt ab in der Reihenfolge $N \to P \to As$.

Wir betrachten nun noch den Typus III. Dieser kommt in der Bande des Ammoniaks bei $10{,}55\ \mu$ vor, die von BARKER weiter aufgelöst wurde. Dabei hat sich ergeben, daß zwei Banden mit etwas verschiedenen Feinstrukturabständen überlagert sind, die einzeln dem Typus I angehören. Ihre verschiedene aber nahezu gleiche Lage und Feinstruktur wurde von BARKER und DENNISON auf die Existenz von zwei Oszillationsniveaus mit symmetrischem und antisymmetrischem Charakter zurückgeführt, die zu zwei NH_3-Molekülen mit spiegelbildlich vertauschter Lage der N-Atome gehören[1]. Die Trennung der beiden Frequenzen ist um so größer, je geringer die Potentialschwelle zwischen den beiden Gleichgewichtslagen ist, d. h. je näher das N-Atom an die Ebene der H-Atome herankommt.

Diese Erklärung muß also die flache Pyramide voraussetzen, da sonst die Potentialschwelle zu groß ist. Nach BADGER und

---

[1] Vgl. F. HUND, ZS. f. Phys. Bd. 43, S. 805. 1927.

MECKE ist es daher wahrscheinlicher, daß dieser Typus auf der schon erwähnten schwachen Unsymmetrie des Moleküls beruht, insofern nämlich dann zwei Feinstrukturfolgen auftreten müssen, wie sie auch bei $0{,}792\ \mu$ beobachtet wurden.

ROBERTSON und FOX diskutieren noch die Zuordnung der Serien zu den möglichen Schwingungsformen, doch kann einigermaßen Sicheres nicht ausgesagt werden; wahrscheinlich dürfte die kleinste Grundfrequenz, $10{,}55\ \mu$, einer Schwingung des N-Atoms gegen die H_3-Gruppe zukommen, die Bande bei $1{,}9\ \mu$ müßte nach obigem durch eine Schwingung des N-Atoms parallel zur H-Ebene hervorgerufen sein, wobei allerdings die hohe Frequenz wenig plausibel wäre.

Auch die Druckabhängigkeit wurde von ROBERTSON und FOX untersucht. Das BEERsche Gesetz ist bei niedrigen Drucken (bis $^1/_{16}$ Atm.) gut erfüllt. Bei 1 Atm. zeigen sich Abweichungen in dem Sinn, daß die Absorption langsamer wächst als dem erwähnten Gesetz entspricht.

Methan. Von den fünfatomigen Molekülen ist das Methan, CH_4, das einfachste und für Ultrarotmessungen günstigste, da die Anwesenheit von vier Wasserstoffatomen relativ große Feinstrukturabstände vermuten läßt wegen der Kleinheit des Trägheitsmomentes. Nach orientierenden Messungen von COBLENTZ[1] absorbiert das Methan stark bei $7{,}7\ \mu$ und $3{,}31\ \mu$, schwach bei $2{,}15\ \mu$. Daneben findet sich eine Absorptionsstelle bei ca. $5{,}8\ \mu$ angedeutet. Im kurzwelligen Gebiet ist die Absorption von ELLIS[2] mit seinem selbstregistrierenden Quarzspektrographen untersucht worden. Die Feinstruktur von einigen Banden, nämlich $7{,}7\ \mu$, $3{,}31\ \mu$ und einer schwachen Bande bei $3{,}5\ \mu$, ist von COOLEY[3] ausgemessen worden. Die beobachteten Frequenzen sind in Tab. 41 angegeben neben ihrer Deutung als Kombinationsschwingungen nach DENNISON[4] und ELLIS.

Wenn man annimmt, daß das Methanmolekül Tetraederform besitzt, dann müssen zwei aktive und zwei inaktive Grundfrequenzen vorhanden sein. Die aktiven Frequenzen identifiziert DENNISON mit den intensiven Schwingungen ν_3 und ν_4 der Tab. 41.

---

[1] W. W. COBLENTZ, Invest. of infrared Spectra I, S. 43. 1906.

[2] J. W. ELLIS, Proc. Nat. Acad. Amer. Bd. 13, S. 202. 1927.

[3] J. P. COOLEY, Astrophys. Journ. Bd. 62. S. 73. 1925.

[4] D. M. DENNISON, Astrophys. Journ. Bd. 62, S. 84. 1925.

Tabelle 41. Das Spektrum des Methans.

Kombination		$\lambda_{\text{ber.}}$ μ	$\lambda_{\text{beob. (COOLEY)}}$ μ	$\lambda_{\text{beob. (ELLIS)}}$ μ
ν_4		—	7,67	—
ν_2		6,58	noch nicht untersucht	noch nicht untersucht
ν_3		—	3,32	—
ν_1		—	2,37	2,37
$2\nu_4$		3,84	3,84	—
$2\nu_3$		1,69	—	1,69
$3\nu_3$		1,15	—	1,15
$\nu_4 + \nu_2$		3,54	3,54	—
$\nu_4 + \nu_3$	negat. Zweig	2,38	—	2,37
	Nullzweig	2,32	2,32	2,32
	positiv. Zweig	2,26	—	2,26
$\nu_4 + \nu_1$		1,80	—	1,80
$\nu_3 + \nu_2$		2,20	2,20	2,20
$\nu_4 + 2\nu_3$		1,38	—	1,37
$\nu_2 + 2\nu_4$		2,42	2,42	2,42
$\nu_3 - \nu_4$		5,88	—	5,8 (COBL.)
$\nu_3 - 2\nu_4$		2,16	—	2,16

Die eine inaktive Frequenz wird bei 2,37 μ angenommen, wo eine sehr schwache Absorptionsbande vorhanden ist; die inaktive Frequenz wäre also aktiv geworden, vielleicht infolge einer Unsymmetrie der Molekel oder anharmonischer Bindung. Diese Bande entspricht einer Schwingung, bei der die H-Atome radial auf das ruhende C-Atom zu oder von ihm weg schwingen. ν_2 (Doppelschwingung) entspricht einer inaktiven Schwingung, bei der die H-Atome sich in Ellipsen von unbestimmter Lage und Gestalt auf einer um C gelegten Kugelschale bewegen. Über die Schwingungsform von ν_3 und ν_4 lassen sich, da es dreifache Schwingungen sind, keine näheren Angaben machen. Die eben genannte Wahl der Eigenfrequenzen ist mit der theoretischen Berechnung der Frequenzen und Intensitäten im Einklang.

Da die Frequenz ν_1 stark unsymmetrische Kraftverteilung aufweist, sollte man eine ihr entsprechende Raman-Linie erwarten, die aber noch nicht gefunden wurde. Nur Raman-Linien für ungefähr 3,3 μ sind beobachtet worden. Da man die Bande bei 1,80 μ auch als $\nu_3 + 2\nu_4$ deuten kann ($\lambda_{\text{ber.}} = 1,78 \mu$) und, die bei 2,37 μ nach ELLIS auch als den negativen Zweig von $\nu_4 + \nu_3$ auffassen kann, so macht die Deutung des Spektrums auch dann keine Schwierigkeiten, wenn man ν_1 an eine andere Stelle, etwa in die Nähe von ν_3, legen muß.

Es sei noch bemerkt, daß wir auch bei anderen XY_4-Molekeln ähnliche Verhältnisse antreffen.

Die Feinstruktur der beiden Banden bei 7,7 und 3,3 μ ist in Abb. 109 dargestellt. Formelmäßig ergibt sich

$$7,7\ \mu:\ \nu = 1320,4 + 5,409\ \mathrm{m} - 0,0377\ \mathrm{m}^2$$
$$3,3\ \mu:\ \nu = 3019,3 + 9,771\ \mathrm{m} - 0,0351\ \mathrm{m}^2.$$

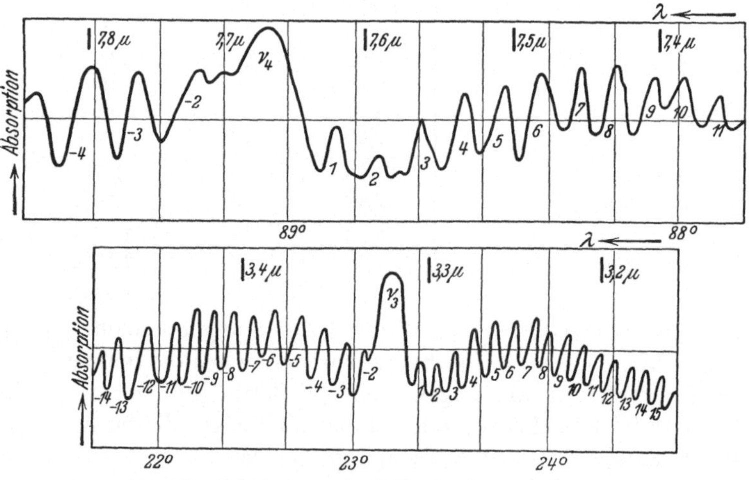

Abb. 109. Feinstruktur von Methanbanden nach COOLEY.

Wir erhalten also zwei Feinstrukturabstände, d. h. mindestens zwei Trägheitsmomente, was mit der Tetraederstruktur des Methans (s. u.) schlecht vereinbar ist. Auch aus dem Doppelbandenabstand der beiden Banden ergeben sich zwei verschiedene Trägheitsmomente. Bei der schwachen Bande bei 3,5 μ findet man einen dritten Wert für den Linienabstand im Betrag von 15,3 cm^{-1}, die Linien konvergieren im Gegensatz zu den anderen Banden nach langen Wellen, ein Ergebnis, daß erst durch weitere Untersuchungen bestätigt werden müßte.

Bei dieser schwierigen Sachlage hat zuerst DENNISON versucht, eine theoretische Deutung des Methanspektrums zu geben.

Er nimmt an, daß die H-Atome tetraederförmig um das C-Atom angeordnet sind; um aber die zur Erklärung der Feinstruktur mit drei verschiedenen Abständen nötige Unsymmetrie zu erhalten, führt DENNISON noch einen Elektronenimpuls ein vom Betrag $\frac{s}{2} \frac{h}{2\pi}$ ($s =$ ganze Zahl).

Man erhält dann im wesentlichen zwei Arten von Banden, je nachdem das elektrische Moment bei der Schwingung sich parallel oder senkrecht zum Elektronenimpuls ändert. Im ersten Fall gilt

$$\nu = \nu_0 + (\pm 2m + 1)\frac{h}{8\pi^2 A},$$

also eine normale Rotationsschwingungsbande, im zweiten Fall erhalten wir

$$\nu = \nu_0 + (\pm 2m + 1 \mp s)\frac{h}{8\pi^2 A}.$$

Über die normale Struktur lagert sich die durch s bedingte Struktur, und zwar so, daß zwischen je zwei Rotationslinien zwei zusammenfallende weitere Linien zu liegen kommen, so daß die Abstände dadurch scheinbar halbiert werden.

Gegen diese Erklärung spricht zunächst, daß die beiden in Frage kommenden Feinstrukturabstände nicht genau genug im Verhältnis $1:2$ stehen und zudem für CH_4 eine abgeschlossene Elektronenschale angenommen werden muß. Des weiteren wäre ein magnetisches Moment, also Paramagnetismus, zu erwarten, was indessen kaum zutrifft, da QUINCKE[1] nur eine ganz geringe, allerdings positive Suszeptibilität gefunden hat. Auch die quantenmechanische Behandlung[2] liefert keine Deutung der beobachteten Feinstruktur.

Aus diesen Gründen hat GUILLEMIN[3] vorgeschlagen, dem Methan pyramidenförmige Struktur mit C an der Spitze zuzuschreiben. Es ist zwar möglich, ebenso wie für das Tetraeder, die Dimensionen des Modells so zu wählen, daß für die Eigenschwingungen größenordnungsmäßig passende Werte erhalten werden (§ 28), nämlich zwei starke und zwei schwache nahezu inaktive, doch erscheint ein solches Modell aus chemischen Grün-

---

[1] Siehe LANDOLT-BÖRNSTEINS Tabellen.

[2] W. ELERT, ZS. f. Phys. Bd. 51, S. 6. 1928.

[3] V. GUILLEMIN, Ann. d. Phys. Bd. 81, S. 173. 1926.

den unwahrscheinlich, wenn man nicht annehmen will, daß der Ersatz eines Wasserstoffatoms durch ein Halogenatom, z. B. Cl, die Stabilität der Pyramide so sehr herabsetzt, daß die Methylhalide wieder tetraederförmig (natürlich nicht regulär) aufgebaut sein können.

DE BOER und VAN ARKEL[1] dagegen benutzen wohl das Tetraedermodell, geben aber dem Wasserstoff die negative Ladung und dem Kohlenstoff die positive in Analogie zu Verbindungen des Typus LiH. In diesem Fall ist die Pyramide unstabiler als das Tetraeder, während für das Modell von GUILLEMIN letzteres die unstabilere Form darstellt. Doch ist es allerdings für das Tetraeder wieder unmöglich, die Anomalie in der Feinstruktur zu deuten.

Einen interessanten Beitrag zu dieser Frage liefert MORSE[2], der die Banden mit verschiedener Feinstruktur verschiedenen Methanmodifikationen zuschreibt, die sich durch die Anordnung der H-Atome unterscheiden, doch bedürften seine ad hoc gemachten Annahmen eines unabhängigen Beweises. Auf die Stabilität der einzelnen Formen wird übrigens nicht eingegangen.

Nimmt man die Tetraederstruktur an, dann dürfte das aus ν_3 berechnete Trägheitsmoment von $5,66 \cdot 10^{-40}$ gcm^2 den wahrscheinlichsten Wert darstellen. — Die Deutung des Methanspektrums ist also, wie man sieht, trotz aller Bemühungen noch nicht befriedigend gelungen.

Methylhalide. Die Methylhalide, CH_3F, CH_3Cl, CH_3Br und CH_3J sind der Gegenstand einer ausführlichen Untersuchung von BENNETT und MEYER[3] gewesen, welche die Feinstruktur der meisten Banden dieser Substanzen beobachten konnten.

Auch hier treten die beiden schon früher bei NH_3 genannten Typen I und II von Absorptionsbanden auf. Abb. 110 gibt eine Übersicht über die Messungen. Die Lage der Banden ist durch Striche angedeutet, deren Länge die Intensität annähernd darstellen soll. Ferner bedeuten ausgezogene Striche Banden vom Typus I, punktierte solche vom Typus II. Wenn wir die Spektren der Halide untereinander und mit Methan vergleichen, so bemerken wir, daß gewisse Banden mit abnehmendem Atom-

---

[1] I. H. DE BOER u. A. E. VAN ARKEL, ZS. f. Phys. Bd. 41, S. 27. 1928.
[2] J. K. MORSE, Proc. Nat. Acad. Amer. Bd. 14, S. 166. 1928.
[3] W. H. BENNETT u. C. F. MEYER, Phys. Rev. Bd. 32, S. 888. 1927.

gewicht des Halogens gegen Banden des Methans konvergieren. Außerdem weisen die Halide mehr Banden auf als das einfachere Methan, und bei einigen Banden (B, C, D) nimmt die Intensität nach Methan zu ab, wo diese Banden inaktiv werden, und tat-

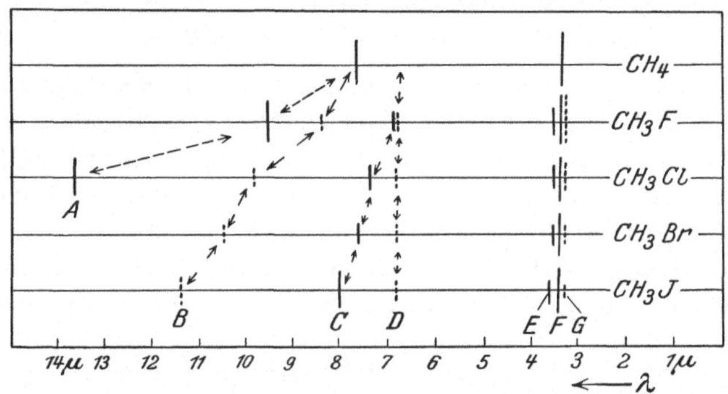

Abb. 110. Eigenschwingungen der Methylhalide nach Bennett und Meyer.

sächlich vermutet auch Dennison (s. o.) die Existenz einer fast inaktiven Methanbande bei 6,58 μ, der Konvergenzstelle von D und vielleicht auch C. Die Methanbande bei 3,3 μ spaltet sich in mehrere Einzelbanden auf.

Am weitesten aufgelöst ist die Bande bei 9,55 μ von Methylfluorid. Die einzelnen Rotationslinien lassen sich darstellen durch die Formel

$$\nu = 1048{,}52 + 1{,}688\,m - 0{,}01125\,m^2.$$

Die übrigen beobachteten Banden des Typus I sind nur unvollkommen aufgelöst. Sie zeigen alle positiven, negativen und Nullzweig. Bei den Banden E und F (Abb. 110) wird aber der Nullzweig immer schwächer, je größer das Atomgewicht des Halogens, was damit zusammenhängt, daß das Molekül immer gestrecktere Gestalt

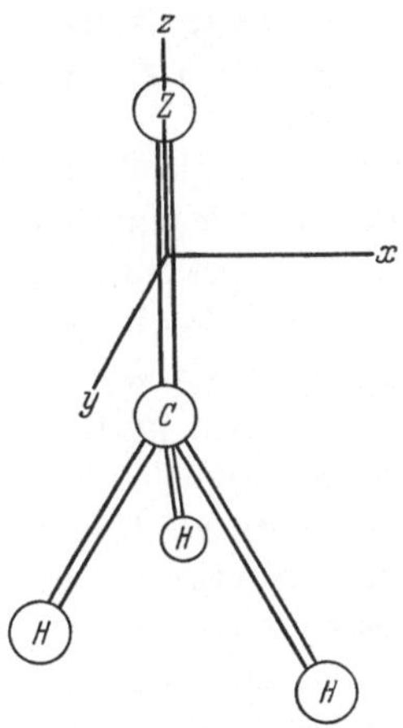

Abb. 111. Zur Struktur der Methylhalide.

annimmt und sich dem Typus HCl annähert. Im übrigen ist die Struktur der Methylhalide die eines symmetrischen Kreisels (siehe Abb. 111) mit der Verbindungslinie Kohlenstoff-Halogen (CZ in Abb. 111) als Figurenachse.

Die Banden B des Typus II sind durch folgende Formeln darzustellen:

$$F: \quad \nu = 1200{,}10 + 5{,}650\,m + 0{,}015\,m^2$$
$$Cl: \quad \nu = 1019{,}70 + 6{,}945\,m + 0{,}022\,m^2$$
$$Br: \quad \nu = 957{,}00 + 7{,}420\,m + 0{,}030\,m^2$$
$$J: \quad \nu = 885{,}15 + 7{,}700\,m + 0{,}032\,m^2$$

Das positive Vorzeichen des quadratischen Gliedes zeigt an, daß diese Banden bei niedrigen Wellenzahlen eine Konvergenzstelle besitzen, während im allgemeinen der umgekehrte Fall vorkommt. Die Banden B zeigen außerdem eine Eigentümlichkeit in der Intensität der Linien (Abb. 112). Es ist nämlich jede dritte Linie stärker als die beiden dazwischenliegenden, eine Erscheinung, die man als Resonanzeffekt[1] infolge des Vorhandenseins

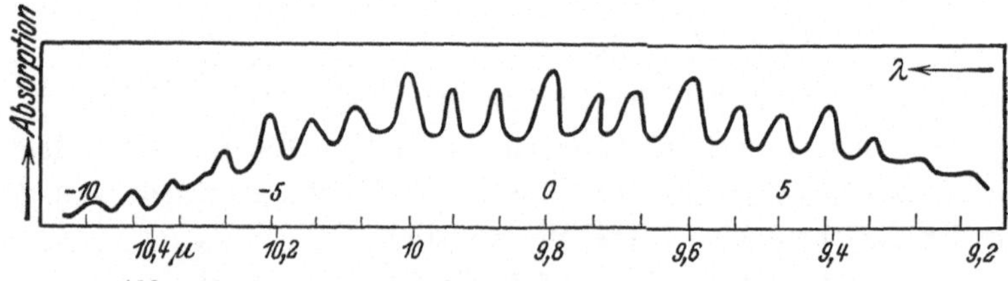

Abb. 112. Intensitätswechsel in der Bande bei 9,8 μ (Methylchlorid).

von drei gleichen Atomen deuten kann, ähnlich der im Sichtbaren beobachteten abwechselnd starken und schwachen Linien im H_2-Spektrum.

Die Frequenzdifferenzen der Rotationslinien sowohl des Typus I als auch des Typus II sind in verschiedenen Banden verschieden groß, ähnlich wie bei dem Methan, so daß es noch nicht möglich erscheint, einwandfreie Werte für die Trägheitsmomente zu berechnen und damit quantitative Angaben über die Struktur zu erhalten, bevor eine Klärung dieses Verhaltens erfolgt ist.

Außer den hier besprochenen Banden existiert noch eine große Reihe schwächerer Absorptionsmaxima, die uns in diesem Zusammenhang nicht interessieren (vgl. § 33).

Im Zusammenhang mit dem eben erwähnten Intensitätswechsel verdient das Spektrum des Azetylens (C_2H_2) Erwähnung, an dem diese Erscheinung schon vorher von LEVIN

[1] Vgl. W. HEISENBERG, ZS. f. Phys. Bd. 41, S. 239. 1927.

und MEYER[1] beobachtet wurde, und zwar in dem normalen Rotationsschwingungsspektrum vom Typus I. Nach COBLENTZ[2] und BURMEISTER[3] sind starke Banden bei 13,7 μ, 7,5 μ und 3,5 μ, sehr schwache bei 3,7 μ und 2,5 μ vorhanden. Als Beispiel für die Feinstruktur ist die der Bande bei 7,5 μ nach den Messungen von BENNETT und MEYER in Abb. 113 dargestellt. Die Feinstruktur ist in den schwachen Banden bei 3,7 μ und 2,5 μ nicht vollkommen aufgelöst. Diese Banden gehören wahrscheinlich dem Typus II an; sie können deshalb nicht als Oberschwingungen von 7,5 μ angesehen werden, wie es HETTNER[4] vermutete, als die Feinstruktur dieser Banden noch unbekannt war.

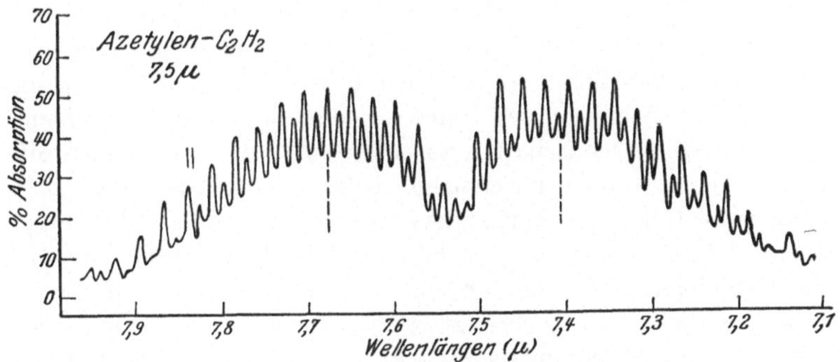

Abb. 113. Intensitätswechsel bei Azetylen.

Der Intensitätswechsel in den Rotationslinien ist bei 7,5 μ (Abb. 113) und ebenso in den anderen Hauptbanden sehr deutlich. Bei näherem Zusehen merkt man bei 7,5 μ außerdem, daß bei dem Übergang vom positiven zum negativen Zweig eine Umkehr in der Intensitätsfolge eintritt, so daß im positiven Zweig die geradzahlig numerierten Linien die stärkeren sind, im negativen Zweig die ungeradzahligen. Ein Nullzweig ist nur bei 13,7 μ vorhanden.

Aus dem Feinstrukturabstand und aus dem Abstand der Maxima der Einhüllenden der Zweige folgt ein Trägheitsmoment von $2,3 \cdot 10^{-40}$ gcm^2. Aus den Banden bei 3,7 und 2,5 μ lassen

[1] A. LEVIN u. C. F. MEYER, Journ. Opt. Soc. Amer. Bd. 16, S. 137. 1928.
[2] W. W. COBLENTZ, Investig. infrared Spectra Bd. 1, S. 44.
[3] W. BURMEISTER, Verh. d. D. Phys. Ges. Bd. 15, S. 589. 1913.
[4] G. HETTNER, ZS. f. Phys. Bd. 1, S. 345. 1920.

sich leider keine zuverlässigen Angaben entnehmen, so daß die Existenz und Größe weiterer Trägheitsmomente zweifelhaft bleibt.

Ähnlich wie Azetylen verhalten sich Äthylen, C_2H_4, und Äthan, C_2H_6, bei denen die Auflösung des Spektrums nicht in gleicher Vollkommenheit erreicht werden konnte, da es wesentlich komplizierter zu sein scheint.

§ 33. Das Spektrum organischer Flüssigkeiten und Dämpfe.

Die organischen Substanzen haben schon früh das Interesse der Ultrarotforschung gefunden. Zwar ist bekannt, daß ihre Struktur sehr kompliziert ist, und man konnte nicht erwarten, genauere Kenntnisse zu erhalten, als der Chemie möglich war. Anderseits ist es für die organischen Substanzen charakteristisch, daß gewisse Atomgruppen immer wiederkehren, so daß gemeinsame optische Eigenschaften zu erwarten sind, wenn man Stoffe mit gleichen Gruppen untersucht. Tatsächlich gelang es JULIUS[1], festzustellen, daß das Vorhandensein einer CH_3- oder CH_2-Gruppe eine Absorption bei ca. $3\,\mu$ hervorrief[2]. Diese Entdeckung ist die Grundlage geworden für alle weitere Forschung auf diesem Gebiet, wenn wir sie auch jetzt präziser formulieren können, denn wie sich später herausgestellt hat, ist nicht die CH_3-Gruppe, sondern die C—H-Bindung für diese Absorption verantwortlich; die Begründung dieser Behauptung erfolgt weiter unten.

Von älteren Arbeiten, welche die Ansicht von JULIUS, daß die ultraroten Eigenfrequenzen intramolekularen Ursprungs sind, bestätigen konnten, erwähnen wir diejenigen von COBLENTZ[3], WENIGER[4], PUCCIANTI[5] und RANSOHOFF[6], die ein großes Material zusammentrugen, das zur ersten Orientierung sehr wertvoll war. Die Dispersion war aber meist zu gering, als daß aus ihnen nähere Aufschlüsse gewonnen werden konnten. Das allgemeine Ergebnis

---

[1] H. JULIUS, Verh. Kon. Akad. v. Wetensch. Amsterdam I, Nr. 1. 1892.

[2] ABNEY u. FESTING (Phil. Trans. Bd. 172, S. 887. 1881) haben schon vorher Analoges im Gebiet sehr kurzer Wellenlängen ($\lambda < 1\,\mu$) mittels photographischer Methoden festgestellt.

[3] W. W. COBLENTZ, Investig. I—VI.

[4] W. WENIGER, Phys. Rev. Bd. 31, S. 388. 1910.

[5] L. PUCCIANTI, Phys. ZS. Bd. 1, S. 49 u. 494. 1899 bis 1900.

[6] M. RANSOHOFF, Diss. Berlin 1896.

dieser Arbeiten können wir wie folgt zusammenfassen: 1. Neben der CH_3-Gruppe weisen auch andere Gruppen, z. B. die Alkohole, charakteristische Absorptionsbanden auf. 2. Homologe Substanzen zeigten fast gleiche Spektra, wenigstens unterhalb $10\,\mu$, während oberhalb $10\,\mu$ individuelle Eigenschaften im Spektrum hervortreten. 3. Die Lage der Banden verschiebt sich nur unwesentlich mit dem Molekulargewicht, und wenn überhaupt, dann mit wachsendem Molekulargewicht nach längeren Wellen. 4. Isomere Substanzen, also solche, die sich voneinander durch ihre Struktur unterscheiden, haben verschiedene Spektra, wenn die Isomerie die Gruppe, deren Absorption in Frage kommt, verändert, während bloße Lageveränderungen, z. B. bei Stereoisomeren das Spektrum nicht wesentlich beeinflussen.

Alles dies steht in Einklang mit der oben genannten Grundanschauung, daß einzelne Atomgruppen charakteristische Absorptionen aufweisen.

Von umfangreicheren neueren Arbeiten sind zu nennen die von LECOMTE[1], BELL, ELLIS u. a. (Literatur später).

Wir besprechen nun die Absorption der einzelnen Gruppen. Allgemein ist zu sagen, daß die Absorption der organischen Substanzen sehr groß ist, so daß Schichtdicken von $^1/_{10}$ bis $^1/_{100}$ mm zur Messung erforderlich sind. Die meisten Untersuchungen beziehen sich auf Flüssigkeiten.

Die Absorption von Gas und Flüssigkeit desselben Stoffes ist zwar verschieden sowohl was die Intensität als auch die Lage der Banden betrifft, doch bleibt die ungefähre Lage einer Bande erhalten[2]. Dagegen ist die Struktur der Banden in beiden Fällen verschieden, da im Gas die Rotation der Moleküle zur Doppelbandenstruktur[3] Veranlassung gibt, während in der Flüssigkeit nur einfache Banden beobachtet werden, über deren Form wir später nähere Aussagen machen werden.

Zunächst wenden wir uns der umfangreichen Gruppe der Kohlenwasserstoffe und einiger ihrer Derivate zu. Abb. 114 gibt eine schematische Übersicht über das Spektrum einer Anzahl

---

[1] J. LECOMTE, Thèses. Paris 1924; C. R. Bd. 178, S. 1530, 1698 u. 2073. 1924; Bd. 180, S. 875 u. 1481. 1925; Bd. 183, S. 27. 1926.

[2] Th. DREISCH, ZS. f. Phys. Bd. 30, S. 200. 1924.

[3] In diesem Paragraphen interessiert uns die Struktur der Banden nicht, vgl. die vorhergehenden Paragraphen.

ausgewählter Glieder dieser Gruppe (COBLENTZ). Die Lage der
Striche kennzeichnet die Absorptionsstellen, ihre Länge die Intensität der Banden. Äthan und Butan sind als Gas untersucht.

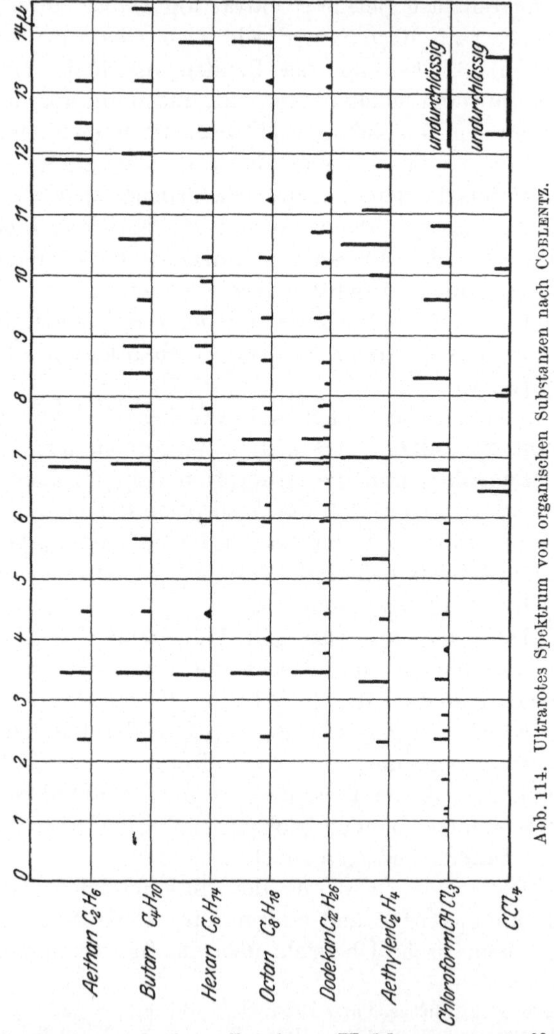

Abb. 114. Ultrarotes Spektrum von organischen Substanzen nach COBLENTZ.

Das Spektrum einiger flüssiger Kohlenwasserstoffe unterhalb 2,5 μ zeigt Abb. 115 nach ELLIS[1]. Es ist ferner in Abb. 114

---

[1] J. W. ELLIS, Phys. Rev. Bd. 23, S. 48. 1924.

zugefügt das Spektrum eines ungesättigten Kohlenwasserstoffs, Äthylen, gasförmig ($CH_2=CH_2$), und von zwei Halogenderivaten, $CHCl_3$ und CCl_4. Smith und Boord[1] finden in Estern, Äthern u. a. Substanzen mit CH-Bindungen Absorption bei $1,04\,\mu$, $1,17\,\mu$, $1,7\,\mu$ und $2,3\,\mu$.

Man erkennt aus den Figuren ohne weiteres, daß tatsächlich alle diese Stoffe ein ähnliches Spektrum zeigen, mit Ausnahme

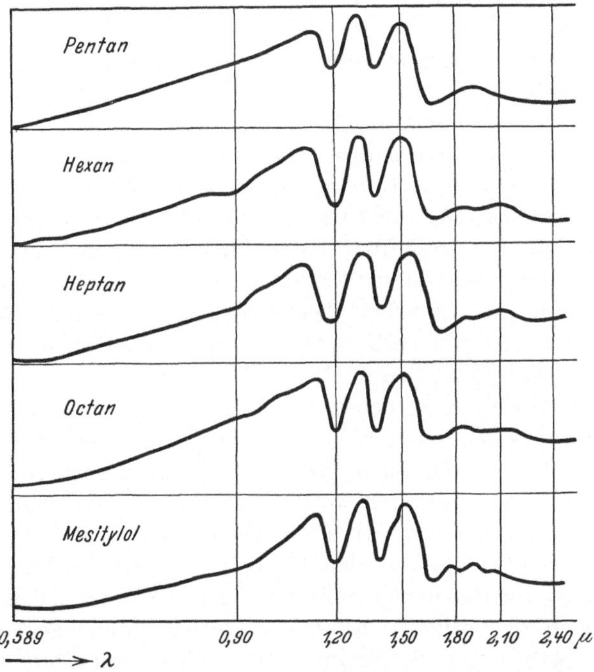

Abb. 115. Kurzwelliges Spektrum einiger Kohlenwasserstoffe nach Ellis.

von CCl_4, der erst von $6\,\mu$ an Absorptionsstellen aufweist, weshalb Tetrachlorkohlenstoff oft als Lösungsmittel bei Ultrarotuntersuchungen benutzt wird. Daraus folgt, daß die in den anderen Substanzen beobachteten Banden auf die Anwesenheit von Wasserstoff zurückzuführen sind, so daß man die beiden hauptsächlichsten Banden bei $3,4\,\mu$ und $6,8\,\mu$ (wovon die kurz-

---

[1] A. W. Smith u. C. E. Boord, Journ. Amer. Chem. Soc. Bd. 48, S. 1512. 1926.

wellige wohl die Oktave der langwelligen ist, s. u.) der Gruppe CH_3 bzw. CH_2 zugeschrieben hat. Wie schon erwähnt, ist es jedoch richtiger, diese Bande der C-H-Bindung zuzuschreiben, denn auch $CHCl_3$ zeigt diese Absorptionsstellen. Wie Bonino[1] gezeigt hat, kommt man bei anderen Annahmen mit dem Gesetz $\nu \sim \dfrac{1}{\sqrt{m}}$ in Widerspruch. Weitere Argumente für diese Ansicht werden wir später kennenlernen, da sie auf Intensitätsmessungen beruhen.

Weitere genauere Messungen an einigen Banden der Kohlenwasserstoffe, auch einiger aromatischer, haben Meyer, Bronk und Levin[2] durchgeführt, und zwar benutzten sie Substanzen in Gasform. Sie konnten einige Banden auflösen in mehrere Maxima. Das kurzwellige Spektrum der Halogenderivate des Methans ist von Easley, Fenner und Spence[3] untersucht worden mit dem Ergebnis, daß eine große Reihe schwacher Banden gefunden wurde. Bis auf wenige Ausnahmen behielten alle Banden bei der Halogensubstitution ihre Lage bei. Die Ausnahme bildet eine Bande bei 1,44 μ, die sich mit wachsendem Atomgewicht des substituierten Halogens nach längeren Wellen verschiebt.

Das Äthylen zeigt neben den von gesättigten Kohlenwasserstoffen her bekannten Banden noch solche zwischen 4 und 5,5 μ und bei 10,5 μ, die nach Henri[4] als charakteristisch für die Doppelbindung angesehen werden, denn sie treten nicht nur bei Äthylen auf, sondern bei allen Verbindungen mit mehrfacher Bindung[5], nicht aber bei den Doppelbindungen des Benzolkerns, die sich ja auch in den chemischen Eigenschaften von den Doppelbindungen der offenen Kohlenstoffketten unterscheiden, denn letztere geben der Verbindung unstabilen Charakter, während

---

[1] G. B. Bonino, Gazz. Chim. Ital. Bd. 53, S. 575. 1923; Bd. 55, S. 576. 1925.

[2] C. F. Meyer, D. W. Bronk u. A. A. Levin, Journ. Opt. Soc. Amer. Bd. 15, S. 257. 1927.

[3] M. A. Easley, L. Fenner u. B. J. Spence, Astrophys. Journ. Bd. 67, S. 185. 1928.

[4] V. Henri. Etudes de Photochimie, vgl. P. Honegger, Diss. Zürich 1926, S. 62ff.

[5] Z. B. zeigen $H-C \equiv N$ und $CH \equiv CH$ nach Burmeister ein sehr ähnliches Spektrum. Die Bande bei 5 μ fehlt dagegen bei $CCl_2 = CCl_2$. Weitere Beispiele s. P. Honegger l. c.

Benzol ein stabiles Molekül besitzt. Ob tatsächlich die Mehrfachbindung einen derartigen Einfluß auf das ultrarote Spektrum besitzt oder nicht, kann an dem bisher vorliegenden Material noch nicht entschieden werden.

Auch die aromatischen Kohlenwasserstoffe, deren Hauptvertreter das Benzol (C_6H_6) ist, zeigen eine Absorptionsbande bei 3 μ, und zwar bei kürzeren Wellen als bei den aliphatischen Verbindungen, wie aus Abb. 116 an einigen Beispielen hervorgeht. Die kettenförmigen Kohlenwasserstoffverbindungen und ihre Abkömmlinge absorbieren bei 3,3 bis 3,45 μ, die Benzolderivate bei 3,25 μ. Die C=C-Bindung im Benzolring wirkt also auf

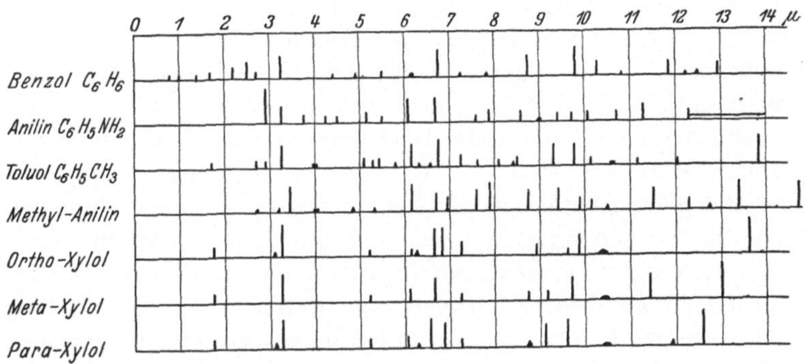

Abb. 116. Das Spektrum aromatischer Kohlenwasserstoffe nach COBLENTZ.

die C—H-Bindung festigend ein. Für die C=C-Bindung der kettenförmigen Substanzen scheint dies aber nach dem bisher vorliegenden spärlichen Material nicht zuzutreffen. Die Bande bei 3,25 μ ist charakteristisch für den Benzolring, nicht aber für ringförmige Struktur überhaupt, denn Cyclohexan (C_6H_{12}, ohne Doppelbindung) absorbiert nach LECOMTE erst bei 3,6 μ, der Ringschluß an sich wirkt also schwächend auf die C—H-Bindung ein[1]. Sind sowohl aliphatische, als auch aromatische C—H-Bindungen vorhanden, wie in den Alkylderivaten des Benzols, z. B. Toluol ($C_6H_5CH_3$) u. a., dann sollten beide Banden der CH-Gruppe nebeneinander auftreten, was im RAMAN-Effekt tatsächlich beobachtet wurde, während im Ultrarot dieses Verhalten höchstens

---

[1] S. a. L. C. MÁRTON, ZS. f. phys. Chem. Bd. 117, S. 97. 1928. MÁRTON erhält andere Zahlenwerte für die Wellenlängen (3,49 μ für Cyclohexan).

angedeutet ist und in Abb. 116 auch nur bei Methylanilin zum
Ausdruck kommt.

Die Banden des Benzols liegen bei 12,95 μ, 12,45 μ, 11,8 μ,
10,3 μ, 9,78 μ, 8,67 μ, 7,8 μ, 7,25 μ, 6,75 μ, 6,2 μ, 5,5 μ, 4,9 μ,
4,4 μ, 3,25 μ (COBLENTZ); 2,72 μ, 2,486 μ, 2,188 μ, 1,688 μ,
1,45 μ, 1,179 μ (DREISCH); 1,1409 μ, 0,8744 μ, 0,7133 μ, 0,6060 μ
(BARNES und FULWEILER[1]).

ELLIS[2] hat versucht, einige der Ultrarotbanden der erwähnten
Substanzen in Serien von Ober- und Kombinationsschwingungen
einzuordnen. Dies gelingt ihm nicht nur für die C—H-Bindung,
sondern auch für die in den Halogenderivaten auftretenden
C—Halogen-Bindungen. Die C—H-Serie ist unharmonisch, die
anderen dagegen harmonisch. Die Serien lassen sich bis in das
sichtbare Gebiet verfolgen[3]). Neben den reinen Oberschwingungen
treten auch Kombinationsschwingungen auf. Tab. 42 gibt einen
Überblick über diese Serien. Allerdings können damit nicht alle
Banden erklärt werden, wie EASLEY, FENNER und SPENCE für
die Halogenderivate des Methans festgestellt haben, wo vier
Grundfrequenzen angenommen werden müssen. Daß die langwelligen Absorptionsmaxima ($\lambda > 7 \mu$) nicht in die Serie passen,
liegt daran, daß diese, wie früher erwähnt, nicht der C—H-Bindung
gemeinsam sind, sondern noch unbekannte individuelle Ursachen
haben.

Die Grundfrequenzen für C—H, C—Cl, C—Br und C—J sind
annähernd der Wurzel aus den reduzierten Massen M umgekehrt
proportional, wie Tab. 42 zeigt. Für die C—C-Serie würde es auch
der Fall sein, wenn man die Grundbande bei 14 μ annehmen
darf; dann bleibt aber eine Bande bei 5,5 μ bzw. 5,8 μ unerklärt.
Die Grundfrequenzen variieren merklich in den verschiedenen
Substanzen.

Gegen die in Tab. 42 vorgenommene Zuordnung können Einwände erhoben werden, denn die Intensitäten nehmen nicht
regelmäßig mit wachsender Ordnungszahl ab, wogegen Serien,
deren Grundbande für die C—H-Bindung bei 3,4 μ liegt, sich in

---

[1] J. BARNES u. W. H. FULWEILER, Journ. Amer. Chem. Soc. Bd. 49,
S. 2037. 1927; Phys. Rev. Bd. 32, S. 618. 1928.

[2] J. W. ELLIS, Phys. Rev. Bd. 27, S. 298. 1926 u. Bd. 28, S. 25. 1926.

[3] J. W. ELLIS, Phys. Rev. Bd. 32, S. 906. 1928.

Tabelle 42.

$$C\text{--}H:\ \nu_n\ \cdot 10^{-12} = 47,37\cdot n - 0,783\,n^2\,(\sec^{-1}) \qquad \lambda_1\ \ = 6,44\,\mu \qquad \frac{\sqrt{M}}{\lambda} = 0,149$$

$$C\text{--}C:\ \nu'_n\ \cdot 10^{-12} = 10,71\cdot n \qquad\qquad \lambda'_1\ \ = 28\ \ \mu \qquad\qquad —$$

$$C\text{--}Cl:\ \nu''_n\ \cdot 10^{-12} = 17,9\cdot n \qquad\qquad \lambda''_1\ \ = 16,8\,\mu \qquad\qquad 0,178$$

$$C\text{--}Br:\ \nu'''_n\ \cdot 10^{-12} = 17,4\cdot n \qquad\qquad \lambda'''_1 = 17,2\,\mu \qquad\qquad 0,192$$

$$C\text{--}J:\ \nu''''_n\cdot 10^{-12} = 17.1\cdot n \qquad\qquad \lambda''''_1 = 17,5\,\mu \qquad\qquad 0,197$$

Spektrum von $CHCl_3$.

C – H		C – Cl		C – H und C – Cl	
λ_{ber}	λ_{beob}	λ_{ber}	λ_{beob}	λ_{ber}	λ_{beob}
ν_1 6,44	6,8*	ν''_1 16,8	—	$\nu_1 + \nu''_1$ 4,68	4,4*
ν_2 3,28	3,32	ν''_2 8,4	8,35	$\nu_1 + \nu''_2$ 3,65	3,75
ν_3 2,22	(2,22)	ν''_3 5,6	5,40	$\nu_1 + \nu''_3$ 2,99	—
ν_4 1,695	1,66*	ν''_4 4,2	4,15 M	$\nu_1 + \nu''_4$ 2,55	2.55
			4,4*		
ν_5 1,379	1,385*	ν''_5 3,34	3,32*	$\nu_1 + \nu''_5$ 2,21	2,22*
ν_6 1,172	1,145*	ν''_6 2,80	2,80	$\nu_1 + \nu''_6$ 1,95	—
ν_7 1,022	1,015*	ν''_7 2,40	2,42	$\nu_1 + \nu''_7$ 1,75	—
ν_8 0,912	0,890*	ν''_8 2,10	2,12	$\nu_2 + \nu''_1$ 2,74	2,73
ν_9 0,826	—	ν''_9 1.865	1,845*	$\nu_2 + \nu''_2$ 2,36	—
ν_{10} 0,758	—	ν''_{10} 1,68	1,66*	$\nu_2 + \nu''_3$ 2,07	2,055*
		ν''_{11} 1,525	1,50	$\nu_2 + \nu''_4$ 1,84	1,845*
		ν''_{12} 1,40	1,385*	$\nu_2 + \nu''_5$ 1,66	1,66*
		ν''_{13} 1,29	1,28	$\nu_2 + \nu''_6$ 1,51	1,50*
		ν''_{14} 1,20	1,20	$\nu_2 + \nu''_7$ 1,38	1,385*
		ν''_{15} 1,12	1,145*	$\nu_3 + \nu''_1$ 1,96	—
		ν''_{16} 1,05	1,022*	$\nu_3 + \nu''_2$ 1,76	—
		ν''_{17} 0,99	0,98	$\nu_3 + \nu''_3$ 1,59	(1,58)
		ν''_{18} 0,933	0,935*	$\nu_3 + \nu''_4$ 1,45	1,385*
		ν''_{19} 0,885	0,890*		

* Fällt mit anderen Banden zusammen.
() = nur angedeutet.
M = MÁRTON.

der zu erwartenden Weise verhalten, so daß ELLIS[1] in anderen Arbeiten sich für diese Serie entscheidet[2]. Allerdings können dann nicht alle Banden erklärt werden, obwohl viele von ihnen zweifellos der C—H-Bindung zukommen, da sie auch in einfachen Kohlenwasserstoffen beobachtet werden. Die Messungen von BARNES und FULWEILER an Benzol können dargestellt werden durch die Formel

$$\nu_n = 3085,8\,n\,(1 - 0,01823\,n)\ \mathrm{cm}^{-1}$$

[1] J. W. ELLIS, Phys. Rev. Bd. 23, S. 48. 1923; Bd. 32, S. 906. 1928.
[2] S. a. J. W. SAPPENFIELD, Phys. Rev. Bd. 33, S. 37. 1929.

(Grundbande bei 3,25 μ). Ihre theoretischen Überlegungen sind nicht stichhaltig[1].

Nach der auf S. 201 angegebenen Methode berechnet ELLIS[2] aus den Oberschwingungen die Dissoziationswärmen D für die C—H- und die N—H-Bindung in einigen Substanzen. Die Werte von ν_0 und x (vgl. S. 169) wurden durch graphische Interpolation aus den ersten 6—8 Oberschwingungen bestimmt. Als Grundfrequenzen wurden die Banden bei ca. 3 μ angenommen. Die danach berechneten Werte von D sind in Tabelle 43 angegeben.

Tabelle 43. Dissoziationsenergien.

Substanz	ν_0 (cm^{-1})	$\nu_0 x$	D (cal/Mol)
Hexan	3000	66	97000
Cyklohexan	2950	65,5	94000
Benzol	3090	58	117000
Chloroform	3110	64	108000
Anilin C—H	3070	58,5	117000
„ N—H	3340	74	113000

Für CCl_4 und $SiCl_4$ versucht MARVIN[3] zu zeigen, daß die früher[4] von ihm beobachteten Banden Kombinationsfrequenzen darstellen, wobei er irrtümlich sechs (aktive) Grundfrequenzen annimmt, wahrend theoretisch nur vier vorhanden sein dürfen[5]. Wie kürzlich veröffentlichte Berechnungen gelehrt haben[6], kann man aber auch bei einwandfreier Wahl der Grundfrequenzen, deren Lage aus den Beobachtungen im RAMAN-Effekt bekannt ist, das beobachtete Spektrum vollkommen durch Kombinationsfrequenzen erklaren. Die Grundfrequenzen liegen danach für CCl_4 bei 46,07 μ, 31,74 μ, 21,83 μ, 12,8 μ und für $SiCl_4$ bei 65,78 μ, 47,62 μ, 23,47 μ und 16,67 μ. Je die erste und dritte von ihnen ist inaktiv.

Für manche Banden erweist es sich als möglich, sie in der Form $\nu_n = \nu_0 \sqrt{n}$ darzustellen[7], wofür aber eine theoretische Begründung nicht gegeben werden kann.

---

[1] Siehe J. W. ELLIS, Phys. Rev. Bd. 33. S. 625. 1929.

[2] J. W. ELLIS, Phys. Rev. Bd. 33, S. 27. 1929.

[3] H. H. MARVIN, Phys. Rev. Bd. 33, S. 952. 1929.

[4] H. H. MARVIN, Phys. Rev. Bd. 34, S. 161. 1912.

[5] Dabei ist ein regulares Tetraeder als Modell der Struktur der Tetrachloride angenommen.

[6] Cl. SCHAEFER, ZS. f. Phys. Bd. 60, S. 586. 1930.

[7] E. N. GAPON, ZS. f. Phys. Bd. 44, S. 600. 1927; s. a. SAPPENEIELD l. c.

Die Schwierigkeiten in der Deutung der Spektren sind also noch nicht überwunden, und es dürfte angebracht sein, zu überlegen, ob die Auffassung, daß die C– H-Bindung maßgebend für die Absorption ist, für diese Schwierigkeiten verantwortlich ist. Denn diese Hypothese setzt voraus, daß die Schwingung des C-Atoms gegen das H-Atom ohne wesentliche Beeinflussung durch die andern Atome des Moleküls bzw. einer seiner Gruppen erfolgt. Bei den Kristallen werden wir ähnliche Schwingungen in den sog. „inneren Schwingungen" eines Ions kennenlernen, z. B. die der CO_3-Gruppe der Karbonate, die in erster Näherung von den bezüglichen Metallatomen unabhängig sind. Wenn man nun auch erwarten darf, daß ein solcher Einfluß von vornherein gering ist, so ist es doch einleuchtend, daß z. B. zwei C—H-Bindungen an einem C-Atom anderes Verhalten zeigen müssen, als wenn sie zu zwei verschiedenen C-Atomen gehören, während wir bisher beide Bindungsarten als gleichberechtigt ansahen. Um einen Unterschied überhaupt feststellen zu können, muß die Genauigkeit der Messungen noch gesteigert werden.

Solche genaueren Messungen sind von Brackett[1] an Pentan, Hexan, Oktan und Dekan ausgeführt worden. Die Bande bei 1,20 μ erwies sich als zur Untersuchung am besten geeignet, da sie gut ausgeprägt ist und Störungen durch überlagerte Oberschwingungen von 6,86 μ nicht mehr zu fürchten sind. Die Absorptionskurven wurden automatisch registriert, die Spaltbreite betrug 12 Å, die Schichtdicke der untersuchten Flüssigkeiten war 4 mm groß. Das Ergebnis war das Folgende: Die Bande bei 1,2 μ ist ein Dublett, die kurzwellige Komponente behält für alle vier Kohlenwasserstoffe Lage und Intensität bei, die langwellige Komponente verschiebt sich mit wachsender Anzahl der C-Atome etwas nach längeren Wellen, zudem wird sie intensiver. Das läßt sich erklären, wenn man annimmt, daß erstere der CH_3-Gruppe bzw. den an den Enden der Kette vorhandenen CH_2-Gruppen angehört, letztere den mittleren CH_2-Gruppen, deren Anzahl variiert. Auf der kurzwelligen Seite erscheinen noch drei kleine Maxima, deren mittleres sich analog zu der langwelligen Komponente verhält. Es scheint also, als ob die CH_3-Gruppe ein Triplett, die CH_2-Gruppe ein Dublett

---

[1] F. S. Brackett, Proc. Nat. Acad. Amer. Bd. 14, S. 857. 1928.

erzeugt. Einige Isomere der genannten Kohlenwasserstoffe zeigen ähnliches Verhalten. Bei Isohexan

$$H_3C-\overset{\displaystyle H}{\underset{\displaystyle CH_2}{C}}-\overset{\displaystyle H}{\underset{\displaystyle CH_2}{C}}-CH_3$$

tritt noch ein weiteres Maximum auf der langwelligen Seite auf, welches wohl der CH-Gruppe zuzuschreiben ist. Diese Messungen zeigen, daß die BONINO-ELLISsche Auffassung nur als erste Näherung zu betrachten ist.

Daß wirklich die C—H-Bindung nicht allein das Spektrum bestimmt, zeigt auch das Methanspektrum, bei dem es unbedingt notwendig ist, das Molekül als Ganzes zu betrachten. Je komplizierter das Molekül ist, um so mehr können sich aber gewisse Gruppen absondern und in sich schwingungsfähig sein, doch dürfte gerade die C—H-Bindung weniger dazu fähig sein als in sich geschlossenere Gruppen, etwa eine CH_3-Gruppe am Benzolring.

Man könnte auch zu folgender Auffassung gelangen[1]: Wenn das H-Atom gegen den Rest des organischen Moleküls schwingt, dann ist für die Frequenz im wesentlichen die Masse des H-Atoms von Bedeutung, und Änderungen im Molekülrest beeinflussen die Frequenz nur wenig, solange dieser schwer gegenüber dem H ist. Bei leichten Molekülen, wie Methan und ähnlichen, ist dies nicht der Fall, und tatsächlich zeigen Methan und ähnliche Stoffe andere Spektren als die übrigen Kohlenwasserstoffe.

In diesem Zusammenhang sei erwähnt, daß BENNETT und DANIELS[2] bei zunehmender Chlorierung der Essigsäure eine regelmäßige Verschiebung der Bande bei 5,8 μ (COOH-Gruppe) feststellen konnten, und zwar um je 0,05 μ nach kürzeren Wellenlängen für jedes Chloratom. Für die anderen Banden wurde keine Verschiebung beobachtet.

Trotz aller Bedenken wird die Auffassung von BONINO und ELLIS den bisher bekannten Tatsachen am besten gerecht.

Die OH-Gruppe der Alkohole ist neuerdings von LECOMTE[3], HONEGGER[4] und SAPPENFIELD[5] untersucht worden. Die haupt-

---

[1] Hierauf machte uns freundlicherweise Herr EUCKEN aufmerksam.

[2] W. H. BENNETT u. F. DANIELS, Journ. Amer. Chem. Soc. Bd. 49, S. 50. 1927.

[3] J. LECOMTE, C. R. Bd. 180, S. 825. 1925.

[4] P. HONEGGER, Diss. Zürich. 1926.

[5] J. W. SAPPENFIELD, Phys. Rev. Bd. 33, S. 37. 1929.

sächlichsten älteren Untersuchungen stammen von WENIGER, PUCCIANTI und COBLENTZ. Neben den Banden der Alkyl-Gruppen findet man noch für die OH-Gruppe charakteristische Absorptionsstellen bei 3 μ, 6 bis 8 μ und noch längeren Wellen. Eine Serie von Oberschwingungen ist im kurzwelligen Gebiet feststellbar (SAPPENFIELD). Ihr gehören die Banden bei 3 μ, 1,55 μ und 1,025 μ an. Die Banden bei 3 und 6 μ sind dieselben, die auch in H_2O auftreten, also sicher der OH-Gruppe zuzuschreiben.

Besonderes Interesse verdient die Tatsache, daß die Spektren der primären, sekundären und tertiären Alkohole mit den Gruppen CH_2OH, CHOH und COH sich voneinander unterscheiden (WENIGER und LECOMTE). Die kurzwelligen Banden bis 7 μ sind in allen Alkoholen vorhanden. Sodann ist für die primären Alkohole eine Bande bei 9,7 μ charakteristisch. Diese Bande verschiebt sich für die sekundären und tertiären Alkohole zu den Wellenlängen 9,1 und 8,6 μ. Außerdem sind einige weniger bedeutende Unterschiede in den Spektren vorhanden. Die eben erwähnten Banden dürften also hervorgerufen sein durch die C-OH-Schwingung, die durch Addition von H-Atomen modifiziert wird. Die Messungen an Aldehyden (COH-Gruppe) in diesem Spektralgebiet sind aber zu wenig zahlreich, um sie als Stütze für diese Behauptung anführen zu können, doch ist nach COBLENTZ im Spektrum von Paraldehyd starke Absorption bei 9 μ vorhanden.

Überhaupt ist die Erforschung des Spektrums der Gruppen der Aldehyde und der ihnen verwandten Säuren, Ketone, Ester und Äther[1] noch wenig vorgeschritten und eine zuverlässige Charakterisierung ihrer Spektren noch nicht möglich. Es sei nur erwähnt, daß auch hier die Spektren aromatischer und aliphatischer Abkömmlinge Unterschiede aufweisen. Die C=O-Bindung hat eine charakteristische Absorptionsbande bei 5,8 bis 6 μ. ELLIS findet dazu eine Reihe von Oberschwingungen bei 2,0 μ, 1,45 μ, 1,16 μ und 0,97 μ.

Auch eine Reihe anderer organischer Substanzen ist nur selten untersucht worden.

Die Sulfocyanate[2] mit den Bindungen $S - C \equiv N$ und

---

[1] LECOMTE, WENIGER, HONEGGER, SAPPENFIELD, J. W. ELLIS, Journ. Amer. Chem. Soc. Bd. 51, S. 1384. 1929.

[2] W. W. COBLENTZ, Investig. I, S. 67. 1905.

$N = C = S$ besitzen bei $4,8\,\mu$ eine Absorptionsstelle. Die beiden Isomeren haben verschiedene Spektren.

Nachstehend ist eine Zusammenstellung der Literatur gegeben, die sich auf weitere Messungen an organischen Substanzen bezieht, soweit nicht besonders bemerkenswerte Resultate erzielt wurden.

Weitere Literatur über Messungen an organischen Substanzen:

1. F. K. BELL, Journ. Amer. Chem. Soc. Bd. 47, S. 2811. 1925) (Naphthalin).
2. F. K. BELL, Journ. of Pharmac. a. Exp. Ther. Bd. 29, S. 533. 1926 (Tropanderivate).
3. F. K. BELL, Journ. Amer. Chem. Soc. Bd. 50. S. 2940. 1928 (organische Karbonate).
4. W. W. COBLENTZ, Phys. Rev. Bd. 16, S. 119. 1903 (Fuchsin u. Cyanin).
5. W. W. COBLENTZ, Phys. Rev. Bd. 16, S. 385. 1903 (Lösungen von Jod).
6. W. W. COBLENTZ, Bull. Bur. Stand. Bd. 7, S. 619. 1911 (Öle, Chitin).
7. W. W. COBLENTZ, W. B. EMERSON u. M. B. LONG, Bull. Bur. Stand. Bd. 14, S. 653. 1918 (verschiedene Substanzen).
8. W. W. COBLENTZ, Bull. Bur. Stand. Bd. 17, S. 267. 1921 (Öle, Nitrozellulose, Bakelit).
9. W. W. COBLENTZ, Invest. infrared. Spectra III (Zucker).
10. J. F. DAUGHERTY, Phys. Rev. Bd. 34, S. 1549. 1929 (Halogenderivate von Benzol).
11. B. DONATH, Wied. Ann. Bd. 58, S. 609. 1896 (fluoreszierende Substanzen und ätherische Öle).
12. F. GEHRTS, Ann. d. Phys. Bd. 47, S. 1059. 1915 (Lösungen organ. Stoffe).
13. K. S. GIBSON, MAC NICHOLAS, E. P. TYNDALL, M. K. FREHAFER u. W. E. MATHEWSON, Bull. Bur. Stand. Bd. 18, S. 121. 1922 (verschiedene Substanzen).
14. D. v. GULIK, Ann. d. Phys. Bd. 46, S. 147. 1915 (Chlorophyll).
15. R. O. HERZOG u. G. LASKI, ZS. f. phys. Chem. Bd. 121, S. 136. 1926 (Zellulose).
16. J. B. JOHNSON u. B. J. SPENCE, Phys. Rev. Bd. 5, S. 349. 1915 (Anilinfarben).
17. J. KIMPFLIN, C. R. Bd. 178. S. 1709. 1924 (Synthet. Kautschuk, Bakelit).
18. L. C. MÁRTON, ZS. f. phys. Chem. Bd. 117, S. 97. 1928 (verschiedene Substanzen mit sechs C-Atomen).
19. A. H. PFUND, ZS. f. wiss. Photogr. Bd. 12, S. 341. 1913 (Filterlösungen).
20. E. K. PLYLER u. P. J. STEELE, Phys. Rev. Bd. 34, S. 599. 1929 (organische Nitrate).
21. J. E. PURVIS, Proc. Cambr. Phil. Soc. Bd. 21, S. 556. 1923 (Benzolderivate).
22. A. ROSS, Proc. Roy. Soc. Bd. 113, S. 208. 1926 (Pyronderivate).

23. H. Rubens u. E. Ladenburg, Berl. Ber. 1908, S. 1140 (Refl.-Verm. von Äthylalkohol).
24. J. W. Sappenfield, Phys. Rev. Bd. 33, S. 37. 1929 (Pyridine).
25. B. J. Spence, Phys. Rev. Bd. 26, S. 521. 1908; Bd. 28, S. 233. 1909 (Kollodium).
26. B. J. Spence, Astrophys. Journ. Bd. 39, S. 243. 1914 (Alkaloide).
27. B. J. Spence u. M. A. Easley, Phys. Rev. Bd. 34, S. 730. 1929 (Halogenderivate von Äthan).
28. R. Stair u. W. W. Coblentz, Phys. Rev. Bd. 33, S. 1092. 1929 (Chlorophyll und Xanthophyll).
29. A. Trowbridge, Phys. Rev. Bd. 26, S. 539. 1908; Bd. 27, S. 282. 1908 (Kollodium).

Auf die N—H- und S—H-Bindung gehen wir wieder etwas näher ein. Die NH-Gruppe ist von Bell[1], Ellis[2] und Salant[3], die S—H-Gruppe von Ellis[4] untersucht worden.

Schon Coblentz[5] zeigte, daß für die NH_2-Gruppe zwei Banden bei 6,1 μ bis 6,2 μ und 2,96 μ charakteristisch sind. Dies wurde von den späteren genaueren Untersuchungen bestätigt. Die Untersuchungen von Bell und Salant an einer großen Reihe von Aminen führten zu dem Resultat, daß die genannten Banden von der N—H-Bindung herrühren, denn in tertiären Aminen, wo alle H-Atome von NH_3 durch organische Radikale ersetzt sind, fehlen diese Banden, und in sekundären Aminen sind sie gegenüber den primären Aminen geschwächt. Die Bande bei 6 μ zeigt dies Verhalten allerdings nicht so deutlich wie die kurzwellige Absorptionsstelle, besonders nicht in den Anilinen, wo ein Unterschied zwischen Mono- und Dialkylanilinen bei 6 μ kaum zu beobachten ist. Dagegen verschwindet diese Bande bei Tribenzyl-aminen und ähnlichen Substanzen. Im Gebiet der Quarzdispersion findet Ellis weitere N—H-Banden bei 2,28 μ, 1,47 μ und 1,04 μ, die sich durch die Formel $\nu_n = 3760n - 183n^2$ darstellen lassen. Auch Kombinationen zwischen dieser Serie und der C—H-Serie scheinen vorzukommen. So erklärt Ellis Banden bei 2,00 μ und 1,20 μ. Wegen der bei 6 μ zu beobachtenden

---

[1] F. K. Bell, Journ. Amer. Chem. Soc. Bd. 47, S. 2192, 3039. 1925; Bd. 48, S. 813, 818. 1926; Bd. 49, S. 1837. 1927.

[2] J. W. Ellis, Journ. Amer. Chem. Soc. Bd. 49, S. 347. 1927 u. Bd. 50, S. 685. 1928.

[3] E. O. Salant, Proc. Nat. Acad. Amer. Bd. 12, S. 74. 1926.

[4] J. W. Ellis, Journ. Amer. Chem. Soc. Bd. 50, S. 2113. 1928.

[5] W. W. Coblentz, Investig. II, S. 117.

Unregelmäßigkeiten ist ELLIS wohl berechtigt, die Grundbande bei 2,8 μ anzunehmen, was ja auch den Verhältnissen bei der C—H-Bindung entspricht, doch kann weder hier noch dort die andere Auffassung für widerlegt gelten, da beide Darstellungen Schwierigkeiten in der Deutung mancher Banden haben.

Das Spektrum der S—H-Bindung beobachtete ELLIS in einigen Merkaptanen. Neben den C—H-Banden findet ELLIS Banden bei 1,99 bis 2,00 μ und BELL (unveröffentlicht, von ELLIS zitiert), solche bei 3,80 μ bis 3,90 μ, die von ELLIS als Grundton und Oktave angesehen werden. Die entsprechenden Sulfide der organischen Radikale zeigen nur die C—H-Banden. Ob die bei Schwefelwasserstoff beobachtete Bande bei 4,2 μ mit den hier beobachteten Banden zusammenhängt, ist unsicher und wohl unwahrscheinlich, da andere H_2S-Banden (3,2 μ und 7,8 μ) wesentlich stärker sind.

Die bisher besprochenen Arbeiten waren im wesentlichen auf die Erforschung der Lage der Absorptionsbanden gerichtet, während Intensitätsfragen vernachlässigt wurden; zum mindesten begnügte man sich mit qualitativen Angaben, die für viele Zwecke ausreichend sind. Als allgemeines Gesetz glaubte man festgestellt zu haben, daß die Absorption der organischen Atomgruppen nicht additiv ist, da die Intensität einer Bande sich nicht merklich änderte, wenn etwa mehr C—H-Gruppen eingeführt wurden. Nach den sonstigen Erfahrungen über additive Eigenschaften war dies immerhin ein merkwürdiges Resultat.

Das Verdienst, diese Frage wieder in Fluß gebracht zu haben, gebührt HENRI[1]. HENRI stellt die Absorption nicht, wie gewöhnlich, in Absorptionsprozenten dar, sondern er benutzt als rationelles Maß den molekularen Extinktionskoeffizienten. Die Gesetzmäßigkeiten, die sich bei seinen und den Untersuchungen BONINOS über Intensität und Form der Banden ergeben haben, sollen nun dargelegt werden. Dabei ist aber zu bemerken, daß diese Messungen mit Steinsalzdispersion ausgeführt wurden, so daß man wahrscheinlich noch Modifikationen, mindestens was die zahlenmäßigen Angaben betrifft, erwarten muß, falls mit höherer Auflösung gemessen wird. Die Arbeiten von BONINO verdienen infolgedessen, da er mit möglichst geringem Spalt arbeitet, größeres Vertrauen als jene von HENRI.

---

[1] V. HENRI, Etud. de Photochim. Paris 1919.

Für eine homologe Reihe von Alkoholen, C_2H_5OH bis $C_5H_{11}OH$, stellte HENRI fest, daß jeder CH_3- bzw. CH_2-Gruppe ein Wert des Extinktionskoeffizienten ε von 1,3 zukommt, der OH-Gruppe ein solcher von 6,1 (die Dicke d in cm, die Konzentration c in Mol pro Liter gemessen[1]). Die berechneten und beobachteten Werte von ε_{max} zeigt Tab. 44.

Tabelle 44.

Substanz	ε_{max} (ber.)	ε_{max} (beob.)
C_2H_5OH	8,7	7,9
C_3H_7OH	10,0	10,0
C_4H_9OH	11,3	11,4
$C_5H_{11}OH$	12,6	12,5

BONINO[2] konnte aber zeigen, daß diese Gesetzmäßigkeit nur zufällig war, da eine Verallgemeinerung auf verschiedene Kohlenwasserstoffe zu einer erheblichen Diskrepanz zwischen Erfahrung und Theorie führte. BONINO schlug dafür ein logarithmisches Gesetz vor, welches sich bisher bei allen daraufhin untersuchten Substanzen, zum Teil unter Verwendung älterer Meßergebnisse, bewährt hat. n_2 und n_1 seien die Zahlen der H-Atome pro Molekel in zwei homologen Substanzen, soweit die H-Atome an Kohlenstoff gebunden sind; ε_2 und ε_1 seien die zugehörigen maximalen molekularen Extinktionskoeffizienten, C eine Konstante, die von Gruppe zu Gruppe variiert, dann lautet das Gesetz von BONINO:

$$\varepsilon_\lambda = \varepsilon_1 + C \log \frac{n_2}{n_1} . \tag{59}$$

Die Werte von C sind, soweit bekannt, in Tab. 45 zusammengestellt.

Tabelle 45.

C-H-Bindung in gesättigten Kohlenwasserstoffen: 46,0
   ,,   ,, ungesättigten   ,,   22,6
   ,,   ,, Alkoholen 14,27
   ,,   ,, Ketonen . . . . 6,15.

---

[1] $J = J_0 \cdot 10^{-\varepsilon c d}$.

[2] G. B. BONINO, Gazz. Chim. Ital. Bd. 53, S. 555, 575, 583. 1923; Bd. 55, S. 335, 341, 576. 1925; Bd. 56, S. 286, 292, 296. 1926.

Tab. 46 gibt für einige Ketone den Vergleich zwischen beiden Gesetzen.

Tabelle 46.

Substanz	ε_{ber} (B)	ε_{ber} (H) [1]	ε_{beob}
CH_3COCH_3	—	—	2,617
$CH_3COC_2H_5$	3,385	3,235	3,330
$CH_3COC_3H_7$	3,979	3,853	3,980
$CH_3COC_4H_9$	4,467	—	4,470

Für beide Gesetze also variieren die vorkommenden Konstanten, je nachdem in welcher Art Verbindung die CH-Gruppe vorkommt, eine Tatsache, die noch weiterer Klärung bedarf. Daß die Absorption einer Gruppe durch das Vorhandensein einer anderen Gruppe mit benachbarter Absorptionsbande beeinflußt wird, hat BONINO[2] gezeigt. Die Addition einer OH-Gruppe verstärkt zwar die Bande bei 3 μ (OH-Bande), dagegen wird trotz gleicher Anzahl C-H-Bindungen die Bande bei 3,4 μ (C-H-Bande) geschwächt.

BONINO führt die Gültigkeit seines Gesetzes als Argument für die Auffassung an, daß die C—H-Bindung für die Absorption bestimmend ist[3]. Das bestätigt sich auch an der Absorption der Halogenderivate, bei denen außerdem noch festgestellt werden konnte, daß die Absorption der ungesättigten, labilen Abkömmlinge stärker ist, als die der gesättigten, was aber mit den oben angegebenen C-Werten in Widerspruch steht.

Die Form der Absorptionsbanden in Flüssigkeiten ist ebenfalls von HENRI und BONINO[4] diskutiert worden. Während HENRI feststellt, daß die Form sich durch eine KETTELER-HELMHOLTZsche Formel darstellen läßt, geht BONINO von einer ganz anderen Anschauung aus.

Wie nämlich sowohl BONINO als auch HONEGGER[5] beobachtet haben, hängt der molekulare Extinktionskoeffizient von der Kon-

---

[1] $\varepsilon_{CH_2} = 0{,}618$; $\varepsilon_{CO} = 1{,}38$.

[2] G. B. BONINO, Gazz. Chim. Ital. Bd. 56, S. 286. 1926.

[3] S. a. TH. DREISCH, ZS. f. wiss. Phot. Bd. 23, S. 102. 1925. DREISCH weist nach, daß auch die Art der Bindung von Einfluß ist.

[4] G. B. BONINO, Gazz. Chim. Ital. Bd. 54, S. 457, 465, 471. 1924; Bd. 56, S. 278. 1926.

[5] P. HONEGGER, Diss. Zurich 1926; G. B. BONINO, Gazz. Chim. Ital. Bd. 53, S. 583. 1923.

zentration der Lösung ab, und zwar so, daß er bei großer Verdünnung einem konstanten Wert zustrebt, also eine ähnliche Abweichung vom BEERschen Gesetz zeigt, wie wir sie in § 30 für die Gase konstatierten, und zwar ist nach einer Formel von BALY:

$$\varepsilon = \varepsilon_0(1 - e^{-\alpha V}),\qquad(60)$$

wo V das Volumen von 1 Mol des in 1 Liter gelösten Stoffes ist. Für die Lösung Benzol und Tetrachlorkohlenstoff ist $\alpha = 2{,}65$. Auch die Form der Bande hängt von der Konzentration ab. Wenn die Abweichung reell ist und nicht nur durch die mangelhafte Dispersion vorgetäuscht, dann spricht dies dafür, daß auf die Absorption auch intermolekulare Kräfte einwirken, die ähnlich wie die Rotation sich auf die Eigenschwingung überlagern, so daß eine breite Bande zustande kommt. Die Intensität der überlagerten Absorption bestimmt sich nach statistischen Gesetzen. Eine längere Rechnung führt zu folgender Formel: Es ist

$$\varepsilon_\nu = \varepsilon_{\nu_{max}} \cdot e^{-\varphi\,(\nu_{max}-\nu)^2} \cdot 10^{-26} - \psi\,|(\nu_{max}-\nu)|\cdot 10^{-13}.\qquad(61)$$

φ und ψ sind Größen, die von den intermolekularen Kräften abhängen. Der Vergleich mit der Erfahrung lehrt, daß φ proportional der Anzahl n der C—H-Bindungen, ψ dieser Zahl umgekehrt proportional ist. Wir setzen deshalb $\varphi = \varkappa n$, $\psi = \dfrac{\tau}{n}$. Dann erhalten wir für $\varkappa$ und τ folgende Zahlenwerte:

Aliphatische Kohlenwasserstoffe . . . $\varkappa = \quad 0{,}0475\quad \tau = \quad 5{,}06$
Aromatische $\qquad\qquad$,, $\qquad$ . . . $\varkappa = 3\cdot 0{,}0475\quad \tau = \quad 5{,}06$
Pyridin (C_5H_5N), Thiophen (C_4H_4S) . . $\varkappa = 3\cdot 0{,}0475\quad \tau = \tfrac{1}{2}\cdot 5{,}06$.

Die einzige Ausnahme, die sich hat finden lassen (als beobachtetes Material dienten die Kurven von COBLENTZ), war Metaxylol mit $\tau = 8{,}26$. Die Meta-Isomeren unterscheiden sich aber auch in anderen Eigenschaften von den Para- und Orthoisomeren.

Zum Schluß wollen wir noch kurz auf einige Beziehungen der hier genannten Untersuchungen zu anderen Gebieten eingehen.

Zunächst brauchen wir nur darauf hinzuweisen, daß gemäß den allgemeinen quantentheoretischen Ansätzen des § 26 das ultrarote Spektrum sich über das sichtbare und ultraviolette Spektrum überlagert, so daß man die Schwingungsquanten auch aus diesem Spektrum entnehmen kann, und zwar auch dann,

wenn die Schwingung im Ultrarot nicht beobachtet werden kann,
wenn sie inaktiv ist.

Auch auf die allgemeine Bedeutung der Ultrarotspektren für
die organische Chemie brauchen wir nur hinzuweisen. Denn sowohl was rein spektral-analytische Zwecke als auch Strukturfragen betrifft, ist das ultrarote Spektrum, wie aus dem obigen
hervorgeht, als Forschungsmittel sehr geeignet, um so mehr, als
oft wenige Tropfen der Substanz zur Untersuchung genügen.
Die verschiedenen Gruppen der organischen Chemie lassen sich
leicht voneinander unterscheiden, während allerdings die Trennung der einzelnen Glieder schwieriger ist.

BALY[1] hat versucht, die ultraroten Eigenfrequenzen mit
physikochemischen Eigenschaften in Beziehung zu bringen, insbesondere mit Reaktionswärmen. In den Einzelheiten können
wir der BALYschen Theorie nicht folgen, da sie auf der Annahme
von atomaren Eigenfrequenzen im Ultrarot beruht. Davon
aber abgesehen, scheint eine solche Beziehung tatsächlich zu
bestehen, wenn man annimmt, daß alle Energieumsätze nur in
Vielfachen eines Schwingungsquantums, evtl. auch Rotations-
quantums, bestehen können, eine Annahme, die nicht unplausibel
ist. Tab. 47 lehrt, daß die Verdampfungswärmen der verzeichneten Substanzen ganzzahlige Vielfache von ultraroten Schwingungsquanten sind. Ungeklärt bleibt die weitere Frage, warum
gerade die angegebenen Vielfachen resp. Frequenzen auftreten
und nicht andere, da die Frequenzen der Tab. 47 nicht die für

Tabelle 47.

Substanz	Ver-dampfungs-wärme in 10^{13} erg pro Molekül	Ultrarote Eigen-frequenzen in 10^{-13} sec^{-1}	$10^{13} h\nu$	Viel-faches	Ver-dampfungs-wärme berechnet
CS_2	4,332	6,552	4,278	1	4,278
H_2O	6,548	4,906	3,218	2	6,436
NH_3	3,359	2,500	1,640	2	3,280
CH_3COOH	3,458	2,609	1,711	2	3,422
CH_3COOCH_2 . . .	5,541	4,225	2,772	2	5,444
$(C_2H_5)_2O$	4,519	3,429	2,249	2	4,498
$CHCl_3$	4,739	3,614	2,371	2	4,742
CCl_4	4,879	2,326	1,526	3	4,578

[1] E. C. BALY, Phil. Mag. Bd. 47, S. 15. 1920.

die Substanz charakteristischen sind. Die Beweiskraft der Tabelle wird dadurch erheblich geschwächt.

Weiter ist versucht worden, das ultrarote Spektrum zu Reaktionsgeschwindigkeiten in Beziehung zu setzen[1]. Danach müßten sich die ultraroten Banden von Lösungen einer Substanz in verschiedenen Lösungsmitteln je nach der Lösungsgeschwindigkeit verschieben; diese Ansicht hat sich aber nicht bewährt. Daniels[2] hat z. B. gezeigt, daß die Banden von N_2O_5 bei 3,30 μ und 5,80 μ sich nicht verändern, während theoretisch eine Verschiebung um ca. 0,3 μ bzw. 0,55 μ zu erwarten war bei Lösung in Isopropylbromid und Nitromethan.

Gapon[3] leitet für die Eigenfrequenz folgende Formel ab:

$$\nu_0 = \text{const}\sqrt{\frac{V^{1/3}}{M\beta}}$$

($V =$ Molekularvolumen, $M =$ Molekulargewicht, $\beta =$ Kompressibilitätskoeffizient.)

Die verschiedenen Flüssigkeiten sollen bei korrespondierenden Temperaturen verglichen werden, doch fehlen dazu meist die nötigen Daten, so daß bei gleichen Temperaturen verglichen werden muß. Die Übereinstimmung mit der Erfahrung ist befriedigend.

V. Das ultrarote Spektrum der festen Körper.

§ 34. Die Grundlagen der Theorie der Eigenfrequenzen der Kristalle. Bornsche Gittertheorie.

Die Röntgenanalyse hat, wie bekannt, zu dem Ergebnis geführt, daß die Kristalle in Form regelmäßiger Punktgitter aufgebaut sind, deren Gitterpunkte von Atomen besetzt sind. Diese Atome können aber nicht elektrisch neutral sein, da dann elektromagnetische Wellen keine Schwingungen im Kristall erzeugen können, sondern die Gitter sind aus Ionen aufgebaut zu denken. In den meisten Fällen, wie z. B. bei der typischen Steinsalzstruktur (Abb. 117), können noch nicht einmal benachbarte Ionen zu

---

[1] J. Perrin, Ann. de Phys. Bd. 11, S. 5. 1909.
[2] F. Daniels, Journ. Amer. Chem. Soc. Bd. 47, S. 2856. 1925.
[3] E. N. Gapon, ZS. f. Phys. Bd. 44, S. 600. 1927.

Molekülen zusammengefaßt werden; der ganze Kristall ist als ein
Molekül aufzufassen (Ionengitter)[1]. Es kommen aber auch Fälle
vor, wo mehrere Atomionen näher benachbart sind und gewisse
Gruppen sich zu einem einheitlichen Ion zusammenschließen, wie
die CO_3-Gruppe in den Karbonaten. Auch reine Molekülgitter
kommen vor, besonders bei komplizierteren organischen Kristallen,
doch haben sie für uns nur geringe Bedeutung. Für die theoretische

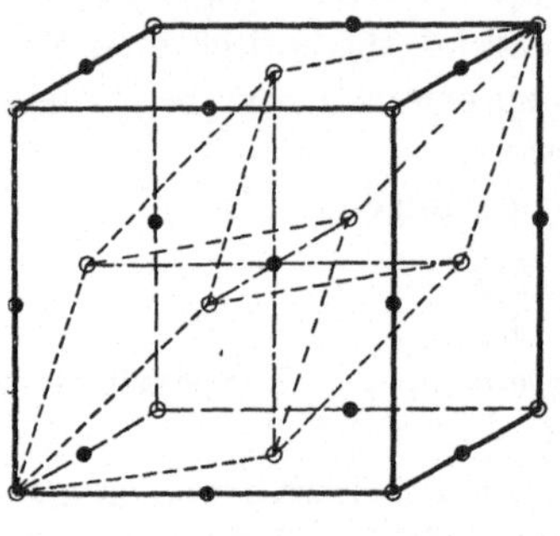

Abb. 117. Struktur von NaCl
(● Na, ○ Cl).

Behandlung, deren konsequente
Durchführung wir BORN[2] verdanken, sind die verschiedenen Gitter-
typen, die sowieso nicht streng voneinander geschieden werden können,
im Prinzip gleichwertig, denn für
alle Gitter gilt folgendes Aufbau-
prinzip:

Ein einheitliches sog. „einfaches
Gitter" wird gebildet durch alle
Punkte, die ineinander durch reine
Translationen nach drei verschiedenen Richtungen, die nicht recht-
winklig aufeinander stehen müssen, übergeführt werden können,
etwa so, daß jeder Gitterpunkt dargestellt werden kann als End-
punkt des Vektors

$$l_1 a_1 + l_2 a_2 + l_3 a_3$$

wo l_1, l_2, l_3 ganze Zahlen und a_1, a_2, a_3 Vektoren sind. Ein Kristallgitter kann aus mehreren ineinandergestellten einfachen Gittern
bestehen mit gleichen Vektoren, aber verschiedenen Ausgangs-
punkten. Die Ausgangspunkte dieser Gitter bilden die Basis,
die sich gemäß den drei Translationen regelmäßig wiederholt.
Es seien s Basispunkte vorhanden. Die Zusammenfassung von
Gitterpunkten zur Basisgruppe und die Wahl der Translations-
richtungen ist an sich willkürlich, doch trifft man die Auswahl so,
daß das durch die Vektoren a_1, a_2, a_3 definierte Parallepipedon,
die Elementarzelle, möglichst klein wird. Beispielsweise ist die

---

[1] Die zitierte Auffassung über den Aufbau des Kristallgitters aus Ionen
stammt von E. MADELUNG, Göttinger Nachr. 1910, S. 43; Phys. ZS. Bd. 11,
S. 898. 1910.

[2] M. BORN, Atomtheorie des festen Zustands (Dynamik der Kristallgitter, 2. Aufl.) 1923. Siehe auch Enzykl. d. math. Wiss. Bd. 5, Artikel 25.

Elementarzelle für NaCl das in Abb. 117 eingezeichnete Rhomboeder. Die Basis besteht hier aus zwei Partikeln, Na^+ und Cl^-, auf der Körperdiagonalen (Diagonalgitter). Betreffs weiterer Einzelheiten sei auf die zitierte Darstellung von Born verwiesen.

Nach heutiger Auffassung, der wir uns anschließen, sind die Kristalle das Prototyp des festen Körpers, während wahrhaft amorphe „feste Körper", wie die Gläser, zu den zähen Flüssigkeiten zu rechnen sind. Aus praktischen Gründen behandeln wir aber das Spektrum der Gläser auch in diesem Kapitel.

Gegenüber den Flüssigkeiten und Gasen muß das ultrarote Spektrum der Kristalle charakteristische Unterschiede aufweisen. Zunächst sind im Kristallgitter nur Schwingungen der einfachen Gitter gegeneinander möglich, eine Rotation der Basiszelle würde den Gitterverband sprengen[1]; es ist also im allgemeinen keine Feinstruktur der Banden zu erwarten, doch ist es allerdings möglich, daß Kombinationsfrequenzen $\nu_1 \pm n\nu_2$ $(n = 1, 2, 3 \ldots)$ zwischen kurz- und langwelligen Eigenfrequenzen ν_1 und ν_2 auftreten, die eine Art Feinstruktur liefern würden.

Wenn so einerseits das Spektrum der Kristalle wesentlich einfacher erscheint als jenes der Gase, so wird es anderseits wieder komplizierter durch den Einfluß der Symmetrieelemente des Kristalls, der uns zwingt, Untersuchungen mit polarisierter Strahlung auszuführen, besonders, wenn die Erforschung der Kristallstruktur das Ziel der Untersuchung ist. Untersuchungen in natürlichem Licht führen oft zu nicht hinreichend deutlichen und daher irreführenden Ergebnissen.

Im folgenden wollen wir die allgemeinen Grundlagen der Theorie der Gitterschwingungen im Anschluß an die Bornsche Theorie besprechen, wobei wir uns zur Erläuterung der Theorie zunächst auf das lineare Gitter beschränken. Wir dürfen uns dabei ganz der Sprache der klassischen Theorie bedienen, da bekanntlich (§ 26) die quantentheoretischen Strahlungsfrequenzen des harmonischen Oszillators identisch sind mit den klassischen Schwingungsfrequenzen. Für den anharmonischen Oszillator ergeben sich Abweichun-

---

[1] Neuerdings hat man jedoch auf ganz anderem Weg Rotationen in festem H_2 nachgewiesen (s. K. F. Bonhoeffer u. P. Harteck, Berl. Ber. math.-naturw. Kl. 1929, S. 103). Vorläufig besteht aber nicht die Notwendigkeit, diese Rotationen bei der Diskussion des ultraroten Spektrums einzuführen.

gen im Sinn einer Verstimmung der Oberschwingungen. Die Intensitäten sind der Größenordnung nach durch das Korrespondenzprinzip gegeben, also ebenfalls durch die klassische Schwingungstheorie. Eine genauere Betrachtung ist unnötig, da für feste Körper noch keine Intensitätsmessungen existieren, die genau genug sind, um etwaige Ergebnisse der Quantenmechanik daran zu prüfen.

Das Gitter bestehe aus einer Anzahl von Massenpunkten mit den Massen m und μ im gleichen Abstand $a/2$ voneinander. Die Massenverteilung geht aus Abb. 118 hervor. Wir machen die Annahme, daß immer nur benachbarte Teilchen aufeinander einwirken können, und daß die rücktreibende Kraft proportional der

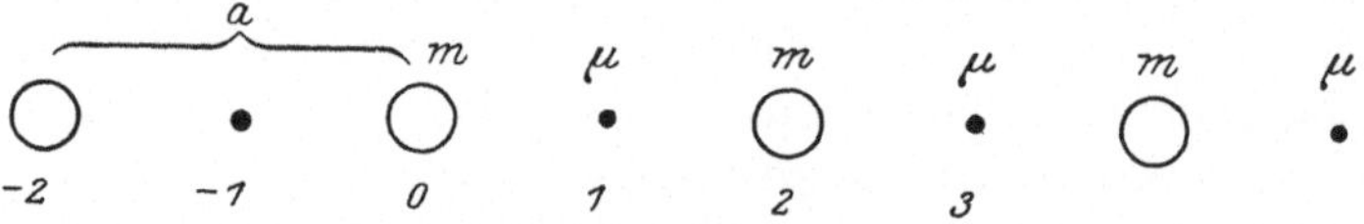

Abb. 118. Modell des linearen Gitters.

relativen Verschiebung zweier Teilchen $u_{n+1} - u_n$ ist (harmonische Bindung), wenn wir die Verschiebung eines Teilchens aus der Ruhelage mit u_n bezeichnen; dann lauten die Bewegungsgleichungen:

$$m\ddot{u}_{2n} = \alpha\,(u_{2n+1} + u_{2n-1} - 2u_{2n}) \left.\right\} $$
$$\mu\ddot{u}_{2n+1} = \alpha\,(u_{2n+2} + u_{2n} - 2u_{2n+1}) \left.\right\} \tag{1}$$

(1) ist also ein System linearer simultaner gekoppelter Differentialgleichungen.

Zur Lösung machen wir den Ansatz

$$u_{2n} = U'e^{i(2\pi\nu t + 2\cdot 2n\varphi)} \left.\right\}$$
$$u_{2n+1} = U''e^{i(2\pi\nu t + 2(2n+1)\varphi)} \left.\right\} \tag{2}$$

In bekannter Weise folgt daraus für ν^2 eine Säkulargleichung mit der Lösung

$$4\pi^2\nu^2 = \frac{\alpha}{m\mu}\left\{m + \mu \pm \sqrt{m^2 + \mu^2 + 2m\mu\cos 2\varphi}\right\}. \tag{3}$$

Die Bedeutung von φ, der Phasenverschiebung aufeinanderfolgender Teilchen, ergibt sich aus (2): Wenn $2k\varphi = \pi$ ist ($k =$ ganze Zahl), dann sind die Amplituden $u_{2n+2k} = u_{2n}$ und $u_{2n+1+2k} = u_{2n+1}$, d. h. die Amplitude wiederholt sich periodisch im Abstand von

$2\,k$ Teilchen der gleichen Art. Wir können also den Abstand der Teilchen mit den Indizes $(2n + 2k)$ und $(2n)$ bzw. $(2n + 1 + 2k)$ und $(2n + 1)$ mit der Wellenlänge identifizieren, d. h. wir setzen

$$2\,ka = \lambda\,. \tag{4a}$$

Wir erhalten also:

$$\varphi = \frac{a\pi}{\lambda} \quad \text{oder} \quad \lambda = \frac{a\pi}{\varphi}\,. \tag{4b}$$

Aus (3) folgt, daß die Frequenzen in komplizierter Weise von der Wellenlänge abhängen (Dispersion) und daß wir für die Frequenzen zwei „Zweige" erhalten, je nach der Wahl des Wurzelvorzeichens. Wegen der Gitterstruktur sind aber nicht alle Wellenlängen möglich, wie es bei einem Kontinuum der Fall wäre, sondern nach (4a) nur diskret verteilte Werte. Man sieht zudem ein, daß eine kleinste Wellenlänge $\bar\lambda$ existieren muß, die dann erreicht ist, wenn zwei aufeinanderfolgende Punkte gleicher Masse gerade entgegengesetzte Phase besitzen, d.h. wenn $k = 1$. Es ist dann

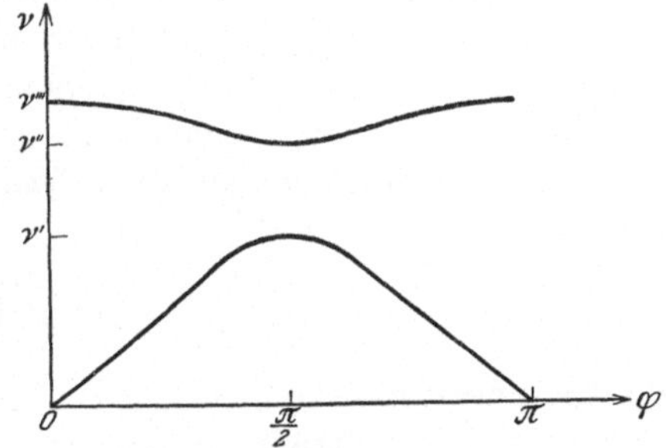

Abb. 119. Abhangigkeit der Frequenz von der Wellenlange.

$\lambda = 2a$, also $\bar\varphi = \pi/2$. Die Abhängigkeit der beiden Frequenzzweige von φ, d.h. von λ, zeigt Abb. 119. Der obere Zweig entspricht dem positiven Vorzeichen, der untere dem negativen Vorzeichen der Wurzel in (3).

Für das Experiment ist nur der Fall von Interesse, daß die Wellenlänge groß gegen a ist, was selbst noch für ultraviolette Strahlen ausreichend erfüllt ist; außerdem ändert sich die Frequenz im oberen Zweige in der Nähe von $\varphi = 0$, d. h. bei großen Wellenlängen nur wenig mit derselben. Wir brauchen deshalb nur das Verhalten bei großer Wellenlänge ($\varphi \approx 0$) zu wissen.

Wie Abb. 119 lehrt, nähert sich die Frequenz für den unteren Zweig bei wachsender Wellenlänge dem Wert Null, d. h. das ganze Gitter bewegt sich in erster Näherung als starres Gebilde (Translation). Da derartige Bewegungen für die Fortpflanzung akustischer Schwingungen maßgebend sind, nennt man den unteren Frequenzzweig den „akustischen Zweig".

Der obere Zweig ergibt für $\varphi \approx 0$ bzw. $\lambda = \infty$ die Frequenz[1]

$$\nu''' = \frac{1}{2\pi}\sqrt{\frac{2\alpha}{\mu}\left(1 + \frac{\mu}{m}\right)}.$$

Aus (2) folgt sodann $U'm = -U''\mu$, so daß die einfachen Gitter, aus denen sich der Kristall zusammensetzt, als starre Gebilde mit der angegebenen Frequenz gegeneinander schwingen. Denkt man sich die Massen m und μ elektrisch geladen mit verschiedenem Ladungsvorzeichen, dann können wir die beschriebene Schwingung optisch anregen: das obere Vorzeichen in (3) liefert den „optischen Zweig".

Die Grenzfrequenz für die kleinste mögliche Wellenlänge $\varphi = \pi/2$ ist für uns von geringerem Interesse; die Strecke der Kurve von $\pi/2$ bis π bringt physikalisch nichts Neues.

Sind m und μ sehr verschieden, etwa Atommasse und Elektronenmasse, dann ist der optische Zweig fast monochromatisch mit der Frequenz

$$\nu''' = \nu'' = \frac{1}{2\pi}\sqrt{\frac{2\alpha}{\mu}}.$$

Sind m und μ nahezu gleich, dann ergeben die beiden Zweige im Punkt $\varphi = \pi/2$ dieselbe Frequenz; die beiden Zweige berühren sich dann in diesem Punkt. Die optische Grenzfrequenz für $\varphi = 0$ hat dann den Wert

$$\nu'' = \nu' = \frac{1}{\pi}\sqrt{\frac{\alpha}{m}}.$$

Dazu ist aber zu bemerken, daß man hierbei, nämlich für $m = \mu$, nur uneigentlich von zwei Zweigen reden kann[2], da beide Zweige dieselbe Wellenlängenabhängigkeit der Fréquenz liefern. Daß trotzdem zwei Grenzfrequenzen für große Wellenlängen existieren, die Nullfrequenz und die optische Grenzfrequenz, ist dadurch verursacht, daß die Atome verschiedene Ladungen tragen, so daß wir im Grenzfall $m = \mu$ nicht auf einen einatomigen Kristall mit Atomen gleicher Ladung kommen, der keine optisch aktive Grenzfrequenz haben kann; der hier vollzogene Grenzübergang führt dagegen zu einem zweiatomigen Kristall. Die beiden Gleichungen (2) unterscheiden sich sodann nur durch das Vorzeichen

---

[1] Bezeichnung siehe Abb. 119.
[2] W. Dehlinger, Diss. München 1915.

von U bzw. was dasselbe ist, durch eine Phasenverschiebung um π. Die beiden Zweige beziehen sich auf die beiden möglichen Fälle $U' = U''$ (akustischer Zweig) und $U' = -U''$ (optischer Zweig).

Die optische Grenzfrequenz identifizieren wir mit den optisch zu bestimmenden Eigenfrequenzen, speziell mit den Reststrahlfrequenzen zweiatomiger Kristalle. Von allgemeiner Bedeutung ist dabei die Tatsache, daß die Reststrahlen nur als eine Grenzfrequenz definiert sind und in Wirklichkeit keine einheitliche Eigenschwingung darstellen, sondern ein Spektrum nahe benachbarter Frequenzen, die aber experimentell nicht getrennt werden können.

In dem allgemeinen Fall des dreidimensionalen Gitters ist die Rechnung wesentlich komplizierter. Wir verweisen hierfür auf den zitierten Artikel von Born. Es sei nur erwähnt, daß zur Vereinfachung der Theorie das endliche Gitter mit N Gitterpunkten durch periodische Wiederholung zu einem unendlichen Gitter ergänzt wird. Man vermeidet dann die gesonderte Betrachtung der Grenzflächen und kann endliche Summen durch unendliche ersetzen. Die Einschränkung, daß nur benachbarte Atome aufeinander wirken, wird aber fallengelassen. Das allgemeine Ergebnis für ein Gitter mit s Basispunkten, wovon p Atome und $(s-p)$ Elektronen sein sollen, ist in Abb. 120 nach Born schematisch dargestellt:

Es gibt im ganzen $3N$ Frequenzen, die sich in $3s$ Zweige einordnen, davon drei akustische Zweige mit der Grenzfrequenz Null. Sodann folgen $3(p-1)$ optische Zweige mit langsamen Frequenzen und $3(s-p)$ optische Zweige mit höheren Frequenzen (Ultraviolett). Die Größenordnung der Frequenzen der beiden Arten optischer Zweige verhalten sich wie die Wurzeln aus Atommasse und Elektronenmasse (Habersche Beziehung). Für einen p-atomigen Kristall gibt es demnach $(3p-3)$ ultrarote Eigenfrequenzen. Diese Zahl ist aber nur als Maximalwert anzusehen, in den meisten Fällen reduziert sich diese Anzahl beträchtlich infolge des Einflusses der Kristallsymmetrie, und zwar in doppelter Hinsicht. Zunächst reduziert sich die Anzahl dadurch, daß mehrere Wurzeln der Säkulargleichung infolge der Symmetrie zusammenfallen (doppelte bzw. dreifache Wurzeln). Die zu einer mehrfachen Wurzel gehörigen Schwingungen bezeichnen wir als

Doppel- bzw. dreifache Schwingung. Die Schwingungsform solcher Frequenzen ist elliptisch, doch bleiben die Lage der Schwingungsebene, die Lage der großen Achse der Ellipse in dieser Ebene und die Exzentrizität unbestimmt, da zu wenig Gleichungen existieren, um alle Amplitudenverhältnisse zu bestimmen. Für einachsige Kristalle wird die Höchstzahl verschiedener Eigenfrequenzen $2(p-1)$. Für reguläre Diagonalgitter ist die Höchstzahl $(p-1)$,

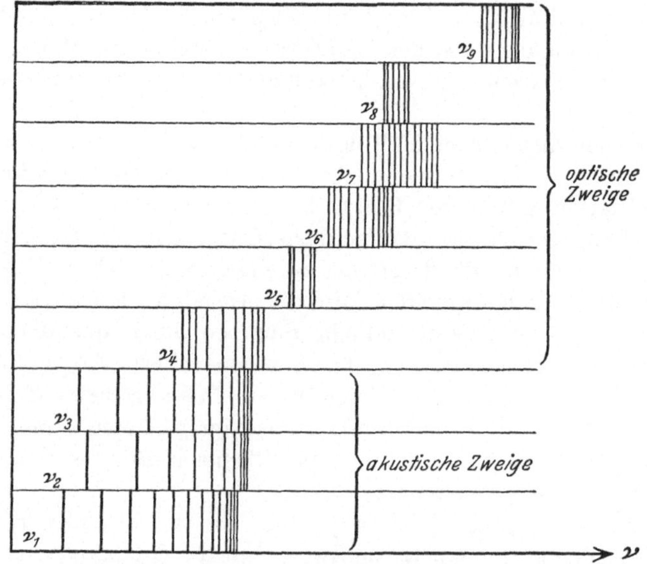

Abb. 120. Schematische Darstellung des Spektrums eines Kristallgitters nach BORN.

woraus folgt, daß Kristalle wie NaCl nur eine Eigenfrequenz, d. h. eine optische Grenzfrequenz haben[1], wie zuerst DEHLINGER[2] gezeigt hat.

Eine weitere Reduktion der Zahl optisch erkennbarer Eigenfrequenzen tritt dadurch ein, daß ähnlich wie bei den Gasen infolge der Symmetrieverhältnisse des Gitters inaktive Schwingungen möglich sind, bei denen das elektrische Moment $\sum_i e_i \mathfrak{r}_i$ ungeändert

---

[1] Das Gegenteil nimmt fälschlicherweise BALANDIN (ZS. f. Phys. Bd. 26, S. 145. 1924) an, weswegen seinen Folgerungen in bezug auf die chemische Affinität die physikalische Grundlage entzogen ist.

[2] W. DEHLINGER, Phys. ZS. Bd. 15, S. 276. 1914.

bleibt; diese inaktiven Frequenzen sind aber, wie die aktiven Grenzfrequenzen, optische Frequenzen, d. h. die einfachen Gitter schwingen gegeneinander.

BRESTER[1] hat systematisch den Einfluß der Symmetrie auf die Anzahl und den Schwingungscharakter der Eigenfrequenzen untersucht. Er benützt dabei die Invarianzeigenschaften der Schwingungsgleichungen gegenüber gewissen Deckoperationen. Die Theorie bezieht sich dabei zunächst auf endliche Punktsysteme. Der Übergang zum unendlichen Gitter wird dadurch hergestellt, daß jedem Gitter ein endliches Punktsystem zugeordnet werden kann, welches dieselben Symmetrieelemente oder auch mehr[2] besitzt wie das Gitter. BRESTER hat für alle möglichen Fälle die Theorie allgemein durchgeführt und die Zahl der Eigenfrequenzen angegeben. Die Theorie ist dabei insofern vereinfacht, als im Ansatz (2) die Phasenverschiebung Null gesetzt wird, womit man sofort die Grenzfrequenzen erhält. Dieses Vorgehen bedeutet, daß alle kristallographisch gleichwertigen Punkte in gleicher Weise schwingen.

Über die Berücksichtigung der Translation und Rotation ist noch zu sagen, daß im Gitter nur die Translationen als uneigentliche Schwingungen abgezogen werden müssen, da nur sie Nullfrequenzen ergeben. Rotationen innerhalb der Elementarzelle sind als Rotationsschwingungen mit endlicher Frequenz möglich. Rotationen des ganzen Gitters sind von vornherein in der Theorie nicht enthalten, da ja, wie aus dem Ansatz (2) bzw. seiner Verallgemeinerung auf drei Dimensionen folgt, alle Elementarzellen die gleichen Verrückungen aus der Ruhelage aufweisen müssen, was bei der Rotation des Gitters zweifellos nicht der Fall ist.

Die Theorie der endlichen Punktsysteme hat schon an sich Interesse, denn damit werden auch die Gasmolekeln erfaßt, und außerdem existieren in Kristallgittern, wie wir schon erwähnten, gewisse fester gebundene Atomgruppen, die in erster Annäherung unabhängig vom Gitterverband schwingen. Die Schwingungen solcher Gruppen (z. B. CO_3-Gruppe) unter Erhaltung ihres Schwerpunktes nennen wir „innere Schwingungen"; wir kommen in § 38 ausführlich auf sie zurück.

---

[1] C. J. BRESTER, Kristallsymmetrie und Reststrahlen. Diss. Utrecht 1923; s. a. ZS. f. Phys. Bd. 24. S. 324. 1924.

[2] Diese dürfen dann nicht berücksichtigt werden.

Es sei noch erwähnt, daß wir bisher harmonische Schwingungen voraussetzten; wie bei Gasen und Flüssigkeiten erhalten wir aber auch bei festen Körpern Ober- und Kombinationsschwingungen, welche anharmonische Bindung erfordern. Für solche Bindung ist die Theorie von Born und Brody[1] durchgeführt; für uns ist nur das Ergebnis von Bedeutung, daß in der Formel für die Strahlungsfrequenzen die ersten und zweiten Potenzen der Schwingungsquantenzahlen auftreten, d. h. die Oberschwingungen sind verstimmt. Der Spezialfall dieser Formel für einen Oszillator ist in Kap. IV öfters benutzt worden, desgleichen die Spezialisierung auf drei Grundfrequenzen (CO_2, § 31). Der Einfluß der Symmetrieverhältnisse auf die Schwingungen bei anharmonischer Bindung ist noch nicht untersucht worden. Wir rechnen im folgenden i. a. nur mit h a r m o n i s c h e n Oberschwingungen. Die Kombinationsfrequenzen berechnen sich demnach aus den Grundfrequenzen ν_i gemäß der Gleichung:

$$\nu = \sum_i n_i \nu_i \ (n_i = \text{kleine ganze Zahl}).$$

Die Intensität der Kombinationsfrequenzen nimmt ab mit zunehmender Ordnung $\sum n_i$ der Kombination.

Die Gittertheorie verbindet die elastischen Daten des Kristalls mit den Eigenfrequenzen[2], doch konnte eine allgemeine Formel hierfür nicht aufgestellt werden. Nur für den Spezialfall regulärer Diagonalgitter ergeben sich aus der Auflösung der Schwingungsgleichung einfache Formeln für die Frequenzen, und zwar erhält man für zweiatomige Gitter:

$$2\pi\nu_0 = \sqrt{\varDelta D\left(\frac{1}{m_1} + \frac{1}{m_2}\right)} \tag{5}$$

und für dreiatomige mit zwei gleichen Partikeln (z. B. CaF_2):

$$2\pi\nu_0 = \sqrt{\varDelta D\left(\frac{2}{m_1} + \frac{1}{m_2}\right)} \qquad (m_1 = Ca,\ m_2 = F)\,.$$

Darin bedeutet $\varDelta$ das Zellenvolumen, D eine aus den Koeffizienten der Schwingungsgleichungen zusammengesetzte Konstante, m_1 und m_2 die Massen der Teilchen.

---

[1] M. Born u. E. Brody, ZS. f. Phys. Bd. 6, S. 140. 1921. Vgl. auch M. Born, Atomtheorie des festen Zustands, S. 670ff.

[2] Dieser Zusammenhang wurde zuerst von Madelung, l. c. (s. S. 286) erkannt.

Auch aus der Dispersionsformel kann man nach Born die Eigenfrequenzen berechnen. Die Dispersionsformel lautet nämlich $(\omega = 2\pi\nu)$

$$\left.\begin{aligned}n^2 = n_0^2 + \frac{K}{1 - \dfrac{\omega^2}{\omega_0^2}}\,, \qquad K = \bar{p}\,\frac{4\pi F^2 z^2 \varrho}{M_1 M_2 \omega_0^2}\,, \\[2mm]\bar{p} = 1 \text{ für } s = 2\,, \qquad \bar{p} = 2 \text{ für } s = 3\end{aligned}\right\}. \qquad (6)$$

F ist die Äquivalententladung für ein Mol, z die Wertigkeit der Ionen, N die Anzahl der Molekeln im Mol, $\varrho = \dfrac{M_1 + \bar{p}M_2}{N\varDelta}$, M_1 und M_2 die Atommassen pro Mol; n_0 bedeutet den von den ultravioletten Eigenfrequenzen herrührenden konstanten Beitrag zum Brechungsindex. Für K kann man auch schreiben $n_\infty^2 - n_{0\infty}^2$, wo ∞ den Grenzwert für lange Wellen andeutet.

Außer den von der Gittertheorie gelieferten Formeln sind von einer Reihe anderer Forscher Formeln aufgestellt worden, welche die Eigenfrequenzen mit anderen Konstanten der Molekel verbinden. Die Formeln werden meist unter Benutzung spezieller Vorstellungen über die wirkenden Kräfte abgeleitet, doch konnte Einstein[1] zeigen, daß schon Dimensionsbetrachtungen zum Ziel führen. Es ist dazu nur notwendig zu wissen, von welchen Größen ν abhängen kann. Nach Einstein sind dies die Massen m, der Abstand d benachbarter Atome und die Kräfte, die einer Abstandsveränderung entgegenwirken; letztere werden gemessen durch den Kompressibilitätskoeffizienten $\varkappa$ von der Dimension $l\,t\,m^{2-1}$. Aus m, d und $\varkappa$ läßt sich ein Ausdruck mit der Dimension einer Frequenz, t^{-1}, bilden, und zwar ist

$$\nu = C\sqrt{\frac{d}{m\varkappa}} \qquad (7)$$

wo C ein Zahlenfaktor. Führt man in diese Formel das Molekularvolumen $v = N d^3$, ferner das Molekulargewicht $M = N \cdot m$ ein, dann erhält man

$$\nu = C N^{\frac{1}{3}} v^{\frac{1}{6}} M^{-\frac{1}{2}} \varkappa^{-\frac{1}{2}} = C \cdot 1{,}9 \cdot 10^7\, M^{-\frac{1}{3}} \varrho^{-\frac{1}{6}} \varkappa^{-\frac{1}{2}}\,, \qquad (8)$$

wo ϱ die Dichte bedeutet. Einstein[2] hat früher die gleiche Formel durch molekularkinetische Betrachtungen erhalten mit dem

---

[1] A. Einstein, Ann. d. Physik Bd. 35, S. 679. 1911.
[2] A. Einstein, Ann. d. Physik Bd. 34, S. 170. 1911.

Zahlenfaktor $2{,}8 \cdot 10^7$. Eine Formel gleicher Gestalt hatte vorher auch schon MADELUNG l. c. abgeleitet. Wie hier nicht näher ausgeführt werden soll, kann man (5) in (7) überführen, da man der Größenordnung und Dimension nach $D = \dfrac{a}{\varkappa d^2}$ setzen kann, wo a dimensionslos von der Größenordnung 1 ist. Solange man also $\varkappa d^2 D$ als konstant ansehen kann, ist die MADELUNG-EINSTEINsche Gleichung der gittertheoretischen gleichwertig; die genannte Voraussetzung dürfte für Gitter ähnlicher Struktur zutreffen; also z. B. für die Reihe der Alkalihalogenide. Auch GRÜNEISEN[1] erhält eine ähnliche Formel.

Zu einer weiteren Formel führt, ebenfalls nach EINSTEIN, die Annahme, daß man statt der obenerwähnten Kräfte eine andere charakteristische Größe einführt, für die ein Gesetz der übereinstimmenden Zustände bestehen muß, damit sie das Verhalten der Substanz charakterisieren kann. Als solche Größe wählt EINSTEIN den Schmelzpunkt T_s bzw. die Energie $\tau = \dfrac{R T_s}{N}$. Ähnlich wie oben erhält man

$$\nu = C \cdot 0{,}77 \cdot 10^{12} \sqrt{\frac{T_s}{M\, v^{\frac{2}{3}}}}\,, \tag{9}$$

während LINDEMANN[2] als Zahlenfaktor $2{,}12 \cdot 10^{12}$ erhält. LINDEMANN leitet diese Formel ab, indem er von der Vorstellung ausgeht, daß bei dem Schmelzvorgang die Amplitude der schwingenden Atome so groß ist, daß benachbarte Teilchen Energie durch Stoß übertragen können. Bei zweiatomigen Gittern mit verschiedenartigen Ionen muß M durch eine mittlere Masse ersetzt werden[3]. Da gerade der Übergang von schwingenden Atomen zu Molekülen, deren einzelne Atome gegeneinander schwingen, nicht ohne weiteres erlaubt ist und außerdem die Gitterstruktur vernachlässigt wird, ist eine Dimensionsbetrachtung nach EINSTEIN als allein sachgemäß zu betrachten.

BRAUNBEK[4] hat unter Benutzung spezieller Vorstellungen über den Schmelzvorgang (Platzwechsel von Ionen unter Überwindung

---

[1] E. GRÜNEISEN, Ann. d. Physik Bd. 39, S. 257. 1912.

[2] F. A. LINDEMANN. Phys. ZS. Bd. 11, S. 609. 1910.

[3] Die ursprüngliche Formel hat einen etwas anderen Massenfaktor, der aber numerisch nur wenig ausmacht, sofern man nur relative Frequenzen berechnen will, wie es für uns zutrifft.

[4] W. BRAUNBEK, Phys. ZS. Bd. 38, S. 549. 1926.

von Potentialschwellen, die aus den Anziehungs- und Abstoßungskräften resultieren), den Faktor C absolut berechnet. Er hängt
von der Masse der Ionen und vom Kristallsystem ab.

Es sei noch erwähnt, daß wie bei den Gasmolekeln (§ 28) auch
hier die Eigenfrequenzen aus dem Verlauf der spezifischen Wärme
berechnet werden können, doch ist der Zusammenhang bei Gittern
wesentlich komplizierter. Man kann zwar angenähert die Energie
als Summe von DEBYE- und EINSTEIN-Funktionen darstellen in
der Form

$$E = N\,k\,T\left\{ \sum_{j=1}^{3} \overline{D\left(\frac{\Theta_j}{T}\right)} + \sum_{j=4}^{3p} P\left(\frac{\Theta_j}{T}\right)\right\},$$

wo

$$D(x) = \frac{3}{x^3}\int\limits_{0}^{x} P(\xi)\,\xi^2\,d\xi\,, \quad P(x) = \frac{x}{e^x - 1}\,, \quad \Theta_j = \frac{h\,\nu_j}{k}$$

und $\overline{D}$ einen Mittelwert über die Einheitskugel bedeutet, da Θ_1,
Θ_2, Θ_3 (akustischer Zweig) von der Richtung abhängen. Führt
man die Mittelbildung angenähert durch, dann kann man schreiben (Θ sei ein mittlerer Wert von Θ_1 bis Θ_3)

$$E = N\,k\,T\left\{ 3\,D\left(\frac{\Theta}{T}\right) + \sum_{j=4}^{3p} P\left(\frac{\Theta_j}{T}\right)\right\}.$$

Die P-Funktionen berücksichtigen die innermolekularen Frequenzen des Kristalls (optische Zweige), während die DEBYE-Funktion
nur die akustischen Zweige darstellt.

Es bleibt nun noch übrig, auf die Berechnung der Frequenzen
aus Annahmen über die elektrostatische Natur der Bindungskräfte
hinzuweisen. Wir können hierfür auf die Darstellung in § 28 verweisen, da der Energieansatz derselbe ist wie dort. Auch die
Schwierigkeiten bei der Berechnung von ν sind die gleichen. Es
sei hier nur bemerkt, daß der Abstoßungsexponent n aus der Kompressibilität berechnet werden kann[1]. Tab. 48 stellt die berech-

---

[1] In Kapitel IV hatten wir den Abstoßungsexponenten σ genannt; von
jetzt ab schließen wir uns der üblichen Bezeichnungsweise an. Zu der auf
S. 203 genannten Literatur bezüglich der quantenmechanischen Behandlung
dieser Abstoßung (UNSÖLD, BRUCK) fügen wir hier noch hinzu: P. P. EWALD,
Trans. of the Farad. Soc. Bd. 25, S. 403. 1929. — L. PAULING, ZS. f. Krist.
Bd. 67, S. 377. 1928.

neten Werte zusammen, die in der Nähe von 9 liegen, dem theoretischen Wert für Ionen mit 8 Elektronen[1].

Tabelle 48.

	NaCl	NaBr	NaJ	KCl	KBr	KJ
n	7,84	8,61	8,45	8,86	9,78	9,31

Während wir in § 28 gezwungen waren, wesentlich niedrigere Werte für n anzunehmen, scheint der Wert $n = 9$ für die Kristalle auszureichen.

Bevor wir dazu übergehen, die experimentellen Ergebnisse in ihrem Zusammenhang mit der Theorie zu betrachten, wollen wir kurz die allgemeine Bedeutung der Gittertheorie für das ultrarote Spektrum besprechen. Ihre Bedeutung liegt weniger darin, daß sie die Frequenzen aus elastischen und anderen Daten zu berechnen gestattet, wenn es auch für die Bestätigung der Grundanschauungen der Theorie wichtig ist, ob Theorie und Erfahrung wenigstens der Größenordnung nach übereinstimmen; genauere Übereinstimmung wird nur in wenigen Fällen zu erreichen sein.

Bedeutungsvoller ist es, daß die Theorie die Struktur der Kristalle mit dem ultraroten Spektrum verbindet, und damit im Prinzip die Möglichkeit gegeben hat, aus der Zahl der Eigenschwingungen und ihrer Zuordnung zu den kristallographischen Hauptrichtungen im Kristall auf die Gitterstruktur zu schließen. Ein Schluß in dieser Richtung, der über Angaben allgemeiner Art hinausgeht, ist zwar nur selten möglich (vgl. § 40), einmal der Unvollständigkeit des experimentellen Materials wegen, sodann wegen der außerordentlichen Kompliziertheit des Spektrums und der Gitterstrukturen selbst in relativ einfachen Fällen. Im allgemeinen ist es einfacher, von der aus der Röntgenanalyse her bekannten Struktur auf die Eigenfrequenzen zu schließen und dadurch die Ergebnisse der Röntgenanalyse zu prüfen bzw. sie zu berichtigen (vgl. die Alaune S. 338). Eine systematische Ultrarotanalyse der Kristallstruktur ist demnach i. a. nicht möglich.

§ 35. Die Eigenschwingungen der festen Elemente.

Die Theorie fordert, daß für einatomige Gitter optisch aktive Eigenfrequenzen nicht vorhanden sein dürfen, da eine einfallende

---

[1] M. Born, Verh. d. dtsch. phys. Ges. Bd. 20, S. 230. 1918.

elektromagnetische Welle den Abstand der Atome in diesem Fall nicht ändern kann. Es unterliegt aber keinem Zweifel, daß die hier behandelten Gitter Eigenschwingungen an sich ausführen können, die sich nach den in § 34 angegebenen Theorien berechnen lassen. Im Sinn der BORNschen Theorie gehören die Eigenschwingungen der Elementarkristalle nur dem akustischen Zweig an (von Elektronenspektren abgesehen), dessen Grenzfrequenz für lange Wellen Null ist. Die aus dem Schmelzpunkt, der spezifischen Wärme usw. berechneten Frequenzen entsprechen dann der Häufungsstelle des akustischen Zweiges für die kürzest mögliche Wellenlänge, die wir ebenfalls optisch nicht realisieren können.

Die einfachsten Gitter besitzen die regulär kristallisierenden Metalle, die meist kubische flächen- oder raumzentrierte Gitter aufweisen. Die optischen Eigenschaften der Metalle sind aber im Ultrarot ganz durch die elektrische Leitfähigkeit bestimmt, wie in Kapitel III ausführlich besprochen wurde. Kürzlich hat MURMANN[1] die Durchlässigkeit dünner Metallblättchen im Reststrahlgebiet bestimmt und gefunden, daß die Absorption, welche im wesentlichen konstanten Verlauf zeigt, sich tatsächlich aus der Leitfähigkeit berechnen läßt, während irgendeine selektive Absorption weder an den nach LINDEMANNs Formel berechneten Stellen noch anderswo zu beobachten war.

Im Gegensatz zu den Metallen konnte bei anderen Elementen selektive Absorption im Ultrarot festgestellt werden, die allerdings niemals hohe Beträge erreicht. Es handelt sich dabei um Metalloide wie Kohlenstoff, Schwefel und das Halogen Jod. Diese Tatsache kann dadurch erklärt werden, daß in den Gittern der ebengenannten Stoffe im Gegensatz zu den Metallen Atomkomplexe, „Moleküle", unterschieden werden können, so daß die Atome dieser Komplexe einander näher sind als Atomen des nächsten „Moleküls", ohne daß aber ausgesprochene Molekülgitter aufzutreten brauchen.

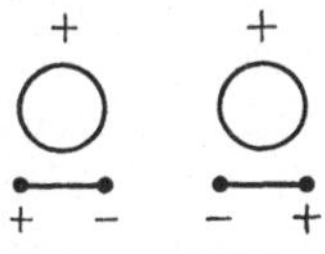

Abb. 121. Induzierte Dipole.

Das hat zur Folge, daß nahe benachbarte Atome sich gegenseitig beeinflussen können, und zwar in der Weise, daß elektrische Dipole induziert werden, wie es in Abb. 121 schematisch dargestellt ist. Man erkennt, daß zwei Atome mit gleichem Vor-

---

[1] H. MURMANN, ZS. f. Phys. Bd. 54, S. 741. 1929.

zeichen der Ladung Dipole verschiedenen Vorzeichens induzieren; man kann dies Verhalten so deuten, als ob Atome verschiedenen Vorzeichens mit irgendeinem Bruchteil der Elementarladung aufgetreten seien. Damit ist aber auch die Möglichkeit gegeben, die Absorption der genannten Stoffe zu verstehen[1].

Eingehend studiert sind die eben angedeuteten Verhältnisse nur bei Schwefel, dessen Absorption von COBLENTZ[2], M. SCHUBERT[3] und TAYLOR und RIDEAL[4] gemessen wurde. Wir beschränken uns auf die Besprechung der Arbeit von TAYLOR und RIDEAL, da die Ergebnisse der älteren Autoren mit den ihrigen übereinstimmen, aber nicht so umfassend sind. Abb. 122 gibt die Messung von

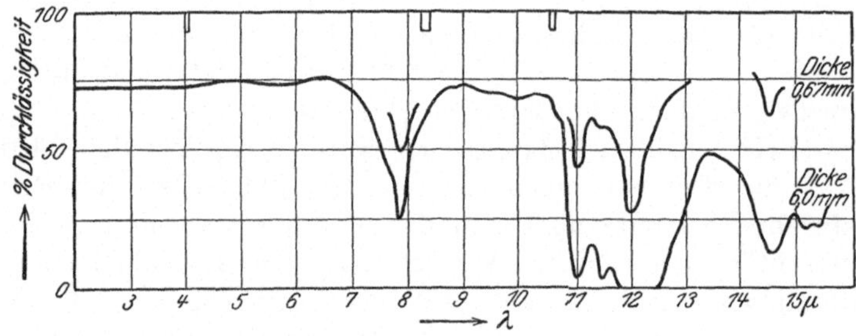

Abb. 122. Durchlässigkeit von rhombischem Schwefel nach TAYLOR und RIDEAL.

TAYLOR und RIDEAL an rhombischem Schwefel bei 18° wieder. Die Absorption wurde außerdem bei 96° bestimmt, wobei sich die Wellenlängen der Durchlässigkeitsminima etwas nach langen Wellen verschoben. Auch für andere Schwefelmodifikationen, nämlich prismatischen monoklinen Schwefel, plastischen und flüssigen Schwefel lagen nach Ausweis von Tab. 49, in der nur die Hauptminima eingetragen sind, die Absorptionsstellen bei etwa gleichen Wellenlängen. Flüssiger und plastischer Schwefel zeigten das gleiche Spektrum, das sich von dem des kristallinischen Schwe-

---

[1] Gleichermaßen könnte dadurch auch für die aus gleichen Atomen bestehenden Gasmoleküle vom Typus O_2 usw. Absorption zustande kommen, die allerdings erst bei hohem Druck bzw. großer Schichtdicke zu beobachten wäre (vgl. a. S. 184). Die bei Ozon tatsächlich beobachtete Absorption ist, wie auf S. 247 erwähnt, noch nicht endgültig dem Ozon selbst zuzuordnen.

[2] W. W. COBLENTZ, Investig. of infrared spectra I, S. 66. 1905.

[3] M. SCHUBERT, Diss. Breslau 1916.

[4] A. M. TAYLOR u. E. K. RIDEAL, Proc. Roy. Soc. (A). Bd. 115, S. 589. 1927.

fels durch starke Verbreiterung der Minima unterschied. Das Emissionsspektrum des flüssigen Schwefels bei 125° zeigte ebenfalls Maxima in der Nähe der Absorptionsstellen.

Tabelle 49. Eigenschwingungen von Schwefel.

	Temp. °C	Wellenlangen		
		μ	μ	μ
rhombisch (Absorption) . . {	18	7,76	10,73	11,90
	96	7,79	10,80	11,97
prismatisch (Absorption) . .	96	7,79	10,80	11,97
plastisch (Absorption) . . .	18	7,68	—	11,83
flüssig (Absorption)	125	7,74	10,78	11,90
flüssig (Emission)	125	7,75 und 8,50	10,75	12,00

Kürzlich hat TAYLOR[1] beobachtet, daß bei dem Übergang zu dampfförmigem Schwefel von etwa 380° C das Spektrum nach kürzeren Wellen verschoben wird, ohne im übrigen seine Struktur zu verändern (vgl. Abb. 122a). Diese Beobachtung läßt sich erklären, wenn man annimmt, daß bei dem Übergang zum Dampf das Molekül verkleinert wird. Diese Annahme ist ohne weiteres mit unseren Grundanschauungen verträglich, da im Kristall die Atome der Umgebung den Bindungen im Mole-

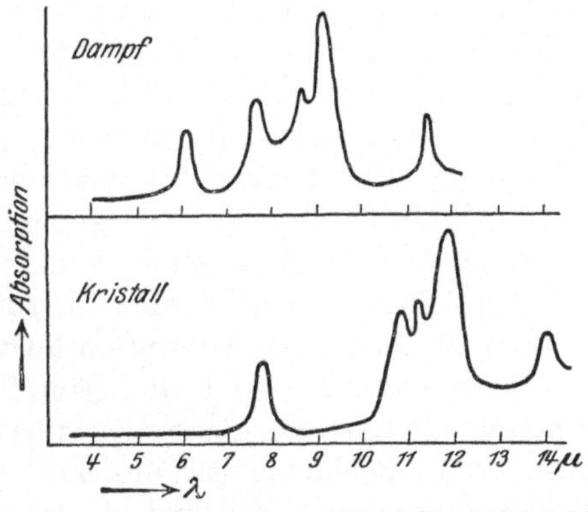

Abb. 122a. Absorption von kristallinem Schwefel und Schwefeldampf nach TAYLOR.

kül entgegenwirken und dadurch größere Dimension des Moleküls im Kristall gestatten.

Die Tatsache, daß die Absorption nicht an kristallinen Schwefel gebunden ist, beweist, daß hier nicht die Gitterstruktur den Charakter der Absorption bestimmt, sondern daß ein Atomkomplex,

---

[1] A. M. TAYLOR, Trans. of the Farad. Soc. Bd. 25, S. 929. 1929.

der im wesentlichen in allen Modifikationen (auch im Dampf!) auftritt, für das Auftreten der Absorption verantwortlich ist. Nun weiß man aus chemischen und röntgenographischen Daten, daß das Schwefelmolekül aus sehr vielen Atomen bestehen kann. Der Dampf ist bei hohen Temperaturen (1000 °C) zweiatomig, bei mittleren Temperaturen sechsatomig, dicht über dem Siedepunkt achtatomig, die flüssige Phase hat wahrscheinlich das Molekül S_8. Im Kristall können nach MARK und WIGNER[1] Gruppen von höchstens 16 Schwefelatomen unterschieden werden.

TAYLOR und RIDEAL (l. c.) halten es daher für wahrscheinlich, daß die S_2-Gruppe, wie oben angedeutet, Dipole bildet, die im Kristall zu größeren Komplexen von acht S_2-Gruppen in der Weise zusammentreten, daß die S_2-Dipole in den Ecken eines Würfels sitzen; ihre Richtung ist die der Raumdiagonalen, und zwar zeigen die Dipole abwechselnd nach innen und außen, wie es BORN und KORNFELD[2] ähnlich für festes HCl angenommen haben[3]. Wie hier nicht näher ausgeführt sei, kann man dieses Modell benutzen, aus der Verdampfungswärme und Dissoziationsenergie angenäherte Werte für das Dipolmoment zu berechnen; man erhält 8,0 bzw. $4{,}5 \cdot 10^{-18}$ el. stat. Einh., also relativ große Werte, was in Einklang mit der Tatsache steht, daß S in organischen Verbindungen zur Kettenbildung neigt und daß Verdampfungswärme, Dissoziationswärme und Kompressibilität Werte erreichen, die denen für Substanzen mit Ionengitter nahe kommen.

Auch aus der Absorption kann das Dipolmoment berechnet werden. TAYLOR und RIDEAL bestimmen aus der Dispersionstheorie die Form der Absorptionskurve. Da als Unbekannte die effektive Ladung ε und die Dämpfungskonstante g auftreten, sind zwei Punkte der Absorptionskurve nötig, um ε zu berechnen, doch ist die Rechnung sehr unsicher[4], so daß die Absolutwerte um Größenordnungen falsch sind. Immerhin ist es aber möglich, relativ zur effektiven Ladung in anderen Kristallen, z. B. Kalkspat,

---

[1] H. MARK u. E. WIGNER, ZS. f. phys. Chem. Bd. 111, S. 398. 1924.

[2] M. BORN u. H. KORNFELD, Phys. ZS. Bd. 24, S. 121. 1923.

[3] Die Ähnlichkeit der Spektren des Dampfes und der anderen Aggregatzustände läßt allerdings erwarten, daß die Absorption in allen Fällen durch das gleiche Molekül, etwa S_8, hervorgerufen wird. Es wäre daher wichtig, die Absorption des Dampfes bei höherer Temperatur zu bestimmen.

[4] Abgesehen von einigen bei Schwefel nicht gestatteten Vernachlässigungen ($n = 1$ statt 2).

die effektive Ladung von S_2 zu bestimmen. Man findet auf diese Weise angenähert den Wert $\varepsilon = 0{,}77\,e$ und daraus ein Dipolmoment $p = 7{,}5 \cdot 10^{-18}$, wenn man den Abstand der S-Atome zu 2,05 Å ansetzt, wie ihn BRAGG im Pyrit, FeS_2, gefunden hat.

Wir erwähnen noch, daß aus der LINDEMANNschen Formel für die Absorptionsstelle ein Wert folgen würde, der zwischen 70 und 100 μ liegt.

Es ist nicht möglich, die Lage der Eigenfrequenzen des Schwefels aus dem Reflexionsvermögen zu bestimmen, da die Absorption hierzu nicht stark genug ist. Infolgedessen ist das Reflexionsvermögen konstant, etwa 11%, woraus ein Brechungsexponent $n = 2$ folgt (SCHUBERT l. c.).

Auch Selen[1] zeigt konstantes Reflexionsvermögen im Betrag von etwa 19,4% ($n = 2{,}596$). Wir haben schon früher (§ 14) erwähnt, daß dies Resultat von praktischer Bedeutung ist für die Konstruktion von Polarisatoren aus Selenspiegeln. Die Absorption von Selen ist noch nicht untersucht worden.

Die Absorption und Reflexion von Diamant hat REINKOBER[2] gemessen. Das Reflexionsvermögen ist konstant gleich 16,5% im ganzen untersuchten Bereich bis 19 μ. Das Absorptionsvermögen einer 1,26 mm dicken Schicht zeigt zwischen 2,6 und 6,5 μ ein breites Absorptionsgebiet mit mehreren Streifen; das Maximum liegt bei 5,0 μ. Bei 14,1 μ ist noch ein weiteres schwaches, aber deutliches Absorptionsmaximum vorhanden. Da JULIUS für Diamant ein ganz anderes Verhalten beobachtet hat, besonders oberhalb 9 μ, ist es nicht unwahrscheinlich, daß die beobachteten Banden auf Beimengungen zurückzuführen sind. Aus der LINDEMANNschen Formel folgt für die Wellenlänge der Eigenfrequenz 6,12 μ, aus der spezifischen Wärme nach EINSTEIN etwa 11 μ.

Das Verhalten von Graphit haben wir schon in § 22 besprochen, da Graphit und Kohle den Metallen näher stehen.

Jod absorbiert nach COBLENTZ[3] bei 7,4 μ und bei 3 μ; diese Absorptionsstellen verschwinden bei Lösung des Jods in Schwefelkohlenstoff. Auch in anderen Lösungsmitteln ist Jod vollkommen

---

[1] A. H. PFUND, Johns Hopkins Univ. Circ. Nr. 4, S. 13. 1906. — M. SCHUBERT l. c. — W. W. COBLENTZ, Invest. V, S. 15. 1908.

[2] O. REINKOBER, Ann. d. Physik Bd. 34, S. 343. 1911. Ältere Messungen stammen von Julius und Ångstrom.

[3] W. W. COBLENTZ, Phys. Rev. Bd. 16, S. 72. 1903; Bd. 17, S. 51. 1903.

durchlässig. Ein Unterschied ergibt sich nur insofern, als in braunen Lösungen (organische Lösungsmittel meist ungesättigten Charakters) die Absorption noch bis 2,5 μ reicht, dagegen in violetten Lösungen (gesättigte organische Lösungsmittel) die Absorption schon bei 1,5 μ aufhört. Flüssiges Jod wurde nur bis 2,7 μ untersucht; in diesem Bereich wurde keine selektive Absorption gefunden. Man muß annehmen, falls die erwähnten Banden tatsächlich dem Jod und nicht einer Verunreinigung zukommen, daß ähnlich wie bei Schwefel die Absorption einem mehr oder weniger komplizierten Jodmolekül zukommt, welches in der Lösung in Atome dissoziiert. In dieser Hinsicht wäre es von Interesse, das Spektrum von gelöstem Schwefel zu beobachten.

§ 36. Prüfung der Theorie an den Spektren zweiatomiger Kristalle und des Flußspats.

Die in § 34 dargestellte Theorie läßt sich am besten prüfen an möglichst einfachen zweiatomigen Gittern. Als einfachsten Gittertypus können wir das Gitter des Steinsalzes und allgemein der Alkalihalogenide ansehen, deren Struktur schon in Abb. 117 beschrieben wurde. Die Alkalihalogenide sind insofern sehr gut zum Vergleich zwischen den theoretischen Formeln und der Erfahrung geeignet, als das Spektrum einer großen Zahl von ihnen bekannt ist. Ihre Eigenfrequenzen liegen zum größten Teil im Reststrahlgebiet oberhalb 20 μ. Die Wellenlängen der Reststrahlen haben wir schon in Tab. 6 gegeben. RUBENS und v. WARTENBERG[1] haben außerdem das Reflexionsspektrum einiger zweiatomiger Salze im fernen Ultrarot gemessen; das Reflexionsmaximum weicht nicht erheblich von der Reststrahlwellenlänge ab, siehe Tab. 50 unter $\lambda_{\text{Reststr.}}$ und $\lambda_{\text{Refl.}}$. Das Aussehen eines solchen Spektrums ist uns schon von § 21 Abb. 55 näher bekannt, das Reflexionsvermögen steigt sehr steil von niedrigen Werten her zum Maximum an und fällt dann langsamer auf den für unendlich lange Wellen geltenden Grenzwert ab. Die Wellenlängenangaben für $\lambda_{\text{Refl.}}$ sind nicht genau, da nur wenige Punkte der Kurve gemessen sind.

Außer den in Tab. 6 verzeichneten Reststrahlen der Alkalihalogenide ist das Reflexionsmaximum von Lithiumfluorid bei 17 μ bekannt[2]. Die Reflexionskurve ist sehr breit und erreicht

---

[1] H. RUBENS u. H. v. WARTENBERG, Berl. Ber. 1914, S. 169.
[2] O. REINKOBER, ZS. f. Phys. Bd. 39, S. 437. 1926.

im Maximum nur Werte bis 20%. Bevor wir den Vergleich zwischen Theorie und Erfahrung besprechen, machen wir an Hand der Abb. 123 darauf aufmerksam, daß man schon auf Grund der Versuche auf die Existenz eines gesetzmäßigen Zusammenhanges der Reststrahlfrequenzen schließen muß. Auf der Abszisse sind die Atomgewichte des Alkalimetalls aufgetragen, die Ordinaten bedeuten Wellenlängen. Für jedes Alkalisalz erhält man so eine Serie von Reststrahlen. Die Kurve für Lithium kann nur hypothetisch gezeichnet werden, da nur das erste Glied (LiF) beobachtet ist. Die Figur kann dazu dienen, noch unbekannte Reststrahlgebiete wenigstens annähernd festzulegen.

RUBENS und v. WARTENBERG haben ihre Messungen benutzt, um die MADELUNGsche und LINDEMANNsche Formel zu prüfen. Tab. 50 gibt das Resultat dieser Prüfung wieder (λ_M nach MADELUNG, λ_L nach LINDEMANN). Dazu ist zu bemerken, daß Reststrahl-

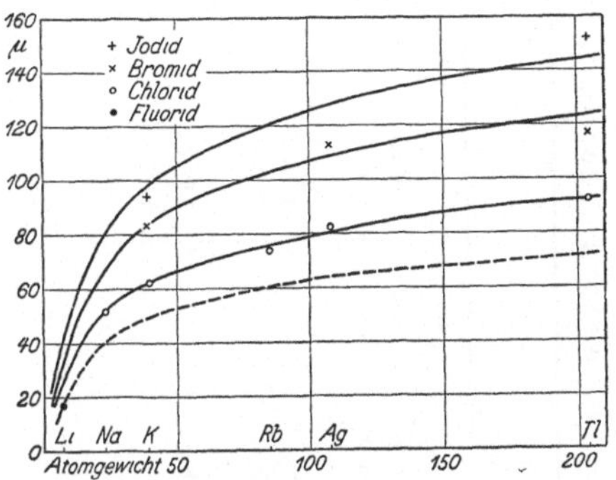

Abb. 123. Zusammenhang zwischen Reststrahlfrequenz und Atomgewicht des Alkali-Ions.

frequenz und Eigenfrequenz nicht zusammenfallen (S. 149), so daß erst eine Umrechnung vorgenommen werden müßte, von der aber die genannten Autoren absehen, da einerseits der relative Fehler für alle gleichartigen Kristalle etwa gleich groß sein wird und anderseits die zur Umrechnung nötigen Dispersionsdaten nur für wenige Substanzen bekannt sind. Die in (8) und (9) auftretenden frei verfügbaren Konstanten wurden so gewählt, daß für KBr genaue Übereinstimmung zwischen Theorie und Experiment besteht. Man erkennt aus Tab. 50, daß weder die eine noch die andere Formel alle Ansprüche erfüllt, wenn auch meistens die LINDEMANNsche Gleichung etwas bessere Werte liefert.

Die Umrechnung von Reflexionsmaximum in Eigenwellenlänge bzw. umgekehrt ist auf Grund der Dispersionsdaten für KCl und NaCl von FUCHS und WOLF[1] vorgenommen worden.

---

[1] O. FUCHS u. K. L. WOLF, ZS. f. Phys. Bd. 46, S. 506. 1928.

Tabelle 50. Eigenfrequenzen zweiatomiger Kristalle.

	$\lambda_{\text{Reststr.}}$	λ_{Refl}	λ_{M}	λ_{L}	a	b	c		d	$e(\lambda_{\text{Refl}})$
	μ	μ	μ	μ	μ	μ	μ		μ	μ
LiF	—	17	23,6	21,6	—	—	—	—	—	—
NaCl	52,0	52	52,9	50,3	61,6	64,5	66,7	(61,3—63,7)	45,9	50,9
KCl	63,4	63	63,8	65,6	74,5	77,0	78,0	(70,4—69,8)	66,4	69,8
RbCl	74,0	—	88,8	83,5	—	—	—	—	82,9	—
AgCl	81,5	90	54,6	84,0	—	—	127,0*	—	—	82,0
KBr	82,6	84	(82,6)	(82,6)	88,0	—	94,0	—	—	90,9
TlCl	91,5	100	81,3	99,3	—	—	—	—	90,5	—
KJ	94,1	95	100,4	98,1	108,3	—	115,0	—	—	107
AgBr	112,7	120	76,7	116,6	—	—	183,0*	—	99,5	117
TlBr	117,0	120	115,3	139,4	—	—	—	—	—	—
TlJ	151,8	150	147,1	177,7	—	—	—	—	—	—
ZnS	30,9	31,8	44,8	36,9	—	—	53,5	($\lambda_{\text{Refl}} = 30,0$ nach FÖRSTERLING)	—	—

Sie berechnen aus der Dispersionsformel die Eigenwellenlängen von NaCl zu 61,67 μ und von KCl zu 70,23 μ; daraus erhält man nach HAVELOCK in erster Näherung (§ 25 Gleichung [7]) für die Reflexionsmaxima die Wellenlängen 52,98 μ (NaCl) und 61,87 μ (KCl), bei Benutzung einer exakteren Formel HAVELOCKS 52,10 μ und 60,74 μ, während aus der FÖRSTERLINGschen Umrechnungsformel dafür die Werte 46,5 μ und 55,5 μ folgen, die mit der Beobachtung weniger gut übereinstimmen.

In Tab. 50 sind noch weitere nach verschiedenen Methoden berechnete Eigenwellenlängen zusammengestellt. In Spalte a sind die nach Gleichung (5) berechneten Werte angegeben, wobei D von BORN[1] aus

---

* Diese erhebliche Abweichung von den beobachteten Werten beruht wahrscheinlich auf der Vernachlässigung der Koppelung von Ionen und Elektronen (M. BORN, Phys. ZS. Bd. 19, S. 539. 1918).

[1] M. BORN, Atomtheorie des festen Zustandes. S. 741.

der Annahme elektrostatischer Kohäsion berechnet wurde. Spalte b gibt Werte wieder, die von FÖRSTERLING[1] aus der thermischen Energie gefunden wurden. Spalte c zeigt von BORN[2] aus Gleichung (6) berechnete Werte, doch sind gerade diese Werte weniger zuverlässig, da unzulässige Annahmen über die Konstanten der Dispersionsformel gemacht wurden. Die bei NaCl und KCl eingeklammerten Werte sind nach FUCHS und WOLF berichtigte Angaben, die mit den oben zitierten gut übereinstimmen. Da die Umrechnung auf Reststrahlfrequenzen unsicher ist, haben wir diesbezügliche Angaben unterlassen. In Anbetracht dieser Umstände wird annähernd gute Übereinstimmung erreicht, abgesehen von einigen Ausnahmen, z. B. den Silbersalzen. Bei den Thalliumsalzen erhält man nach (c) drei- bis viermal zu große Werte. Auch eine unter einfachen Annahmen von CARPENTER und STOODLEY[3] abgeleitete Formel liefert annehmbare Werte für die Eigenfrequenzen außer für NaCl. Die Frequenz wird berechnet nach der Gleichung

$$\nu = \frac{1}{2\,\pi}\sqrt{\frac{f}{m}},$$

wo f aus der Annahme anziehender und abstoßender Kräfte folgt. Letztere sind aus anderen physikalischen Eigenschaften bekannt, doch braucht die Kompressibilität nicht benutzt zu werden. Die Werte sind in Spalte d gegeben. Unter e sind sodann die nach BRAUNBEK berechneten Werte angegeben.

Im Hinblick auf diese Schwierigkeiten wäre es notwendig, auch die Absorption der Alkalihalogenide experimentell zu bestimmen.

Wir erwähnen noch, daß auch die Ammoniumhalogenide im fernen Ultrarot selektive Reflexion aufweisen (NH_4Cl bei $52\,\mu$, NH_4Br bei $58\,\mu$), wobei wir annehmen müssen, daß das NH_4-Gitter als Ganzes gegen das Halogen schwingt. Daneben müssen allerdings auch kurzwellige Absorptionsstellen des NH_4-Ions auftreten, wie es tatsächlich der Fall ist (§ 38). AgCN reflektiert sehr stark bei $95\,\mu$; hierbei schwingt das Ag- gegen das CN-Ion.

Neben den besprochenen langwelligen Eigenfrequenzen dürfen, wie schon erwähnt, keine weiteren auftreten. Dem stand lange Zeit

---

[1] K. FÖRSTERLING, Ann. d. Phys. Bd. 61, S. 549. 1920.

[2] M. BORN, Berl. Ber. 1918, S. 604 und Atomtheorie des festen Zustandes S. 629.

[3] L. G. CARPENTER u. L. G. STOODLEY, Phil. Mag. Bd. 5, S. 823. 1928.

die Tatsache entgegen, daß in Sylvin von mehreren Forschern Absorption im kurzwelligen Ultrarot festgestellt werden konnte[1]. Die Absorptionsstellen liegen bei 3,20 μ und 6,90 μ. REINKOBER bemerkt, daß diese Wellenlängen der 9. und 20. Oberschwingung der Reststrahlfrequenz entsprechen würden, wenn man annähme, daß sie tatsächlich durch die Absorption von Sylvin selbst und nicht durch Zusätze hervorgerufen werden. Abgesehen von der Diskrepanz zwischen Reststrahl- und Eigenfrequenz wäre es dann aber nicht zu erklären, daß die niedrigeren Oberschwingungen ausfallen. Wie nun SCHAEFER und BORMUTH[2] zeigen konnten, treten die erwähnten Absorptionsstellen nur in natürlichem Sylvin auf, nicht aber in synthetisch hergestelltem reinem KCl. Wahrscheinlich beruht die Absorption des Sylvins im kurzwelligen Ultrarot auf Verunreinigungen durch NH_4Cl, da NH_4Cl an den gleichen Stellen absorbiert.

REINKOBER[3] glaubt auch bei LiF Oberschwingungen in Absorption festgestellt zu haben, und zwar bei 5,8 μ, 8,6 μ und 12,85 μ, doch haben noch unveröffentlichte Messungen im Breslauer Institut an einem 0,25 mm dicken LiF-Kristall an diesen Stellen keine Andeutung einer Absorption ergeben. Da die Dicke der von REINKOBER benutzten Schicht (Niederschlag von in Äther aufgeschwemmtem Pulver) unbekannt ist, müssen weitere Messungen abgewartet werden, doch war sie wohl wesentlich kleiner als 0,25 mm. Das Durchlässigkeitsminimum (10 %) war komplex mit zwei Minimis, einem breiten bei 12 bis 14 μ und einem schmaleren und schwächeren bei 15,75 μ. Es ist auffällig, daß hier anscheinend das Reflexionsmaximum (17,1 μ) anomalerweise sehr weit nach längeren Wellen verschoben ist, doch dürfte das im Einklang mit der Tatsache stehen, daß die Absorption nicht sehr stark ist.

Wenn unsere Auffassung von der Entstehung der Reststrahlen aus Gitterschwingungen zutrifft, dann dürften geschmolzene Salze keine Reststrahlfrequenzen besitzen, wenigstens nicht an denselben Stellen wie die Kristalle (vgl. auch S. 205). Tatsächlich hat aber ASCHKINASS[4] an einigen Alkalihalogeniden selektive

---

[1] H. RUBENS, Wied. Ann. Bd. 53, S. 283. 1894; W. W. COBLENTZ, Bull. Bur. of Stand. Bd. 7. S. 653. 1912; O. REINKOBER, ZS. f. Phys. Bd. 39, S. 437. 1926.

[2] CL. SCHAEFER u. C. BORMUTH, ZS. f. Phys. Bd. 50, S. 363. 1928.

[3] O. REINKOBER: ZS. f. Phys. Bd. 39, S. 437. 1926.

[4] E. ASCHKINASS, Ann. d. Physik Bd. 1, S. 42. 1900.

Reflexion an ungefähr derselben Stelle gefunden, an der auch die Kristalle reflektieren. Es ist aber wahrscheinlich, daß mindestens an der Oberfläche Kristallisation auftrat, da die Schmelzen in kalte Schalen gegossen und dann noch mechanisch bearbeitet wurden, so daß das Versuchsergebnis nicht beweiskräftig ist. Über die Verhältnisse bei geschmolzenem Quarz vgl. § 37.

Bevor wir als nächste eingehender untersuchte Gruppe die zweiatomigen Oxyde betrachten, sei noch die Zinkblende, ZnS, erwähnt, deren Daten ebenfalls in die Tab. 50 eingetragen sind. COBLENTZ[1] beobachtete an einem 1,53 mm dicken ZnS-Spaltstück starke Absorption bei 3 μ, deren Ursache unbekannt ist (vielleicht Verunreinigung); Molybdänit, MoS, weist dagegen konstante Durchlässigkeit von 25% auf bei einer Dicke von 0,05 mm.

Einige einfache Oxyde, nämlich die regulär kristallisierenden MgO und CaO und die hexagonalen BeO und ZnO, sind von S. TOLKSDORF[2] im prismatischen Spektrum auf ihre Absorption untersucht worden, wobei einige bemerkenswerte Ergebnisse erzielt wurden.

Das Kristallgitter von MgO und CaO ist nach der Röntgenanalyse vom Steinsalztypus, so daß besonders einfache Verhältnisse zu erwarten waren. Tatsächlich ist das Absorptionsspektrum dieser beiden Oxyde auch sehr einfach, insofern bei jedem nur eine Grundschwingung auftritt mit großer Intensität und daneben einige Oberschwingungen (Tab. 51).

Tabelle 51.

MgO	μ	CaO	μ
ν	14,2	ν	22,05
2ν	7,65	2ν	9,75
3ν	3,85		

Es sei allerdings bemerkt, daß die Frequenzen der Oberbanden nur recht ungenau in harmonischem Verhältnis zur Grundfrequenz stehen.

Besonderes Interesse verdient das Auftreten der Oktave. Da in einem steinsalzähnlichen Gitter ein Atom völlig symmetrisch von anderen Atomen umgeben ist, muß man erwarten, daß unabhängig von der Richtung einer Verrückung aus der Ruhelage die rücktreibende Kraft die gleiche Größe hat, d. h. aber, daß das Kraftgesetz nur ungerade Potenzen der Verrückung enthalten kann, so daß die Oktave der Grundschwingung ausfällt. Im Ein-

---

[1] W. W. COBLENTZ, Investig. III, S. 63, 1906; V, S. 57. 1908.

[2] S. TOLKSDORF, ZS. f. phys. Chem. Bd. 132, S. 161. 1928. Ältere Messungen an MgO und ZnO s. K. ÅNGSTRÖM, Wied. Ann. Bd. 36, S. 715. 1889.

klang hiermit tritt bei NaCl keine RAMAN-Linie auf (vgl. S. 154). Was bei MgO und CaO die Unsymmetrie der Schwingungen hervorruft, ist unklar, doch könnte man denken, daß irgendwie die Elektronenanordnung Unsymmetrien erzeugt, so daß gewissermaßen je zwei Atome zu einem fester gebundenen Molekül zusammentreten, wobei man annehmen darf, daß die reguläre Symmetrie im Mittel erhalten bleibt. Analoges müßte allerdings auch für NaCl gelten, aber wegen der Einwertigkeit der Na- und Cl-Ionen wahrscheinlich in geringerem Maße.

ZnO und BeO haben ein wesentlich komplizierteres Spektrum. Nach BRESTER sind zwei aktive Frequenzen zu erwarten, je eine parallel und senkrecht zur optischen Achse; dazu kommt noch eine Reihe von inaktiven Schwingungen[1]. Demgemäß wurden von S. TOLKSDORF für BeO zwei starke Absorptionsstellen beobachtet. Daneben zeigen sich wieder eine Reihe von wenig intensiven Kombinationsfrequenzen, doch muß zu ihrer Darstellung noch eine dritte Grundfrequenz angenommen werden. Als solche wird eine sehr schwache Bande bei 8,18 μ (BeO) bzw. 15,2 μ (ZnO) gewählt, die einer der inaktiven Schwingungen entsprechen dürfte. Da das Material gepulvert werden mußte, waren natürlich Untersuchungen im polarisierten Licht zwecks Trennung des zum ordentlichen und außerordentlichen Strahl gehörigen Spektrums unmöglich. Die Grundfrequenzen von ZnO liegen außerhalb des untersuchten Bereichs, d. h. jenseits von 20 μ. Aus den Oberschwingungen wird ihre Lage errechnet zu 28 und 23 μ. Ob man tatsächlich annehmen darf, daß die genannten Banden Grundfrequenzen darstellen, erscheint nicht sicher, so daß die Deutung des Spektrums nach Tab. 52 noch nicht als endgültig angesehen werden darf. Zum Teil fehlen auch einige Banden, die man mit größerer Intensität erwarten sollte, z. B. $\nu_1 + \nu_2$ bei BeO. Bei den eben besprochenen Oxyden sind im Gegensatz zu den regulären Oxyden unsymmetrische Schwingungen, also die Existenz der Oktave, von vornherein möglich, denn in Richtung der optischen Achse liegt

---

[1] Die Elementarzelle umfaßt nämlich vier Atome, so daß diese Oxyde nicht als zweiatomige Substanzen im Sinn der Theorie gelten können. Wir erhalten zwölf Eigenfrequenzen, davon sind neun eigentliche Schwingungen, da drei Translationen abgezogen werden. Es bleiben eine aktive einfache Schwingung parallel zur optischen Achse, eine aktive Doppelschwingung senkrecht zur Achse, zwei inaktive einfache Schwingungen parallel zur Achse und zwei inaktive Doppelschwingungen senkrecht zur Achse.

Spektren zweiatomiger Kristalle und des Flußspats.   311

über jedem Zn-(Be-)Atom in drei Achteln der Entfernung Zn—Zn
ein O-Atom, so daß die Schwingungen parallel der Achse ein un-
symmetrisches Kraftgesetz befolgen müssen. Auch die Schwingungen senkrecht zur Achse erfolgen im allgemeinen unsymmetrisch, ihre Schwingungsform ist aber nicht
eindeutig bestimmt (Doppelschwingungen). Die gegenseitige Lage der Zn-Atome
geht aus Abb. 124 hervor. Es sind zwei
übereinanderliegende Ebenen gezeichnet,
deren Atomlagen verschieden charakterisiert sind (P_1 und P_2). Die Atomlagen in der dritten Ebene liegen senkrecht über denen der Ausgangsebene.

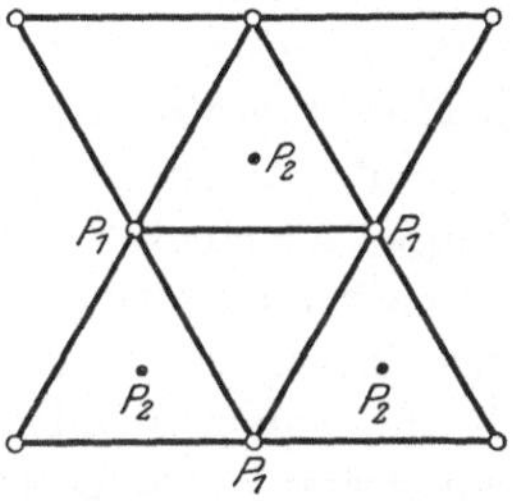

Abb. 124. Zur Struktur von ZnO.

Tab. 52 gibt eine Zusammenstellung
der beobachteten Absorptionsstellen mit
ihrer Deutung als Kombinationsfrequenz nach S. Tolksdorf.

Tabelle 52.

BeO	14,0 bis 10,7 μ		8,18 μ	7,15 μ	6,40 μ	4,00 μ	2,8 bis 3,15 μ		
Komb.	ν_2 und ν_1		ν_3	$2\nu_2$	$2\nu_1$	$2\nu_2+\nu_3$	Kombin. 4. Ordnung		
ZnO	(28 μ)	(22 μ)	15,2 μ	13,95 μ	12,35 μ	11,55 μ	8,65 μ	8,1 μ	6,7 μ
Komb.	ν_1	ν_2	ν_3	$2\nu_1$	$\nu_1+\nu_2$	$2\nu_2$	$\nu_2+2\nu_1$	$\nu_1+2\nu_2$	$\nu_2+3\nu_1$

ZnO	6,2 μ	6,0 μ	5,5 μ	4,7 μ
Komb.	$2\nu_1+2\nu_2$	$\nu_1+3\nu_2$	$\nu_2+4\nu_1$	$\nu_1+4\nu_2$

Ein Minimum bei 4,28 μ ist nach S. Tolksdorf störenden Einflüssen infolge wechselnden Kohlensäuregehalts der Zimmerluft
zuzuschreiben.

Soweit die nötigen Daten vorliegen, stimmen die nach Madelung, Lindemann und aus der spezifischen Wärme berechneten
Werte der Größenordnung nach mit den beobachteten überein.

Ein sehr starkes Reflexionsmaximum von mehr als 90% besitzt
Karborund SiC, bei 12 μ[1]. Die Oktave dieser Schwingung bei
etwa 6 μ ist von Schaefer und Thomas[2] im Absorptionsspektrum
gefunden worden. Da man dem Molekül SiC keinen heteropolaren

---

[1] W. W. Coblentz, Investig. V, S. 36. 1908.
[2] Cl. Schaefer u. M. Thomas. ZS. f. Phys. Bd. 12, S. 330. 1923.

Charakter zuschreiben kann, ist dieser experimentelle Befund sehr merkwürdig; eine theoretische Deutung dieser starken Eigenfrequenz steht noch aus. Wir bemerken nur, daß Karborund eine wesentlich kompliziertere Gitterstruktur besitzt als die bisher besprochenen Kristalle. Jedes Si- bzw. C-Atom ist tetraederförmig von vier C- resp. Si-Atomen umgeben. Die Elementarzelle faßt eine sehr große Zahl von Atomen.

Auf S. 294 hatten wir auch die theoretische Formel für die Eigenfrequenzen eines dreiatomigen regulären Kristalls mit zwei gleichen Atomen angegeben. Zur Prüfung der Theorie steht uns hier nur das Spektrum des Flußspats zur Verfügung. Die Kristallstruktur des Flußspats ist relativ einfach; die Ca-Ionen bilden ein flächenzentriertes kubisches Gitter. Sie sind auf der Würfeldiagonalen auf jeder Seite im Abstand von $1/4$ der Diagonale von einem F-Ion begleitet, so daß jedes Ca-Atom von 8 F-Atomen umgeben ist, wobei die F-Atome in den Ecken eines Würfels liegen; jedes F-Atom ist tetraederförmig von 4 Ca-Atomen umgeben. Nach Brester sind nur zwei Schwingungen möglich, eine aktive und eine inaktive. Beide sind dreifache Schwingungen. Bei der inaktiven Schwingung bleibt das Ca in Ruhe, die beiden F-Gitter schwingen mit entgegengesetzter Amplitude, bei der aktiven dagegen schwingen die F-Gitter mit gleicher Amplitude, das Ca-Gitter schwingt dem Schwerpunktssatz entsprechend entgegengesetzt gerichtet. Von den auf noch nicht erkannten Verunreinigungen beruhenden Absorptionsbanden einiger Varietäten im kurzwelligen Ultrarot abgesehen[1], die wasserklarem Flußspat fehlen, zeigt Flußspat Reststrahlen bei ungefähr $32\,\mu$, und zwar treten, wie schon S. 64 erwähnt, zwei Maxima auf, die aber nur durch den starken Energieabfall der Lichtquelle vorgetäuscht sind, so daß wir das Maximum bei $32{,}8\,\mu$ mit der theoretisch geforderten aktiven Frequenz identifizieren können. Durch neuere Messungen[2] wurde dies inzwischen bestätigt. Im Raman-Effekt würde man mindestens die inaktive Frequenz erwarten, da deren Schwingung unsymmetrisch erfolgt, falls man nur e i n e CaF_2-Gruppe ins Auge faßt. Die hohe Symmetrie des ganzen Gitters bedingt aber das Ausfallen dieser Linie und tatsächlich ist bei Flußspat auch noch keine Ramanlinie beobachtet worden. Die analog Spalte b resp. c

---

[1] St. v. der Lingen, ZS. f. Phys. Bd. 53, S. 581. 1929.

[2] L. Kellner, geb. Sperling, ZS. f. Phys. S. 56, S. 219. 1929.

in Tab. 50 berechneten Werte der Eigenfrequenzen sind 51,0 μ und 53,1 μ (nach FÖRSTERLING auf Reststrahlmaximum reduziert: 35,9 μ).

Die interessante Frage nach dem optischen Verhalten von Mischkristallen im Ultrarot wurde kürzlich von KRÜGER, REINKOBER und KOCH-HOLM[1] beantwortet. Die Autoren untersuchten die Reflexion von Mischkristallen aus Alkalihalogeniden verschiedener Zusammensetzung. Abbild. 125 zeigt die Ergebnisse für die Mischung von NaCl und KCl. Daraus geht hervor, daß nicht etwa die Eigenfrequenzen der Komponenten getrennt auftreten, sondern eine neue Frequenz entsteht, deren Lage gesetzmäßig mit dem Prozentgehalt der Komponenten variiert, wie aus Abb. 126 zu entnehmen ist. Überläßt man den Mischkristall einige Monate sich selbst, dann tritt Entmischung ein, was zur Folge hat, daß im Reflexionsspektrum nach und nach die Einzelfrequenzen wieder deutlich hervortreten[2]. Auch ein mechanisches Gemenge zeigt beide Komponenten getrennt. Ähnliches wurde auch für

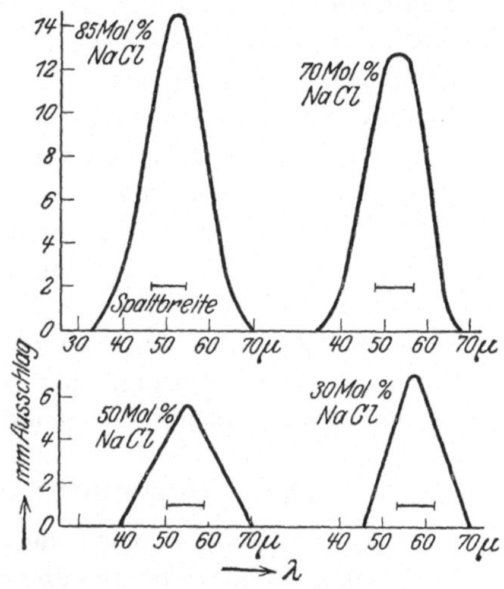

Abb. 125. Reststrahlen von Mischkristallen aus NaCl und KCl.

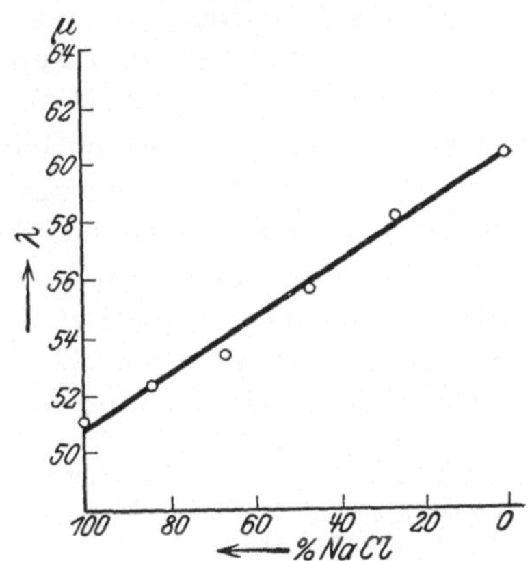

Abb. 126. Beziehung zwischen Wellenlänge und Zusammensetzung des Mischkristalls.

---

[1] E. KRÜGER, O. REINKOBER u. E. KOCH-HOLM, Ann. d. Phys. Bd. 85, S. 110. 1928.

[2] Das Erscheinen der Einzelfrequenzen glaubte man in einer früheren Untersuchung (E. KOCH, Diss. Greifswald 1924) auch für Mischkristalle festgestellt zu haben, doch waren diese nicht genügend einheitlich.

$KCl + RbCl$- und $KCl + TlCl$-Mischungen beobachtet, wenn hier auch die Ergebnisse unsicherer sind, da die Absorption von Wasserhäutchen, besonders bei dem hygroskopischen $RbCl$, störend einwirkte. Das Ergebnis dieser Untersuchungen ist insofern von allgemeiner Bedeutung, als man daraus entnehmen kann, daß ein Mischkristall ein einheitliches Gebilde darstellt und ein neues Gitter bildet. Zu dem gleichen Ergebnis führen auch röntgenographische Untersuchungen[1].

An dieser Stelle wollen wir noch auf das Doppelsalz Kryolith ($3\,NaF$, AlF_3) hinweisen, das nach COBLENTZ[2] ein Reststrahlmaximum bei $15{,}1\,\mu$ besitzt. Im langwelligen Gebiet sind Reflexionsmaxima bei $45\,\mu$, $66\,\mu$, $110\,\mu$ (elektrischer Vektor senkrecht zur Faserrichtung) und $57\,\mu$, $110\,\mu$ (elektrischer Vektor parallel Faserrichtung) vorhanden[3].

§ 37. Quarz und andere Oxyde, Gläser.

SiO_2 ist in seinen verschiedenen Varietäten seiner praktischen Bedeutung halber sehr oft untersucht worden, meist in der Form des Quarzes. Seine Gitterstruktur ist sehr kompliziert und dementsprechend auch das Spektrum. Die älteren Messungen[4] brauchen wir nicht ausführlich zu besprechen, da sie größtenteils durch neuere Arbeiten überholt sind. Im allgemeinen benutzte man früher zu geringe Dispersion oder zu große Spaltbreiten, so daß keine genaueren Resultate erzielt werden konnten. Als besonders bemerkenswert heben wir aber hervor, daß schon MERRITT (l. c.) feststellte, daß der ordentliche und außerordentliche Strahl in Quarz verschieden absorbiert werden, womit das Auftreten von Dichroismus im Ultrarot überhaupt zum erstenmal beobachtet wurde. Ferner ist von Interesse, daß RUBENS aus seinen Disper-

---

[1] Vgl. L. VEGARD u. H. SCHJELDERUP, Phys. ZS. Bd. 18, S. 93. 1917; L. VEGARD, ZS. f. Phys. Bd. 5, S. 17. 1921; M. LAUE, Ann. d. Physik Bd. 56, S. 497. 1918.

[2] W. W. COBLENTZ, Investig. V, S. 31. 1908.

[3] TH. LIEBISCH u. H. RUBENS, Berl. Ber. 1921, S. 211.

[4] H. RUBENS, Wied. Ann. Bd. 45, S. 238. 1892; E. MERRITT, Wied. Ann. Bd. 55, S. 49. 1895; E. F. NICHOLS, Wied. Ann. Bd. 60, S. 401. 1897; H. ROSENTHAL, Wied. Ann. Bd. 68, S. 783. 1899; W. W. COBLENTZ, Phys. Rev. Bd. 32, S. 125. 1906; Bull. Bur. of Stand. Bd. 2, S. 457. 1906; Investig. V, S. 21. 1908; genauere Angaben fur $\lambda < 3\,\mu$: Bull. Bur. of Stand. Bd. 11, S. 471. 1915.

sionsmessungen (vgl. § 10) die Lage einer Eigenfrequenz zu etwa
10 μ berechnen konnte. Reflexionsmessungen von NICHOLS (l. c.)
ergaben aber eine Stelle selektiver Reflexion mit zwei Maximis
bei 8,4 und 8,8 μ mit ca. 70% Reflexionsvermögen. Mit dieser
Wellenlänge konnten die gemessenen Brechungsindizes nicht
durch die Dispersionsformel dargestellt werden. Die daraufhin
vermutete zweite Eigenfrequenz ist sodann von NICHOLS und
RUBENS[1] in ihrer Reststrahlenarbeit bei 20,75 μ beobachtet worden.

Das Reflexionsspektrum für den ordentlichen und außerordentlichen Strahl ist im kurzwelligen Gebiet bis 20 μ von REINKOBER[2]

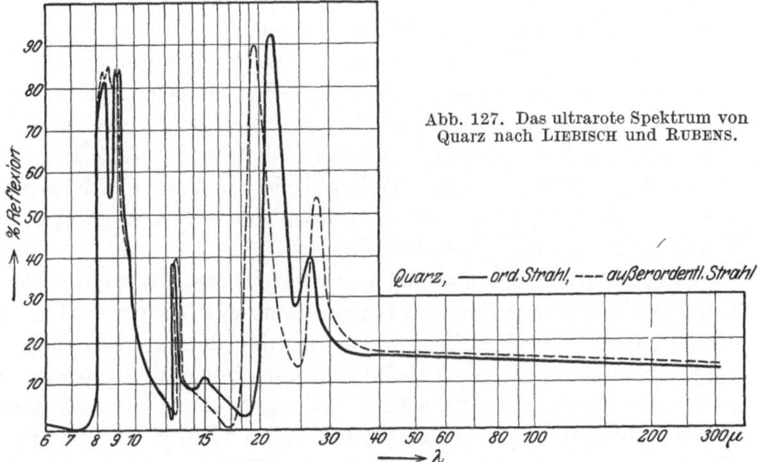

Abb. 127. Das ultrarote Spektrum von Quarz nach LIEBISCH und RUBENS.

ausgemessen worden, im langwelligen Spektrum besitzen wir die
Beobachtungen von LIEBISCH und RUBENS[3]. Die Messungen sind
zusammengefaßt in Abb. 127. Das erste Maximum bei ca. 9 μ
besteht für beide Strahlen aus einer Reihe von Einzelmaximis,
die sich in zwei Gruppen zerlegen lassen, eine kurzwellige bei 8,5 μ
und eine langwellige mit Maximis bei 8,90 μ, 9,05 μ und 9,20 μ.
Der außerordentliche Strahl besitzt außerdem noch ein Maximum
bei 8,70 μ. Eine schwächere Reflexionsstelle erscheint sodann
bei 12,52 μ für den o. Strahl und 12,87 μ für den a.o. Strahl.
Ersterer wird sodann noch bei 14,55 μ schwach reflektiert. Stär-

[1] H. RUBENS und E. F. NICHOLS, Wied. Ann. Bd. 60, S. 418. 1897.
[2] O. REINKOBER, Ann. d. Physik Bd. 34, S. 343. 1911.
[3] TH. LIEBISCH u. H. RUBENS, Berl. Ber. 1919, S. 199.

kere Reflexion erhalten wir dann wieder bei 21 μ (o. Strahl) und 19,7 μ (a.o. Strahl). Bei noch längeren Wellen finden wir nur noch Reflexion bei 26 μ (o. Strahl) und 27,5 μ (a.o. Strahl).

Das Absorptionsspektrum des Quarzes ist leider noch nicht so genau gemessen worden, als es heute wünschenswert wäre. Im kurzwelligen Gebiet fand MERRITT bei 2,9 μ und 4,1 μ und angedeutet auch bei 3,8 μ Absorption für den o. Strahl. Der a.o. Strahl wird absorbiert bei 3,0 μ und 3,6 μ. Letztere Angaben sind die einzigen, die bisher für den a.o. Strahl bekannt sind. Weitere Absorptionsmaxima für Quarz senkrecht zur Achse sind von NICHOLS an einem Dünnschiff von 0,18 mm Dicke beobachtet worden (5,02 μ, 5,3 μ, 6 μ, 6,24 μ, 6,6 bis 6,7 μ). Bei 4,35 μ beobachtete COBLENTZ[1] Absorption. Die Absorptionsstelle bei 3 μ wurde genauer neuerdings von PLYLER[2] gemessen, welcher drei Maxima bei 2,72 μ, 2,96 μ und 3,18 μ erhielt. DREISCH[3] gibt als Wellenlängen von Absorptionsstellen 2,9 μ und 3,75 μ an. Die erstere besteht aus einigen Teilmaximis bei 2,91 μ, 2,97 μ und 3,02 μ. Für diese kurzwelligen Absorptionsstellen können 1 bis 3 mm dicke Kristalle benutzt werden.

PLYLER hat die genannten Absorptionsfrequenzen in ein Schema von Kombinationsfrequenzen eingeordnet, welches wir in Tab. 53 wiedergeben. Die Grundfrequenzen wurden dem Reflexionsspektrum entnommen. In die Tabelle sind nur die Kombinationen aufgenommen worden, die unterhalb 7 μ liegen; wenn mehrere Kombinationsfrequenzen zusammenfallen, dann ist nur die vertreten, die intensiver zu erwarten ist. Direkte Widersprüche gegen die Erfahrung ergeben sich nicht, doch wäre eine genauere Untersuchung notwendig, bevor eine endgültige Ordnung des Spektrums gegeben werden kann.

Das Absorptionsspektrum im langwelligen Gebiet[4] ist von Interesse wegen der Ergebnisse des RAMAN-Effektes, durch welche Ultrarotwellenlängen von ca. 38 μ, 48 μ und 80 μ festgestellt wurden. Da der Wasserdampf im Reststrahlengebiet sehr stark absorbiert, sind die Messungen sehr schwierig und nur unter sorgsamer Fernhaltung jeder falschen Strahlung möglich. Dies gelang durch ge-

---

[1] W. W. COBLENTZ, Phys. Rev. Bd. 23, S. 125. 1906.

[2] E. K. PLYLER, Phys. Rev. Bd. 33, S. 48. 1929.

[3] Th. DREISCH, ZS. f. Phys. Bd. 42, S. 426. 1927.

[4] M. CZERNY, ZS. f. Phys. Bd. 53, S. 317. 1929.

Tabelle 53. Kombinationsfrequenzen im Quarz.

Komb.	$\lambda_{\text{ber.}}$ (μ)	$\lambda_{\text{beob.}}$ (μ)	Komb.	$\lambda_{\text{ber.}}$ (μ)	λ_{beob} (μ)
ν_1	8,4 u. 9,0		$\nu_1+2\nu_3$	4,80	—
ν_2	12,5			4,63	—
ν_3	20,5		$2\nu_1$	4,50	4,35
ν_4	26			4,20	4,10
$\nu_1+\nu_4$	6,68	6,65	$2\nu_1+\nu_4$	3,84	3,85
	6,35	—		3,62	—
$2\nu_2$	6,25	6,26	$2\nu_1+\nu_3$	3,69	+
$\nu_1+\nu_3$	6,26			3,55	—
	5,96	6,00	$2\nu_1+\nu_2$	3,33	—
$\nu_2+2\nu_3$	5,61	—		3,14	3,18
$\nu_1+\nu_2$	5,23	5,30	$3\nu_1$	3,00	2,96
	5,02	5,02		2,90	2,72

eignete Filterkombinationen. CZERNY konnte zeigen, daß Quarz
(0,1 mm dick) bei 38 μ und 78 μ absorbiert. Letztere Absorptionsstelle war schon in Messungen von RUBENS angedeutet (vgl. Tab. 8).
PARLIN[1] benutzt auch diese Banden als Grundfrequenzen, um
einige von ihm bei 9 μ und zwischen 2 und 4 μ gefundene schwache
Banden als Kombinationsfrequenzen zu deuten. Die Banden bei
9 μ findet er in der Absorption eines 0,4 μ dicken Quarzblätt-
chens. Trotz der Stärke dieser Absorption fehlt aber bei PARLIN
die Bande bei 9 μ als Grundfrequenz, was sicher nicht zulässig ist. Im RAMAN-Effekt tritt noch eine Linie auf, die
einer Wellenlänge von 48 μ entspricht, wo aber selbst 1 mm
dicke Quarzplatten parallel und senkrecht zur Achse nichts ab-
sorbierten, so daß hier möglicherweise eine inaktive Schwingung vorliegt.

Wir wenden uns nun den anderen SiO_2-Varietäten zu. Hier ist
zunächst eine Beobachtung von KÖNIGSBERGER[2] am Amethyst (vio-
lett gefärbter Quarz) bemerkenswert, der bei 3,1 μ sehr starke
Absorption findet, welche die des Quarzes an der gleichen Stelle
wesentlich übertrifft, so daß KÖNIGSBERGER die Absorptionsstelle
bei 3,1 μ im Quarz nur Verunreinigungen zuschreibt, und zwar
den gleichen Zusätzen, die im Amethyst die Färbung erzeugen.
Auch Rauchquarz absorbiert bei 3,1 μ, doch in derselben Stärke

---

[1] W. A. PARLIN, Phys. Rev. Bd. 34, S. 81. 1929.
[2] J. KÖNIGSBERGER, Wied. Ann. Bd. 61, S. 687. 1897.

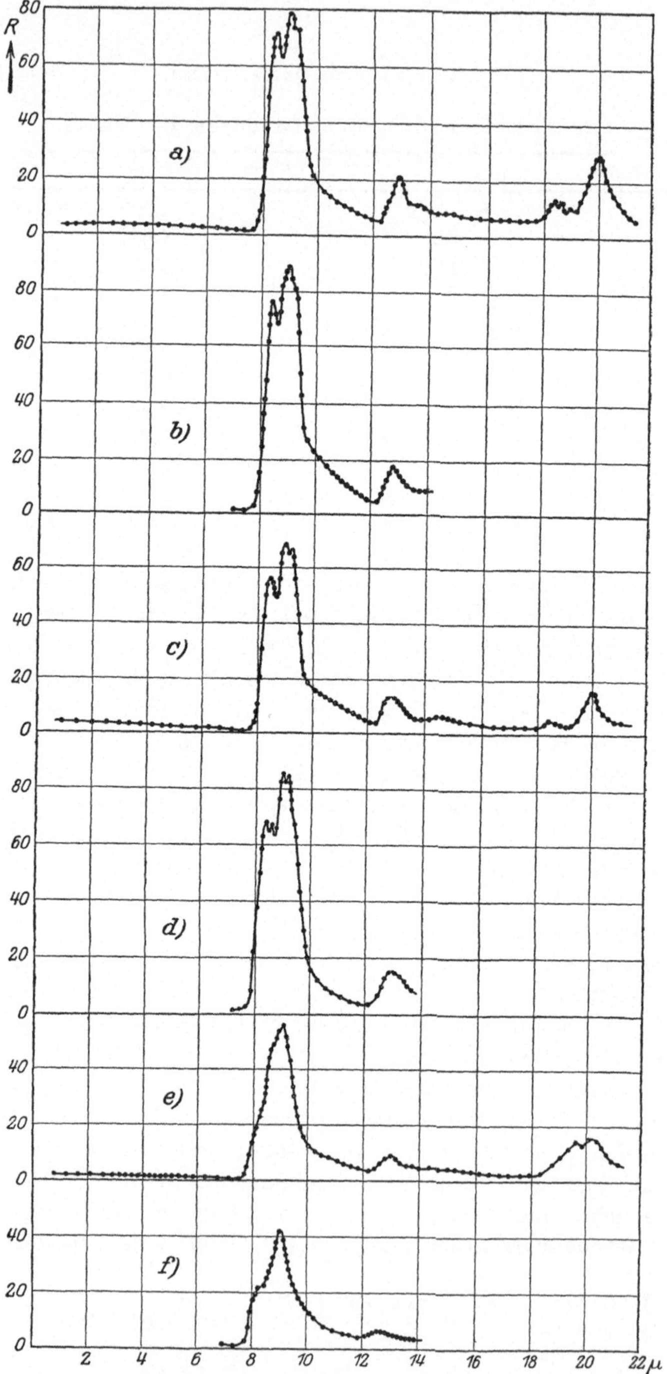

Abb. 128. Reflexionsspektrum von SiO_2 nach SCHAEFER und SCHUBERT.
a) Dichter Quarz; b) Hornstein; c) Chrysopras; d) Chalcedon; e) Opal; f) Quarzglas.

wie Quarz. Das Reflexionsvermögen mehrerer anderer Varietäten zeigt Abb. 128[1].

Die mikrokristallinen Abarten a bis d zeigen ein Spektrum, welches ganz dem des Quarzes entspricht, wenn auch die Intensitäten wegen der Politurunterschiede variieren. Bemerkenswert ist, daß bei 18,5 μ ein Reflexionsmaximum auftritt.

Die amorphen Modifikationen e und f besitzen zwar noch dieselben Reflexionsmaxima, aber deren Struktur ist wesentlich einfacher geworden, wie auch schon REINKOBER (l. c.) beobachtete. Wir können daraus folgern, daß die Lage der Banden hauptsächlich durch das SiO_2-Molekül gegeben ist, evtl. auch durch einen Komplex solcher Moleküle, da die Anzahl der Reflexionsmaxima für ein einziges SiO_2-Molekül zu groß ist. Die Gitterstruktur beeinflußt nur die Struktur der Maxima. Dies dürfte wohl für alle Gitter gelten, die dem Typus des Molekülgitters nahe kommen, doch fehlen Untersuchungen hierüber (vgl. jedoch die Silikate § 38).

Opal und Chalcedon zeigen im fernen Ultrarot noch ein sehr flaches Reflexionsmaximum bei 100 bis 150 μ, welches bei Quarz nicht auftritt[2].

Quarzglas reflektiert im Gegensatz zu den übrigen Varietäten bei 12,5 μ nur sehr schwach und besitzt bei 8,9 μ nur ein Maximum. Im langwelligen Gebiet sind Reflexionsmaxima bei 21 μ und 26 μ bis 27 μ vorhanden, analog zu der Reflexionskurve des o. Strahls im kristallisierten Quarz[2]. Es ist danach nicht sicher zu entscheiden, welche Eigenfrequenzen dem SiO_2-Molekül an sich zukommen und welche durch die Gitterstruktur als äußere Frequenzen in dem in § 38 angegebenen Sinn hervorgerufen werden. Es ist wohl anzunehmen, daß auch in amorphem Quarz mehrere SiO_2-Moleküle zu Komplexen zusammentreten, die ihrerseits miteinander nur sehr locker verbunden sind und daher die beobachtete amorphe Struktur liefern. Wenn die Komplexe nur relativ wenige Moleküle umfassen, dürfte es der Röntgenanalyse nicht möglich sein, eine Gitterstruktur dieser Komplexe festzustellen.

Von Bedeutung ist ferner das Ergebnis, daß im Opal-Spektrum in Reflexion die Wasserbanden nicht auftreten, doch sind sie nach COBLENTZ[3] im Absorptionsspektrum als wahrscheinlich vorhanden

---

[1] CL. SCHAEFER u. M. SCHUBERT, ZS. f. Phys. Bd. 7, S. 313. 1921.

[2] TH. LIEBISCH u. H. RUBENS, Berl. Ber. 1919, S. 876.

[3] W. W. COBLENTZ, l. c. und Investig. VI, S. 54. 1908.

anzusehen. Da Kristallwasser, wie wir in § 41 sehen werden, deutlich im Spektrum bemerkbar ist, müssen hier besondere Verhältnisse vorliegen. Da das Kristallwasser in Kristallen gesetzmäßig eingebaut ist, braucht zwar das Wasser im Opal, der ja kein Gitter besitzt, nicht die normalen Eigenschaften des Kristallwassers aufzuweisen, doch ist das beobachtete Verhalten immerhin merkwürdig.

Im Absorptionsspektrum unterscheidet sich Quarzglas nicht wesentlich von kristallisiertem Quarz[1]. Quarzglas absorbiert bei 2,7 μ, 3,75 μ, 4,2 bis 4,6 μ, 5,15 μ, 5, 7 μ, 6,5 μ, 8 μ bis 10 μ; ab 11,6 μ ist Quarzglas undurchlässig. Besonders auffallend ist der Unterschied gegenüber kristallisiertem SiO_2 bei 2,75 μ, wo amorphes SiO_2 ein scharfes Absorptionsmaximum besitzt, während Quarz ein komplexes Maximum bei 2,9 μ aufweist.

Andere Oxyde als Quarz außer den im vorigen Paragraphen behandelten zweiatomigen Oxyden sind nur selten untersucht worden. COBLENTZ[2] untersuchte die Reflexion von Eisenoxyden bis 14 μ, wo aber keine selektive Reflexion auftrat. Dagegen zeigte Korund, Al_2O_3, Reflexion bei 11,8 μ und 13,5 μ. Wegen der größeren Atomgewichte ist im allgemeinen auch erst im langwelligen Gebiet selektive Absorption zu erwarten. Demgemäß finden LIEBISCH und RUBENS[3] für Zirkon, Zinnerz und Rutil eine Reihe von Reflexionsmaximis im Reststrahlgebiet. Die Maxima von Rutil liegen bei

	14,5 μ	16 μ	18,5 μ	39 μ (o. Strahl)
und	16 μ	19,3 μ	22,2 μ	30 μ (a. o. Strahl).

Die drei kurzwelligen Maxima des o. und a. o. Strahls sind nicht scharf voneinander getrennt. Im o. Strahl ist zwischen 39 μ und 18,5 μ ein ausgeprägtes Minimum; im a.o. Strahl ist das entsprechende Minimum wesentlich flacher. Nach BRESTER wären theoretisch nur drei Frequenzen für den o. Strahl und eine für den a.o. Strahl zu erwarten. Die vorstehenden Angaben lehren, daß dies mit der Erfahrung nicht völlig im Einklang ist, doch ist wenigstens qualitativ das Spektrum des a.o. Strahls tatsächlich einfacher als das des o. Strahls.

---

[1] TH. DREISCH, ZS. f. Phys. Bd. 42, S. 426. 1927.
[2] W. W. COBLENTZ, Investig. V, 1908.
[3] TH. LIEBISCH u. H. RUBENS, Berl. Ber. 1921, S. 211.

Eine große Reihe von Oxyden emittiert im kurzwelligen Gebiet, hauptsächlich zwischen 1 und 5 μ selektiv[1]; es ist aber fraglich, ob diese Emissionsmaxima tatsächlich den Oxydmolekülen zugeschrieben werden können, weil da, wo ein Vergleich mit dem Absorptionsspektrum möglich war, keine Übereinstimmung beider Spektren gefunden werden konnte, mit Ausnahme von SiO_2, dessen Emissionsmaxima bei 2,88 μ und 5,3 μ gefunden werden. Die Emissionsmessungen sind also noch zu wenig geklärt, um sichere Schlüsse zu gestatten.

Im Zusammenhang mit den Oxyden wollen wir hier auch das Spektrum der Gläser besprechen, die in der Hauptsache ein Gemisch aus mehreren Oxyden darstellen, worunter vornehmlich SiO_2 vertreten ist.

Der allgemeine Verlauf der Absorption bei gewöhnlichen Flint- und Krongläsern ist der, daß die Absorption bei etwa 2,5 μ bis 3 μ beginnt merklich zu werden; in dickeren Schichten ist die Absorption von 3 μ ab vollkommen; erst von 100 μ an ist Glas wieder in dünnen Schichten durchlässig[2]. Das Reflexionsvermögen einiger weniger Glassorten ist von COBLENTZ (s. u.) und PFUND[3] gemessen worden. Es resultiert ein Maximum bei 9,2 μ, das wohl identisch ist mit dem SiO_2-Maximum.

Der Einfluß der Zusammensetzung ist nur selten und unzureichend untersucht worden. Oft fehlen ausreichende Angaben über die Zusammensetzung der Gläser, so daß die Messungen weniger physikalisches als praktisches Interesse haben. Es genüge deshalb die Angabe der Literatur[4].

Neuerdings ist diese Frage wieder von DREISCH[5] aufgegriffen worden. Er untersucht zunächst durch Metalloxyde gefärbte Gläser und vergleicht sie mit entsprechenden wässerigen Lö-

---

[1] W. W. COBLENTZ, Investig. VII, 1908.

[2] H. RUBENS u. O. v. BAYER, Berl. Ber. 1911, S. 339.

[3] A. H. PFUND, Astrophys. Journ. Bd. 24, S. 25. 1906.

[4] H. RUBENS, Wied. Ann. Bd. 45, S. 238. 1892; E. F. NICHOLS, Phys. Rev. Bd. 1, S. 1. 1893; W. W. COBLENTZ, Investig. III u. IV; W. W. COBLENTZ, W. B. EMERSON u. M. B. LONG, Bull. Bur. of Stand. Bd. 14, S. 653. 1918; F. LIANA, C. R. Bd. 180, S. 578. 1925; G. E. GRANTHAM, Phys. Rev. Bd. 16, S. 565. 1920; G. ROSENGARTEN, Phys. Rev. Bd. 16, S. 173. 1920. In den letzten beiden Arbeiten auch Messungen bei verschiedener Temperatur. Der Temperatureinfluß ist gering.

[5] TH. DREISCH, ZS. f. Phys. Bd. 40, S. 714. 1927.

sungen. Bei diesen Substanzen treten unterhalb von 2 μ Absorptionsbanden auf, die aber nicht einem Molekül zugeschrieben werden können, da deren Eigenschwingungen bei längeren Wellen liegen. Die Absorption ist hier durch das Atom selbst hervorgerufen, es sei deshalb nur erwähnt, daß man in Didymgläsern Banden von Neodym und Praseodym unterscheiden kann[1].

Von größerer Bedeutung sind für uns zwei andere Arbeiten[2], in denen der Einfluß des B_2O_3-Gehaltes bis 4,1 μ untersucht wird. Abbild. 129 gibt die Messungen an einigen Boratgläsern wieder. Als Ordinate ist der dekadische Absorptionskoeffizient für 1 mm Schichtdicke angegeben, der aus Absorptionsmessungen bei zwei verschiedenen Dikken berechnet wurde. Man erkennt hierbei deutlich, daß schon geringe Variationen im Borsäuregehalt die Intensität der Banden stark beeinflussen. Reiner Borax (Gemisch von

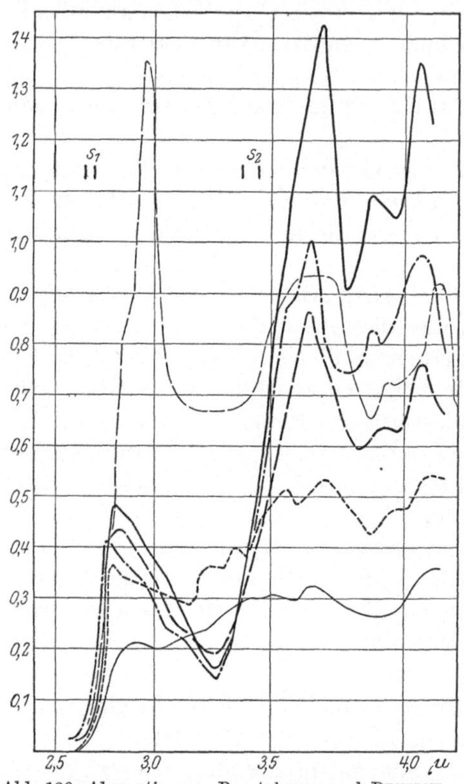

Abb. 129. Absorption von Boratgläsern nach DREISCH.
(Schichtdicke 1 mm.)
———— 3% B_2O_3; – – – – 10% B_2O_3, 2% Ce_2O_3;
━ ━ ━ 12% B_2O_3; —·—· 16% B_2O_3
━━━━ hoher B_2O_3-Gehalt; ——— geschmolzener
Borax (0,22 mm).

B_2O_3 und Na_2O) zeigt dieselben Banden bei 2,95 μ, 3,65 μ und 4,1 μ, die auch in den Gläsern vorhanden sind, doch ist die kurzwellige Bande bei den Gläsern etwas nach kürzeren Wellen

[1] P. LUEG, ZS. f. Phys. Bd. 39, S. 391. 1926.
[2] TH. DREISCH, ZS. f. Phys. Bd. 42, S. 428. 1927; TH. DREISCH u. P. LUEG. ZS. f. Phys. Bd. 49, S. 380. 1928.

verschoben, außerdem ist ihre Intensität im Verhältnis zu den langwelligen Banden geringer als es bei Borax der Fall ist. Unterhalb von 2,5 μ sind noch schwache Banden bei 2,4 und 2,2 μ vorhanden. Die von DREISCH und COBLENTZ bei Borax beobachteten Banden lassen sich in eine Reihe von Oberschwingungen zusammenfassen, deren Grundschwingung bei 14,7 μ liegen muß, wo bisher noch nicht gemessen wurde.

Im Vergleich zu B_2O_3 absorbiert SiO_2 weniger und liefert nicht so ausgeprägte Maxima der Absorptionskurve. Während nämlich Boratgläser schon ab 2 μ zu absorbieren anfangen, ist dies für Gläser mit überwiegendem Silikatgehalt erst von 2,5 μ an der Fall.

In der Arbeit von DREISCH und LUEG (l. c.) wird der Einfluß der Borsäure auf die Dispersion der Gläser diskutiert. Da mit Annäherung an ein Absorptionsgebiet die Dispersion größer wird, dispergieren die Boratgläser im Ultrarot stärker als andere Glassorten. Ordnet man die Gläser nach der Größe der Dispersion im Ultrarot, so stimmt ihre Reihenfolge überein mit der Reihenfolge des Boratgehaltes, während im Sichtbaren, wo die Ultraviolettabsorption in Frage kommt, die bei Borsäure geringer als bei Kieselsäure ist, die Boratgläser den Flintgläsern nachstehen.

§ 38. Das Spektrum von Kristallen mit zusammengesetzten Ionen.

Im vorigen Kapitel haben wir bei der Besprechung der organischen Dämpfe und Flüssigkeiten gesehen, wie man gewissen Atomgruppen ultrarote Eigenschwingungen zuordnen kann, die sich in allen Verbindungen, welche diese Atomgruppe enthalten, wiederfinden. Auch für die festen Körper hat man nach dem Einfluß der chemischen Zusammensetzung gesucht. ASCHKINASS[1] bemühte sich als Erster, gemeinsam in verschiedenen Substanzen auftretende Reflexionsstellen gemeinsamen chemischen Bestandteilen zuzuordnen, doch ohne Erfolg, da das experimentelle Material noch nicht ausreichte. Er hielt es z. B. für möglich, daß Sauerstoff ein Reflexionsmaximum bei 9 μ bewirkt, welches sowohl in Sulfaten als auch in Quarz beobachtet wurde, doch konnte dieser Schluß, der von ASCHKINASS auch nur mehr angedeutet als tatsächlich gezogen wurde, nicht aufrechterhalten werden. Es

---

[1] E. ASCHKINASS, Ann. d. Physik Bd. 1, S. 42. 1900.

konnte nämlich experimentell festgestellt werden, daß nicht etwa die Atome das Spektrum bestimmen, sondern daß allen Salzen mit gemeinsamen Radikalen, wie z. B. allen Sulfaten bzw. Karbonaten, gewisse Absorptionsbanden gemeinsam sind, welche demnach charakteristisch sind für die Atomgruppe. So konnte festgestellt werden, daß eine Anzahl von Sulfaten bei ca. 9 μ reflektiert[1]; Karbonate zeigen drei Reflexionsmaxima bei rund 7 μ, 11 μ und 14 μ[2].

Der aus den Versuchen gezogene Schluß ist auch theoretisch berechtigt. Zwar sind im Gitter alle Partner miteinander gekoppelt; doch ist es möglich, daß einige Atome sehr fest aneinander gebunden sind, bedingt durch räumliche Nähe. Das hat zur Folge, daß die Eigenfrequenzen des Kristalls in zwei Klassen zerfallen. Erstens solche, bei denen das CO_3-Ion, das wir hier als Beispiel betrachten, in sich schwingt, wobei sein Schwerpunkt relativ zum Metallion in Ruhe bleibt. Diese Schwingungen erfolgen wegen der festen Bindung mit relativ großer Frequenz und werden vom Metallion nur in geringem Maße beeinflußt. In Lösungen, die das Ion nicht zerstören, müssen diese Frequenzen auch wieder auftreten, ferner ist anzunehmen, daß auch die Temperatur wie alle äußeren Einwirkungen nur geringe Wirkung auf die Eigenschwingung ausübt (s. §§ 42 und 43). Die eben erläuterten Arten von Ultrarotfrequenzen nennen wir aus leicht ersichtlichen Gründen „innere Schwingungen" eines Ions; sie liegen im kurzwelligen Ultrarot meist unterhalb 20 μ.

Im Gegensatz hierzu sind die „äußeren Schwingungen" solche, bei denen das CO_3-Ion im wesentlichen als Ganzes gegen das Metallion schwingt, also Frequenzen, die infolge der großen Masse des CO_3-Ions im langwelligen Ultrarot liegen und deshalb spektrometrisch bisher mit wenig Ausnahmen überhaupt nicht untersucht werden konnten und nur mit der Reststrahlmethode zugänglich sind. Die äußeren Eigenfrequenzen wechseln von Karbonat zu Karbonat, man darf sie in Lösungen nicht wiederfinden, der Einfluß der Temperatur ist hier wahrscheinlich größer.

Beide Arten von Schwingungen sind jedoch Gitterschwingungen, wenn man auch die inneren Eigenfrequenzen angenähert

---

[1] A. H. Pfund, Astrophys. Journ. Bd. 24, S. 19. 1906; W. W. Coblentz, Investig. III u. IV.

[2] L. B. Morse, Astrophys. Journ. Bd. 26, S. 225. 1907.

so berechnen darf, als ob sie von einem freien Molekül ausgingen. Die Tatsache, daß alle Frequenzen Gitterschwingungen sind, ist für das Experiment und die Theorie insofern von Bedeutung, als dadurch die Anisotropie der Kristalle im Spektrum als Pleochroismus in Erscheinung tritt, d. h. das ultrarote Spektrum ist eine Funktion der Beobachtungsrichtung und des Schwingungszustandes der Strahlung.

Während nun unsere Aufmerksamkeit hauptsächlich auf die inneren Schwingungen gerichtet sein soll, die theoretisch und experimentell leichter zugänglich sind, sei für die äußeren Schwingungen einer großen Anzahl von Kristallen auf die Arbeiten von LIEBISCH und RUBENS[1] verwiesen. Dort findet man die Reflexionsspektra im Reststrahlengebiet. Das Reflexionsvermögen ist aber nur an relativ wenigen Punkten bestimmt, so daß nur die stärksten Eigenfrequenzen hervortreten können. Auf einige dieser Spektren kommen wir noch zurück. Zur Untersuchung der inneren Schwingungen steht uns zunächst die Reflexionsmethode zur Verfügung, die nur die stärksten Schwingungen liefert. Diese können als die Grundfrequenzen der Gruppe

Tabelle 54. Die inneren Grundschwingungen der Karbonate.

Substanz	Reflexionsmaxima (SCHAEFER u. SCHUBERT)		
	μ	μ	μ
Northupit $NaCl \cdot MgCO_3 \cdot Na_2CO_3$ reg.	6,82 [2]	11,46	14,14
Magnesit $MgCO_3$	6,69	11,25	13,78
Kalkspat $CaCO_3$	6,56	11,38	14,16
Manganspat $MnCO_3$ }	6,76	11,38	14,04
Eisenspat $FeCO_3$ einachsig	6,77	11,53	13,54
Zinkspat $ZnCO_3$	6,78	11,44	13,92
Dolomit $(Ca, Mg)CO_3$	6,90	11,45	14,70
Aragonit $CaCO_3$	6,64	11,54	14,40 (NYSWAN-
Strontianit $SrCO_2$	6,78	11,62	14,28 DER)
Witherit $BaCO_3$ zweiachsig	6,85	11,61	14,48
Cerussit $PbCO_3$	7,06	12,00	14,92 u. 15.2
Na_2CO_3	7,00	12,48	14,65

[1] TH. LIEBISCH u. H. RUBENS, Berl. Ber. 1919, S. 198 u. 876; 1921, S. 211. S. auch G. LASKI, ZS. f. Kristallograph. Bd. 65, S. 607. 1927.

[2] Von etwaiger feinerer Struktur ist in dieser Tabelle abgesehen worden; die Wellenlängenangaben für Kalkspat erfahren später kleine Korrekturen durch genauere Messungen (s. S. 340).

angesehen werden, wogegen die Oberschwingungen i. a. erst im ,Absorptionsspektrum zugänglich sind. Eventuelle inaktive Frequenzen entgehen allerdings der Beobachtung im Reflexions- und Absorptionsspektrum; wir gehen später näher darauf ein.

Die oben zitierten Messungen an Karbonaten sind von SCHAE-FER und SCHUBERT[1] an einem großen Material im Reflexions-spektrum natürlicher Strahlung bestätigt und sichergestellt wor-den. Alle Karbonate zeigen drei aktive Ei-genfrequenzen bei rund $7\,\mu$, $11\,\mu$ und $14\,\mu$, die also dem CO_3^{--}-Ion zu-kommen. Die Schwin-gung bei $7\,\mu$ ist die weit-aus stärkste. Tab. 54 und Abb. 130 zeigen, inwieweit ein Einfluß des Metallions konsta-tiert werden kann. Nur für die kurzwellige Schwingung ist ein ge-setzmäßiger Zusam-menhang mit dem Atomgewicht zu er-kennen; mit wachsen-dem Atomgewicht des Metalls wächst auch die Wellenlänge, aber nur in sehr geringem Maße; für die beiden anderen Maxima ist es

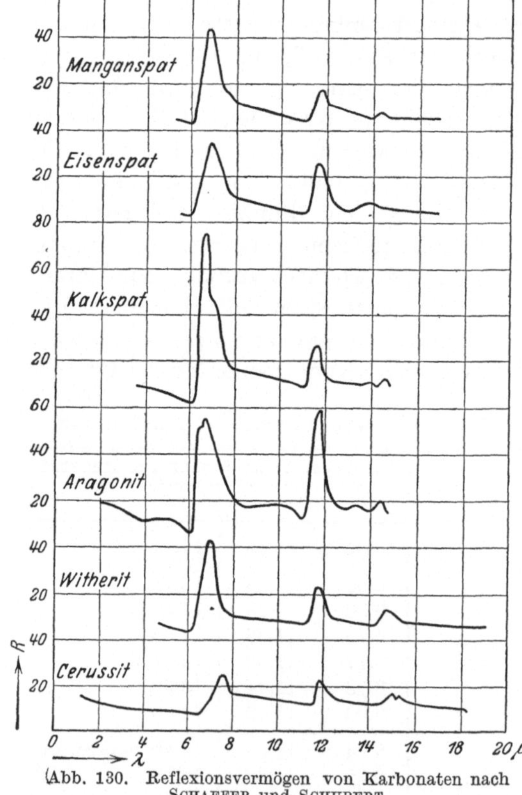

Abb. 130. Reflexionsvermögen von Karbonaten nach SCHAEFER und SCHUBERT.

jedoch nicht möglich, irgendeine Aussage über den erwähnten Zusammenhang zu machen. RAWLINS und RIDEAL[2] haben vor-geschlagen, die Wellenlängen als Funktion des Molekularvolumens

[1] CL. SCHAEFER u. M. SCHUBERT, Ann. d. Phys. Bd. 50, S. 283. 1916.

[2] F. I. G. RAWLINS u. E. K. RIDEAL, Proc. Roy. Soc. London (A) Bd. 116, S. 140. 1927.

anzusehen. Für drei zweiachsige Karbonate und für Kalkspat erhalten sie bei dem 7-μ-Maximum wachsende Wellenlängen mit wachsendem Molekularvolumen, die anderen Maxima verhalten sich umgekehrt. Das Molekularvolumen ist insofern vielleicht eine geeignetere Variable als das Atomgewicht, als es mit den Abstoßungskräften zusammenhängt, welche die Lage der Eigenfrequenzen mit bestimmen.

Die chemische Ähnlichkeit ist nicht nur darin zu erkennen, daß alle Karbonate annähernd dasselbe Spektrum der inneren Schwingungen liefern. Auch alle Salze mit Ionen, die ähnlich wie das CO_3-Ion gebaut sind, nämlich die Nitrate (NO_3^-)[1], Chlorate (ClO_3^-), Bromate (BrO_3^-) und Jodate (JO_3^-)[2] geben ein dem Karbonatspektrum sehr ähnliches inneres Spektrum, nur sind die Wellenlängen entsprechend den größeren Atomgewichten größer. Das zeigen des näheren Abb. 131 und Tab. 55, in der die Wellenlängen der drei Maxima als Funktionen des Atomgewichts aufgetragen sind. Die einzelnen Punkte fügen sich gut in die Kurven ein, so daß man gewagt hat (G. Laski l. c.), die in Tab. 55 mit „extrapoliert" bezeichneten Werte aus den Kurven zu entnehmen, da sie bisher noch nicht beobachtet werden konnten.[3]

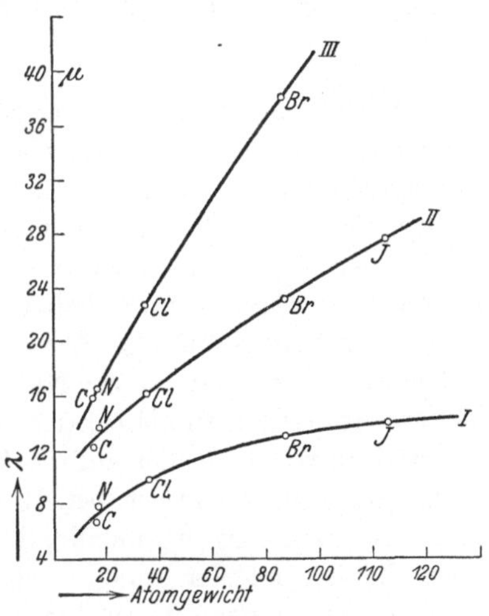

Abb. 131.   Eigenschwingungen der XO_3-Gruppe.

---

[1] Cl. Schaefer u. M. Schubert, Ann. d. Phys. Bd. 55, S. 577. 1918.

[2] Cl. Schaefer u. M. Schubert, ZS. f. Phys., Bd. 7, S. 309. 1921; G. Laski l. c.

[3] Da im langwelligen Spektrum nur bei wenigen Punkten gemessen werden konnte (Reststrahlen), sind die Wellenlängenangaben von Laski ungenau, so daß die Kurven in Abb. 131, soweit sie in das langwellige Gebiet reichen, noch nicht als sicher anzusehen sind. Tatsächlich haben Ramanaufnahmen für $NaClO_3$ eine Frequenz bei ca. 21 μ (statt 23 μ) und für $NaBrO_3$ bei ca. 27 μ (statt 36 μ) ergeben (Daure, Thèses, Paris 1929 und noch unveröffentlichte Messungen im hiesigen Institut). Auch diese Werte würden sich gut in Kurven einordnen lassen.

Tabelle 55. Eigenschwingungen der Gruppen XO_3.

Ion	Wellenlängen		
	μ	μ	μ
CO_3	7	11,5	14
NO_3	7,5	12	15,5
ClO_3	10,6	16	23 (Laski)
BrO_3	12,2	23 (Laski)	36 (extrapoliert)
JO_3	12,8	27 (extrapoliert)	—

Aus der Ähnlichkeit dieser Spektren könnte man folgern, daß alle genannten Ionen gleiche Struktur besitzen müßten, doch wäre dieser Schluß voreilig, da erst Messungen in polarisiertem Licht über die wahre Natur dieser Frequenzen vollständig Auskunft geben können, worauf wir noch zu sprechen kommen.

Vorher wären von ähnlichen Ionen noch das der Metasilikate, SiO_3[1], und der Sulfite, SO_3[2], zu nennen. Die Metasilikate besitzen Eigenschwingungen in der Nähe von 10 und 18 μ, die weniger konstant erscheinen als bei den bisher erwähnten Gruppen. Doch verweisen wir auch hier auf die Messungen im polarisierten Licht. Das SO_3-Ion reflektiert bei 10,6 und 19,5 μ. Die in Analogie zu CO_3 usw. anzunehmende dritte Reflexionsstelle konnte bei den beiden letzten Ionen nicht mehr gemessen werden. Die Eigenschwingungen dieser Ionen ordnen sich nicht in die Kurven der Abb. 131 ein. Sihvonen führt dies auf die Zweiwertigkeit dieser Ionen zurück, da zweiwertige Ionen weniger nach außen isoliert sind und daher nicht so stark in sich gebunden sind als einwertige Ionen, deren Wellenlänge demnach kürzer ist als die entsprechender zweiwertiger Ionen, wie es auch beobachtet ist. Allerdings ist auch das CO_3-Ion zweiwertig, ohne daß man eine zu große Wellenlänge beobachtet. Zwei untersuchte Metaphosphate[3] (PO_3-Ion) zeigen ein etwas komplizierteres Spektrum mit Maximis bei 7,9 μ, 9,1 μ, 11,5 μ und 19 μ, die ebenfalls nicht in die Kurven von Abb. 131 passen[4].

---

[1] Cl. Schaefer u. M. Schubert, ZS. f. techn. Phys. Bd. 3, S. 201. 1922.

[2] V. J. Sihvonen, ZS. f. Phys. Bd. 20, S. 272. 1923; Ann. Acad. Scient. Fenn. A Bd. 20, Nr. 7. 1923.

[3] G. Langford, Phys. Rev. Bd. 33, S. 137. 1911.

[4] Wegen des Auftretens von vier Frequenzen (sonst nur drei) wäre eine Neuuntersuchung der Metaphosphate wünschenswert.

Im polarisierten Licht fand man zuerst bei dem einachsigen Kalkspat und dem zweiachsigen Aragonit, daß für ersteren das mittlere Reflexionsmaximum bei $11\,\mu$ dem a. o. Strahl angehört, die beiden andern dem o. Strahl. Für Aragonit verteilen sich die Wellenlängen nach NYSWANDER[1] in der Weise auf die Richtung der größten, mittleren und kleinsten Fortpflanzungsgeschwindigkeit $\mathfrak{a}$, $\mathfrak{b}$, $\mathfrak{c}$, daß für Schwingungen $\|\mathfrak{c}$ und $\|\mathfrak{b}$ eng beieinander liegende Maxima bei $6{,}7\,\mu$ und $14\,\mu$ auftreten, während $\|\mathfrak{a}$ das $11{,}5$-μ-Maximum erscheint. Die Maxima bei $7\,\mu$ und $14\,\mu$ spalten also in je ein Dublett auf. Auch dieses Ergebnis konnte von SCHAEFER und SCHUBERT an anderen Karbonaten bestätigt werden. In Abb. 132 sind zwei typische Beispiele für den Di- bzw. Trichroismus der Karbonate dargestellt.

Tab. 56 gibt die Wellenlängen wieder. Gleichzeitig sind in der Tabelle die Brechungsindizes für sichtbares Licht angegeben. Man bemerkt dabei, daß ein deutlicher Zusammenhang besteht zwischen dem Charakter der Doppelbrechung im Sichtbaren (hier überall negativ) und der Anisotropie der ultraroten Eigenfrequenzen. Die Richtungen, die für den Brechungsindex nahe

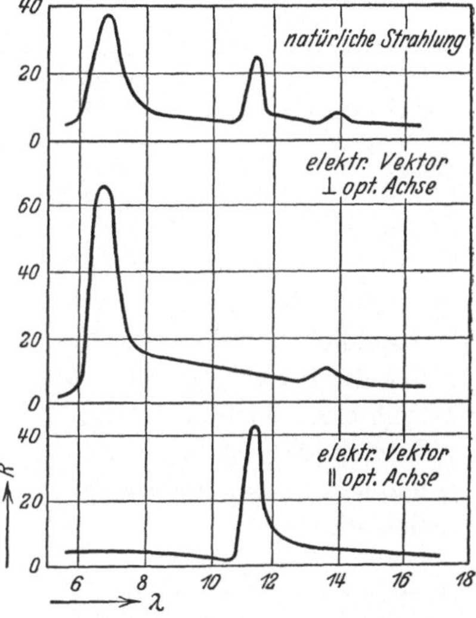

Abb. 132a. Dichroismus von Eisenspat.

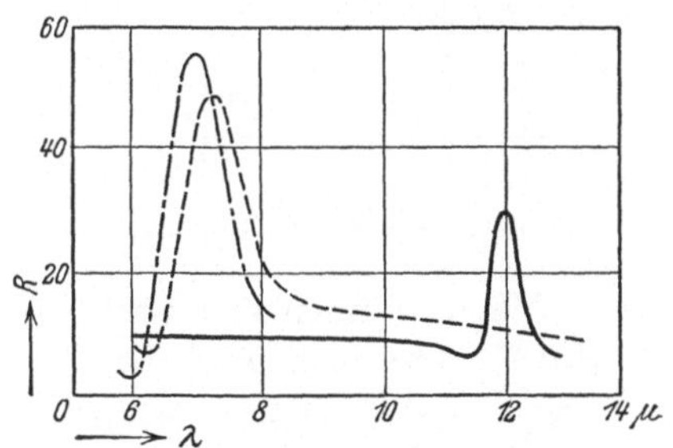

Abb. 132b. Trichroismus von Cerussit.
—·—·— elektr. Vektor ‖ $\mathfrak{a}$-Achse,
— — — elektr. Vektor ‖ $\mathfrak{b}$-Achse,
———— elektr. Vektor ‖ $\mathfrak{c}$-Achse.

---

[1] E. R. NYSWANDER, Phys. Rev. Bd. 28, S. 291. 1909.

Tabelle 56. Zweiachsige Karbonate.

Substanz	Wellenlangen (μ)						Brechungsindizes (fur Na-Licht)		
	∥b		⊥c	∥a	∥b	∥c	α	b	c
Aragonit	6,46	6,70	6,65	11,55	14,17	14,06	1,530	1,682	1,686
Cerussit	7,04		7,28	12,00	—	—	1,804	2,076	2,078
Witherit			6,85	11,61	14,48		1,529	1,676	1,677

gleichwertig sind, geben auch nahe benachbarte Reflexionsmaxima (vgl. auch Sulfate).

Aus diesem Zusammenhang folgt, daß die ultraroten Frequenzen mit den ultravioletten in Beziehung stehen müssen.
Tatsächlich besteht diese in der HABERschen Beziehung (S. 291).
Theoretisch existiert zwar nach der Gittertheorie[1] ebenfalls eine
Beziehung, doch sehr kom-
plizierter Art, so daß allgemeine Aussagen nicht möglich sind.

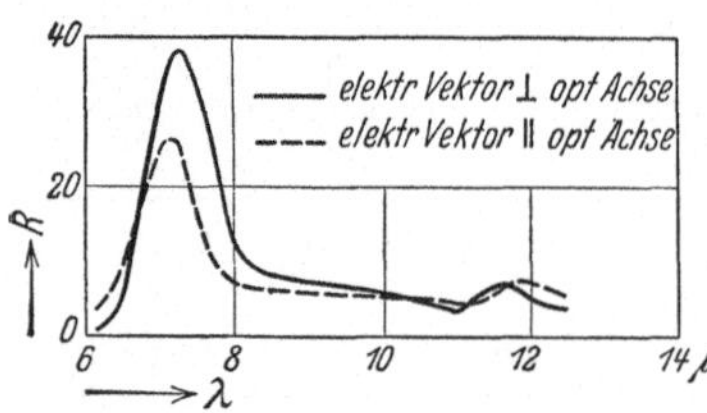

Abb. 133. Reflexion von Natriumnitrat.

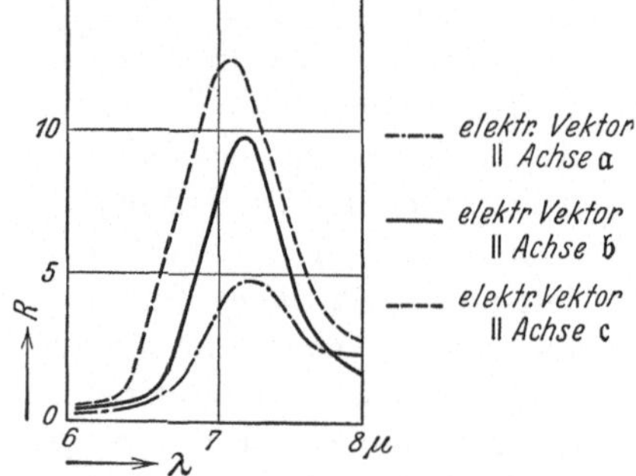

Abb 134. Reflexion von Kaliumnitrat.

Wir erwähnen hier noch, daß einige Maxima von einachsigen
Karbonaten auch nach der Trennung durch das polarisierte Licht
eine Struktur aufzuweisen scheinen, besonders deutlich bei Kalkspat bei 7 und 14 μ. Ausführlichere Angaben hierüber s. § 40.

Trotz der oben beschriebenen äußeren Ähnlichkeit der Spektren
der Nitrate mit dem der Karbonate zeigen sie im polarisierten
Licht gänzlich anderes Verhalten. SCHAEFER und SCHUBERT
fanden, daß für den einachsigen Natronsalpeter das Maximum
bei 7,5 μ und das bei 12 μ sowohl im o. Strahl als auch im
a. o. Strahl erscheinen (Abb. 133). Das langwellige Maximum
konnte nicht mehr untersucht werden, da die Intensitäten zu

---

[1] M. BORN, Atomtheorie des festen Zustands, S. 615ff.

gering waren, doch darf man annehmen, daß es sich nicht anders verhält. In Abb. 134 ist sodann noch das kurzwellige Maximum für KNO_3 dargestellt, woraus hervorgeht, daß auch hier in jeder Achsenrichtung die Strahlung reflektiert wird. Die Chlorate, Bromate und Jodate verhalten sich wie die Nitrate. Während also in unpolarisierter Strahlung sich die chemisch ähnlichen Karbonate und Nitrate auch im Spektrum nicht unterscheiden, so finden wir jedoch in polarisiertem Licht tiefgreifende Unterschiede. Die Ursache dazu müssen wir in der Kristallstruktur suchen, die in § 40 näher untersucht wird (s. auch S. 360ff.).

Die von SCHAEFER und SCHUBERT untersuchten Metasilikate zeigen auch in polarisiertem Licht äußerst komplizierte Spektra. So spaltet sich das Maximum bei 10 μ für jede Achsenrichtung in je zwei bis drei Einzelmaxima auf. Diese Einzelmaxima sind

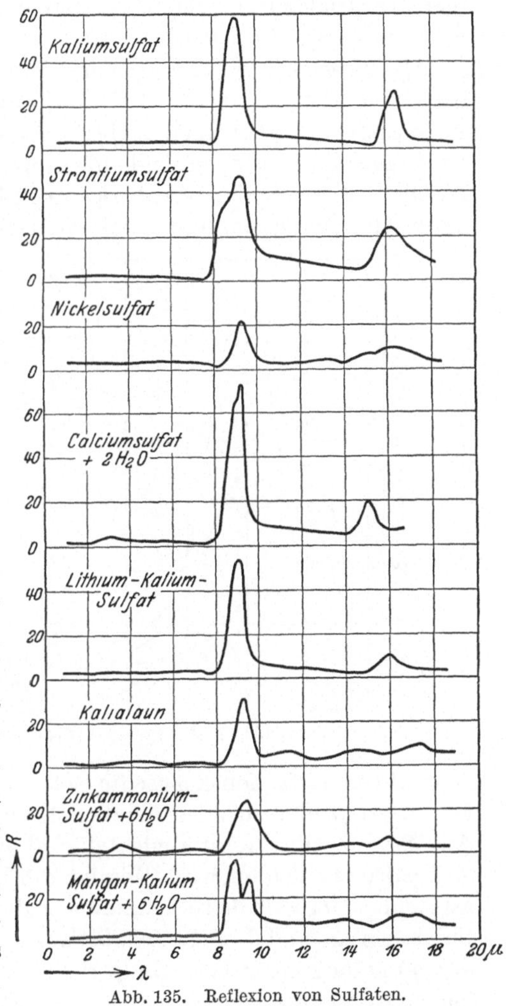

Abb. 135.   Reflexion von Sulfaten.

in ihrer Lage unabhängiger von der Substanz als das aus ihnen zusammengesetzte Maximum, welches bei natürlicher Strahlung beobachtet wird, so daß es als wahrscheinlich angesehen werden darf, daß eine SiO_3-Gruppe von im wesentlichen konstanter Beschaffenheit vorhanden ist, wenn auch ihr Einbau in das Gitter sehr kompliziert sein mag. Eine Ausnahme scheint nur der reguläre Analcim zu bilden, der nur ein scharfes Maximum bei $9{,}5\,\mu$ aufweist. Dagegen fehlt die Gruppe von Maximis bei $18\,\mu$.

Als weitere Atomgruppe, für die ein großes Material vorliegt (SCHAEFER und SCHUBERT[1]) ist die SO_4-Gruppe zu besprechen. Alle untersuchten Kristalle, die ein Sulfation enthalten (einfache Sulfate, isotrope und anisotrope Doppelsulfate, isomorphe Mischungen von Sulfaten) reflektieren bei rund $9\,\mu$ und $16\,\mu$. Das kurzwellige Maximum hatten wir schon erwähnt. Abb. 135 gibt eine

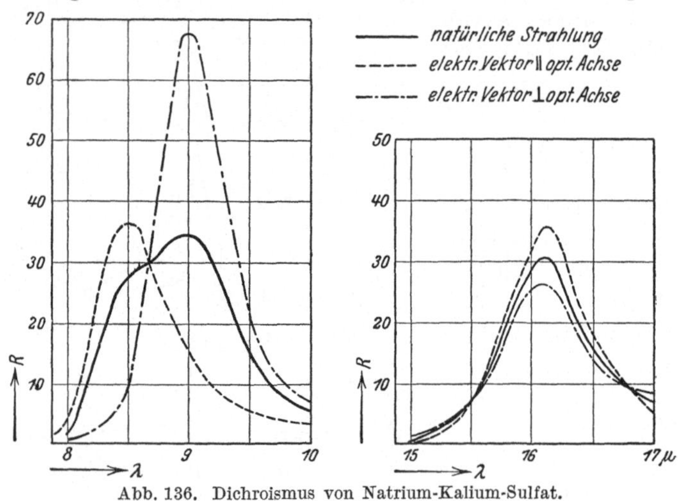

Abb. 136. Dichroismus von Natrium-Kalium-Sulfat.

Auswahl der Reflexionskurven für isotrope, ein- und zweiachsige Sulfate. Die doppelbrechenden Sulfate besitzen meist komplexe Struktur der Maxima, die darauf hindeutet, daß in polarisiertem Licht eine Aufspaltung auftreten wird. Wie die Abb. 136 und 137 zeigen, ist dies tatsächlich der Fall. Jedes Maximum spaltet sich auf in zwei Maxima für einachsige und drei Maxima für zweiachsige Sulfate, die je einer der kristallographischen Hauptrichtungen angehören. Tab. 57 lehrt wieder die Beziehung zwischen Anisotropie der Eigenfrequenzen und Charakter der Doppelbrechung, diesmal für positive Doppelbrechung. Außerdem ersieht man aus den Abbildungen, daß nicht nur die Lage, sondern auch die Intensität

<hr>

[1] CL. SCHAEFER u. M. SCHUBERT, Ann. d. Phys. Bd. 50, S. 283. 1916.

Tabelle 57. Eigenfrequenzen der Sulfate.

Substanz	o. μ	a. o. μ	o. μ	a. o. μ
Natrium-Kalium-Sulfat . . .	9,03	8,49	16,10	16,14
Lithium-Kalium-Sulfat. . . .	8,69	8,74	15,62	15,92
Nickelsulfat.	9,0	8,96		

	α μ	b μ	c μ	Brechungsindex für Na-Licht α	b	c
Zink-Ammonium-Alaun . . .	9,15	9,21	8,82	1,4890	1,4934	1,4996
Zink-Kalium-Alaun	9,13	9,03	8,92	1,4775	1,4836	1,4967
Kobalt-Ammonium-Alaun . .	9,15	9,21	8,83	1,4890	1,4940	1,5020
Kobalt-Kalium-Alaun	9,10	8,89	8,76	1,4807	1,4867	1,5004
Magnesium-Ammonium-Alaun	9,15	9,19	8,81	1,4767	1,4728	1,4791
Magnesium-Kalium-Alaun . .	9,02	8,92	8,71	1,4602	1,4633	1,4768
Baryt	8,93	—	8,30	1,6363	—	1,6480
Gips	8,74	—	8,62	1,5207	—	1,5305

der Schwingungen für die verschiedenen Achsenrichtungen verschieden ist, d. h. es existiert Anisotropie der Dämpfungen[1].

Von allgemeinerem Interesse ist ferner die Tatsache, die auch bei den Karbonaten gefunden wird, daß die Kurven sich überschneiden, so daß für gewisse Wellenlängen der Kristall isotrop („Isotropiepunkte") bzw. einachsig wird. Zu beiden Seiten der Überschneidungsstelle ist also der Charakter der Doppelbrechung entgegengesetzt, so daß die

----

[1] Von praktischer Bedeutung ist die Anisotropie insofern, als man nur bei wohldefinierten kristallographischen Verhältnissen reproduzierbare Werte für Wellenlängen erhalten kann, was für die Auswahl von Normalwellenlängen wichtig ist.

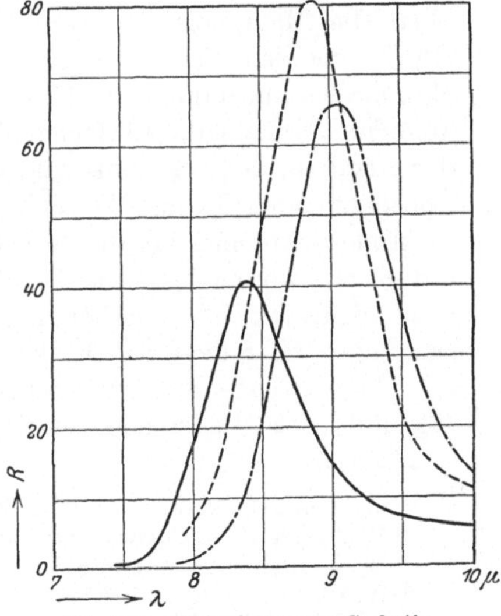

Abb. 137. Trichroismus von Coelestin.
– – – – elektr. Vektor ∥ α-Achse,
– · – · – elektr. Vektor ∥ b-Achse,
——— elektr. Vektor ∥ c-Achse.

Angabe, ein Kristall sei positiv bzw. negativ doppelbrechend, nur bei Angabe der Wellenlänge Sinn hat. Im Sichtbaren ist ein solches Verhalten sehr selten und daher als Anomalie angesehen worden, doch ist es, wenn man das gesamte Spektrum betrachtet, die Regel.

In einigen Reflexionskurven treten noch weitere Maxima auf, besonders bei $3\,\mu$ und $14\,\mu$. Diese sind dem Gehalt an Kristallwasser zuzuschreiben, auf den wir in § 41 näher eingehen.

Dasselbe Verhalten im polarisierten Licht wie die Sulfate, zeigen die Chromate und Selenate[1]. Das CrO_4-Ion besitzt eine Eigenschwingung bei $11,5\,\mu$[2], das SeO_4-Ion eine bei $11,3\,\mu$, die langwellige Eigenfrequenz konnte nicht beobachtet werden. Es ist auffällig, daß trotz des größeren Atomgewichtes die Eigenfrequenz des SeO_4-Ions größer ist als die des CrO_4-Ions. Da aber Selen dem Schwefel näher steht als Chrom, so wäre wohl zu erwarten, daß man nur in den Reihen S, Se, Te bzw. Cr, Mo, W Gesetzmäßigkeiten findet, doch reicht das Beobachtungsmaterial zur Prüfung nicht aus. Nur für $PbMoO_4$ (Wulfenit) und $CaWO_4$ (Scheelit) sind Messungen von COBLENTZ[3] bekannt, welcher komplexe Maxima bei $11,75\,\mu$ bzw. $11,8\,\mu$ gefunden hat. Wie oben die Metaphosphate, so weichen hier die Orthophosphate (PO_4^-) von dem Verhalten der übrigen XO_4-Ionen ab. Sie zeigen Maxima bei ungefähr $9,5\,\mu$, $17\,\mu$ und $19\,\mu$, die mehr oder weniger komplex erscheinen. Einfache Maxima besitzen die Phosphate der Alkalien, des Natriums und des Silbers, mehrfache dagegen Phosphate vom Typus $Me_3''(PO_4)_2$ und $Me'''PO_4$.

Andere Anionen als die bisher besprochenen sind nur selten untersucht worden und die Ergebnisse der Beobachtungen sind noch nicht geklärt. Hierher gehören die umfangreichen Untersuchungen an Silikaten[4]. Es ist bekannt, daß die Silikate eine sehr komplizierte Struktur haben, so daß das unbefriedigende Resultat der Messungen wohl zu erwarten war. Auch für

---

[1] CL. SCHAEFER u. M. SCHUBERT, ZS. f. Phys. Bd. 7, S. 297. 1921.

[2] Vgl. auch H. A. CLARK, Astrophys. Journ. Bd. 35, S. 48. 1912.

[3] W. W. COBLENTZ, Investig. V. 1906.

[4] W. W. COBLENTZ, Investig. III bis VI. 1906 bis 1908; J. KÖNIGSBERGER, Wied. Ann. Bd. 61, S. 687. 1897 (auch Glimmer); E. MERRITT, Wied. Ann. Bd. 55, S. 49. 1895 (Turmalin); O. REINKOBER, Ann. d. Phys. Bd. 34, S. 343. 1911 (Turmalin).

die komplizierteren Phosphate (LANGFORD l. c.) und Chromate (CLARK l. c.) sind noch keine übersichtlichen Ergebnisse erzielt worden.

Auch die Eigenfrequenzen der Hydroxyde bedürfen noch weiterer Untersuchung. SCHAEFER und SCHUBERT finden nämlich an basischen Karbonaten (Malachit und Azurit) und Nitraten (oberflächlich verwittertes Quecksilbernitrat), daß neue Reflexionsmaxima zu beobachten sind, und zwar bei etwa 10 μ. Außerdem tritt bei Hydroxyden das aus den Spektren organischer Substanzen bekannte Maximum der OH-Gruppe bei etwa 2,5 bis 3 μ auf. PLYLER[1] untersuchte das Absorptionsmaximum des Brucits ($Mg(OH)_2$) bei 2,5 μ näher, wobei er eine Reihe von Teilmaximis findet. Er glaubte, daß diese auf der Wirkung der Mg-Isotopen beruhen, doch ist diese Ansicht irrig und inzwischen auch von PLYLER zurückgenommen[2], denn der Einfluß des Kations auf die Schwingung des Anions ist zu gering, um derartig weit getrennte Eigenfrequenzen zu liefern. Es scheint überhaupt nicht sicher, ob die Feinstruktur reell ist, denn bei Kalkspat und anderen Karbonaten, wo COBLENTZ u. a. mehrere Maxima beobachten, konnten bei genauer Messung höchstens zwei Maxima festgestellt werden[3], deren Beziehung zur Struktur der CO_3-Gruppe später besprochen wird (§ 40). Das gegenteilige Ergebnis ist wahrscheinlich auf Störungen durch den Wasserdampf- bzw. Kohlensäuregehalt der Zimmerluft zurückzuführen. Sollte die Feinstruktur aber reell sein, dann könnte sie erklärt werden entweder als Kombination von äußeren Schwingungen und inneren Schwingungen des Anions[4], oder auch als Folge einer Deformation des Ions, wodurch die Symmetrie herabgesetzt wird und also mehr Eigenfrequenzen resultieren (§ 40).

Als letztes Anion ware das der Nitrite (NO_2) zu erwähnen, für welches von MASLAKOWEZ[5] ein Reflexionsmaximum bei 8,04 μ gefunden wurde.

---

[1] E. K. PLYLER, Phys. Rev. Bd. 28, S. 284. 1926.

[2] E. K. PLYLER, Phys. Rev. Bd. 33, S. 948. 1929.

[3] CL. SCHAEFER, F. MATOSSI u. F. DANE, ZS. f. Phys. Bd. 45, S. 493. 1927.

[4] Auch auf das Elektronenspektrum können sich Gitterschwingungen überlagern. Vgl. G. JOOS, Phys. ZS. Bd. 29, S. 117. 1928; H. SAUER, Ann. d. Phys. Bd. 87, S. 197. 1928.

[5] I. MASLAKOWEZ, ZS. f. Phys. Bd. 51, S. 696. 1928.

Tabelle 58. Eigenfrequenzen von Ammoniumsalzen.

	μ	μ	μ
Ammoniumfluorid .	—	—	6,69
Ammoniumchlorid .	3,20	5,85	7,07
Ammoniumbromid .	3,20	5,9	7,11
Ammoniumjodid . .	3,2	—	7,18
Ammoniumsulfat . .	3,3	5,9	7,04
Ammoniumnitrat . .	3,2	—	7,00

Sodann hat ÅNGSTRÖM[1] das Reflexionsspektrum von drei Nitriden (NaN_3, KN_3, NH_4N_3) untersucht, und zwar in gesättigter Lösung; er fand für alle drei Nitride ein Reflexionsmaximum zwischen 4,8 μ und 5 μ, das er der N_3-Gruppe zuschreibt. Es müßte allerdings noch näher untersucht werden, welchen Einfluß hier die Lösung ausübt.

Neben den bisher besprochenen Anionen kommt als zusammengesetztes Kation nur das Ion der Ammoniumsalze in Betracht[2]. Tab. 58 gibt eine Zusammenstellung der von REINKOBER im Reflexionsspektrum erhaltenen Resultate. Für NH_4Cl ist das Reflexions- und Absorptionsspektrum in Abb. 138a und 138b dargestellt. Bei 3,2 μ und 7 μ sind zwei relativ starke Eigenfrequenzen zu bemerken. Bei drei Ammoniumsalzen tritt auch noch ein schwaches Reflexionsmaximum bei 5,9 μ auf, das auch in Absorption zu finden ist. Vgl. hierzu auch § 40 (Struktur der XY_4-Gruppe).

Nachdem wir nun die Grundschwingungen aus dem Reflexionsspektrum kennengelernt haben, fehlen uns zur vollständigen Kenntnis des Spektrums noch die Oberschwingungen. Außer für die Karbonate und Nitrate, die wir im nächsten Paragraphen gesondert betrachten, sind aber nur für die Sulfate einschlägige Messungen bekannt. Schon COBLENTZ hat für viele Sulfate ein Absorptionsmaximum bei 4,5 μ gefunden. Weitere Absorptionsstellen sind sodann bei Coelestin ($SrSO_4$) und Langbeinit ($K_2SO_4 \cdot 2MgSO_4$) von SCHAEFER und THOMAS[3] gefunden worden. Die Wellenlängen dieser Oberschwingungen sind 4,5 μ, 3,02 μ bis 3,24 μ und 2,3 μ. Sie stehen innerhalb der Fehlergrenzen in

---

[1] A. K. ÅNGSTRÖM, ZS. f. phys. Chem. Bd. 86, S. 585. 1914.
[2] O. REINKOBER, ZS. f. Phys. Bd. 3, S. 1. 1920; Bd. 5, S. 192. 1921.
[3] CL. SCHAEFER u. M. THOMAS, ZS. f. Phys. Bd. 12, S. 330. 1923.

dem Verhältnis 2:3:4. Genauere Messungen waren nicht möglich, da an den Absorptionsstellen völlige Auslöschung auftrat.

Die in diesem Paragraphen wiedergegebenen Erfahrungstat-
sachen reichen schon aus, um wichtige Erkenntnisse in bezug
auf die Struktur der Kristalle gewinnen zu können. Zunächst
folgt aus den umfangreichen Beobachtungen eindeutig, daß es
Atomgruppen gibt, die so fest gebunden sind, daß sie in allen

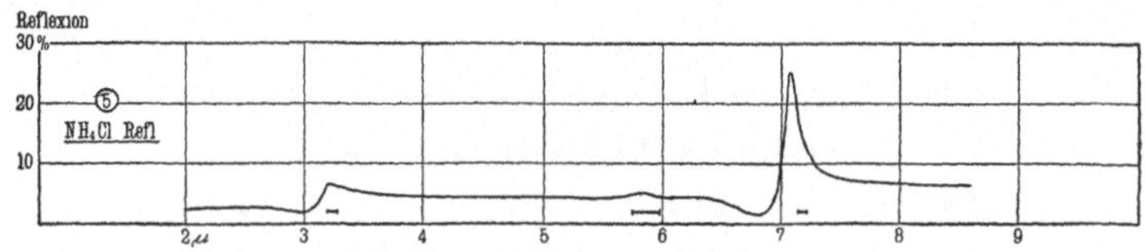

Abb. 138 a. Reflexionsvermögen von NH_4Cl nach REINKOBER.

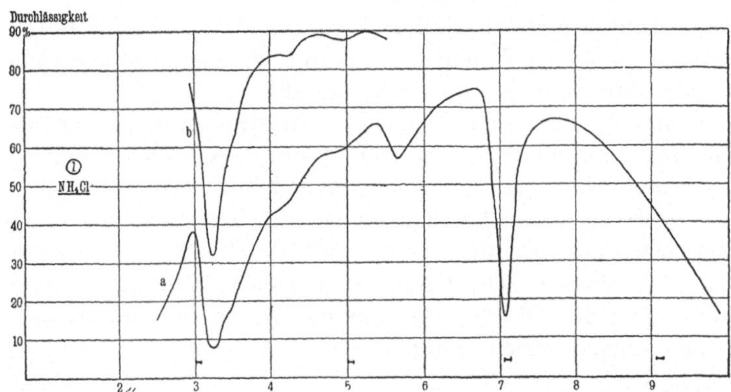

Abb. 138 b. Durchlässigkeit von NH_4Cl nach REINKOBER.
Kurve a: NH_4Cl zwischen zwei Flußspatplatten. Kurve b: NH_4Cl auf einer Trägerplatte.

Kristallen und in Lösungen ohne merkliche Änderung ihrer
Struktur eingebaut werden können. Gleichzeitig erkennen wir
aus den Messungen in polarisiertem Licht, daß die Atomgruppen
nicht im Gitter beliebig orientiert sind, sondern daß sie in gesetz-
mäßiger Weise eingebaut sind. Mit anderen Worten: Auch die
Atome der Atomgruppen bilden einfache Gitter, aus denen sich
das Kristallgitter aufbaut. Diese Erkenntnis ist im Einklang
mit den allgemeinen Ergebnissen der Röntgenanalyse.

Die Ultrarotanalyse kann aber auch dazu dienen, die röntgeno-
graphisch bestimmte Struktur zu kontrollieren und weiter auszu-
bauen. Zu diesem Ausbau fehlen aber noch wichtige Tatsachen,

die wir erst später kennenlernen. Als Kontrolle hat sich aber schon die bisherige Kenntnis fruchtbar erwiesen im Fall der Alaune, deren Struktur ursprünglich von VEGARD und SCHJELDERUP[1] falsch bestimmt wurde[2]. In ihrem Modell waren nämlich keine SO_4-Gruppen als solche zu erkennen. NIGGLI[3] konnte dann zeigen, daß man aus den VEGARDschen Messungen auch ein Modell ableiten kann, das der Ultrarotanalyse nicht widerspricht.

§ 39. Nähere Betrachtung der Karbonate. Kombinationsschwingungen.

Die Karbonate sind im Ultrarot sehr oft und eingehend untersucht worden, teils aus dem praktischen Grund, daß sie relativ leicht in guten Stücken zu erhalten sind, teils weil sie theoretisches Interesse bieten, da ihre Struktur als typisch für Kristallsalze anorganischer Säuren gelten kann, ohne doch so kompliziert zu sein, daß man die Übersicht verliert.

Zunächst soll es sich darum handeln, das Spektrum der Ober- bzw. Kombinationsfrequenzen zu besprechen, welches dem Absorptionsspektrum entnommen werden kann. Die Grundschwingungen haben wir schon kennen gelernt, soweit es die inneren Frequenzen des CO_3-Ions betraf. In Tab. 59 seien sie zusammen mit den äußeren Schwingungen (LIEBISCH und RUBENS) zusammengestellt. Gleichzeitig sind die Werte für $NaNO_3$ in die Tabelle aufgenommen worden, da $NaNO_3$ mit Kalkspat isomorph ist.

Wir übergehen die älteren Absorptionsmessungen von COBLENTZ, MERRITT und NYSWANDER, da sie einerseits ein zu kleines Wellenlangengebiet umfassen, anderseits das Spektrum nicht aufgelöst haben.

Abb. 139 gibt die Ergebnisse der Absorptionsmessungen von SCHAEFER, BORMUTH und MATOSSI[4] an sechs Karbonaten wieder,

---

[1] L. VEGARD u. H. SCHJELDERUP, Ann. d. Phys. Bd. 54, S. 146. 1917.

[2] Vgl. die Polemik zwischen SCHAEFER und SCHUBERT, Ann. d. Phys. Bd. 55, S. 397. 1918 und Bd. 59, S. 583. 1919 und VEGARD, Ann. d. Phys. Bd. 58, S. 291. 1919.

[3] P. NIGGLI, Phys. ZS. Bd. 19, S. 225. 1918. Vgl. auch das neue Modell von L. VEGARD u. E. ESP, Ann. d. Phys. Bd. 85, S. 1152. 1928.

[4] CL. SCHAEFER, C. BORMUTH u. F. MATOSSI, ZS. f. Phys. Bd. 39, S. 648. 1926.

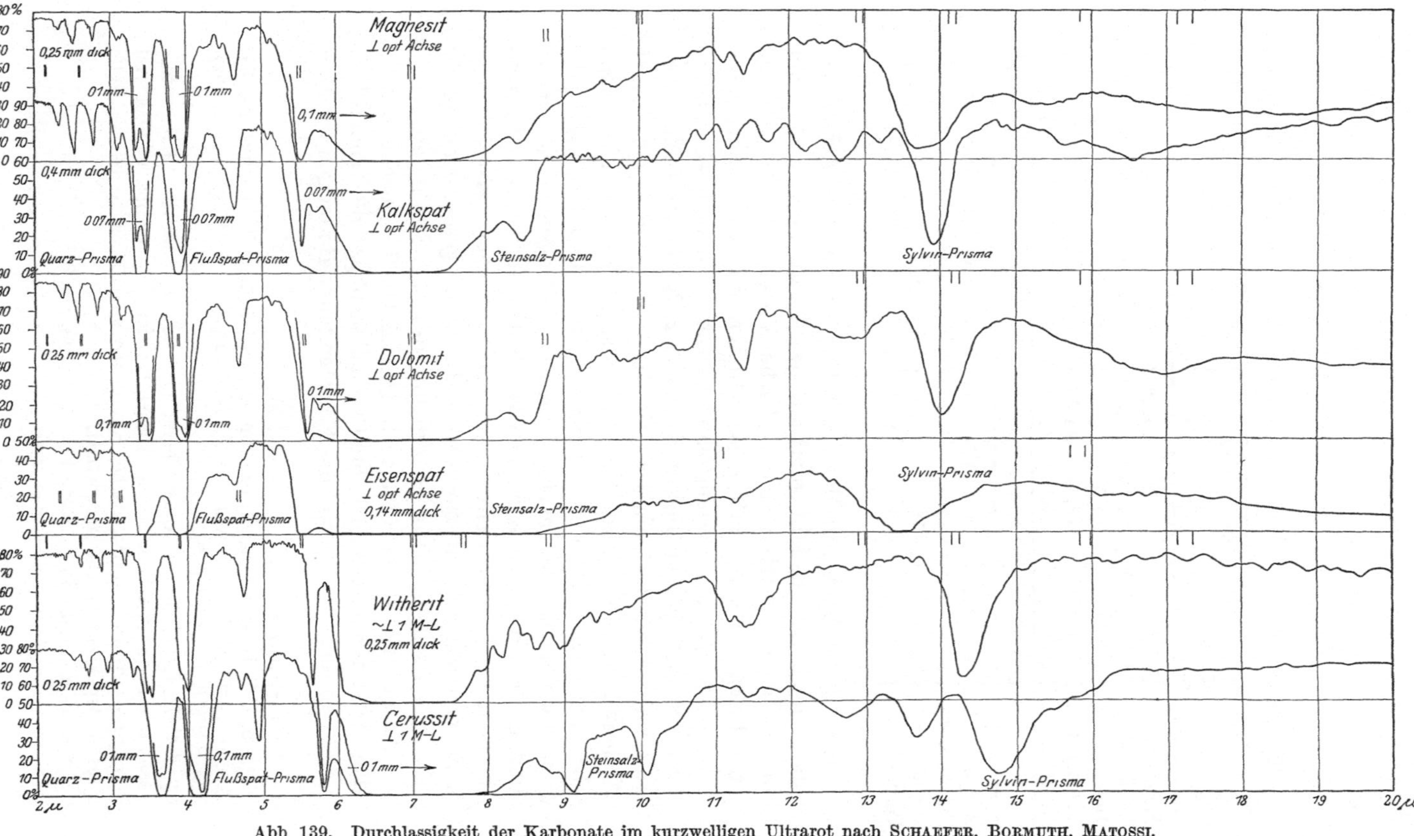

Abb 139. Durchlassigkeit der Karbonate im kurzwelligen Ultrarot nach Schaefer, Bormuth, Matossi.

Tabelle 59. Grundschwingungen der Karbonate und Nitrate.

	Innere Schwingungen (in μ)			Äußere Schwingungen (in μ)	
	o.	o.	a. o.	o.	a. o.
Magnesit . .	6,69	13,78	11,25		
Kalkspat . .	6,7 bis 7,0	14,16	11,38	30,3 (55) 94	28,0 94
Dolomit. . .	6,9	14,7	11,45	29 74	27,5 68
Eisenspat .	6,77	13,54	11,53	30 51	27 50
NaNO$_3$. . .	7,12 [1]	14,44 [1]	12,04 [1]	46 (75) 140	46 140

	b	c	c	b	a	b	c	a
Aragonit . .	6,7	6,65	14,06	14,17	11,55	36,5 (50) (100)	34 (50) 88	36,5 (50) 85
Strontianit .	6,78		14,28		11,62	42 ($\perp$ a)		47
Witherit . .	6,85		14,48		11,61	46,5 ($\perp$ a)		56
Cerussit . . .	7,04	7,28	15,00		12,00	64	64	64 94

und zwar das Spektrum des o. Strahles ($\perp$ optische Achse bzw. erste Mittellinie). Es fällt sofort auf, daß das kurzwellige Spektrum bis 7 μ für alle Karbonate das gleiche Aussehen hat, woraus wir entnehmen können, daß diese Minima die Kombinationsfrequenzen der inneren Grundschwingungen darstellen, während im langwelligen Teil auch die von Karbonat zu Karbonat wechselnden äußeren Grundschwingungen zur Mitwirkung gelangen. Auch Aragonit und Strontianit[2] zeigen dasselbe Verhalten; sie sind aber nur zwischen 1 und 4 μ und zwischen 11 und 15 μ untersucht worden[3]. Bei noch kleineren Wellenlängen gelang es PLYLER[4] mit dickeren Kristallen von Kalkspat (2 cm) und Strontianit (6 mm) noch weitere Maxima zu finden. Witherit war nicht genau senkrecht zur ersten Mittellinie geschnitten, daher tritt hier auch die Grundschwingung des a. o. Strahls auf.

Die äußerst starke Grundschwingung bei 7 μ macht sich in allen Spektren durch eine breite Auslöschungsstelle bemerkbar. so daß an dieser Stelle weitere Einzelheiten verloren gehen. Man

---

[1] Polarisationsverhältnisse s. S. 330.

[2] F. I. G. RAWLINS, A. M. TAYLOR u. E. K. RIDEAL, ZS. f. Phys. Bd. 39, S. 660. 1926; F. I. G. RAWLINS u. E. K. RIDEAL, Proc. Roy. Soc. London (A) Bd. 116, S. 140. 1927.

[3] F. K. BELL, Journ. Amer. Chem. Soc. Bd. 51, S. 2940. 1929, untersucht organische Karbonate; die Absorption der CO_3-Gruppe ist aber viel geringer als die anderer organischer Bindungen, so daß das charakteristische Karbonatspektrum nicht hervortritt.

[4] E. K. PLYLER, Phys. Rev. Bd. 33, S. 948. 1929.

kann aber die für den o. Strahl wirksame Dicke eines Dünnschliffs dadurch verringern, daß man eine parallel zur Achse geschnittene Platte so in den Strahlengang bringt, daß die Achse einen geeigneten Winkel mit der Richtung des elektrischen Vektors des polarisiert einfallenden Lichtes bildet. Es ist dann nur eine Komponente des o. Strahls wirksam. Auf diese Weise kann man das Gebiet bei $7\,\mu$ näher untersuchen, allerdings nicht mit der gleichen Genauigkeit wie die übrigen Teile des Spektrums. Das Ergebnis der Messungen zeigen die Abb. 140a und 140b, wo auch das Absorptionsspektrum des a. o. Strahls selbst eingetragen ist[1]. Im kurzwelligen Spektrum wurde bei verschiedenen Dicken gemessen. Die Messungen bei verschiedenen Azimuten reichen von $5,3\,\mu$ bis $8\,\mu$ und 11 bis $12\,\mu$. Soweit die Kurven mit der $0°$-Kurve übereinstimmen, sind sie nicht gezeichnet worden. Die Kurven sind wegen des Reflexionsverlustes korrigiert.

Die Minima zwischen 7 und $8\,\mu$ müssen demnach dem o. Strahl angehören. Die beiden Hauptminima liegen bei 7,14 und $7,40\,\mu$, die wir den beiden Komponenten der Grundschwingung zuschreiben, die in Reflexion bei $6,7\,\mu$ und $7\,\mu$ erscheinen[2]. Die Deutung der anderen Minima geben wir weiter unten.

Die Verdoppelung der Eigenschwingung bei $7\,\mu$ ist bei einigen ihrer Oberschwingungen im kurzwelligen Gebiet allgemein zu beobachten, besonders deutlich bei der Oktave bei $3,5\,\mu$. In Reflexion konnte sie für einachsige Kristalle einwandfrei nur bei Kalkspat festgestellt werden. Die Reflexionskurve von Kalkspat senkrecht zur Achse bei $7\,\mu$ hat zwei Maxima bei

$$6,685\,\mu \pm 0,005\,\mu \qquad \text{und} \qquad 6,975\,\mu \pm 0,005\,\mu.$$

Bei anderen einachsigen Karbonaten scheinen die Einzelmaxima so breit zu sein, daß sie nicht getrennt werden können. Da die Verdoppelung aber allgemein bei Oberschwingungen beobachtet wurde, dürfte wohl kein Zweifel an ihrer Existenz sein. Das langwellige Reflexionsmaximum des o. Strahls bei $14\,\mu$ ist bei Kalkspat von SCHAEFER und SCHUBERT auch als doppelt beobachtet worden. Auch zweiachsige Kristalle haben bei $7\,\mu$

---

[1] F. MATOSSI, ZS. f. Phys. Bd. 48, S. 616. 1928.

[2] CL. SCHAEFER, F. MATOSSI u. F. DANE, ZS. f. Phys. Bd. 45, S. 493, 1927.

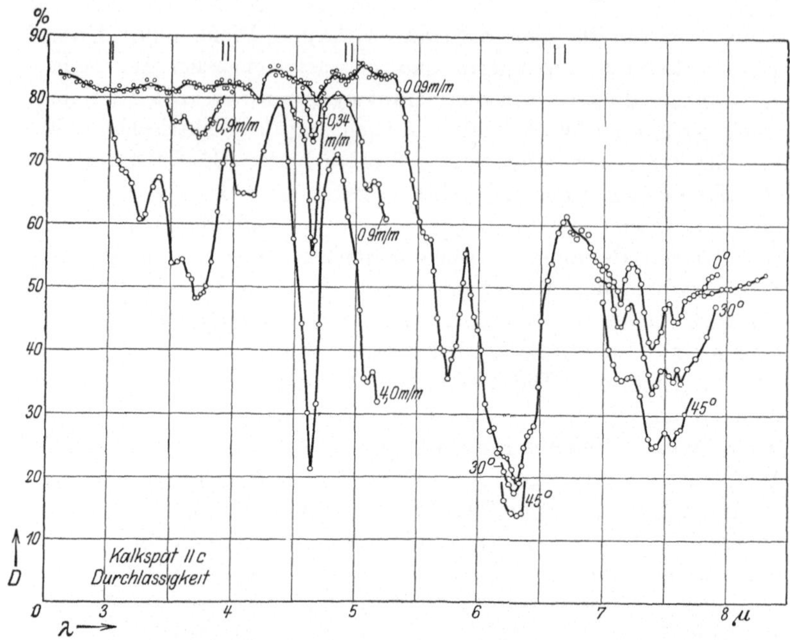

Abb 140 a   Absorptionsspektrum des außerordentlichen Strahls fur Kalkspat

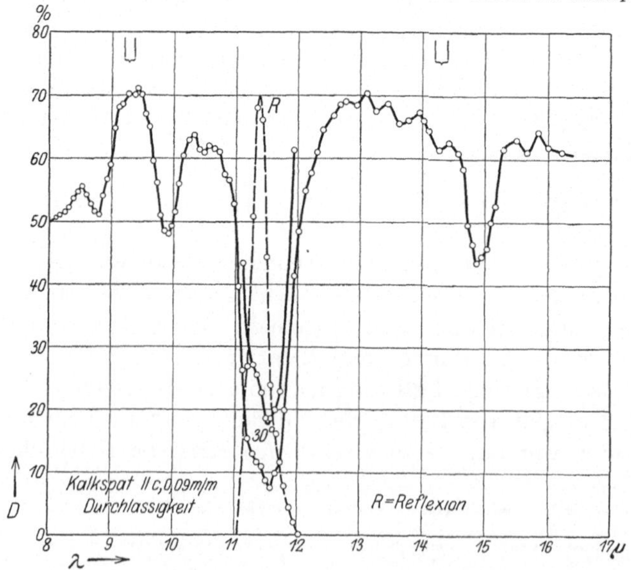

Abb. 140 b   Absorptionsspektrum des außerordentlichen Strahls fur Kalkspat

und 14 μ Doppelmaxima, deren Komponenten sich auf die Schwingungsrichtungen verteilen[1] (s. S. 329 und § 40).

Die Absorptionsmessungen geben die Möglichkeit, die Maxima der Absorption mit denen der Reflexion zu vergleichen. Der Vergleich ist in Tab. 60 durchgeführt. Das Maximum bei 14 μ verhält sich demnach, von Strontianit abgesehen, umgekehrt wie das Maximum bei 7 μ. Bei 11 μ scheint die Sachlage noch nicht geklärt zu sein. Da die Verschiebungsrichtung von der Stärke der Absorption abhängt, brauchen wir die Versuchsergebnisse nicht als einander widersprechend anzusehen. Für starke Eigenfrequenzen ist $\lambda_{abs} > \lambda_{refl}$, für schwache $\lambda_{abs} < \lambda_{refl}$, was qualitativ auf die Werte der Tab. 60 zutrifft. Quantitative Angaben über die Intensitäten sind noch nicht möglich gewesen.

Tabelle 60. Reflexions- und Absorptionsmaxima.

	λ_{refl} μ	λ_{abs} μ		λ_{refl} μ	λ_{abs} μ
Kalkspat . .	6,68	7,14	Cerussit . . .	15,00	14,75
	6,98	7,40	Dolomit . . .	14,70	14,05
	11,38	11,55	Aragonit . . .	14,40	14,39
	14,16	14,12—13,92[2]		11,54	11,50
Magnesit . .	13,78	13,68	Strontianit . .	14,28	14,35
Eisenspat . .	13,54	13,50		11,62	11,55
Witherit. . .	14,48	14,32	Natriumnitrat.	14,44	13,69[3]
	11,6	11,4			

Wenn man nun versucht, die Minima der Abb. 139 bis 140, soweit sie inneren Schwingungen angehören, als **Kombinationsfrequenzen** der drei Grundschwingungen bei 7 und 14 μ für den ordentlichen Strahl und 11 μ für den a. o. Strahl darzustellen, so findet man, daß eine große Anzahl von Minimis nicht gedeutet werden kann. Erst wenn man noch eine inaktive Frequenz zu Hilfe nimmt, gelingt es, alle Minima einzuordnen. Die inaktive Frequenz wird auch von der Theorie gefordert, worüber in § 40

---

[1] Auch bei dem Minimum bei 11,5 μ (Abb. 140) scheint eine Verdoppelung angedeutet zu sein, doch beruht diese auf der Ungenauigkeit der Messung (sehr kleine Ausschläge), so daß die Korrektur wegen des Reflexionsverlustes unsichere Werte liefert.

[2] 14,12 = RAWLINS und RIDEAL.

13,92 = SCHAEFER, BORMUTH und MATOSSI.

[3] Unveröffentlichte Messungen von SCHAEFER und BORMUTH,

Näheres. Ebenso ist die Wahl der Grundfrequenzen mit der Theorie im Einklang (s. S. 357). Die inaktive Frequenz kann von uns nur rückwärts aus den Kombinationsfrequenzen berechnet werden. Ihre so festgestellten Werte sind für verschiedene Karbonate und Natronsalpeter in Tab. 61 zusammengestellt.

Tabelle 61. Inaktive Frequenzen.

Mg- μ	Ca- μ	(Ca, Mg)- μ	Fe- μ	Ba- μ	Pb-CO_3 μ	$NaNO_3$ μ
9,39	9,10	9,19	9,33	9,57	10,10	9,50

Für Kalkspat, Aragonit, Cerussit und Natronsalpeter ist diese inaktive Frequenz tatsächlich später im RAMAN-Effekt ungefähr an den berechneten Stellen gefunden worden, wo sie als stärkste Linie der Karbonate auftritt. Über die Fähigkeit der inaktiven Frequenz, aktive Kombinationsschwingungen zu liefern vgl. S. 230.

TAYLOR[1] sucht die inaktive Frequenz bei der Berechnung der Kombinationsfrequenzen zu vermeiden, doch kann man gegen seine Tabelle der Kombinationsfrequenzen berechtigte Einwände erheben. Insbesondere ist der Forderung, daß die Intensität einer Linie um so stärker ist, je kleiner die Ordnung der Kombination, nicht Genüge getan. Auch sind sehr starke Minima als Differenzfrequenzen gedeutet, was ebenfalls theoretisch kaum haltbar ist. Daß es überhaupt möglich ist, formal die inaktive Frequenz zu vermeiden, liegt daran, daß zwischen den Grundfrequenzen „zufällig" ganzzahlige lineare Beziehungen bestehen, wie z. B. $\nu_1 \approx 2\nu_2$, $2\nu_0 \approx \nu_1 + \nu_2$.

Bei der Berechnung der Kombinationsfrequenzen müßte man die Grundfrequenzen dem Absorptionsspektrum entnehmen, was aber nur für Kalkspat möglich ist. Es hat sich aber gezeigt, daß dann berechnete und beobachtete Werte weniger gut übereinstimmen, soweit dabei ν_1 auftritt, als bei Verwendung der Reflexionsmaxima, doch wird allerdings eine Reihe anderer Minima besser wiedergegeben, wie Tab. 62 lehrt. Das dürfte seine Ursache darin haben, daß die Verstimmung der Oberschwingungen nicht aus der einfachen KRATZERschen Formel (S. 193) berechnet werden kann, da kompliziertere Verhältnisse vorliegen. Wir berücksichtigen daher die Verstimmung überhaupt nicht. In Tab. 62

---

[1] A. M. TAYLOR, Phil. Mag. Bd. 6, S. 88. 1928.

Tabelle 62a. Kombinationsschwingungen in Kalkspat.

Komb.	$\lambda_{\text{ber.}}$ (Refl.)	λ_{ber} (Abs.)	$\lambda_{\text{beob.}}$ (in μ)
ν_1 (o.) ν_2 (o.) ν_3 (a. o.) ν_0 (inaktiv)	6,7 μ, 7,0 14,16 11,38 9,10	7,14 7,40 13,96 11,55 * 9,10	$= \lambda_{\text{beob.}}$
$2\nu_1$	3,50 3,35	3,70 3,57	3,47 3,33
$2\nu_2$	7,08	7,00	—
$2\nu_3$	5,69	5,77	5,75 *
$\nu_1 + \nu_2$	4,64 4,52	4,84 4,73	4,64 (4,50)
$\nu_1 + \nu_3$	4,33 4,22	4,52 4,41	4,64 * ? 4,16 * ?
$\nu_1 + \nu_0$	3,96 3,90	4,08 4,00	3,93 (3,87)
$\nu_2 + \nu_3$	6,31	6,33	6,30 *
$\nu_2 + \nu_0$	5,52	5,52	5,545
$\nu_3 + \nu_0$	5,12	5,08	5,15 u. 5,10 *
$3\nu_1$	2,33 2,23	2,47 2,38	2,33 2,30
$3\nu_2$	4,72	4,66	4,64
$3\nu_3$	3,79	3,85	3,71*
$2\nu_1 + \nu_2$	2,80 2,70	2,93 2,85	2,786 (2,74)
$2\nu_1 + \nu_0$	2,53 2,46	2,63 2,56	2,533 (2,5)
$\nu_1 + \nu_2 + \nu_0$	3,10 3,05	3,16 3,11	3,10 3,04
$\nu_1 + \nu_0 - \nu_2$	5,34	5,67	5,70
$2\nu_0 + \nu_3$ $2\nu_3 + \nu_1$	3,25 3,14	3,26 3,25 }	3,25 *
$2\nu_3 + \nu_2$	4,05	4,08	4,16 *
$2\nu_0 - \nu_3$	7,56	7,50	7,60 * ?
$4\nu_1$	1,75 1,68	1,85 1,79	1,76
$2\nu_1 + \nu_2 + \nu_0$	2,15 2,12	2,22 2,17	2,20
$3\nu_1 + \nu_2$	2,00 1,98	2,10 2,04	2,00
$3\nu_1 + \nu_0$	1,86 1,84	1,94 1,89	1,90

Rechte Spalte (Gruppe $4\nu_1$ bis $3\nu_1 + \nu_0$): } PLYLER

* im a. o. Strahl beobachtet.   ( ) nur angedeutet.   ? Deutung unsicher.

Tabelle 62 b.

λ_{beob}	Komb. (o. Strahl)
$1{,}76\,\mu$	$4\nu_1$
$1{,}90$	$3\nu_1 + \nu_0$
$2{,}00$	$3\nu_1 + \nu_2$
$2{,}20$	$2\nu_1 + \nu_2 + \nu_0$
$2{,}30$ $2{,}33$ $\big\}$	$3\nu_1$
$2{,}5$ $2{,}533$ $\big\}$	$2\nu_1 + \nu_0$
$2{,}74$ $2{,}786$ $\big\}$	$2\nu_1 + \nu_2$
$3{,}04$ $3{,}10$ $\big\}$	$\nu_1 + \nu_2 + \nu_0$
$3{,}33$ $3{,}47$ $\big\}$	$2\nu_1$
$3{,}87$ $3{,}93$ $\big\}$	$\nu_1 + \nu_0$
$4{,}50$ $4{,}64$ $\big\}$	$\nu_1 + \nu_2;\; 3\nu_2;\; \nu_1 + \nu_3$
$5{,}15$	$\nu_3 + \nu_0$
$5{,}545$	$\nu_2 + \nu_0$
$7{,}0$	ν_1

λ_{beob}	Komb. (a. o. Strahl)
$3{,}25\,\mu$	$2\nu_0 + \nu_3$
$3{,}71$	$3\nu_3$
$4{,}16$	$\nu_1 + \nu_3?;\; 2\nu_3 + \nu_2$
$4{,}64$	$\nu_1 + \nu_3$
$5{,}10$	$\nu_3 + \nu_0$
$5{,}75$	$2\nu_3$
$6{,}30$	$\nu_2 + \nu_3$
$7{,}60$	$2\nu_0 - \nu_3?$
$8{,}76$	$?$

geben wir nun eine Zusammenstellung der Kombinationsfrequenzen der inneren Schwingungen für Kalkspat. Tab. 62 a ist nach Kombinationen geordnet, Tab. 62 b nach Wellenlängen. Spalte 1 gilt für den Fall, daß die Reflexionsmaxima als Grundfrequenzen benutzt werden, Spalte 2 desgleichen für die Absorptionsmaxima. Für die anderen Karbonate sind analoge Tabellen möglich mit gleich guter Übereinstimmung zwischen Theorie und Experiment.

Zu dieser Tabelle sind einige Bemerkungen zu machen.

Die Intensitäten stimmen mit der aus der Ordnung der Kombinationsfrequenz geschätzten Intensität größenordnungsmäßig überein; auch in Einzelheiten entspricht die gegebene Deutung der Theorie insofern, als Kombinationen, welche ν_1 enthalten, intensiver sind als andere.

Als Differenzfrequenzen treten ebenfalls im Einklang mit der Theorie nur schwache Minima auf. Im Zweifelsfalle könnte man durch Messung der Temperaturabhängigkeit der Absorption die Deutung eines Minimums als Differenzfrequenz prüfen, doch ist dies bisher nicht durchgeführt worden.

Von besonderem Interesse ist die Tatsache, daß Frequenzen des o. Strahls und a. o. Strahls miteinander kombinieren können. Diese Minima sind in den Spektren beider Polarisationsrichtungen enthalten. Dies zeigt deutlich das Minimum bei $6,3\,\mu$. Aber selbst Minima, welche Oberschwingungen des a. o. Strahls entsprechen, treten auch senkrecht zur Achse auf, zum Teil deshalb, weil die Orientierung des Kristalls nicht exakt genug ist, zum Teil deshalb, weil anharmonische Schwingungen auftreten, deren Richtung nicht mit den theoretisch berechneten zusammenfällt[1], so daß sie nicht in die kristallographischen Vorzugsrichtungen zu fallen brauchen.

Auffällig ist das Fehlen der Oktave von ν_2, was bedeuten würde, daß ν_2 eine symmetrische Schwingung wäre (vgl. die Definition S. 154), was aber unwahrscheinlich ist, da unter den unendlich vielen möglichen Schwingungsformen dieser Frequenz (s. §40) nur zufällig symmetrische Schwingungen entstehen können.

Einige Minima sind nicht endgültig gedeutet, doch sind es im allgemeinen nur solche von nebensächlicher Bedeutung, so daß im großen und ganzen das Spektrum der inneren Schwingungen aufgeklärt ist.

Anders steht es aber mit den äußeren Schwingungen. Zwar haben sowohl SCHAEFER, BORMUTH und MATOSSI l. c., als auch TAYLOR l. c. versucht, einige langwellige Minima äußeren Kombinationsfrequenzen zuzuordnen, doch sind diese Versuche wenig befriedigend ausgefallen. Es bleibt eine Reihe von Minimis ungedeutet und eine Reihe von Kombinationsfrequenzen niedriger Ordnung kann nicht untergebracht werden. Wir wollen deshalb nicht darauf eingehen, da unsere Kenntnisse in dieser Beziehung noch nicht ausreichen, um diese Fragen zu klären.

Schon aus einem experimentellen Grund ist aber eine Anzahl der bei Kalkspat beobachteten langwelligen Minima von der Betrachtung auszuschließen. Wie TAYLOR und RIDEAL[2] bemerkt

---

[1] Die Theorie berücksichtigt nur harmonische Schwingungen. Bei Berücksichtigung höherer Glieder der Schwingungsenergie existieren keine Normalkoordinaten. (Die Hauptachsentransformation ist dann nicht mehr möglich.)

[2] A. M. TAYLOR u. E. K. RIDEAL, Phil. Mag. Bd. 4, S. 682. 1927.

haben, ist der benutzte Kalkspat-Dünnschliff so dünn, daß bei Wellenlängen von über $9\,\mu$ Interferenzen der mehrmals reflektierten Strahlen merkliche Effekte liefern. Der Abstand zweier benachbarter Interferenzminima kann berechnet werden aus der Gleichung

$$\frac{1}{\lambda_2} - \frac{1}{\lambda_1} = \frac{1}{2\,n\,d}\,,$$

wo n der Brechungsindex für eine mittlere Wellenlänge und d die Dicke des Schliffs. Aus Messungen bei drei verschiedenen Werten von d folgen übereinstimmende Werte von n, die in Abb. 141

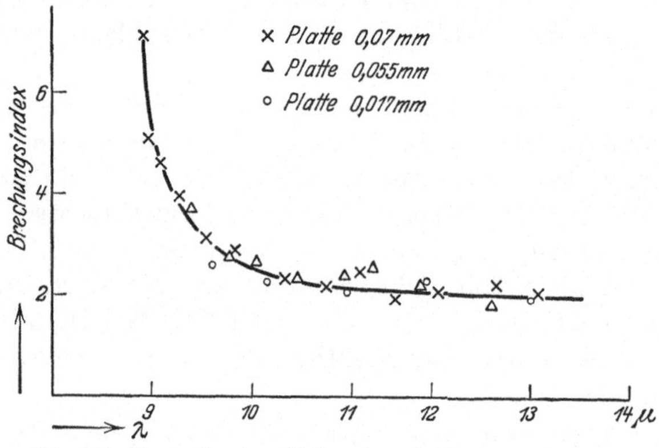

Abb. 141. Dispersion von Kalkspat nach TAYLOR u. RIDEAL.

zu einer Kurve vereinigt sind. Die Anomalie bei $11\,\mu$ dürfte auf Störungen durch die Eigenfrequenzen des a. o. Strahls zurückzuführen sein. Der von ca. $10\,\mu$ an erreichte Wert $n = 2$ liefert ein Reflexionsvermögen von ca. 11%, was mit den Beobachtungen von SCHAEFER und SCHUBERT qualitativ in Einklang steht. Dagegen ist der Anstieg nach kurzen Wellen wohl sicher zu steil; die Berechnung der Indizes ist hier aber unsicher, da nur eine Kurve zur Verfügung stand, so daß man nicht erkennen kann, ob die Minima auf Absorption oder Interferenz beruhen.

Um Interferenz- und Absorptionsbanden zu trennen, hat TAYLOR[1] eine sinnreiche Methode angegeben, deren Prinzip näher erläutert werden soll. Infolge des Dichroismus der doppelbrechenden Kristalle ist die durch einen Kristall, der parallel zur

---

[1] A. M. TAYLOR, Phil. Mag. Bd. 6, S. 88. 1928.

Achse geschnitten ist, hindurchgelassene Strahlung teilweise polarisiert. Passiert diese Strahlung einen gleichgeschnittenen zweiten Kristallschliff, dann kann man den zweiten Kristall als Analysator auffassen. Die Intensität der hindurchgelassenen Strahlung hängt vom Azimut ϑ des zweiten Kristalls ab und ist proportional $\cos^2 \vartheta$. Maximum und Minimum der Intensitätskurve in Abhängigkeit von ϑ bei konstanter Wellenlänge sind um so mehr voneinander verschieden, je stärker der Dichroismus ist. Die Durchführung der Rechnung liefert für das Verhältnis der maximalen und minimalen Intensitäten, wenn man die Dicken der beiden Kristalle gleich macht, angenähert

$$\frac{J_{\max}}{J_{\min}} = \frac{1}{2}\left\{e^{-(\alpha_{||}-\alpha_{\perp})d} + e^{(\alpha_{||}-\alpha_{\perp})d}\right\}.$$

Wenn $\alpha_{||} = \alpha_{\perp}$ ist, ist $J_{\max} : J_{\min} = 1$. Stellt man $J_{\max} : J_{\min}$ als Funktion von λ dar, dann erhält man überall Maxima da, wo $\alpha_{||} - \alpha_{\perp}$ entweder ein Maximum oder ein Minimum, d. h. man erhält die Maxima des o. Strahls und a. o. Strahls gleichzeitig, vorausgesetzt aber, daß $\alpha_{||} \neq \alpha_{\perp}$, so daß auch bei dieser Methode nicht alle reellen Maxima in Erscheinung treten und außerdem Wellenlängenverschiebungen eintreten, falls sich die Kurven für $\alpha_{||}$ und $\alpha_{\perp}$ überschneiden.

Damit sind die theoretischen Anwendungsgrenzen der Methode gegeben. Immerhin schützt sie davor, Interferenzmaxima als Absorptionsmaxima anzusehen, doch ist diese Gefahr auch nach der üblichen Methode bei Dicken von über $^1/_{10}$ mm nicht mehr groß.

Im Anschluß hieran seien Messungen besprochen, die es ermöglicht haben, die Dispersion und Absorption innerhalb eines Teils der Absorptionsstelle zu bestimmen. Koch[1] hatte beobachtet, daß die Reflexionskurve des Kalkspats bei $7\,\mu$ sowohl in natürlichem als polarisiertem Licht für eine Rhomboederfläche eine andere Form aufwies als für eine Basisfläche und nicht nur eine von der Wellenlänge unabhängige prozentuale Verminderung der Intensität, und zwar wird der langwellige Teil des Reflexionsmaximums mehr geschwächt als der kurzwellige. Da der a. o. Strahl bei $7\,\mu$ nicht reflektiert wird, kann der Effekt nicht auf einer Störung durch diesen beruhen.

---

[1] J. Koch, Ark. f. Mat., Fys. och Astron. 1912, Nr. 7.

Die Untersuchung wurde deshalb mit polarisierter Strahlung auf weitere Kristallflächen ausgedehnt[1]. Das Reflexionsvermögen r_u an einer Fläche eines einachsigen Kristalls, deren Normale mit der optischen Achse den Winkel u bildet, hat nach der DRUDE-schen Theorie der Reflexion an absorbierenden Kristallen[2] folgende Werte, je nachdem die optische Achse des Kristalls in der Schwingungsebene des elektrischen Vektors der einfallenden Strahlung liegt (im Experiment die Einfallsebene) oder in der Polarisationsebene:

optische Achse in Schwingungsebene:

$$r_u = \left| \frac{1 - \sqrt{m\,\alpha + n\,\gamma}}{1 + \sqrt{m\,\alpha + n\,\gamma}} \right|^2, \qquad m = \cos^2 u\,, \qquad n = \sin^2 u\,;$$

optische Achse in Polarisationsebene:

$$r_u' = \left| \frac{1 - \sqrt{\alpha}}{1 + \sqrt{\alpha}} \right|^2 = r_0\,.$$

$\sqrt{\alpha}$ und $\sqrt{\gamma}$ sind dabei die komplexen Normalengeschwindigkeiten für den o. und a. o. Strahl. Wir setzen $\alpha = a + i a'$, $|a| = A$, $\gamma = c$, also reell, da man die Absorption des a. o. Strahls vernachlässigen kann. Die optischen Konstanten berechnen sich nach den Gleichungen:

$$n_\omega^2 = \frac{A + a}{2\,A^2}\,, \qquad n_\varepsilon^2 = \frac{1}{c}\,, \qquad \varkappa_\omega^2 = \frac{A - a}{A + a}\,.$$

Die drei Größen A, a, c werden für jede Wellenlänge aus den Werten von r_0, r_{45} und r_{90} berechnet. Die anderen untersuchten Flächen dienen zur Kontrolle.

Das Ergebnis ist in Abb. 142 dargestellt. Die anomale Dispersion ist also außerordentlich stark. n_ε hat unabhängig von λ den Wert 1,5. Die Messungen reichen aus Intensitätsgründen nicht weit genug, um bis zur Stelle der Eigenschwingung (ν_1) selbst vorzudringen, für die $n^2 \varkappa$ ein Maximum werden muß. Eine Berechnung der Eigenfrequenz aus einer Dispersionsformel war erfolglos versucht worden, da durch die Überlagerung zweier nahe benachbarter Maxima (6,7 μ und 7 μ) die numerische Rechnung keine einwandfreien Ergebnisse lieferte; der Wert von ν_1

---

[1] F. MATOSSI u. F. DANE, ZS. f. Phys. Bd. 45, S. 501. 1927.

[2] P. DRUDE, Wied. Ann. Bd. 32, S. 584. 1887; vgl. auch E. C. MULLER, N. Jahrb. f. Min. usw. Beilagebd. 17, S. 215. 1903.

variierte nämlich mit dem zur Rechnung benutzten Teil der Dispersionskurve. Aus den Werten von $n\varkappa$ kann man noch entnehmen, daß bei $6{,}7\,\mu$ ein Minimum der Absorption liegen muß, wie es auch in Abb. 140 festgestellt wurde. Doch stimmen die berechneten und beobachteten Werte nicht überein, was wohl damit zusammenhängt, daß die Messung bei dem Azimut $45°$ die Verhältnisse für den o. Strahl nicht genau genug wiedergeben kann.

Zum Schluß sei noch das Absorptionsspektrum des Natronsalpeters für den ordentlichen Strahl erwähnt, welches nach noch unveröffentlichten Messungen im Breslauer Institut vollkommen den gleichen Habitus wie das Karbonatspektrum besitzt. Dabei ist es besonders merkwürdig, daß das Reflexionsmaximum bei $11\,\mu$, das ja bei $NaNO_3$ auch im ordentlichen Strahl auftritt, im Absorptionsspektrum des o. Strahls fehlt. Die Reflexionsmessungen sollen daher an besonders ausgesuchtem Material nachgeprüft werden.

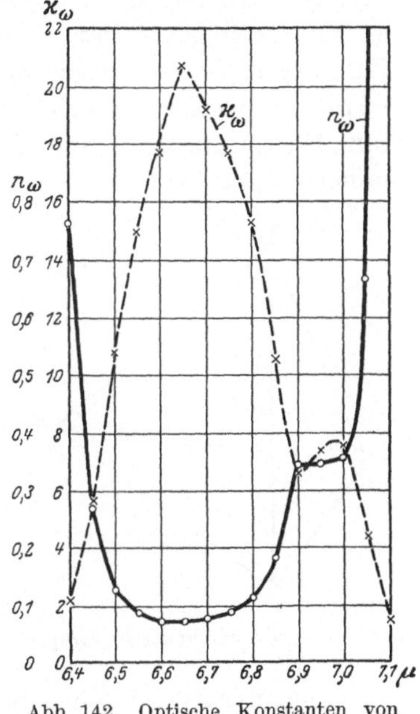

Abb. 142. Optische Konstanten von Kalkspat bei $6{,}7\,\mu$.

§ 40. Die Kristallstruktur der Sulfate, Karbonate und Nitrate.

Die Beziehungen des ultraroten Spektrums zur Struktur der Kristalle haben wir schon öfters erwähnt, und wir haben auch schon aus dem Spektrum allgemeine Folgerungen in bezug auf den Aufbau der Gitter aus einzelnen Atomgruppen ablesen können. Zu weitergehenden Aussagen zu kommen, ist das Problem dieses Abschnittes. Es liegt in der Natur der Sache, daß es uns nicht möglich sein wird, aus dem beobachteten Spektrum die Struktur abzuleiten, wie es das Ziel der Röntgenanalyse ist. Hierzu fehlt für das Gebiet der ultraroten Eigenschwingungen eine quantitative Theorie, die solange unmöglich ist, als die

Bindungskräfte nicht genau bekannt sind, aber selbst dann wäre das Problem zu verwickelt. Wohl ist es aber möglich, aus der Struktur den allgemeinen Habitus des Spektrums abzuleiten, wie es BRESTER[1] getan hat. Wir erhalten damit i. a. zwar nur die Zahl der Eigenfrequenzen und Aussagen über deren Schwingungsform. In wenigen Spezialfällen ist es jedoch möglich gewesen, mit Energieansätzen von der in § 28 beschriebenen Art angenäherte quantitative Rechnungen durchzuführen. Diese Fälle beziehen sich aber nur auf die inneren Schwingungen der CO_3- und SO_4-Gruppe, wobei immer die einfachste mögliche Symmetrie benutzt wurde (gleichseitiges Dreieck bzw. reguläres Tetraeder).

Wir betrachten zuerst die SO_4-Gruppe. Diese bildet in erster Näherung ein reguläres Tetraeder (Abbild. 143). Im Schwerpunkt liegt das S-Atom. Ein solches Punktsystem besitzt nach BRESTER folgende Eigenschwingungen:

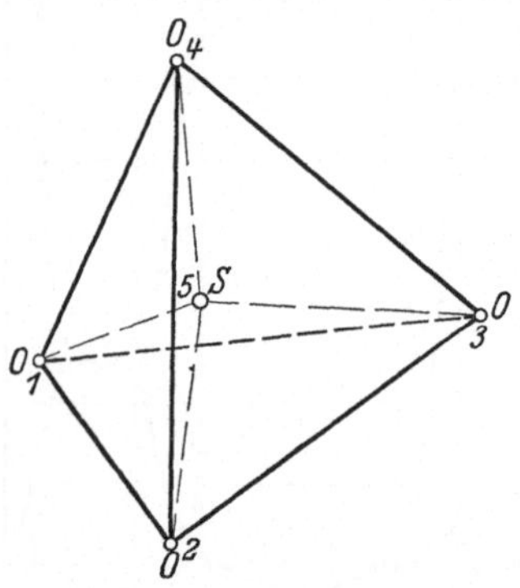

Abb. 143. Zur Struktur der SO_4-Gruppe.

Eine inaktive einfache Schwingung (ν_1),
eine inaktive Doppelschwingung (ν_2),
zwei aktive dreifache Schwingungen (ν_3 und ν_4).

Die beiden aktiven Schwingungen identifizieren wir mit den beobachteten starken Reflexionsstellen bei ca. $9\,\mu$ und $16\,\mu$. Die inaktiven Schwingungen sind im Ultrarot nicht beobachtbar. Die einfache inaktive Doppelschwingung entspricht einer Pulsation der O-Ionen in Richtung auf das S-Ion, die Ionen schwingen also in einem unsymmetrischen Kraftfeld; wir können daher diese Frequenz als starke RAMAN-Linie erwarten. Die andere inaktive Schwingung entspricht einer Bewegung der O-Ionen in Ellipsen auf einer um S gelegten Kugel. Diese Frequenz muß daher niedriger sein als die vorher erwähnte. Da im RAMAN-Spektrum von Gips Linien bei ca. $9\,\mu$, $10\,\mu$ und $24\,\mu$ gefunden wurden, kann man versuchen, aus den aktiven Frequenzen bei $9\,\mu$ und $16\,\mu$ und der bei $10\,\mu$ anzunehmenden einfachen inaktiven

---

[1] C. J. BRESTER, Diss. Utrecht 1924.

Frequenz die andere inaktive Frequenz zu berechnen. Zur Berechnung dienen folgende Formeln, wobei wir die SO_4-Gruppe als freies Molekül behandeln, was nach den Darlegungen in § 34 gestattet ist und gleichermaßen für die weiter unten besprochenen Gruppen zutrifft.

Die potentielle Energie eines Tetraedermoleküls kann nach DENNISON[1] in die Form gebracht werden ($q_1 \ldots q_6$ = relative Verschiebungen der O-Atome gegeneinander, $r_1 \ldots r_4$ = relative Verschiebungen gegen das Zentralatom, a = Seitenlänge des Tetraeders):

$$W = W_0 - \frac{a}{4} K' \sum_1^6 q_k + \frac{a\sqrt{3}}{\sqrt{8}} K' \sum_1^4 r_k + \frac{1}{2} K_1 \sum_1^6 q_k^2 + \frac{1}{2} K_2 \sum_1^4 r_k^2.$$

Setzt man zur Abkürzung

$$\alpha = \frac{K_1}{K_2}, \qquad \beta = \frac{K'}{K_2},$$

dann erhält man hieraus[2] (M = Masse des Zentralatoms, m = Masse der O-Atome):

$$\nu_1 = \frac{1}{2\pi} \sqrt{\frac{K_2}{m}} \sqrt{4\alpha + 1}, \qquad \nu_2 = \frac{1}{2\pi} \sqrt{\frac{K_2}{m}} \sqrt{\alpha - \frac{\beta}{4}},$$

$$\nu_3 = \frac{1}{2\pi} \sqrt{\frac{K_2}{m}} \sqrt{A + \sqrt{A^2 - B}}, \qquad \nu_4 = \frac{1}{2\pi} \sqrt{\frac{K_2}{m}} \sqrt{A - \sqrt{A^2 - B}};$$

dabei ist

$$A = \alpha + \frac{\beta}{12} + \frac{1}{3} + \left(\frac{4m}{M} + 1\right)\left(\frac{1}{6} - \frac{\beta}{3}\right)$$

und

$$B = \frac{4m + M}{2M}\left(\frac{4}{3}\alpha - \frac{8}{3}\alpha\beta - \frac{2}{3}\beta^2 - \frac{5}{3}\beta\right).$$

Die Konstanten α, β und K_2 werden aus ν_1, ν_3, ν_4 berechnet; man erhält sodann für ν_2 eine Wellenlänge von ca. $26\,\mu$, was mit dem beobachteten Wert von $24{,}5\,\mu$ hinreichend gut übereinstimmt. Die gleiche Rechnungsweise gilt natürlich für alle Moleküle vom Typus XY_4, wovon wir schon Gebrauch gemacht haben (CH_4, CCl_4, NH_4; bei letzterem sind nur die

---

[1] D. M. DENNISON, Astrophys. Journ. Bd. 62, S. 84. 1925.
[2] Vgl. z. B. CL. SCHAEFER, ZS. f. Phys. Bd. 60, S. 586. 1930.

354   Das ultrarote Spektrum der festen Körper.

beiden aktiven Frequenzen bei ca. $3\,\mu$ und $7\,\mu$ bekannt[1], vgl.
S. 336).

Mittels des speziellen Energieansatzes aus § 28 berechnet
Rolan[2] aus ν_3 und ν_4 den Abstand S—O und die Polarisierbarkeit.
Er erhält:

$$r_{SO} = 1,59 \cdot 10^{-8}\ \mathrm{cm}, \qquad \alpha = 1,49 \cdot 10^{-24}.$$

Die bei den Sulfaten beobachtete Verdoppelung und Verdrei-
fachung der Schwingungen bei ein- bzw. zweiachsigen Kristallen
kann ebenfalls aus der Bresterschen Theorie erklärt werden.
Die aktiven Schwingungen des regulären Tetraeders sind drei-
fach, es fallen also drei Eigenfrequenzen wegen der hohen Symmetrie dieser Punktgruppe zusammen. Erniedrigt man die
Symmetrie aber durch kleine Deformationen des Tetraeders,
dann werden die Eigenfrequenzen getrennt wahrnehmbar mit
verschiedenen Wellenlängen für die verschiedenen Richtungen,
analog zu der Aufhebung einer Entartung in der Quantentheorie
der Spektren. Dies ist ein Spezialfall des auf S. 292 erwähnten
allgemeinen Bornschen Satzes über die höchstmögliche Anzahl
von Eigenfrequenzen. Außerdem werden die inaktiven Frequenzen aktiv. Da aber die Verzerrungen nur kleine Beträge
erreichen werden, brauchen wir darauf im allgemeinen keine
Rücksicht zu nehmen.

Als wichtigste Deformationen kommen nach Brester folgende
in Frage:

1. Das Tetraeder wird zu einer regulären dreiseitigen Pyramide verzerrt.

------

[1] Die von Reinkober beobachtete Bande bei $5,9\,\mu$ könnte vielleicht
einer inaktiven Frequenz entsprechen, die infolge Verzerrung des NH_4-Ions
aktiv geworden wäre. Da Reinkober sublimierte dünne Schichten benutzt,
wären die Vorbedingungen für eine solche Verzerrung durch den Einfluß
des Cl-Ions an sich günstig, während im kristallisierten Zustande die
deformierende Wirkung durch die regelmäßige Lagerung aufgehoben wird.
Natürlich bedarf diese Vermutung eines Beweises. Sollte sich diese Auffassung als hinfällig erweisen, was durchaus möglich ist, so besteht zur
Erklärung der $5,9\,\mu$-Bande nur noch folgende Möglichkeit: Sie kann eine
Kombination zwischen der $7\,\mu$-Schwingung und der unbekannten länger-
welligen inaktiven Schwingung sein, die danach bei etwa $40\,\mu$ liegen
müßte, was unwahrscheinlich ist.

[2] K. Rolan, ZS. f. Phys. Bd. 39, S. 588. 1926.

2. Das Tetraeder wird in Richtung seiner zweizähligen Achse (d. h. Richtung der Verbindung von S mit dem Mittelpunkt einer Seitenkante) zusammengedrückt.

Der erste Typus ist bei einachsigen Kristallen mit dreizähliger Achse zu erwarten, der zweite Typus bei tetragonalen Sulfaten. Beide Typen besitzen zwei einfache aktive Frequenzen parallel zur Symmetrieachse und zwei Doppelschwingungen mit Moment senkrecht zur Symmetrieachse. Man muß also für einachsige Kristalle, wenn man mit unpolarisierter Strahlung arbeitet, bei $9\,\mu$ und $16\,\mu$ je ein Dublett beobachten, die eine Komponente des Dubletts gehört jedesmal der einfachen, die andere der Doppelschwingung an. Im polarisierten Licht sind die Komponenten getrennt zu beobachten, was der Erfahrung entspricht. Im Fall 1 werden außerdem einige inaktive Frequenzen aktiv.

3. Eine weitere Deformation, die für rhombische Kristalle zu erwarten ist[1], liefert parallel zu jeder Achsenrichtung zwei aktive einfache Schwingungen, die eine bei ca. $9\,\mu$, die andere bei ca. $16\,\mu$, d. h. wir beobachten bei diesen Wellenlängen je ein Triplett, wie die Versuche an zweiachsigen Sulfaten auch gezeigt haben.

Die Ultrarotanalyse führt also dazu, über die Ergebnisse der Röntgenanalyse hinaus die SO_4-Gruppe nicht als reguläres Tetraeder aufzufassen, doch können nur qualitative Aussagen gemacht werden. In ähnlicher Weise werden wir auch bei den Karbonaten und Nitraten von Verzerrungen aus der „Normalform" der Gruppen Gebrauch machen müssen.

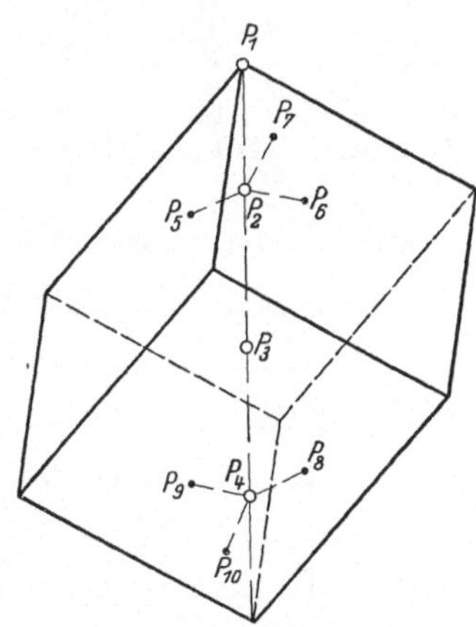

Abb. 144. Zur Struktur von Kalkspat.

Kalkspat und die dazu isomorphen Karbonate haben nach der Röntgenanalyse die in Abb. 144 dargestellte Struktur: P_1 und $P_3 = Ca$, P_2 und $P_4 = C$, P_5 bis $P_{10} = O$. Das Rhomboeder der Abb. 144 ist die Basiszelle und nicht identisch

---

[1] In der Weise, daß die Gruppe nur noch eine zweizählige Achse besitzt, d. h. die Entfernung der Atome 1 und 2 ist ungleich der Entfernung der Atome 3 und 4.

Dreiecke, in deren Schwerpunkt die C-Atome liegen. Die Rhomboederdiagonale wird durch die Punkte P_2 bis P_4 in vier gleiche Teile geteilt. Es sind danach im ganzen $30 - 3 = 27$ Schwingungen möglich, die sich nach BRESTER wie folgt verteilen. Es gibt mit dem Spaltungsrhomboeder. Die O-Atome bilden gleichseitige

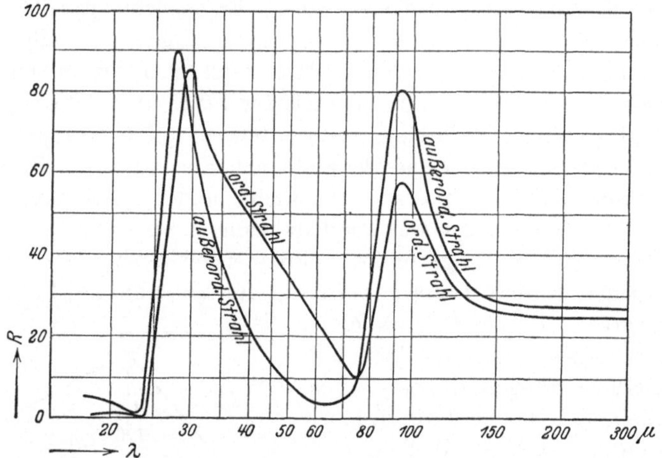

Abb. 145a. Langwelliges Spektrum von Kalkspat nach LIEBISCH u. RUBENS

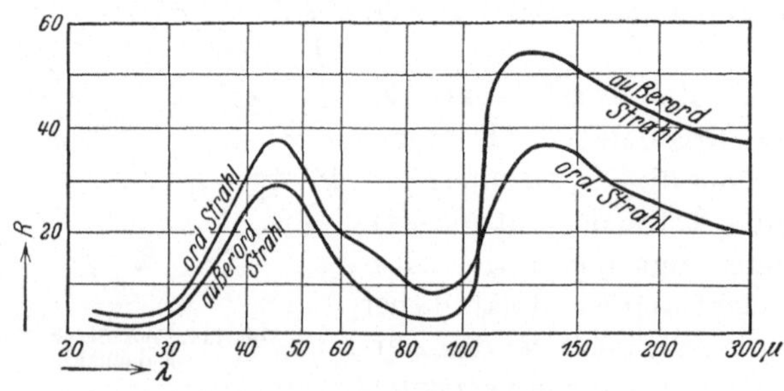

Abb. 145b. Langwelliges Spektrum von Natriumnitrat nach LIEBISCH u. RUBENS.

6 inaktive einfache Schwingungen,
3 aktive einfache Schwingungen mit Moment parallel opt. Achse,
5 aktive Doppelschwingungen mit Moment senkrecht opt. Achse,
4 inaktive Doppelschwingungen.

Zu den inneren Schwingungen gehören davon eine inaktive einfache Schwingung, eine aktive parallel zur Achse und zwei aktive Doppelschwingungen senkrecht zur Achse. Es bleiben also für die äußeren Schwingungen zwei aktive Schwingungen des a. o. Strahls und drei aktive Schwingungen des o. Strahls übrig. Abb. 145a zeigt zwar nur je zwei Maxima für jeden Strahl, doch ist im Spektrum des o. Strahls ein Maximum bei 55 μ angedeutet, welches bei dem analog gebauten $NaNO_3$ deutlicher hervortritt (Abb. 145b).

In Abb. 146 ist das Maximum des Kalkspats bei 30 μ nach einer spektrometrischen Messung von LIEBISCH und RUBENS gezeichnet, aus der hervorgeht, daß im o. Strahl das Maximum verdoppelt ist. Ähnliche Verdoppelungen sind uns schon aus dem Spektrum der inneren Schwingungen und von den Sulfaten bekannt. Sie lassen sich auf gleiche Weise wie dort erklären. Man muß also wieder annehmen, daß die Basiszelle nicht die Symmetrie der Abb. 144 besitzt. Die einfachste Annahme in dieser Beziehung ist die, daß die O-Atome nicht ein gleichseitiges, sondern etwa ein gleichschenkliges Dreieck bilden, eine Annahme, die zur Erklärung des kurzwelligen Spektrums wertvolle Dienste leisten wird. Die Beobachtungen im langwelligen Spektrum sind demnach mit der Theorie der äußeren Schwingungen im Einklang. Wir gehen nunmehr zu den inneren Schwingungen der CO_3-Gruppe über, die wir wieder als freies Molekül betrachten·

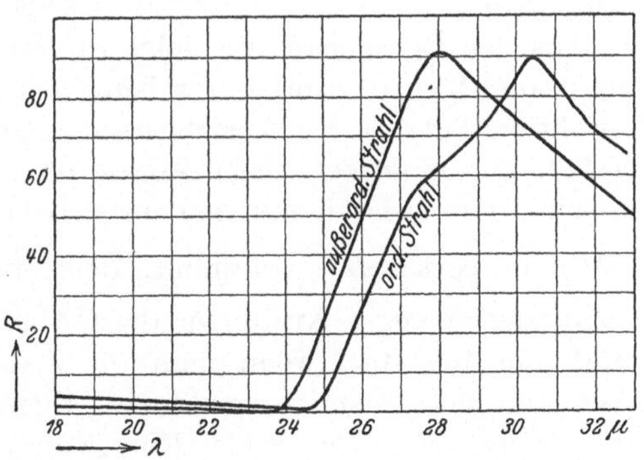

Abb. 146. Dublett des Kalkspats bei 28 μ nach LIEBISCH u. RUBENS.

Die Eigenfrequenzen der CO_3-Gruppe sind von KORNFELD[1] und NIELSEN[2] berechnet worden unter der Annahme eines gleichseitigen Dreiecks; wir sehen also zunächst von Aufspaltungen der Maxima infolge einer Verzerrung ab. Man erhält eine inaktive einfache Schwingung ν_0, die wir schon in § 39 benutzt haben, eine aktive einfache Schwingung ν_3 parallel zur optischen

---

[1] H. KORNFELD, ZS. f. Phys. Bd. 26, S. 205. 1924.
[2] H. H. NIELSEN, Phys. Rev. Bd. 32, S. 773. 1928.

Achse und zwei aktive Doppelschwingungen, ν_1 und ν_2, senkrecht zur Achse, über deren Schwingungsform wir weiter unten noch einiges bemerken. Die weiteren sechs möglichen Frequenzen sind die drei Translationen und die drei Rotationen.

KORNFELD bestimmt mittels des analog von ROLAN auch bei SO_4 verwendeten Energieansatzes die Entfernung r der O-Atome vom C-Atom und die Deformierbarkeit α so, daß die aktiven Eigenfrequenzen möglichst gut wiedergegeben werden. Man erhält auf diese Weise

$$r = 1{,}52 \cdot 10^{-8}\,\text{cm}\,, \qquad \alpha = 0{,}88 \cdot 10^{-24}\,;$$

$$\lambda_1 = 6{,}5\,\mu\,, \qquad \lambda_2 = 16{,}3\,\mu\,, \qquad \lambda_3 = 10{,}4\,\mu\,, \qquad \lambda_0 = 7{,}4\,\mu\,^*.$$

Aus der Röntgenanalyse folgt für r ein wesentlich kleinerer Wert von $1{,}25 \cdot 10^{-8}$ cm. Für α berechnet sich aus der Molekularrefraktion $3{,}0 \cdot 10^{-24}$. Verschiedene englische Autoren[1] halten deshalb den KORNFELDschen Ansatz für unzureichend. Zum Teil liegt das daran, daß KORNFELD nur zwischen C und O Abstoßungskräfte proportional $\dfrac{b}{r^n}$ annimmt, doch führt auch die Berücksichtigung analoger Kräfte für die O-O-Bindung zu keinem vernünftigen Resultat, wenn man für r die röntgenographischen Werte nimmt. Mehr als qualitative Übereinstimmung darf man aber auch von diesem rohen Energieansatz nicht erwarten.

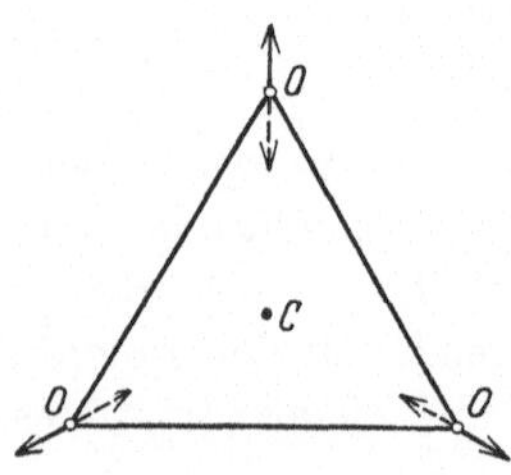

Abb. 147. Inaktive Schwingung der CO_3-Gruppe.

NIELSEN benutzt dagegen einen weniger speziellen Energieansatz (Reihe nach Potenzen der Verrückungen), analog zu den Formeln auf S. 353, dessen Konstanten aus den aktiven Frequenzen bestimmt werden. Für die inaktive Frequenz erhält er den Wert $8{,}98\,\mu$, der relativ sehr gut mit dem von SCHAEFER, BORMUTH und MATOSSI berechneten Wert von $9{,}1\,\mu$ übereinstimmt.

Auch die Schwingungsform läßt sich aus den Schwingungsgleichungen ableiten. Die inaktive Schwingung ist in Abb. 147

---

* K. F. HERZFELD (Handb. d. Exper. Phys. VII 2, S. 273) ordnet die Grundschwingungen anders an, doch beruht seine Zuordnung auf irrtümlichen Voraussetzungen. Vgl. CL. SCHAEFER, ZS. f. Phys. Bd. 54, S. 676. 1929.

[1] S. CHAPMAN u. A. E. LUDLAM, Phil. Mag. Bd. 50, S. 822. 1926; P. A. TAYLOR, Phil. Mag. Bd. 50, S. 1158. 1926.

dargestellt. Das C-Atom bleibt in Ruhe, die O-Atome gehen gleichzeitig in Richtung der Verbindungslinien C—O nach außen oder nach innen. Die O-Atome bewegen sich also in einem stark unsymmetrischen Kraftfeld, weshalb die inaktive Frequenz im RAMAN-Effekt als stärkste Linie auftritt. Man findet dort für sie eine Wellenlänge von $9,1\,\mu$. Damit ist der direkte Beweis geliefert für die Existenz der inaktiven Eigenfrequenz.

Bei der $11\,\mu$-Schwingung schwingt das C-Atom senkrecht zur Dreiecksebene, die O-Atome in entgegengesetzter Richtung unter einem bestimmten Winkel zur Dreiecksebene. Die Doppelschwingungen senkrecht zur Achse sind nicht eindeutig festlegbar. Bei allen diesen Schwingungen schwingen die Atome aber in unsymmetrischen Kraftfeldern, doch in weniger starkem Maße als die $9\,\mu$-Linie, so daß die entsprechenden RAMAN-Linien schwächer sind und zum Teil sogar fehlen, wie es z. B. für die $11\,\mu$-Linie der Fall ist, die wohl die symmetrischste Schwingungsform besitzt.

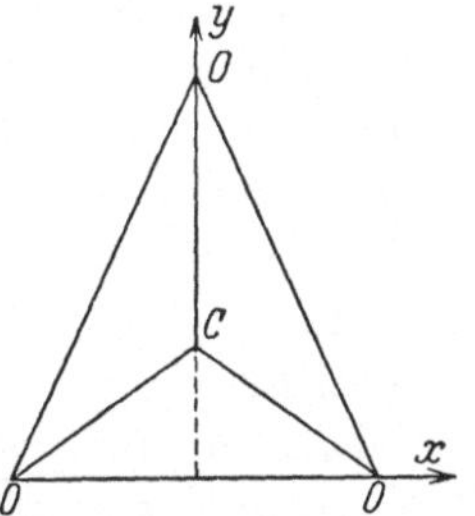

Abb. 148. Zur Verzerrung der CO_3-Gruppe.

Nachdem wir bisher nur die Normalform der CO_3-Gruppe betrachtet haben, wollen wir der weiteren Diskussion[1] das gleichschenklige Dreieck zugrunde legen (s. Abb. 148). Nach BRESTER besitzt dieses, abgesehen von einer nur schwach aktiven Frequenz, die aus der inaktiven Frequenz der Normalform entsteht,

2 einfache Eigenfrequenzen mit Moment parallel zur X-Achse (bei $7'$ und $14'\,\mu$);

2 einfache Eigenfrequenzen mit Moment parallel zur Y-Achse (bei $7''$ und $14''\,\mu$);

1 einfache Eigenfrequenz mit Moment parallel zur Z-Achse (bei $11\,\mu$).

Die Bezeichnung $7'$, $7''$ usw. soll symbolisch zwei verschiedene Zahlen in der Nähe von $7\,\mu$ andeuten.

In unpolarisierter Strahlung muß man demnach bei $7\,\mu$ und $14\,\mu$ je ein Dublett erwarten, bei $11\,\mu$ dagegen nur ein einfaches Maximum. Ob man die Komponenten dieser Dubletts gemäß

---

[1] CL. SCHAEFER, F. MATOSSI u. F. DANE, ZS. f. Phys. Bd. 45, S. 493. 1927.

den Polarisationsrichtungen durch Beobachtung in polarisiertem Licht trennen kann, hängt nun davon ab, wie die verzerrten CO_3-Gruppen im Kristallgitter eingebaut sind; denn für die Beobachtung kommt es nicht auf eine einzige CO_3-Gruppe an, sondern auf die gleichzeitige Wirkung vieler Gruppen, deren Lagerung wesentlich für die Struktur des Spektrums ist.

In zweiachsigen Karbonaten kann man sich die Dreiecke so gelagert denken, daß die Höhen alle parallel bzw. antiparallel liegen. Man wird dann für jede Polarisationsrichtung die entsprechenden Frequenzen getrennt wahrnehmen können, was den Beobachtungen entspricht. Diese Anordnung der CO_3-Gruppen ist auf anderem Wege auch von Huggins[1] abgeleitet worden.

Da die Symmetrie der verzerrten CO_3-Gruppen nicht die der hexagonalen Kristalle ist, so können wir die Einachsigkeit der Karbonate des Kalkspattypus nur noch durch Mittelung über viele Gruppen erreichen, deren Höhen Winkel von $60°$ miteinander bilden. Senkrecht zur Achse wird man dann zwei Doppelmaxima bei 7 und 14 μ feststellen können, wie es der Beobachtung entspricht.

Während bei ein- und zweiachsigen Karbonaten die CO_3-Ebenen immer einander parallel waren, sind wir gezwungen, bei regulären Karbonaten anzunehmen, daß die CO_3-Ebenen Winkel miteinander bilden, denn nur so ist es möglich, in jeder Richtung alle Eigenfrequenzen zu erhalten, wie es bei Northupit beobachtet ist. Diese Struktur ist nicht unwahrscheinlich, denn auch die Röntgenanalyse findet bei regulären Chloraten und Nitraten Ähnliches. Die Normalen der Dreiecke fallen in die Richtung der verschiedenen Würfeldiagonalen (s. Abb. 149)[2].

In ähnlicher Weise wie die regulären Karbonate müssen nach der Ultrarotanalyse die regulären Nitrate aufgebaut sein. Deren Struktur ist von Vegard[3] auf röntgenographischem Weg bestimmt worden. Die NO_3-Gruppe ist aber im Gegensatz zur

---

[1] M. L. Huggins, Phys. Rev. Bd. 19, S. 346. 1921.

[2] Abb. 149 stellt die Basiszelle dar. Schon deshalb ist also auch im langwelligen Gebiet für die regularen Chlorate kein einfaches Spektrum zu erwarten, so daß man von der Beobachtung eines komplizierteren Spektrums wohl nicht auf eine weniger feste Bindung der Chlorat-Gruppe schließen kann (s. G. Laski, ZS. f. Kristallogr. Bd. 65, S. 607. 1927).

[3] L. Vegard, ZS. f. Phys. Bd. 9, S. 395. 1922.

CO_3-Gruppe als Pyramide ausgebildet. Zu demselben Resultat gelangt die Ultrarotanalyse für die ein- und zweiachsigen Nitrate. Die NO_3-Gruppe bildet auch in diesen Kristallen eine Pyramide. Die Höhen dieser Pyramiden müssen im Mittel gleich oft einander entgegengesetzt gerichtet sein, um die tatsächlich beobachtete Unpolarität der Achsen zu erhalten. Ferner müssen wir wieder eine Verzerrung annehmen, die nur darin besteht, daß die Höhe der Pyramide in verschiedenen Koordinatenrichtungen verschieden groß ist, während das O-Dreieck gleichseitig sein darf. Auch in ein- und zweiachsigen Nitraten müssen aber die O_3-Ebenen Winkel miteinander bilden.

SCHAEFER, MATOSSI und DANE konnten l. c. zeigen, daß mit diesen Annahmen das von den Karbonaten abweichende Verhalten der Nitrate im Ultrarot erklärt werden kann. Die Diskussion der Ultrarotmessungen führt also in manchen Fällen zu Angaben, die weitergehend sind als die von der Röntgenanalyse gelieferten. Letztere ergibt nur gemittelte Strukturen.

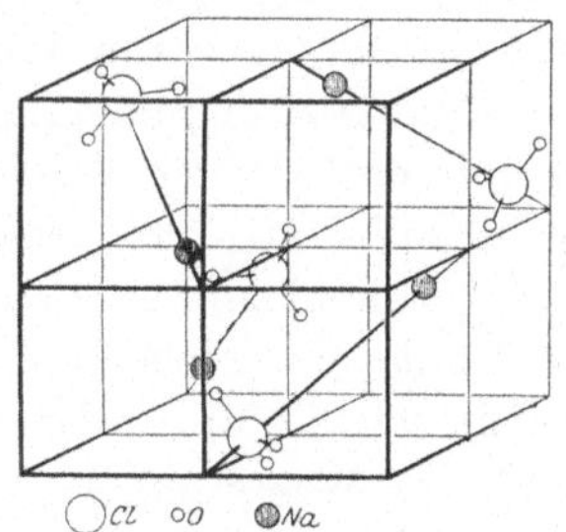

Abb. 149. Zur Struktur von $NaClO_3$.

Im Anschluß an die Verzerrungen der XY_3-Gruppe wollen wir noch auf eine Analogie zum NH_3-Spektrum hinweisen. NH_3 hat nach § 32 die Struktur einer Pyramide mit N an der Spitze, was einer äußerst starken Deformation der ebenen XY_3-Gruppe entsprechen würde. Die inaktive Frequenz wird dann zu einer einfachen Schwingung mit Moment parallel zur Symmetrieachse. In Analogie zum CO_3-Spektrum sollte man bei NH_3 eine ähnliche Reihenfolge der Frequenzen erwarten wie bei den Karbonaten[1]; dies ist auch tatsächlich der Fall. Den CO_3-Frequenzen

$$\nu_1 = 7\,\mu\,(\perp), \quad \nu_0 = 9\,\mu \text{ (inaktiv)}, \quad \nu_3 = 11\,\mu\,(\|), \quad \nu_2 = 14\,\mu\,(\perp)$$

entsprechen bei NH_3 die Frequenzen

$$\nu_4 = 1{,}97\,\mu\,(\perp), \quad \nu_3 = 3{,}0\,\mu\,(\|), \quad \nu_2 = 6{,}1\,\mu\,(\|), \quad \nu_1 = 10{,}5\,\mu\,(\perp).$$

---

[1] Bei dieser Gelegenheit mag die Frage aufgeworfen werden, ob bei Lösung von Karbonaten und Nitraten die CO_3- bzw. NO_3-Gruppe e b e n bleibt oder sich in eine Pyramide deformiert. G r u n d s ä t z l i c h kann dies experimentell entschieden werden, da in diesem Falle die bei den ebenen Gruppen inaktive Schwingung a k t i v werden muß.

Für andere Gruppen sind bisher Strukturbetrachtungen nicht durchgeführt worden. Wie schon das Spektrum lehrt (§ 38), sind die Verhältnisse bei anderen Gruppen auch wesentlich komplizierter. Die Verzerrungen scheinen größer zu werden, so daß die Lage der Eigenfrequenzen nicht mehr aus der Normalform abgeleitet werden kann. Die PO_3-Gruppe scheint z. B. vier aktive Frequenzen zu besitzen.

§ 41. Das Verhalten des Kristallwassers.

Das Studium der Natur des Kristallwassers ist ein besonders interessantes Beispiel dafür, mit welchem Nutzen die Ultrotanalyse zur Erforschung von Strukturfragen dienen kann, hier also speziell der Frage nach dem Einbau von H_2O-Molekülen in das Kristallgefüge. Man unterscheidet in der Chemie zwischen Kristallisationswasser und Konstitutionswasser.

Ein Kristall mit Kristallwasser gibt bestimmte Teile der in ihm enthaltenen Wassermengen bei bestimmten Temperaturen vollständig ab, und zwar bei Temperaturen, die nicht viel von $100°$ abweichen, so daß man annehmen kann, daß die H_2O-Moleküle als solche additiv dem Kristall zugefügt werden und leicht wieder abgegeben werden können. Schon die Tatsache, daß die Wasserabgabe, von Ausnahmen abgesehen (s. unten), einheitlich erfolgt, deutet darauf hin, daß die H_2O-Gruppen im Gitter eingebaut sein müssen; denn infolge der Symmetrieverhältnisse im Gitter können nicht beliebig viele Moleküle abgegeben werden, ohne das Gitter überhaupt zu zerstören.

Als Konstitutionswasser wird solches bezeichnet, welches erst nach längerem starkem Erhitzen langsam entweicht, wie es sein muß, wenn man annimmt, daß die H_2O-Gruppen chemisch, etwa in Form von OH-Radikalen an die Kristallatome gebunden sind.

Daß diese Einteilung zu schematisch ist, ersieht man daraus, daß es kristallwasserhaltige Substanzen gibt, wie z. B. Bittersalz ($MgSO_4 \cdot 7\,H_2O$), das bei $130°$ sechs Moleküle H_2O abgibt, das letzte Molekül aber nur schwierig sich entreißen läßt. Anderseits gibt es eine große Mineralgruppe, die Zeolithe, die Wasser und auch andere Stoffe in kontinuierlich variablen Mengen abgeben und aufnehmen, während gleichwohl die Wassermolekeln als solche im Gitter eingebaut sind, allerdings nur relativ locker in die Zwischenräume der von den Kristallatomen selbst eingenommenen Gitterpunkte[1].

Coblentz[2] untersuchte nun das Absorptionsspektrum einer großen Reihe wasserhaltiger Substanzen im kurzwelligen Ultrarot. Man muß erwarten, daß kristallwasserhaltige Substanzen, aber auch feste Lösungen wie die Zeolithe, im wesentlichen das Spektrum des Wassers ergeben, während die Mineralien mit Konstitutionswasser (Hydroxyde) die Banden der OH-Gruppe zeigen müßten. Daraus folgt, daß auch die Ultrarotanalyse nicht alle Fälle eindeutig trennen kann, noch dazu wenn man bedenkt, daß auch die OH-Gruppe, wie H_2O selbst, bei etwa $3\,\mu$ absorbiert, wenn auch wesentlich schwächer.

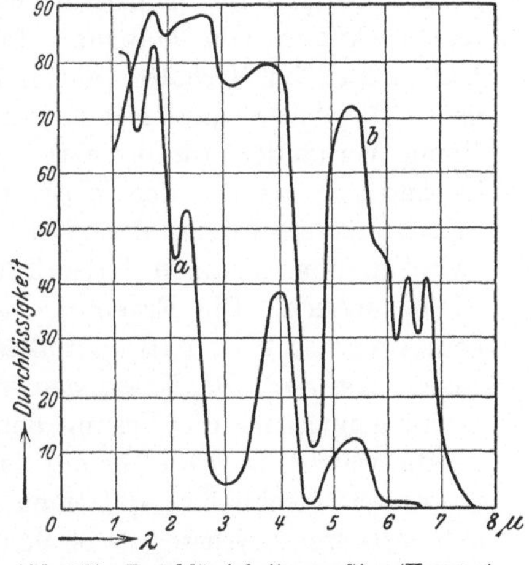

Abb. 150. Durchlässigkeit von Gips (Kurve *a*) und Anhydrit, (Kurve *b*) nach Coblentz.

Das Ergebnis der Versuche war im allgemeinen der Erwartung entsprechend. In den Abb. 150 und 151 geben wir die Messungen an zwei typischen Beispielen wieder. In Abb. 150 ist das Absorptionsspektrum von Gips ($CaSO_4$ $+\ 2H_2O$) und das des Anhydrits ($CaSO_4$) gezeichnet. Die Wasser

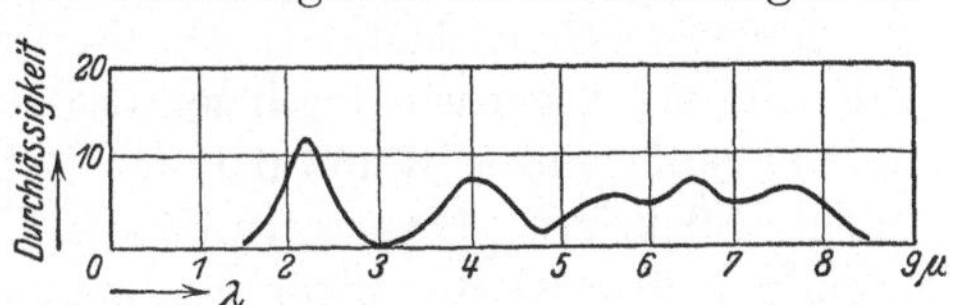

Abb. 151. Durchlässigkeit von Manganit nach Coblentz.

absorption tritt deutlich hervor ($6\,\mu$, $4{,}75\,\mu$, $3\,\mu$, $1{,}9\,\mu$ und $1{,}5\,\mu$). Bei $4{,}7\,\mu$ kollidiert das Wasserminimum mit dem Durchlässigkeitsminimum der Sulfate bei $4{,}5\,\mu$. Für Opal gilt Ähnliches. Coblentz konnte sogar Änderungen im Wassergehalt, die durch künstliches Entwässern und darauffolgende langsame spontane

---

[1] Vgl. hierzu die ausführlichen Untersuchungen von O. Weigel, Sitz.-Ber. d. Ges. z. Beförd. d. ges. Naturw. zu Marburg, 1924, S. 73.

[2] W. W. Coblentz, Investig. III, S. 19. 1906; Phys. Rev. Bd. 30, S. 322. 1910; Bull. Bur. of Stand Bd. 7, S. 619. 1912.

Wasseraufnahme hervorgerufen wurden, im Spektrum feststellen. Die Intensität des Minimums bei $3\,\mu$ reagierte schon auf Änderungen im Wassergehalt von 0,02%, wobei der maximale Wassergehalt 3,6% betrug.

Als Beispiel für Konstitutionswasser geben wir in Abb. 151 das Spektrum von Manganit [MnO(OH)] wieder, woraus der Unterschied im Verhalten gegenüber dem Kristallwasser hervorgeht. Die Wasserbanden fehlen und nur bei $3\,\mu$ ist eine schwache Bande vorhanden, die der OH-Gruppe angehört; ihre Intensität ist geringer als die der Wasserbanden, was die Deutung des Spektrums erschwert, doch ist im allgemeinen die Trennung zwischen den Gruppen Kristallwasser und Konstitutionswasser leicht möglich. Die Ergebnisse an den Hydroxyden sind aber keineswegs so klar, daß man allgemeine Gesetzmäßigkeiten feststellen könnte. Die Messungen von COBLENTZ sind auch nicht genau genug, um die Lösung der Frage nach der Struktur des Kristallwassers über die Grundtatsachen hinaus weiter zu fördern. So mußte er schließen, daß gebundenes Wasser sich ebenso verhält wie freies Wasser, was von vornherein nicht sehr wahrscheinlich ist.

Später wurde dieses Problem von SCHAEFER und SCHUBERT[1] und K. BRIEGER[2] wieder aufgenommen (an wasserhaltigen Sulfaten). Statt der Absorptionsmethode wurde aber jetzt die Reflexionsmethode benutzt. Die Reflexionsmethode hat hier den Vorteil, daß Eigenschwingungen des Kristalls selbst nicht stören, da das Sulfation bei 3 und $6\,\mu$, den Reflexionsstellen des Wassers, nicht reflektiert. Ferner wurde die Untersuchung auf die Verwendung polarisierter Strahlung ausgedehnt, wodurch überhaupt erst die Möglichkeit gegeben war, auf Strukturfragen einzugehen.

SCHAEFER und SCHUBERT untersuchten Kupfersulfat, Nickelsulfat, drei Alaune und drei Doppelsulfate bei $3,2\,\mu$. Ihre Ergebnisse wurden von K. BRIEGER an einer großen Zahl weiterer Sulfate bestätigt und auf das Maximum bei $6\,\mu$ ausgedehnt. Die quantitativen Angaben sind bei K. BRIEGER genauer, da sie das Reflexionsmaximum von freiem Wasser selbst bestimmte, während SCHAEFER und SCHUBERT diese Messungen von GEHRTS ent-

---

[1] CL. SCHAEFER u. M. SCHUBERT, Ann. d. Phys. Bd. 50, S. 339. 1916.
[2] K. BRIEGER, Ann. d. Phys. Bd. 57, S. 287. 1918.

nahmen, die mit anderer Apparatur ausgeführt sind. Auch SEIICHI[1] kann die Angaben von SCHAEFER und SCHUBERT bestätigen.

Wir betrachten zunächst die Reihe der isotropen Alaune, deren allgemeine chemische Struktur durch die Formel $(SO_4)_2Me'''R + 12 H_2O$ wiedergegeben wird, wo Me''' ein drei-wertiges Metall, meist Aluminium, und R ein einwertiges Metall oder Radikal bedeutet.

Als typisches Beispiel für das Re-flexionsvermögen der Alaune bei $3\,\mu$ zeigt Abb. 152 die Reflexionskurve von Natrium-Aluminium-Alaun gleichzeitig mit der Kurve für freies Wasser. Man erkennt, daß das Reflexionsmaximum des Wassers im Kristall in zwei Maxima aufgespalten wird. Das kurzwellige Maximum liegt ungefähr an der Stelle des Maximums des freien Wassers. Das langwellige ist dagegen beträchtlich ver-schoben. Die Wellenlängen der beiden Maxima waren 3,01 und $3,51\,\mu$. Für

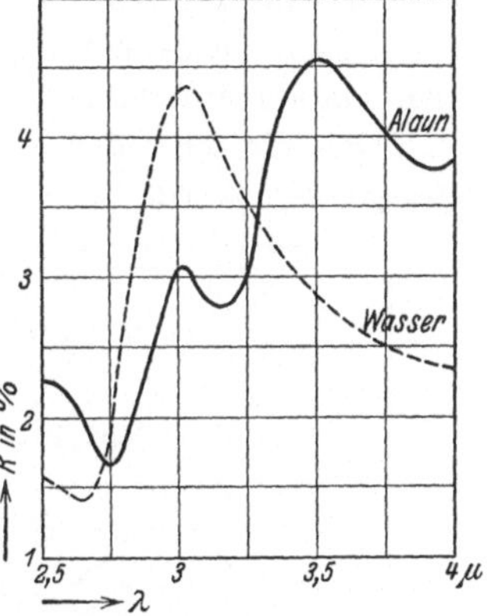

Abb. 152. Reflexionsvermögen des Kristallwassers im Natrium-Alumi-nium-Alaun nach K. BRIEGER.

die übrigen Alaune sind die Werte in Tab. 63 zusammengestellt gleichzeitig mit den Werten für das Maximum bei $6\,\mu$, das sich in ähnlicher Weise verdoppelte.

Tabelle 63. Die Eigenschwingungen des Kristallwassers.

	μ	μ	μ	μ
Ammonium-Aluminium-Alaun[2] . . .	3,03	3,495	6,05	6,27
Natrium-Aluminium-Alaun	3,01	3,51	6,09	6,32
Kalium-Aluminium-Alaun	3,015	3,51		
Rubidium-Aluminium-Alaun	3,03	3,52		
Thallium-Aluminium-Alaun	3,07	3,50	6,10	6,27
Ammonium-Chrom-Alaun[2]	3,07	3,60	6,02	6,33
Rubidium-Chrom-Alaun	3,04	3,60		
Ammonium-Eisen-Alaun[2]	3,15	3,65		
Wasser.	3,07		6,22	
	(BRIEGER)		(GEHRTS)	

---

[1] HIGUSCHI SEIICHI, Sc. Reports Tôhoku Imp. Univ. Bd. 12, S. 359. 1924.

[2] Bei den Ammoniumsalzen wird natürlich auch das bei etwa $3,2\,\mu$ befindliche NH_4-Maximum beobachtet, worauf REINKOBER aufmerksam gemacht hat.

Eine Ausnahme hiervon macht nur der Cäsium-Aluminium-Alaun, der zwar bei 6 μ auch zwei Maxima zeigt, bei 3 μ treten aber 3 Maxima auf (3,01 μ, 3,4 μ und 3,6 μ). Da Cäsium-Alaun vor den anderen Alaunen keine Sonderstellung einnimmt, ist dies Resultat schwierig zu verstehen. Die Aufklärung dieser Anomalie würde weitere Messungen an Cäsium-Alaunen anderer Herkunft erfordern, da es möglich ist, daß nicht bei allen Cäsium-Alaunen Anomalien auftreten.

Die Ursache der Verdoppelung selbst konnte noch nicht festgestellt werden. Man könnte daran denken, daß im Kristall das Wasser zu Doppelmolekülen assoziiert; da aber auch freies Wasser weitgehend assoziiert ist, müßte sich freies und Kristallwasser ähnlich verhalten (vgl. hierzu das unten über den RAMAN-Effekt Gesagte). Ferner besteht die Möglichkeit, daß die Zweiteilung dadurch hervorgerufen wird, daß eine gewisse Anzahl Wassermolekeln an einen Bestandteil, der Rest an einen anderen Bestandteil des Alauns gebunden ist. Es wäre z. B. wahrscheinlich, daß etwa 6 H_2O an das dreiwertige Metall und 6 H_2O an die SO_4-Gruppe gebunden wären. Eine Bindung an

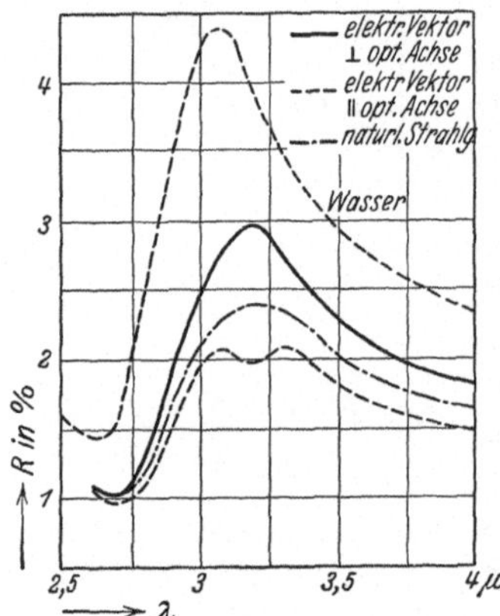

Abb. 153. Dichroismus des Kristallwassers im Nickelsulfat nach K. BRIEGER.

das einwertige Metall ist weniger wahrscheinlich, da Ammoniumsulfat und Kaliumsulfat wasserfrei kristallisieren. Gegen diese Aufteilung, die von WERNER bei den Vitriolen vorgenommen wurde, spricht aber die Beobachtung, daß die Vitriole $MgSO_4 + 7\,H_2O$ und $ZnSO_4 + 7\,H_2O$ gerade keine Verdoppelung des Reflexionsmaximums ergeben, wie wir weiter unten sehen werden[1].

Die Verdoppelung ist typisch für die regulären Alaune, und sie beweist, im Gegensatz zu COBLENTZ, daß Kristallwasser sich von freiem Wasser unterscheidet. Sie tritt auch im RAMAN-Effekt auf, worauf wir noch weiter unten näher eingehen.

---

[1] Die Verdoppelung könnte auch auf einer Deformation der H_2O-Molekel im Kristallgitter beruhen (vgl. § 40).

Von einachsigen wasserhaltigen Kristallen konnten nur
$NiSO_4 + 6H_2O$ und $NiSeO_4 + 6H_2O$ untersucht werden. Abb. 153
zeigt das Ergebnis an Nickelsulfat. Die Messungen am Selenat
konnten nur für natürliche Strahlung und für den o. Strahl ausgeführt werden.

Die Abbildung beweist, daß im doppelbrechenden Kristall das
Kristallwasser selbst dichroitisch wird, was schon SCHAEFER und
SCHUBERT feststellten. Aus dieser Feststellung folgt eindeutig,
daß das Kristallwasser integrierender Bestandteil des Gitters ist,
denn nur für Gitterschwingungen kann in polarisiertem Licht

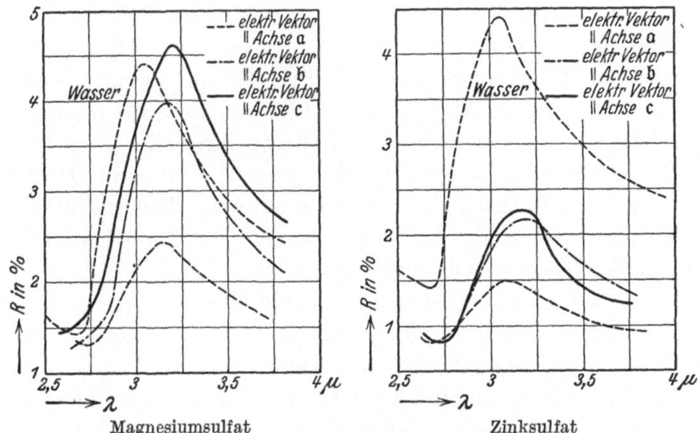

Abb. 154. Trichroismus des Kristallwassers in Magnesiumsulfat und Zinksulfat nach
K. BRIEGER.

Dichroismus festgestellt werden. Das genannte Resultat ist deshalb bemerkenswert, weil es unabhängig und vor der Röntgenanalyse der Alaune erhalten wurde[1]. Auffällig ist in Abb. 153
die Verdoppelung des Maximums für den a. o. Strahl. Die Frage,
ob sie die gleichen Ursachen hat wie die bei isotropen Alaunen
beobachtete Verdoppelung, ist noch nicht beantwortet.

Als Beispiel für zweiachsige Kristalle seien die Kurven für
$MgSO_4 + 7H_2O$ und $ZnSO_4 + 7H_2O$ angeführt (Abb. 154); entsprechend der Zweiachsigkeit wird hier Trichroismus des Kristallwassers beobachtet. Für einige trikline Substanzen konnte nur
in natürlichem Licht gemessen werden. Es ergab sich ein

---

[1] Vgl. S. 338.

Reflexionsmaximum, welches gegen das Maximum des freien Wassers verschoben war:

$$CuSO_4 + 5H_2O : 3{,}24\,\mu, \qquad CuSeO_4 + 5H_2O : 3{,}19\,\mu.$$

In Abb. 154 fällt noch auf, daß sich auch der Charakter der Doppelbrechung des Kristalles dem Kristallwasser aufprägt. Bei Bittersalz liegen die Kurven für die a- und b-Richtung näher zusammen, während für die c-Richtung größere Abweichungen resultieren (positive Doppelbrechung); für $ZnSO_4 + 6H_2O$ sind die b- und c-Richtungen nahezu gleichwertig (negative Doppelbrechung), was mit dem Verhalten im sichtbaren Gebiet übereinstimmt und in ähnlicher Weise auch bei den Eigenfrequenzen des SO_4- und CO_3-Ions beobachtet wurde (s. S. 330 u. 333).

Analcim (ein Vertreter der Zeolithe) zeigt ein nach kürzeren Wellen verschobenes Maximum ($2{,}99\,\mu$) von wesentlich geringerer Intensität als bei anderen wasserhaltigen Kristallen. Im übrigen ist die Sonderstellung der Zeolithe gegenüber anderen Hydraten im ultraroten Spektrum nicht zu erkennen, doch müßten hier noch weitere Versuche bei doppelbrechenden Zeolithen und bei variablem Wassergehalt eingreifen.

Eine Sonderstellung nimmt Opal ein, der trotz seines Wassergehalts kein H_2O-Maximum aufweist[1], was vielleicht darauf beruht, daß bei Opal keine Gitterstruktur existiert.

In diesem Zusammenhang mag ein Hinweis auf das RAMAN-Spektrum gestattet sein. Nach Messungen im Breslauer Institut zeigt das RAMAN-Spektrum von Gips zwei scharfe RAMAN-Linien, die Ultrarotwellenlängen von $2{,}85\,\mu$ und $2{,}95\,\mu$ entsprechen[2], während bei Wasser selbst und wäßrigen Lösungen die Aufspaltung zwar nachgewiesen, aber wesentlich undeutlicher ist, da die Banden sehr verwaschen sind. Im Ultrarot ist dagegen die Aufspaltung der Banden des flüssigen Wassers noch nicht beobachtet worden, da hinreichend genaue Messungen dazu noch nicht angestellt worden sind.

Wenn also auch die Ultrarotanalyse wesentlich zur Klärung des Problems der Natur des Kristallwassers beitragen konnte, so

---

[1] CL. SCHAEFER u. M. SCHUBERT, ZS. f. Phys. Bd. 7, S. 313. 1921.

[2] Versuche im Breslauer Institut haben ergeben, daß die beiden Linien verschieden polarisiert sind, was die Möglichkeit ergibt, diese Ramanlinien mit der Doppelbrechung des Kristallwassers im Gips in Beziehung zu setzen, wozu weitere systematische Untersuchungen im Gange sind.

sind doch gerade dadurch weitere Probleme aufgetaucht, deren Lösung noch aussteht. Insbesondere müßten Wasseraufnahme und Wasserabgabe näher erforscht werden, wozu bisher nur unzureichende Ansätze vorhanden sind. Auch Messungen an freiem Wasser unter hohem Druck könnten zur Klärung der Bindungskräfte beitragen.

§ 42. Das Spektrum der Lösungen anorganischer Salze.

Wir haben schon in § 38 bemerkt, welche Bedeutung die Kenntnis des Ultrarotspektrums der Lösungen für die Identifizierung gewisser Eigenfrequenzen mit inneren Schwingungen einer Atomgruppe besitzt. Wenn nämlich diese Atomgruppe beim Übergang zur Lösung erhalten bleibt, dann müssen wir auch die ihr eigenen inneren Frequenzen wiederfinden, während Frequenzen, die aus Bindungen resultieren, welche in der Lösung zerstört werden, nicht mehr zu beobachten sind. Aus der Chemie wissen wir nun, daß ein Salz in der Lösung in den Säurebestandteil (Anion) und das Metallion (Kation) zerfällt, so daß damit die Möglichkeit gegeben ist, die inneren Schwingungen der Karbonate u. a. Salze als solche zu erkennen.

PFUND[1] war der Erste, der einen solchen Schluß ziehen konnte. Er beobachtete, daß die wäßrigen Lösungen von Nitraten und die Salpetersäure ebenso wie die festen Nitrate ein Reflexionsmaximum zwischen 7 und 7,5 μ aufwiesen. Das Maximum lag zwar nicht genau an derselben Stelle wie für den Kristall, sondern war in der Lösung nach längeren Wellen verschoben; doch ist eine Verschiebung zu erwarten, da man annehmen darf, daß das Lösungsmittel die Eigenfrequenz der Ionen beeinflußt.

Ebenso reflektieren die Sulfatlösungen an derselben Stelle wie auch die festen Sulfate[2]. Die Struktur der Maxima ist in der Lösung meist einfacher als für die feste Substanz.

Weitere Messungen an Lösungen von Sulfaten, Nitraten, Karbonaten und Chromaten[3] bestätigen zunächst die Beobachtungen von PFUND. Die Reflexionsmaxima der inneren Schwingungen konnten auch in der Lösung gefunden werden, und zwar

---

[1] A. H. PFUND, Astrophys. Journ. Bd. 24, S. 19. 1906.

[2] W. W. COBLENTZ, Investig. IV, S. 101. 1906; s. auch E. H. PLYLER, Phys. Rev. Bd. 28, S. 284. 1926.

[3] F. GEHRTS, Ann. d. Phys. Bd. 47, S. 1059. 1915.

immer nach längeren Wellen verschoben, was bedeuten würde, daß die Atomgruppe im Kristall in sich fester gebunden wäre als in der Lösung, wo sie im wesentlichen als freie Gruppe gelten kann. Man kann aber aus der Verschiebung des Reflexionsmaximums noch nicht ohne weiteres auf eine Verschiebung der Eigenfrequenz schließen, wie gleich gezeigt werden soll. Außerdem ist zu bemerken, daß die älteren Arbeiten den damals unbekannten Einfluß der kristallographischen Orientierung auf die Struktur der Maxima nicht berücksichtigen (vgl. S. 333), so daß zum quantitativen Vergleich die Unterlagen fehlen. In diesem Zusammenhang sei daher darauf hingewiesen, daß auch bei dem RAMAN-Effekt eine analoge Verschiebung der RAMAN-Linien beim Übergang vom Kristall zur Lösung auftritt[1].

Weiter konnte beobachtet werden, daß das Reflexionsvermögen von der Konzentration der Lösung abhängt, und zwar wächst es ungefähr proportional mit der Konzentration.

Gleichzeitig mit der Erhöhung des Reflexionsvermögens verschiebt sich das Maximum bei Erhöhung der Konzentration nach kürzeren Wellen, doch darf man diese Verschiebung nicht so auffassen, als ob die Eigenfrequenz geändert würde. Schon allein die Erhöhung des Extinktionskoeffizienten der Lösung bedingt nach der Dispersionstheorie das Wandern des Reflexionsmaximums nach kürzeren Wellenlängen, da bei kleinen Werten von k das Reflexionsmaximum annähernd mit dem Maximum von k zusammenfällt, bei größerer Absorption aber nach kleineren Wellenlängen verschoben wird.

Während bisher nur Anionen besprochen wurden, können wir das Verhalten der Eigenfrequenzen komplexer Kationen an dem Verhalten von Ammoniumsalzen kennenlernen[2]. Im Gegensatz zu dem für Anionen gefundenen Verschiebungsgesetz liegen hier die Maxima in der Lösung bei kürzeren Wellen als in der festen Substanz. Auch in anderen Lösungsmitteln als Wasser, nämlich in einigen Alkoholen ist die gleiche Verschiebung zu beobachten, ohne daß ein spezieller Einfluß des Lösungsmittels bemerkbar wird.

Sozusagen die Gegenprobe auf die Messungen an inneren Schwingungen wäre der Nachweis, daß die äußeren Schwingungen

---

[1] Vgl. z. B. CL. SCHAEFER, F. MATOSSI u. H. ADERHOLD, Phys. ZS. Bd. 30, S. 581. 1929.

[2] O. REINKOBER, ZS. f. Phys. Bd. 35, S. 179. 1926.

in der Lösung verschwinden. Im besonderen dürften Lösungen von NaCl kein Reststrahlmaximum zeigen. Das Reflexionsvermögen einer Salzlösung bei 52 μ, der Reststrahlwellenlänge festen Steinsalzes, ist zwar nicht größer als das des reinen Wassers[1], doch ist diese vereinzelte Messung kein eindeutiger experimenteller Beweis, der allerdings auch kaum nötig sein dürfte.

§ 43. Der Einfluß der Temperatur auf das Spektrum der festen Körper.

Die Kenntnis des Temperatureinflusses wäre von großer Bedeutung für die Frage nach der Natur der Eigenschwingungen, doch ist dieses Problem hauptsächlich wegen der experimentellen Schwierigkeiten nur selten bearbeitet worden.

Zum erstenmal wurde von RUBENS und HERTZ[2] das Reflexions- und Absorptionsvermögen einiger Kristalle im Ultrarot bei verschiedener Temperatur gemessen. Die Reflexionsanordnung hatte die in Abb. 155 angegebene Form. In einem zu evakuierenden Gefäß G war ein Hohlspiegel H aus dem Untersuchungsmaterial Quarz oder Kalkspat angebracht, an dem die Strahlung reflektiert wurde. Das Gefäß ist durch eine Platte P aus Steinsalz verschlossen und von einem Dewar-Gefäß umgeben, welches mit flüssiger Luft gefüllt werden konnte. Um ein Anlaufen von P zu vermeiden, wurde durch eine Heizspirale S die Platte auf etwa Zimmertemperatur erwärmt.

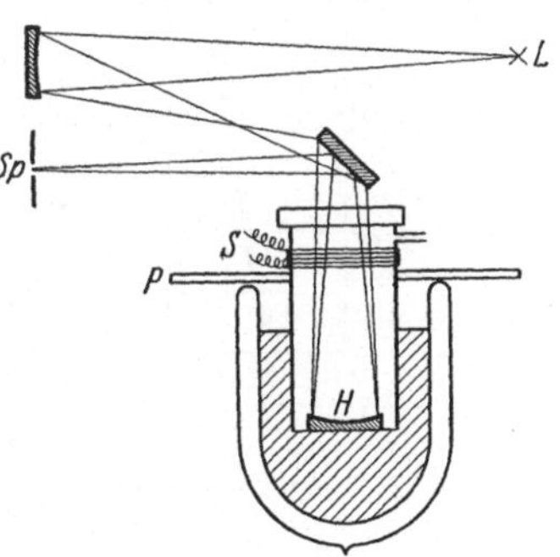

Abb. 155. Reflexionsanordnung nach RUBENS und HERTZ.

Das Verhalten der Reflexionsmaxima von Quarz bei 9 μ und Kalkspat bei 7 μ zeigt Abb. 156. Das Reflexionsvermögen ändert sich also nur sehr wenig bei diesen beiden Reflexionsstellen[3].

---

[1] H. RUBENS u. E. LADENBURG, Berl. Ber. 1908, S. 274.

[2] H. RUBENS u. G. HERTZ, Berl. Ber. 1912, S. 256.

[3] M. RUSCH, Ann. d. Phys. Bd. 70, S. 373. 1923, findet eine Verschiebung des Reststrahlmaximums von Kalkspat bei 7 μ nach längeren Wellen bei steigender Temperatur.

Anders verhalten sich dagegen die langwelligen Reststrahl-
maxima von Quarz, Flußspat, Steinsalz und Sylvin, die aber
nicht an den Reflexionsstellen selbst untersucht werden konnten.
RUBENS und HERTZ bestimmten deshalb die Absorption an einer
Reihe ausgewählter Wellenlängen. Die Temperaturen wurden
zwischen —186° und +300° variiert. Das eine Absorptionsgefäß, in dessen Innerem eine Blende mit dem zu untersuchenden

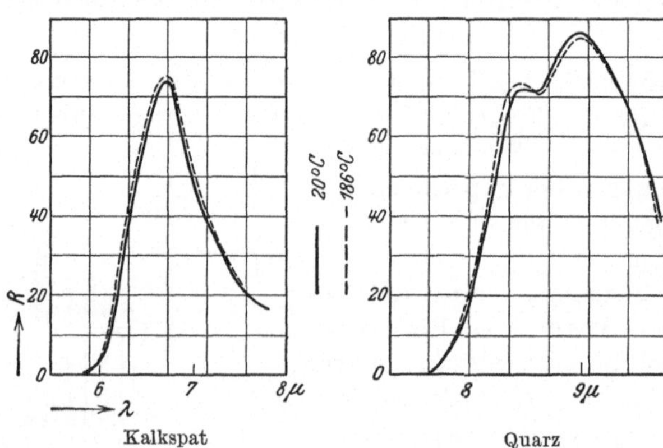

Abb. 156. Temperaturabhangigkeit des Reflexionsvermögens nach RUBENS und HERTZ.

Kristall angebracht war, konnte mit flüssiger Luft umgeben
werden, das andere konnte mittels elektrischen Stromes erwärmt werden.

Das Ergebnis dieser Messungen an Quarz, Flußspat, Steinsalz
und Sylvin ist in Abb. 157 angegeben. Die Ordinaten stellen Extinktionskoeffizienten in cm^{-1} dar[1], als Abszisse ist die Temperatur
aufgetragen. Man bemerkt, daß die Absorption mit abnehmender
Temperatur ebenfalls abnimmt, und zwar annähernd linear. Für
Steinsalz und Sylvin liefert die Extrapolation nach —273° den
Wert Null. Bei Flußspat ist dies nur für die Wellenlänge von
300 μ der Fall, die rechts vom Absorptionsgebiet liegt, also bei
kleineren Frequenzen, während für 23 μ eine „Grundabsorption"
übrigbleibt. Auch für Quarz wurden ähnliche Ergebnisse erhalten; für 7 μ, 11 μ und 16,5 μ tritt Grundabsorption auf,

---

[1] In den einer Arbeit von REINKOBER und KIPCKE (s. u.) entnomme-
nen Abbildungen ist von unserer Bezeichnung abweichend dafür Absorptionskoeffizienten geschrieben worden.

während bei 52 μ und 110 μ die Kurven auf Null heruntergehen, und zwar wird der Kristall schon vor Erreichung des Nullpunktes durchsichtig.

Die Darstellung der Beobachtung in der hier gewählten Form geht auf Ewald[1] zurück. Die Tatsache, daß die Absorption bei tiefer Temperatur verschwindet, ist erklärlich, da man nach Ewald die Absorption (außerhalb der Eigenschwingung) als Folge

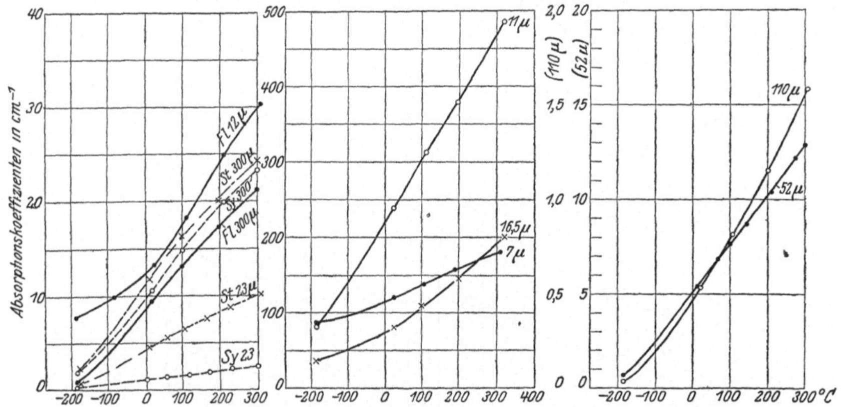

Abb. 157.   Temperaturabhängigkeit der Absorption von Flußspat (Fl), Steinsalz (St), Sylvin (Sy) und Quarz nach Messungen von Rubens und Hertz.

anharmonischer Koppelung betrachten kann, die erst bei höherer Temperatur (große Amplitude) zur Wirkung gelangt, wodurch die Welle im Kristall sich nicht ungestört auszubreiten vermag, sondern durch Streuvorgänge und Umwandlung in Wärme Energie verliert. Die Grundabsorption bei einigen Wellenlängen kann so jedoch nicht geklärt werden. Wegen der Wirkung der anharmonischen Bindung sollte man übrigens auch besonders starke Temperaturabhängigkeit bei Oberschwingungen erwarten, was bisher noch nicht untersucht wurde.

Gegenüber den kurzwelligen Absorptionsstellen ist also für die langwelligen Maxima eine erhebliche Abhängigkeit der Absorption von der Temperatur festzustellen. Dieser Unterschied beruht nach Rubens und Hertz darauf, daß im kurzwelligen Ultrarot die inneren Schwingungen von Ionen liegen, die

---

[1] P. P. Ewald, Naturwiss. Bd. 10, S. 1057. 1922.

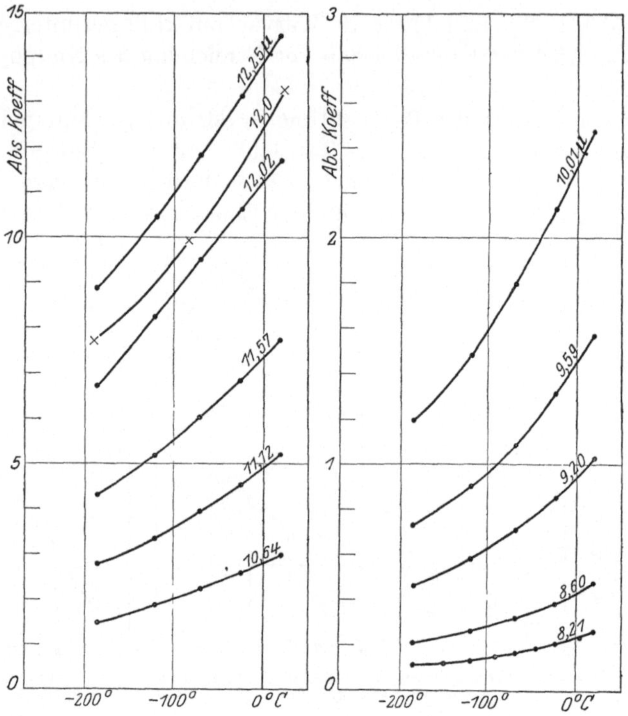

Abb. 158a. Temperaturabhangigkeit der Absorption fur Flußspat nach REINKOBER und KIPCKE.

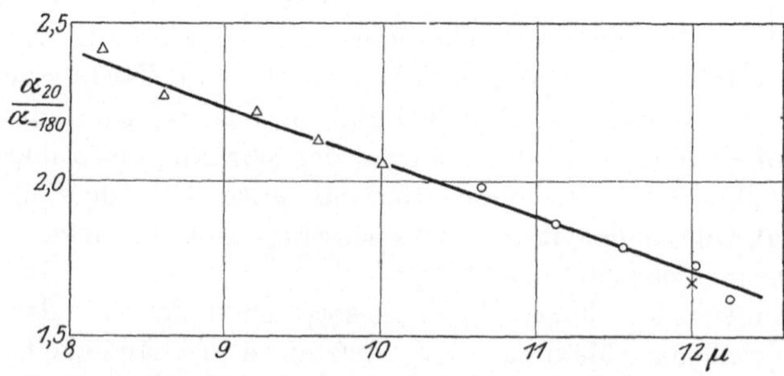

Abb. 158b. Temperaturkoeffizienten fur Flußspat.

fast unabhängig von äußeren Einflüssen sind, während im langwelligen Ultrarot die Gitterschwingungen in Frage kommen,
deren Bindungskräfte schwächer sind. Allerdings ist die Unter-

scheidung von inneren und äußeren Schwingungen bei Quarz nicht ohne Schwierigkeiten durchführbar. Zudem steht das Ergebnis der Reflexionsmessungen von RUBENS und HERTZ in gewissem Widerspruch mit den gleich zu besprechenden Absorptionsmessungen von REINKOBER an Quarz und Flußspat und mit der Tatsache, daß er auch an inneren Schwingungen (des NH_4-Ions) starke Temperaturabhängigkeit der Reflexion beobachten konnte. Erst eine Nachprüfung aller dieser Messungen kann daher die notwendige Klarheit liefern.

Die Messungen von RUBENS und HERTZ sind von REINKOBER und KIPCKE[1] für Quarz und Flußspat erweitert worden, indem die Untersuchungen auf eine größere Anzahl von Wellenlängen aus-

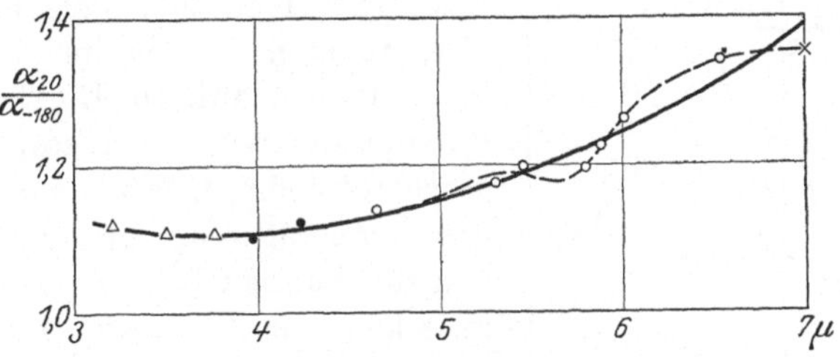

Abb. 159. Temperaturkoeffizienten für Quarz.

gedehnt wurden. Für Flußspat ist das Ergebnis der Messungen aus den Abb. 158 zu ersehen. Als Temperaturkoeffizienten bezeichneten die Autoren das Verhältnis der bei 20° und −180° beobachteten Extinktionskoeffizienten, der in Anbetracht der leichten Krümmung der Kurven der Abb. 158 a nur als mittlerer Wert anzusehen ist. Er nimmt linear mit wachsender Wellenlange ab. Die Dreiecke und Kreise beziehen sich auf zwei verschiedene Kristalldicken, das Kreuz gibt den Wert von RUBENS und HERTZ wieder. Für Quarz ist das Ergebnis der Messungen in Abb. 159 zusammengefaßt. Aus ihr ist zu entnehmen, daß mit wachsender Annäherung an die Resonanzstelle der Temperaturkoeffizient zunimmt, was, wie oben erwähnt, im Gegensatz zu RUBENS und HERTZ steht. Die Figur ist nach längeren Wellen mit den Werten von RUBENS und HERTZ fortgesetzt. Man sieht deutlich, daß mindestens ein Maximum auftreten muß, das in die Nähe von 11 μ zu liegen kommt. Man kann mit einiger

---

[1] O. REINKOBER u. H. KIPCKE, ZS. f. Phys. Bd. 48, S. 205. 1928.

Wahrscheinlichkeit annehmen, daß es mit der Lage der Eigenfrequenz bei 9 μ zusammenfallen muß. Die Anomalien zwischen 5 und 7 μ könnten dann mit den von NICHOLS in dieser Gegend beobachteten Absorptionsstellen (§ 37) zusammenhängen.

PFUND[1] findet für das von RUBENS und HERTZ gemessene Maximum des Kalkspats bei 7 μ bei Steigerung der Temperatur von 40° bis zu 510° einen Temperatureinfluß in dem Sinn, daß die Intensität des Reflexionsmaximums bei steigender Temperatur erheblich abnimmt. Dies würde allerdings mit den Absorptionsmessungen in Widerspruch stehen. Bei amorphem Quarz und bei Glas ist dasselbe der Fall, doch tritt hier auch eine merkliche Verschiebung der Maxima nach längeren Wellen auf. Im Einklang hiermit nimmt auch die Absorption von geschmolzenem Quarz[2] mit steigender Temperatur ab, gleichzeitig werden die Banden breiter. Das Gebiet zwischen 3 und 4 μ wird bei höherer Temperatur dagegen stärker absorbiert.

Die Absorption von Biotit wächst mit steigender Temperatur[3].

Die Eigenschwingungen der Ammoniumsalze untersucht REINKOBER[4]. Die Reflexionsbanden werden mit fallender Temperatur intensiver und schmaler. Für die Versuchstechnik von Bedeutung ist dabei die Tatsache, daß in feuchter Luft sich Wasserschichten auf den Kristallplatten niederschlagen können, wodurch die Werte des Reflexionsvermögens gefälscht werden, so daß einwandfreie Resultate nur in trockener Luft bzw. im Vakuum erhalten werden können. So kommt es, daß die Reflexionskurve von Ammoniumnitrat bei 7 μ bei hoher Temperatur teilweise ein höheres Reflexionsvermögen zeigt (Abb. 160).

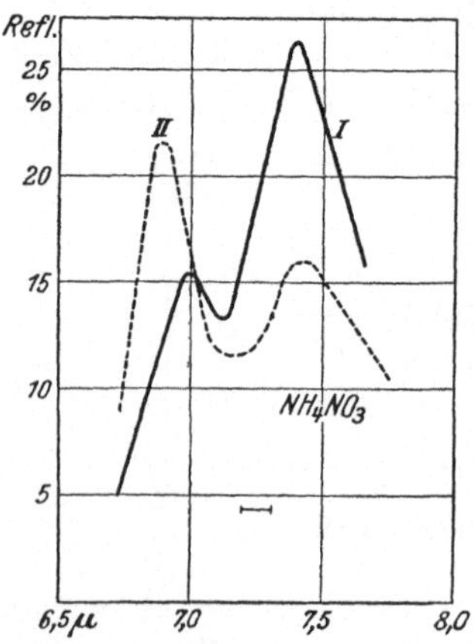

Abb. 160. Reflexion von NH₄NO₃ bei verschiedenen Temperaturen nach REINKOBER.
Kurve I: hohe Temperatur.
Kurve II: niedrige Temperatur.

[1] A. H. PFUND, Journ. Opt. Soc. Amer. Bd. 15, S. 69. 1927.
[2] W. A. PARLIN, Phys. Rev. Bd. 34, S. 81. 1929.
[3] L. C. MARTIN, Proc. Roy. Soc. A, Bd. 96, S. 185. 1919.
[4] O. REINKOBER, ZS. f. Phys. Bd. 3, S. 318. 1920.

Das linke Maximum entspricht nämlich einer NH_4-Schwingung, das rechte einer NO_3-Schwingung; bei der einen Frequenz überwiegt die erniedrigende Wirkung der Temperaturerhöhung, die als Substanzeigenschaft für NO_3 und NH_4 verschieden sein kann, bei der anderen überwiegt die vergrößernde Wirkung des Verschwindens der Wasserschicht. Die Temperaturen wurden hierbei so erzeugt, daß im einen Fall auf dem Kristall ein scharfes Bild der Lichtquelle erzeugt wurde, während im anderen Fall unkonzentrierte parallele Strahlung auffiel.

REINKOBER findet bei Salmiak außerdem eine Verschiebung der Banden nach kürzeren Wellenlängen bei sinkender Temperatur, doch führten Untersuchungen von HETTNER und SIMON[1] zum entgegengesetzten Ergebnis, was diese Autoren auf die Verschiedenheit der spektralen Auflösung zurückführen. Eine theoretische Deutung der vorliegenden merkwürdigen

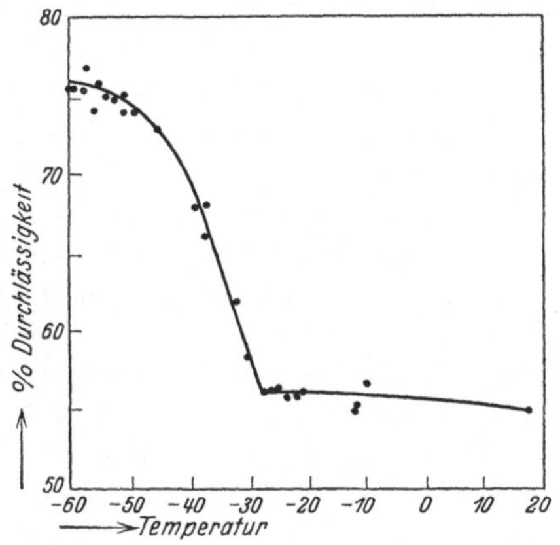

Abb. 161. Isochromate von NH_4Cl nach HETTNER und SIMON.

und zum Teil widerspruchsvollen Ergebnisse ist naturgemäß noch nicht möglich.

Ein interessantes Ergebnis haben HETTNER und SIMON erzielt, indem sie isochromatische Kurven aufnahmen, von denen Abb. 161 eine bei $6,98\,\mu$ aufgenommene zeigt. Die Temperatur wurde dadurch variiert, daß ein Strom vorgekühlten Gases an dem Kristall vorbeistrich. Durch Änderung der Stromgeschwindigkeit konnte die Temperatur reguliert werden. Es fällt ein scharfer Knick der Kurve auf, der bei etwa $-30°$ liegt. An dieser Stelle hat NH_4Cl aber nach SIMON und Mitarbeitern[2] einen Umwandlungspunkt, der sich auch im Temperaturverlauf des Energieinhalts der Verbindung bemerkbar macht und einen ähnlichen

---

[1] G. HETTNER u. F. SIMON, ZS. f. Phys. Chem. B. Bd. 1, S. 293. 1928.
[2] F. SIMON, Ann. d. Phys. Bd. 68, S. 263. 1922; F. SIMON, CL. VON SIMSON u. M. RUHEMANN, ZS. f. phys. Chem. Bd. 129, S. 339. 1927.

Verlauf zeigt wie die Isochromaten. Ammoniumsulfat gibt einen Knick in der Isochromate bei etwa —40°. Es sind sodann weitere Untersuchungen angekündigt, welche die Frage klären sollen, ob einzelne Linien verschwinden oder neue auftreten, was dann zu erwarten wäre, wenn mit der Umwandlung eine Änderung der Symmetrieverhältnisse eintritt.

Weitere Forschungen müßten das Verhalten von Grund- und Oberschwingungen bei Temperaturänderungen behandeln; solange man aber keine quantitativ verwertbaren Intensitätsmessungen zur Verfügung hat, können auch die Messungen der Temperaturabhängigkeit keine sicheren Ergebnisse liefern. — Die zuletzt besprochenen Untersuchungen sind ein bemerkenswertes Beispiel für die Verbindung der Ultrarotforschung mit der Chemie, die auch für die Zukunft befruchtend wirken wird. Aber auch von rein physikalischer Seite her bleiben den Untersuchungen im ultraroten Spektrum noch genug Probleme zur Bearbeitung. Hier sei nur darauf hingewiesen, daß in nächster Zeit genaue Intensitätsmessungen und das Studium der Feinstruktur komplizierterer Moleküle im Vordergrund stehen werden. Daneben werden auch die durch den RAMAN-Effekt aufgeworfenen Probleme für die Ultrarotforschung besonderes Interesse verdienen.

Namen- und Sachverzeichnis.

25*

Struktur der Materie
in Einzeldarstellungen

Herausgegeben von

M. Born-Göttingen und **J. Franck**-Göttingen

I. **Zeemaneffekt und Multiplettstruktur der Spektrallinien.** Von Dr. E. Back, Privatdozent für Experimentalphysik in Tübingen, und Dr. A. Landé, a. o. Professor für Theoretische Physik in Tübingen. Mit 25 Textabbildungen und 2 Tafeln. XII, 213 Seiten. 1925. RM 14.40; gebunden RM 15.90

II. **Vorlesungen über Atommechanik.** Von Dr. Max Born, Professor an der Universität Göttingen. Herausgegeben unter Mitwirkung von Dr. Friedrich Hund, Assistent am Physikalischen Institut Göttingen. Erster Band: Mit 43 Abbildungen. IX, 358 Seiten. 1925. RM 15.—; gebunden RM 16.50

III. **Anregung von Quantensprüngen durch Stöße.** Von Dr. J. Franck, Professor an der Universität Göttingen, und Dr. P. Jordan, Assistent am Physikalischen Institut Göttingen. Mit 51 Abbildungen. VIII, 312 Seiten. 1926. RM 19.50; gebunden RM 21.—

IV. **Linienspektren und periodisches System der Elemente.** Von Dr. Friedrich Hund, Privatdozent an der Universität Gottingen. Mit 43 Abbildungen und 2 Zahlentafeln. VI, 221 Seiten. 1927. RM 15.—; gebunden RM 16.20

V. **Die seltenen Erden vom Standpunkte des Atombaues.** Von Professor Dr. Georg v. Hevesy, Vorstand des Physikal.-Chem. Institutes der Universität Freiburg i. Br. Mit 15 Abbildungen. VIII, 140 Seiten. 1927. RM 9.—

VI. **Fluorescenz und Phosphorescenz im Lichte der neueren Atomtheorie.** Von Professor Dr. Peter Pringsheim. Dritte Auflage. Mit 87 Abbildungen. VII, 357 Seiten. 1928. RM 24.—; gebunden RM 25.20

VII. **Graphische Darstellung der Spektren von Atomen und Ionen mit ein, zwei und drei Valenzelektronen.** Von Dr. W. Grotrian, a. o. Professor der Universität Berlin, Observator am Astrophys. Observatorium in Potsdam. Erster Teil: Textband. Mit 43 Abbildungen. XIII, 245 Seiten. 1928. Zweiter Teil: Figurenband. Mit 163 Abbildungen. X, 168 Seiten. 1928. Beide Bände zusammen RM 34.—; gebunden RM 36.40

VIII. **Lichtelektrische Erscheinungen.** Von Dr. Bernhard Gudden, o. Professor der Experimentalphysik an der Universität Erlangen. Mit 127 Abbildungen. IX, 325 Seiten. 1928. RM 24.—; gebunden RM 25.20

IX. **Elementare Quantenmechanik.** Von Dr. Max Born, Professor an der Universität Göttingen, und Dr. Pascual Jordan, Professor an der Universität Rostock. (Zweiter Band der „Vorlesungen über Atommechanik".) XI, 434 Seiten. 1930. RM 28.—; gebunden RM 29.80

Verlag von Julius Springer / Berlin

***Elektronen, Atome, Moleküle.** Redigiert von **H. Geiger.**
Mit 148 Abbildungen. VIII, 568 Seiten. 1926.
RM 42.—; gebunden RM 44.70

Inhaltsübersicht: Elektronen. Von W. Gerlach, Tübingen- — Atomkerne:
Kernladung. Kernmasse. Von K. Philipp, Berlin-Dahlem. — Das α-Teilchen als Helium-
kern. Von O. Hahn, Berlin-Dahlem. — Kernstruktur. Von L. Meitner, Berlin-
Dahlem. — Atomzertrümmerung. Von H. Pettersson, Göteborg, und G. Kirsch,
Wien. — Radioaktivität: Der radioaktive Zerfall. Von W. Bothe, Charlottenburg. —
Die radioaktiven Stoffe. Von St. Meyer, Wien. — Die Bedeutung der Radioaktivität
für chemische Untersuchungsmethoden. Die Bedeutung der Radioaktivität für die Ge-
schichte der Erde. Von O. Hahn, Berlin-Dahlem. — Die Ionen in Gasen. Von K.
Przibram, Wien. — Größe und Bau der Moleküle. Von K. F. Herzfeld, München,
und H. G. Grimm, Würzburg. — Das natürliche System der chemischen Elemente.
Von F. Paneth, Berlin. — Sachverzeichnis.

***Negative und positive Strahlen. Zusammen-
hängende Materie.** Redigiert von **H. Geiger.** Mit 374 Abbildungen. XI, 604 Seiten. 1927.   RM 49.50; gebunden RM 51.60

Inhaltsübersicht: Durchgang von Elektronen durch Materie. Von W. Bothe,
Charlottenburg. — Durchgang von Kanalstrahlen durch Materie. Von E. Rüchardt,
München, und H. Baerwald, Darmstadt. — Durchgang von α-Strahlen durch Materie.
Von H. Geiger, Kiel. — Der Aufbau der festen Materie und seine Erforschung durch
Röntgenstrahlen. Von P. P. Ewald, ·Stuttgart. — Der Aufbau der festen Materie.
Theoretische Grundlagen. Von M. Born und O. F. Bollnow, Göttingen. — Atombau
und Chemie (Atomchemie.) Von H. G. Grimm, Würzburg. — Sachverzeichnis.

***Quanten.** Redigiert von **H. Geiger.** Mit 225 Abbildungen. X,
782 Seiten. 1926.   RM 57.—; gebunden RM 59.70

Inhaltsübersicht: Quantentheorie. Von W. Pauli, Hamburg. — Die Methoden
zur h-Bestimmung und ihre Ergebnisse. Von R. Ladenburg, Berlin-Dahlem. — Ab-
sorption und Zerstreuung von Röntgenstrahlen. Von W. Bothe, Charlottenburg. —
Das kontinuierliche Röntgenspektrum. Von H. Kulenkampff, München. — Anregung
von Emission durch Einstrahlung. Von P. Pringsheim, Berlin. — Photochemie.
Von W. Noddack, Charlottenburg. — Anregung von Quantensprüngen durch Stöße.
(Mit Ausschluß der Erscheinungen an Korpuskularstrahlen hoher Geschwindigkeit.) Von
J. Franck und P. Jordan, Göttingen. — Sachverzeichnis.

*Band XXII, XXIV und XXIII des „Handbuch der Physik", herausgegeben von
H. Geiger und K. Scheel. Vollständig in 24 Bänden.*

Probleme der Atomdynamik. Erster Teil: **Die Struktur
des Atoms.** Zweiter Teil: **Die Gittertheorie des festen Zustandes.**
Dreißig Vorlesungen, gehalten im Wintersemester 1925/26 am Massa-
chusetts Institute of Technology von **Max Born,** Professor der Theoretischen Physik an der Universität Göttingen. Mit 42 Abbildungen
und einer Tafel. VIII, 184 Seiten. 1926.   RM 10.50

Einführung in die Wellenmechanik. Von Dr. **J. Frenkel,**
Professor für Theoretische Physik am Polytechnischen Institut in
Leningrad. Mit 10 Abbildungen. VIII, 317 Seiten. 1929.
RM 26.—; gebunden RM 27.60

Vier Vorlesungen über Wellenmechanik. Gehalten
an der Royal Institution in London im März 1928. Von **E. Schrödinger,**
ord. Professor der Theoretischen Physik an der Universität Berlin. Übersetzt von Dr. Hans Kopfermann. Mit 3 Abbildungen. V, 57 Seiten.
1928.   RM 3.90